KB188284

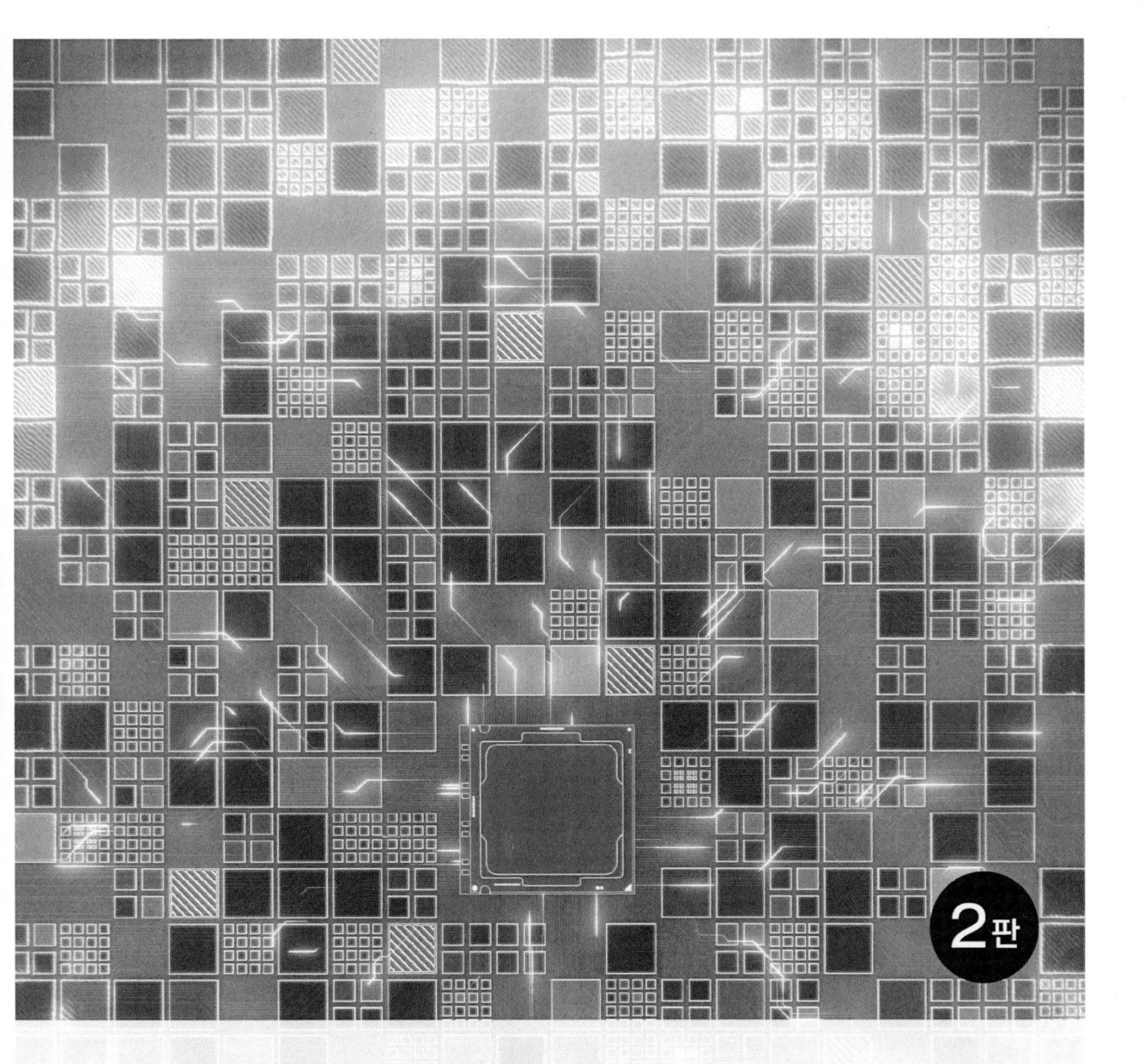

디지털 공학실험

DIGITAL ENGINEERING EXPERIMENT

김경수 지음

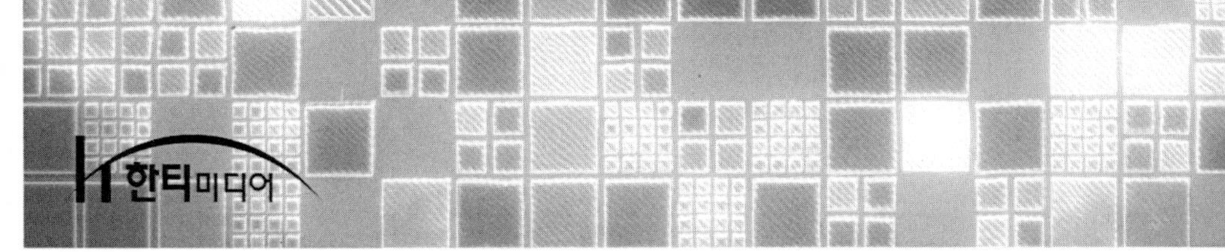

저자 약력

김경수

홍익대학교 공학 박사

울산과학대학교 전기전자공학부 겸임교수 및 영진전문대학교 반도체 전자계열 강사

디지털 공학 실험 제2판

발행일 2023년 8월 18일 제2판 1쇄
지은이 김경수
펴낸이 김준호
펴낸곳 한티미디어 | 주소 서울시 마포구 동교로 23길 67 Y빌딩 3층
등 록 제15-571호 2006년 5월 15일
전 화 02)332-7993~4 | 팩스 02)332-7995
ISBN 978-89-6421-470-1
정 가 23,000원

마케팅 노호근 박재인 최상욱 김원국 김택성 | **관리** 김지영 문지희
편 집 김은수 유채원 | **본문** 이경은 | **표지** 유채원

홈페이지 www.hanteemedia.co.kr | **이메일** hantee@hanteemedia.co.kr

---

PREFACE

5세대(5 Generation) 이동통신과 자율 자동차(Autonomous Smart Car) 및 인공지능(Artificial Intelligence) 등 현 시대의 IT 기술의 응용은 컴퓨터 디지털 논리회로를 기반으로 하고 있다. 따라서 디지털 논리회로 및 논리회로 기반 디지털 공학은 전기전자 및 정보통신 공학을 전공하는 학생들에게 있어서 매우 중요한 과목이다. 디지털 공학 실험 2판은 1판과 내용면에서는 동일하게 논리적 AND, OR, NOT 기본 게이트를 중심으로 하는 조합논리회로와 디지털 시계와 같이 기억 소자를 포함하는 순서논리회로의 동작 원리를 쉽게 이해할 수 있도록 충실하게 구성되었다.

디지털 공학 실험 2판의 구성은 전체 16장과 부록으로 구성되었다. 1-11장은 조합논리회로(Combinational Logic Circuit) part이며 기본 게이트, 확장 게이트, 논리식의 간소화(Karnaugh-map), 가산기, 감산기, 병렬 4 비트 전가산기, 디코더 및 인코더, 코드 변환기, BCD-7segment decoder, 비교기, 멀티플렉서 및 디멀티플렉서의 동작원리와 실험절차에 대하여 설명하고 있으며, 이어서 12-16장은 순서논리회로(Sequential Logic Circuit) part로서 래치(Latch), 플립플롭(Flip Flop), 비동기식 및 동기식 계수기, 시프트 레지스터, 타이머 응용 회로(단안정 및 비안정 멀티바이브레이터)의 동작 원리와 실험절차를 설명하고 있다. 부록에서는 본 교재에서 사용된 IC(Integrated Circuit)들의 실제적 사용을 위한 데이터 시트를 수록하였다.

디지털 공학 실험 2판이 1판과 다른 점은 OrCAD Pspice를 활용하여 2진수 기반에서 16진수 기반으로 확장하여 그림을 표시했다는 점이다. 이것은 실제실험결과와 동일하게 공간적으로 나타냄으로써 독자가 쉽게 출력의 동작결과를 예측하고 이해하며 실험을 효과적으로 수행할 수 있는 장점을 가진다.

본 교재가 독자들로 하여금 디지털 IC 회로를 이해하는데 있어서 많은 도움이 되기를 바란다. 아울러 이 교재를 읽어보시는 많은 분들의 아낌없는 관심과 조언을 부탁드리며 본서가 발간되도록 배려해주신 한티미디어 출판사 사장님과 편집부 여러분께 깊은 감사를 드린다.

2023년 2월

저자

CONTENTS

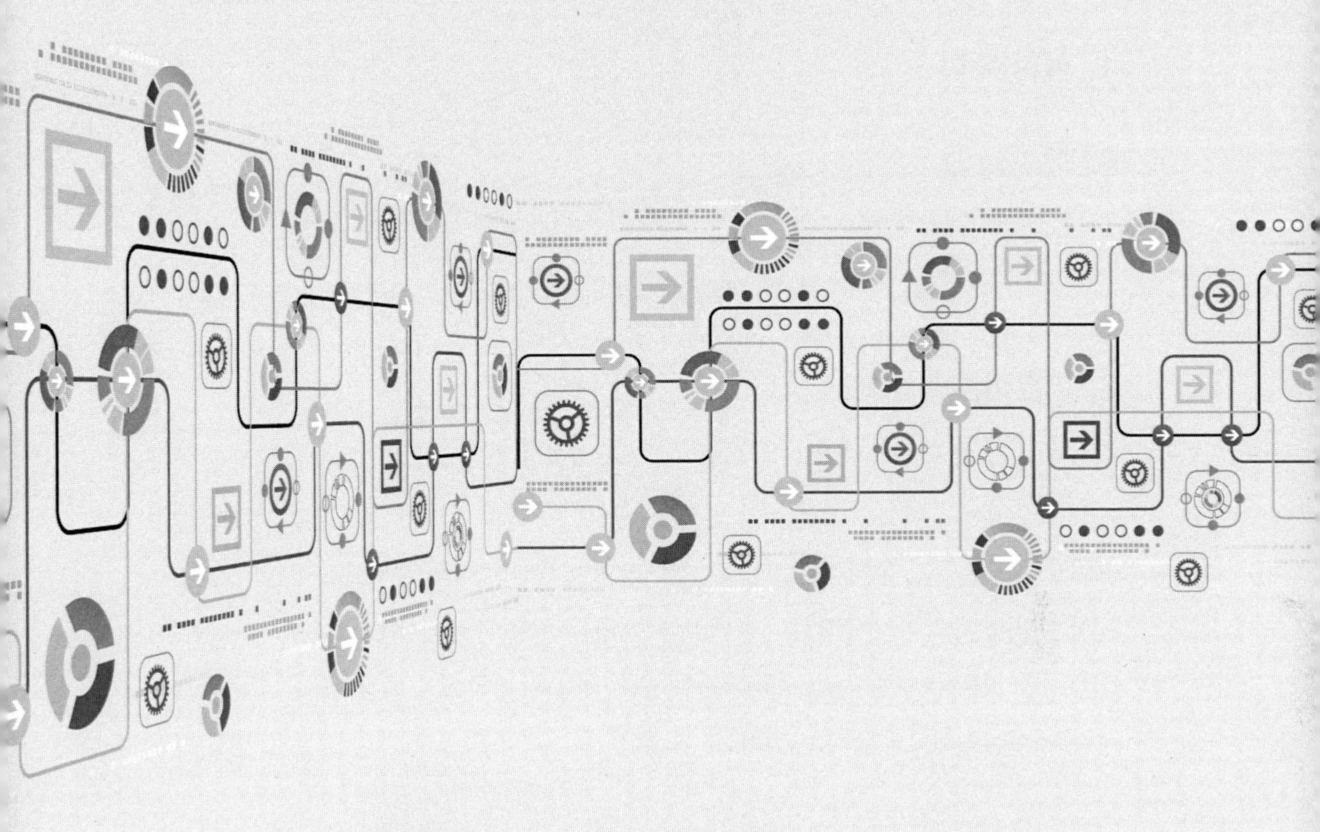

실험 1

논리 게이트gate 실험

1. 실험 목적

objective

(1) 기본적 논리 게이트 논리곱(AND), 논리합(OR), 논리 부정(NOT)의 동작을 이해한다.
(2) 드모르 강의 법칙 이해

2. 기본이론

디지털 컴퓨터의 연산은 2진법에 의한 0과 1에 대한 산술 및 논리연산이다. 이러한 연산 기능을 수행하기 위해서 기본 논리 연산기능을 할 수 있는 소자가 필요한데 그것을 논리 게이트라고 부른다. 논리 게이트는 두 개 이상의 입력과 하나의 출력으로 구성되어 있다. 동작 기능에 따라 여러 종류로 나누어진다. 논리곱(AND), 논리합(OR), 논리 부정(반전)(NOT)을 기본 논리게이트로 분류할 수 있다 각각의 게이트의 동작기능을 살펴보도록 한다. 조합논리회로와 순서논리회로로 구분한다.

2.1 AND 게이트gate

AND 게이트는 논리적 곱연산 기능을 수행한다. 즉, 입력 중 하나라도 0이면, 출력은 0이 되고, 입력 모두가 1일 때만 출력이 1이 된다. AND 게이트의 논리기호 및 진리표(truth table)는 그림 1과 같다.

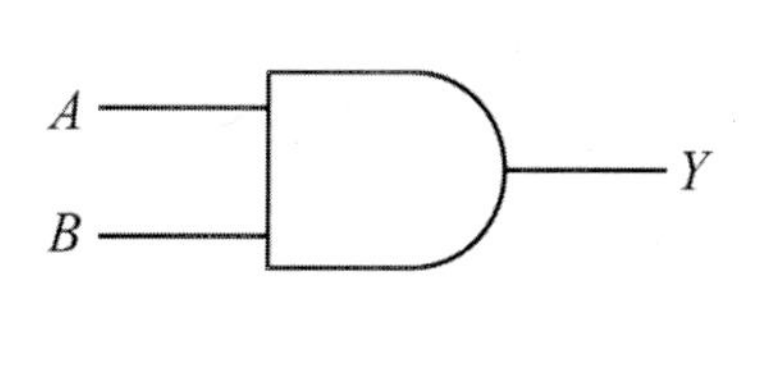

(a) 논리기호

A	B	Y
0	0	0
0	1	0
1	0	0
1	1	1

(b) 진리표

$$Y = AB$$

(c) 논리식

그림 1 AND 게이트

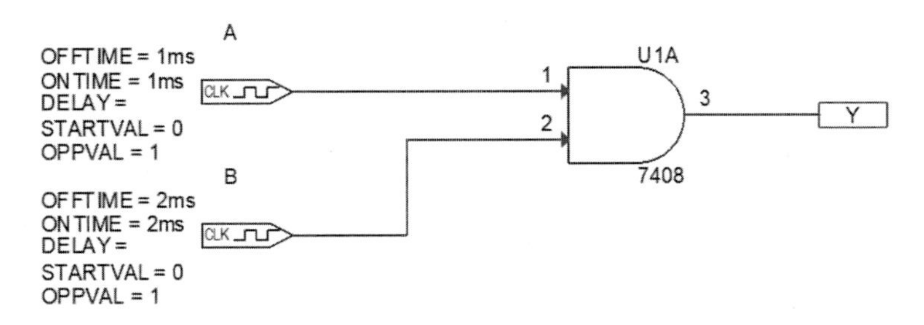

그림 2 $Y = AB$의 논리 회로

다음 그림 3은 두 입력 A, B에 대한 AND 연산 $Y = AB$을 pspice로 시뮬레이션한 결과이다. A, B 둘 다 1일 때 출력이 1이 된다는 사실을 확인할 수 있다.

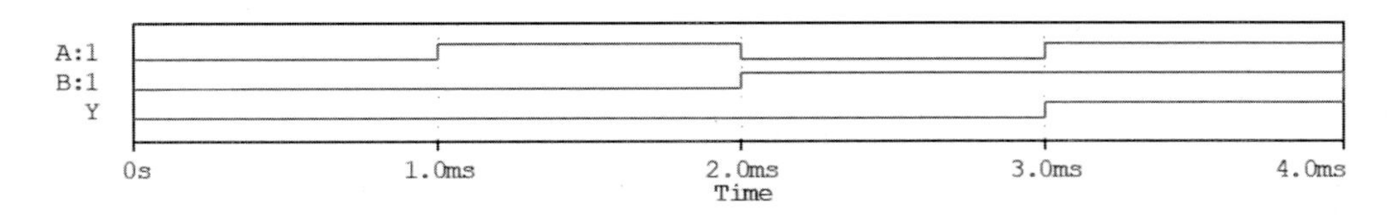

그림 3 시뮬레이션 결과

2.2 OR 게이트gate

OR 게이트는 논리적 합 연산 기능을 수행한다. 즉, 입력 중 하나라도 1이면, 출력은 1이 되고, 입력 모두가 0일 때만 출력이 0이 된다. OR 게이트의 논리기호 및 진리표(truth table)는 그림 4와 같다.

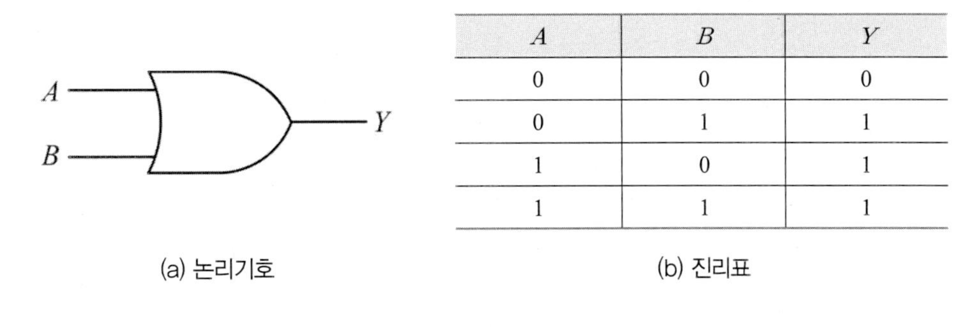

A	B	Y
0	0	0
0	1	1
1	0	1
1	1	1

(a) 논리기호

(b) 진리표

$$Y = A + B$$

(c) 논리식

그림 4 OR 게이트

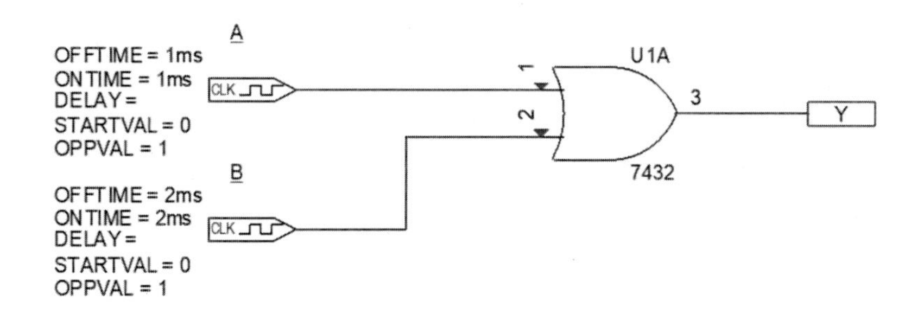

그림 5 $Y = A + B$의 논리회로

다음 그림 6은 두 입력 A, B에 대한 OR 연산 $Y = A + B$을 PSPICE로 시뮬레이션한 결과이다. 입력 A, B 입력 중 하나라도 1이면, 출력은 1이 된다는 사실을 확인할 수가 있다.

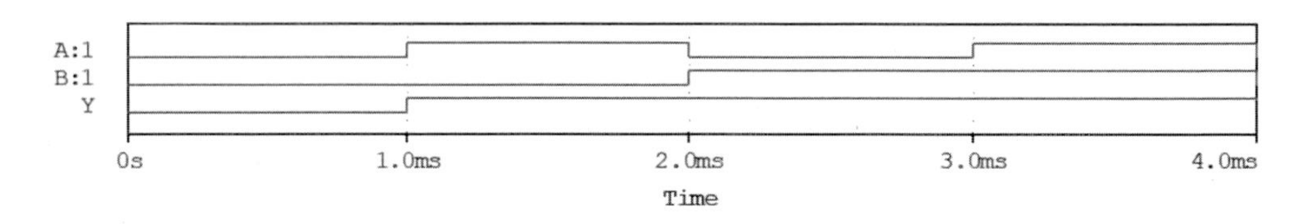

그림 6 시뮬레이션 결과

2.3 NOT 게이트gate

NOT 게이트는 논리적 부정 연산 기능을 수행한다. 즉, 입력이 1이면, 출력은 0이 되고, 입력이 0이면, 출력은 1이 된다. NOT 게이트의 논리기호 및 진리표(truth table)는 그림 7과 같다.

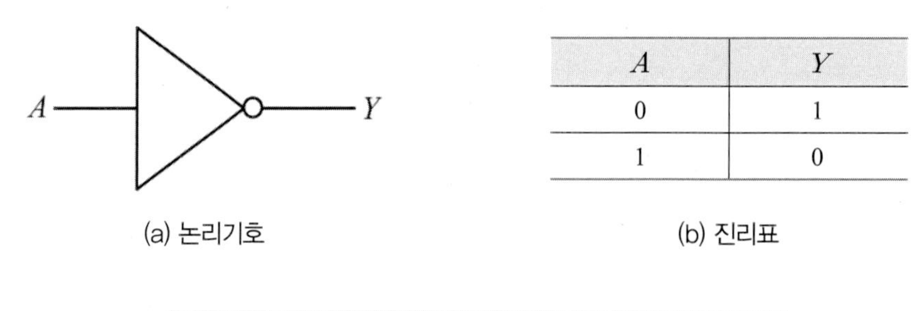

A	Y
0	1
1	0

(a) 논리기호 (b) 진리표

$$Y = \overline{A}$$

(c) 논리식

그림 7 NOT 게이트

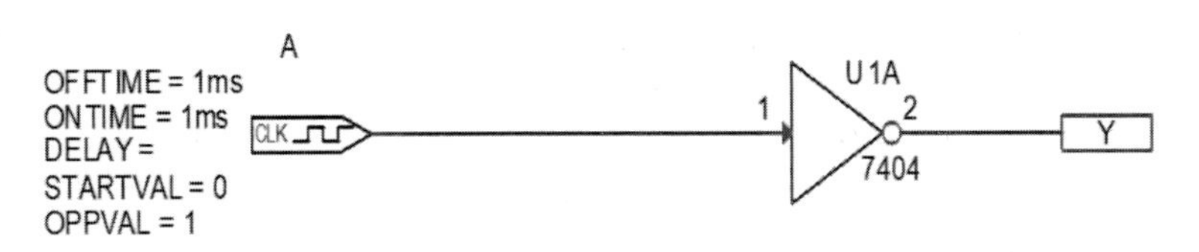

그림 8 $Y = \overline{A}$의 논리회로

다음 그림은 입력 A에 대한 NOT 연산 $y = \overline{A}$을 PSPICE로 시뮬레이션한 결과이다. 입력이 1이면, 출력은 0이 되고, 입력이 0이면, 출력은 1이 된다는 사실을 확인할 수가 있다.

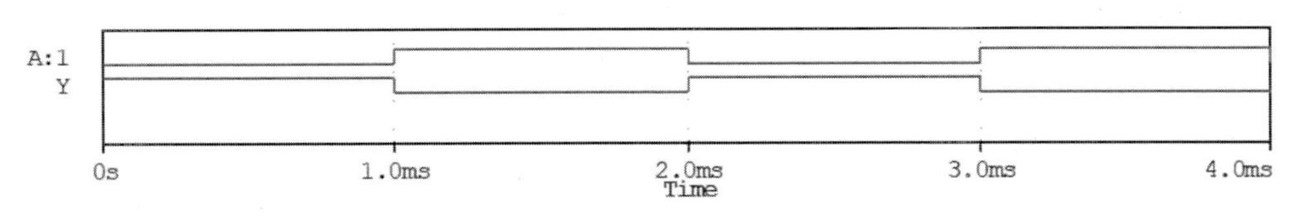

그림 9 $y = \overline{A}$ 시뮬레이션 결과

예제 기본 게이트의 조합회로 – 다음 논리식을 기본 게이트로 구현하라.

$$Y = (A + B)C = AC + BC$$

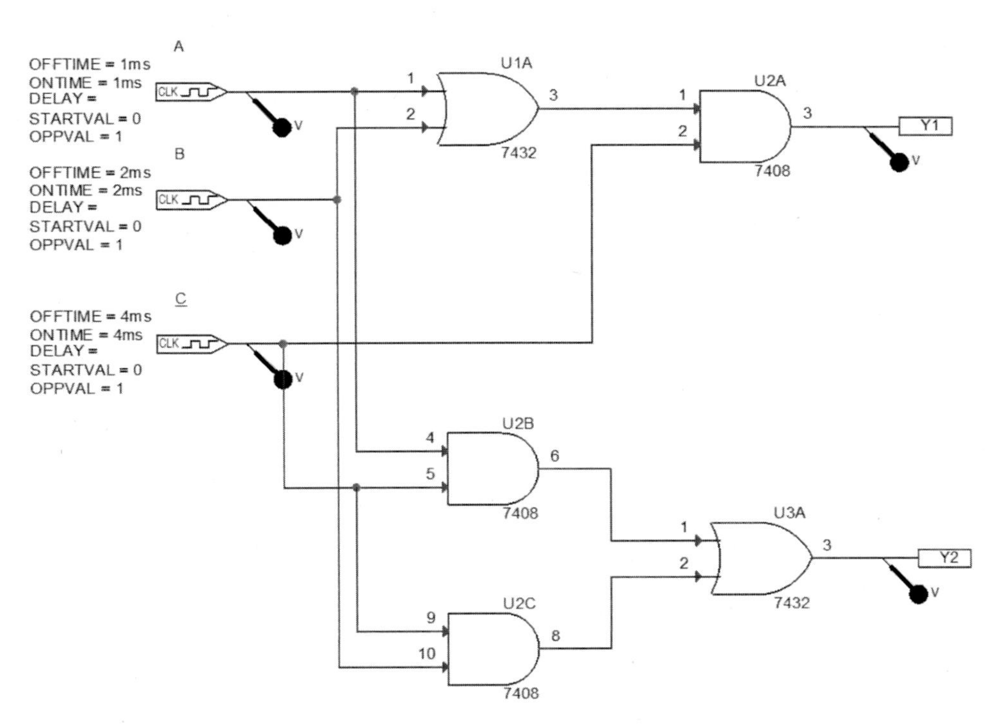

그림 10 기본 게이트의 조합회로 $Y_1 = (A+B)C$ 및 $Y_2 = AC + BC$

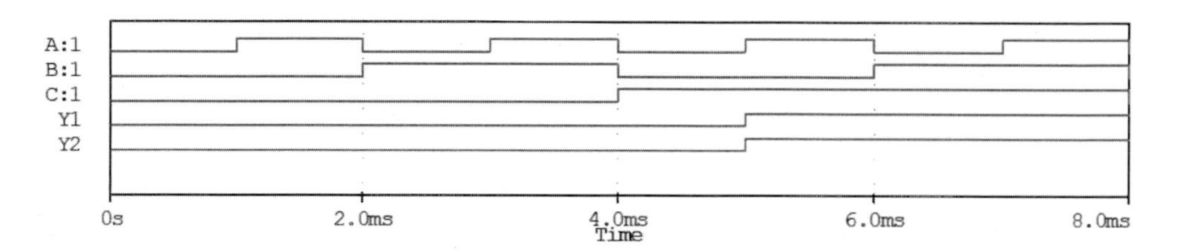

그림 11 시뮬레이션 결과

3. 요약문제

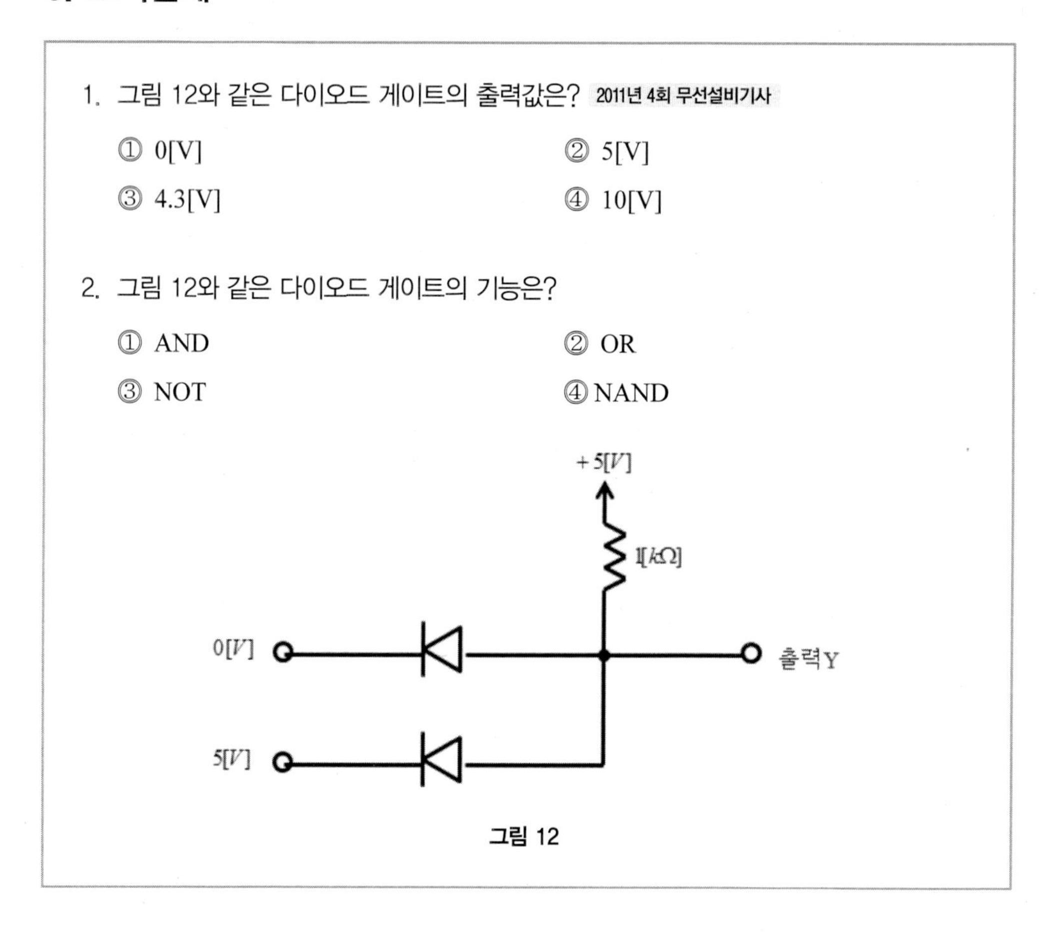

1. 그림 12와 같은 다이오드 게이트의 출력값은? **2011년 4회 무선설비기사**

   ① 0[V] ② 5[V]
   ③ 4.3[V] ④ 10[V]

2. 그림 12와 같은 다이오드 게이트의 기능은?

   ① AND ② OR
   ③ NOT ④ NAND

그림 12

4. 실험 기기 및 부품

(1) AND 게이트 : IC 7408 1개

(2) OR 게이트 : IC 7432 1개

(3) NOT 게이트 : IC 7404 1개

(4) 저항 : 1kΩ 3개, 330Ω 1개

(5) 4 비트 DIP SW 1개

(6) 직류 전원 공급기 1대

(7) 적색 LED 1개

5. 실험절차

(1) 그림 13의 AND 게이트 회로를 구성하라. IC 7408의 7번 PIN을 접지에 연결하고, 14번 PIN을 5V 전원에 연결하라. 표 1의 각 경우에 대하여 AND 연산을 수행하고 결과를 표 1에 기록하라. AND 연산 동작을 확인하라.

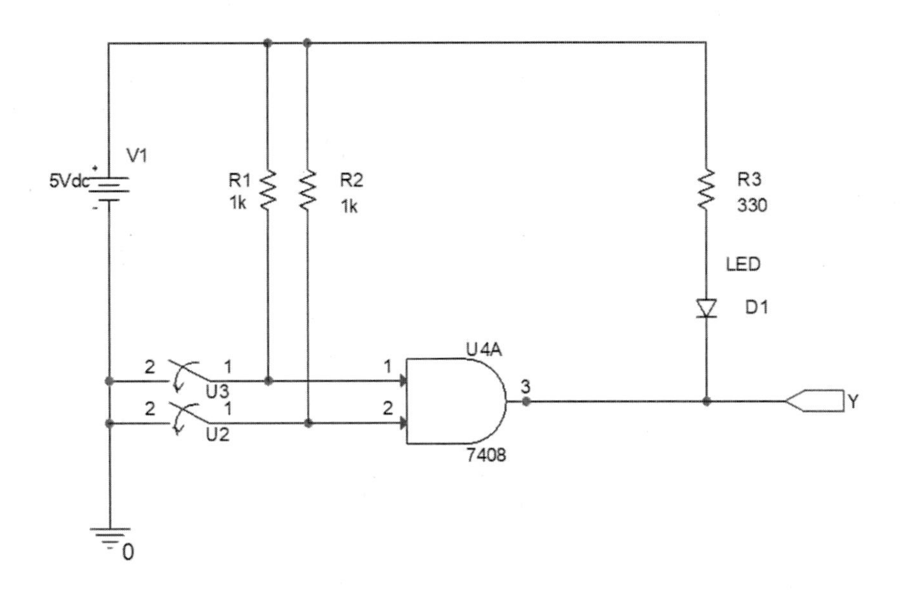

그림 13 AND 게이트

표 1 $Y = AB$의 진리표

A	B	Y
0V	0V	
0V	5V	
5V	0V	
5V	5V	

(2) 그림 14의 OR 게이트 회로를 구성하라. IC 7432의 7번 PIN을 접지에 연결하고, 14번 PIN을 5V 전원에 연결하라. 표 2의 각 경우에 대하여 OR 연산을 수행하고 결과를 표 2에 기록하라. OR 연산 동작을 확인하라.

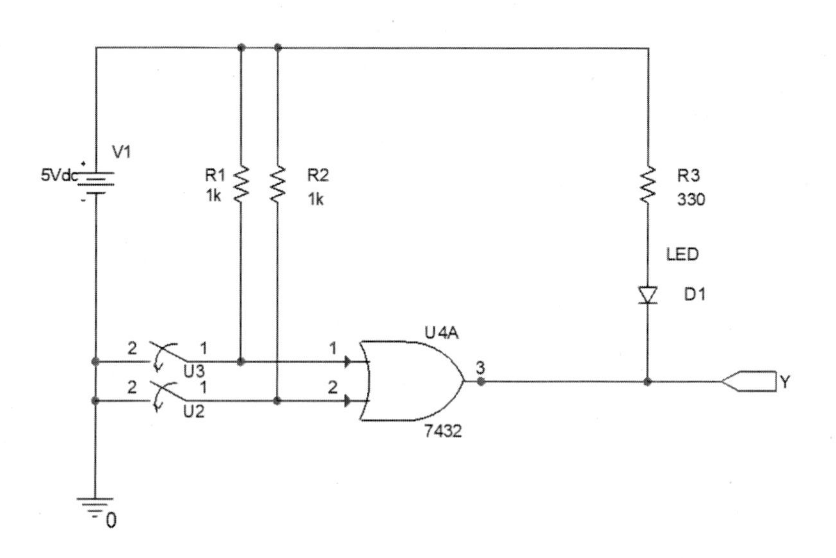

그림 14 OR 게이트

표 2 $Y = A + B$의 진리표

A	B	Y
0V	0V	
0V	5V	
5V	0V	
5V	5V	

(3) 그림 15의 NOT 게이트 회로를 구성하라. IC 7404의 7번 PIN을 접지에 연결하고, 14번 PIN을 5V 전원에 연결하라. 표 3의 각 경우에 대하여 NOT 연산을 수행하고 결과를 표 3에 기록하라. NOT 연산 동작을 확인하라.

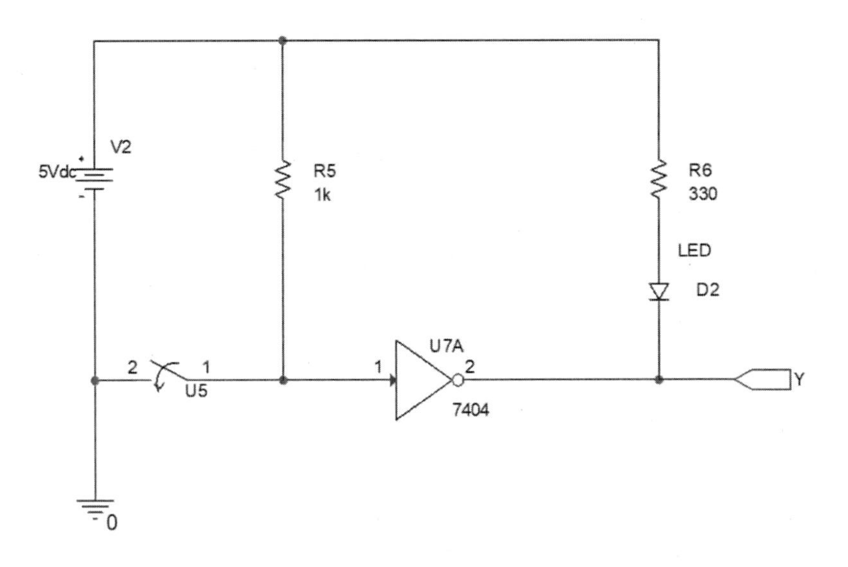

그림 15 NOT 게이트

표 3 $Y=\overline{A}$ 의 진리표

A	Y
0V	
5V	

(4) 기본 게이트 조합 회로 $Y = (A+B)C = AC + BC$ 그림 16 (a)와 (b)를 각각 구성하라. 표 4의 각 경우에 대하여 조합 연산을 수행하고 결과를 표 4에 기록하라. 그림 16(a)와 (b)의 결과가 일치하는지 확인하라.

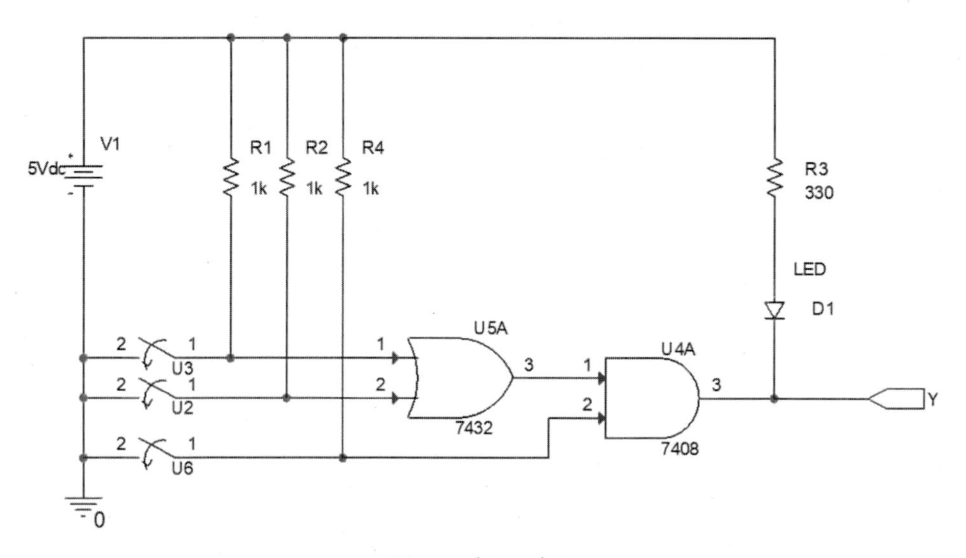

(a) $Y = (A+B)C$

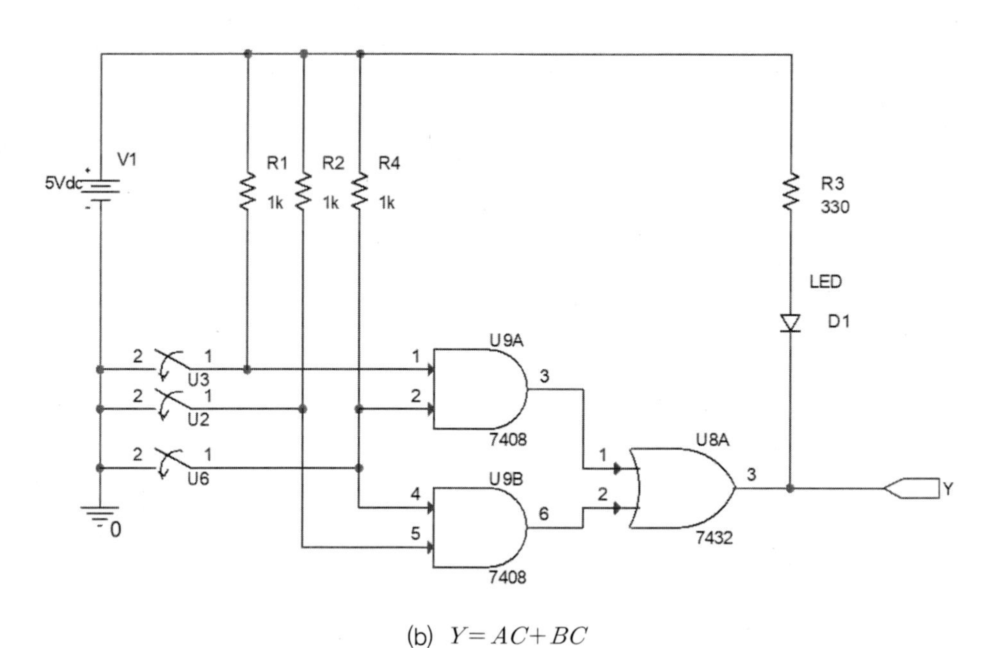

(b) $Y = AC + BC$

그림 16

표 4

A	B	C	$Y=(A+B)C$	$Y=AC+BC$
0V	0V	0V		
0V	0V	5V		
0V	5V	0V		
0V	5V	5V		
5V	0V	0V		
5V	0V	5V		
5V	5V	0V		
5V	5V	5V		

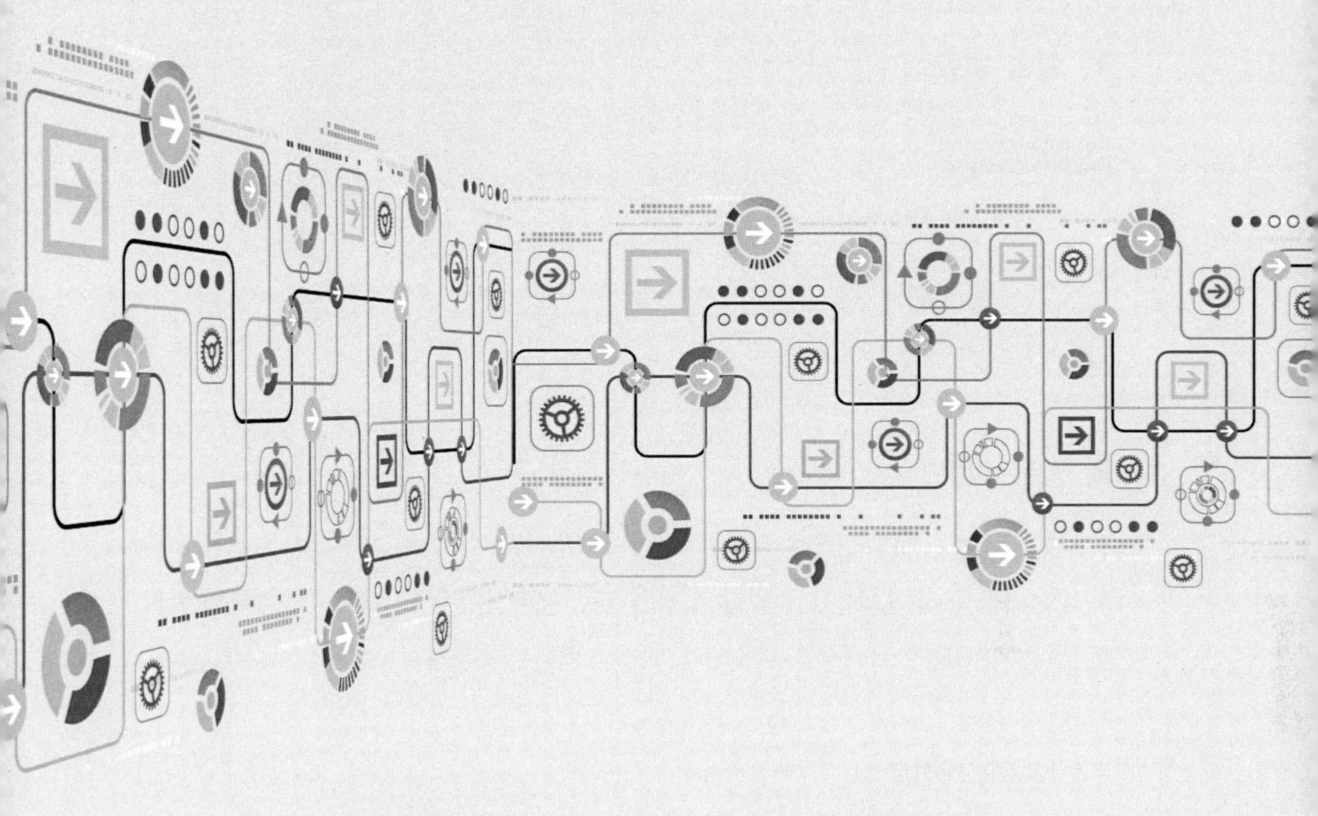

실험 2
논리 게이트gate 실험 II

1. 실험 목적
2. 기본 이론
   - 2.1 NAND 게이트
   - 2.2 NOR 게이트
   - 2.3 XOR 게이트
   - 2.4 XNOR 게이트
   - 2.5 드모르강의 법칙
3. 실험 기기 및 부품
4. 실험절차

1. 실험 목적

objective

(1) NAND 게이트의 동작을 이해한다.
(2) NOR 게이트의 동작을 이해한다.
(3) XOR 게이트의 동작을 이해한다.
(4) XNOR 게이트의 동작을 이해한다.

2. 기본 이론

3개의 기본 논리 게이트, 즉 논리곱(AND), 논리합(OR), 논리 부정(반전)(NOT)를 조합하여 논리곱-부정(NAND), 논리합-부정(NOR), 배타적 논리합(XOR) 및 배타적 논리합-부정(XNOR)으로 확장할 수가 있다. 각각의 게이트의 동작기능을 살펴보도록 한다.

2.1 NAND 게이트

NAND 게이트는 AND 게이트와 NOT 게이트를 결합한 것으로 논리적 곱연산의 부정 기능을 수행한다. 즉, 입력 중 하나라도 0이면, 출력은 1이 되고, 입력 모두가 1일 때만 출력이 0이 된다. NAND 게이트의 논리기호 및 진리표(truth table)는 그림 1과 같다.

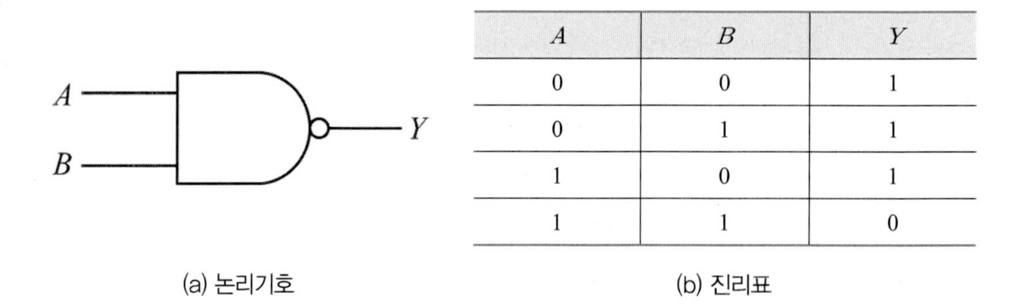

A	B	Y
0	0	1
0	1	1
1	0	1
1	1	0

(a) 논리기호 (b) 진리표

$$Y = \overline{AB}$$

(c) 논리식

그림 1 NAND 게이트

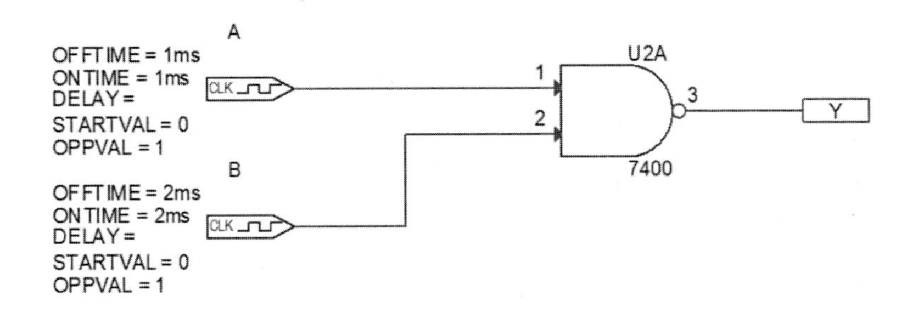

그림 2 $Y=\overline{AB}$의 논리회로

그림 3은 두 입력 A, B에 대한 NAND 연산 $Y=\overline{AB}$을 PSPICE로 시뮬레이션한 결과이다. A, B 모두 1일 때 출력이 0이 된다는 사실을 확인할 수 있다.

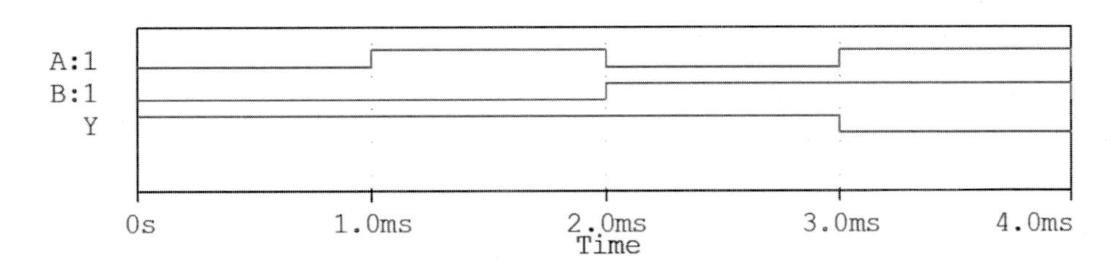

그림 3 시뮬레이션 결과

2.2 NOR 게이트

NOR 게이트는 OR 게이트와 NOT 게이트를 결합한 것으로 논리적 합연산의 부정 기능을 수행한다. 즉, 입력 중 하나라도 1이면, 출력은 0이 되고, 입력 모두가 0일 때만 출력이 1이 된다. NOR 게이트의 논리기호 및 진리표(truth table)는 그림 4와 같다.

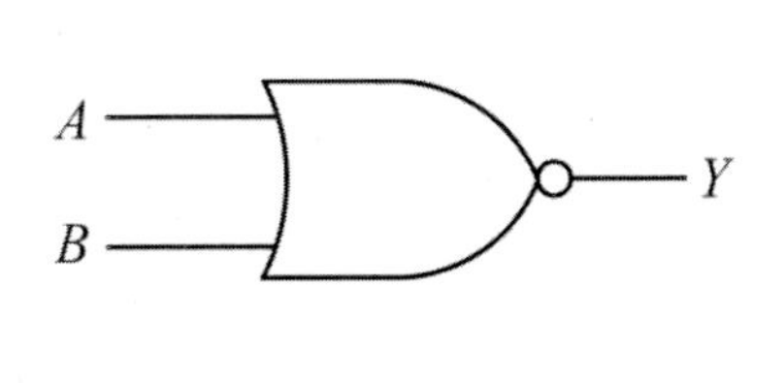

(a) 논리기호

A	B	Y
0	0	1
0	1	0
1	0	0
1	1	0

(b) 진리표

$$Y = \overline{A+B}$$

(c) 논리식

그림 4 NOR 게이트

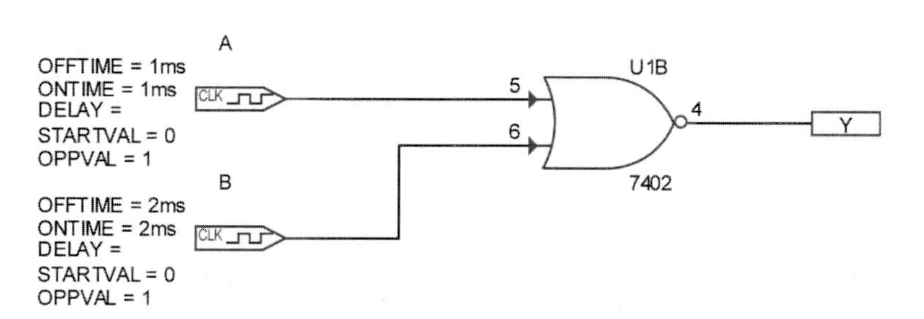

그림 5 NOR 게이트 회로

그림 6은 두 입력 A, B에 대한 NOR 연산 $Y = \overline{A+B}$을 PSPICE로 시뮬레이션한 결과이다. A, B 중 하나라도 1이면 출력이 0이 된다는 사실을 확인할 수 있다.

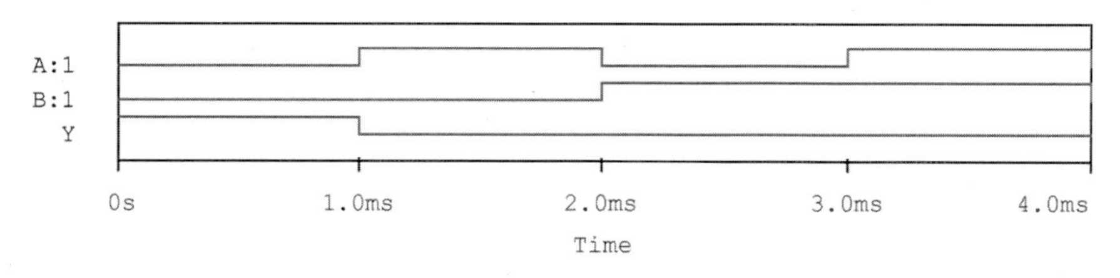

그림 6 시뮬레이션 결과

2.3 XOR 게이트

XOR 게이트는 AND 게이트, OR 게이트 및 NOT 게이트를 결합한 것으로 배타적 논리적 합(exclusive logical sum) 연산 기능을 수행한다. 즉, 입력이 서로 다를 경우에만 출력이 1이 되고, 입력이 서로 같을 경우에는 출력이 0이 된다. XOR 게이트의 논리기호 및 진리표(truth table)는 그림 7과 같다.

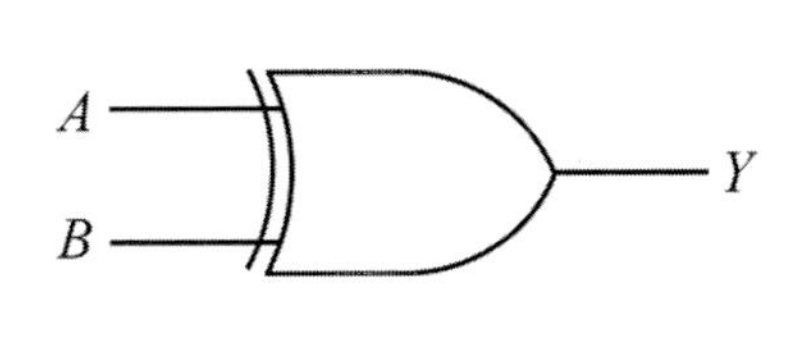

(a) 논리기호

A	B	Y
0	0	0
0	1	1
1	0	1
1	1	0

(b) 진리표

$$Y = A \oplus B = A\,\overline{B} + \overline{A}\,B$$

(c) 논리식

그림 7 XOR 게이트

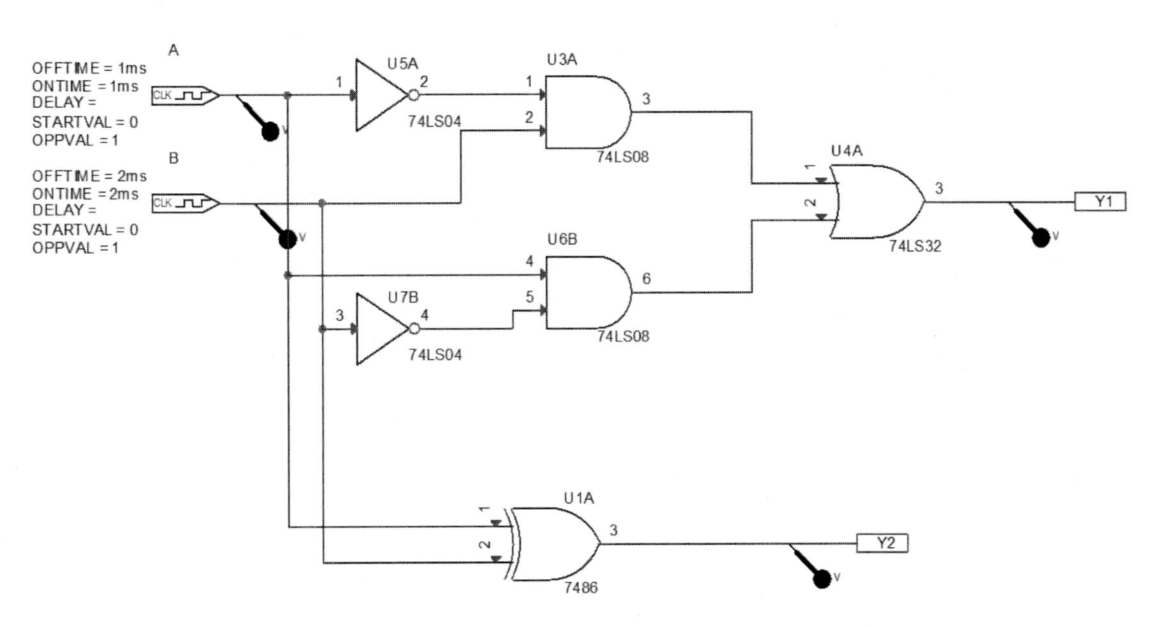

그림 8 XOR 게이트 회로 $Y_1 = A\,\overline{B} + \overline{A}\,B$ 및 $Y_2 = A \oplus B$

그림 9는 두 입력 A, B에 대한 XOR 연산 $Y = A \oplus B$을 PSPICE로 시뮬레이션한 결과이다. 입력이 서로 다를 경우에만 출력이 1이 되고, 입력이 서로 같을 경우에는 출력이 0이 된다는 사실을 확인할 수 있다.

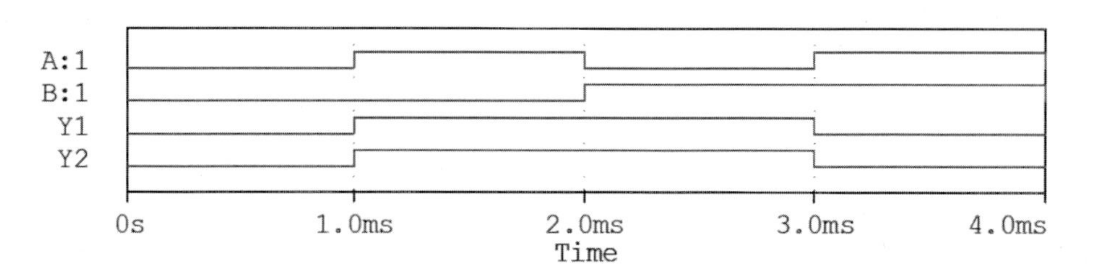

그림 9 XOR 게이트 시뮬레이션 결과

2.4 XNOR 게이트

XNOR 게이트는 XOR 게이트와 NOT 게이트를 결합한 것으로 배타적 논리적 합연산의 부정 기능을 수행한다. 즉, 입력이 서로 다를 경우에만 출력이 0이 되고, 입력이 서로 같을 경우에는 출력이 1이 된다. XOR 게이트의 논리기호 및 진리표(truth table)는 그림 10과 같다.

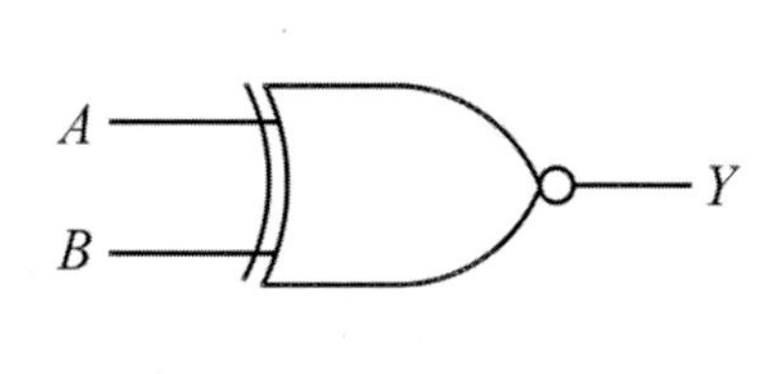

(a) 논리기호

A	B	$Y = A \odot B$
0	0	1
0	1	0
1	0	0
1	1	1

(b) 진리표

$$Y = A \odot B = A\ B + \overline{A}\ \overline{B}$$

(c) 논리식

그림 10 XNOR 게이트

그림 11은 $Y = A \odot B = \overline{A \oplus B} = \overline{A\ \overline{B} + \overline{A}\ B} = AB + \overline{A}\ \overline{B}$를 게이트로 구성한 것이다. 각각의 시뮬레이션 결과는 그림 12에 나타내었다. 입력이 서로 다를 경우에만 출력이 0이 되고, 입력이 서로 같을 경우에는 출력이 1이 된다는 사실을 확인할 수 있다.

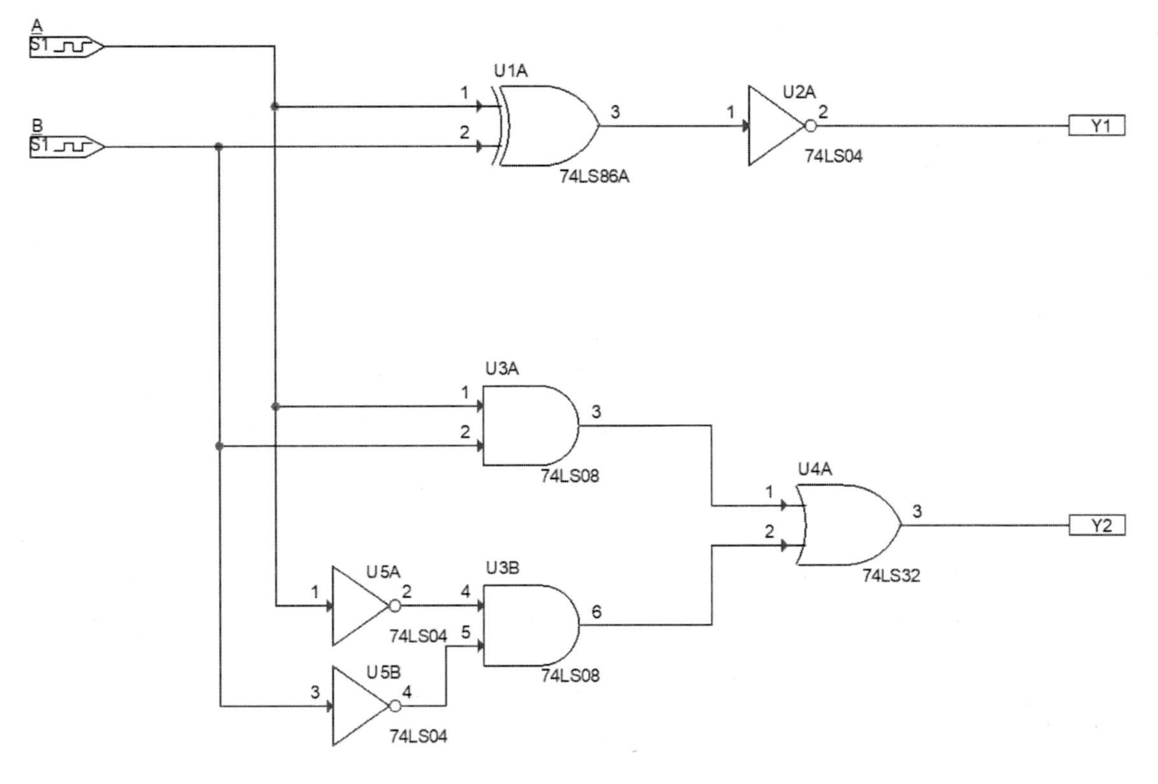

그림 11 XNOR 게이트 회로 $Y_1 = A \odot B = \overline{A \oplus B}$ 및 $Y_2 = AB + \overline{A}\ \overline{B}$

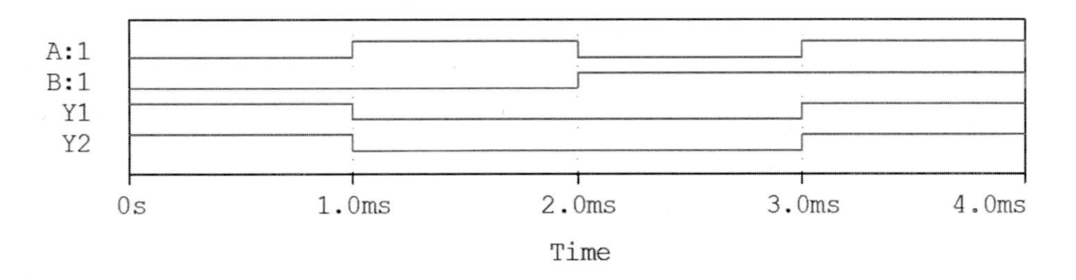

그림 12 XNOR 게이트의 시뮬레이션 결과

2.5 드모르강의 법칙De Morgan

드모르강의 법칙(De Morgan)은 논리합과 논리곱 및 논리 부정연산을 이용하여 논리곱의 형태를 논리합의 형태로, 반대로 논리합의 형태를 논리곱의 형태로 변환할 수 있다는 사실을 나타내고 있다. 드모르강의 법칙의 부울 대수식은 다음과 같다 :

$$\overline{AB} = \overline{A} + \overline{B}$$

$$\overline{A+B} = \overline{A}\ \ \overline{B}$$

다음 진리표를 통하여 드모르강의 법칙이 성립함을 확인할 수 있다.

표 1 드모르강의 법칙을 위한 진리표

A	B	$A+B$	AB	$\overline{A+B}$	$\overline{AB}$	$\overline{A}+\overline{B}$	$\overline{A}\,\overline{B}$
0	0	0	0	1	1	1	1
0	1	1	0	0	1	1	0
1	0	1	0	0	1	1	0
1	1	1	1	0	0	0	0

그림 13은 $Y_{11} = \overline{A} + \overline{B}$ $Y_{12} = \overline{AB}$ $Y_{21} = \overline{A} \cdot \overline{B}$ $Y_{22} = \overline{A+B}$ 를 구현하고 있다. 그림 14의 시뮬레이션 결과는 $\overline{AB} = \overline{A} + \overline{B}$ 과 $\overline{AB} = \overline{A} + \overline{B}$ 이 성립함을 증명하고 있다.

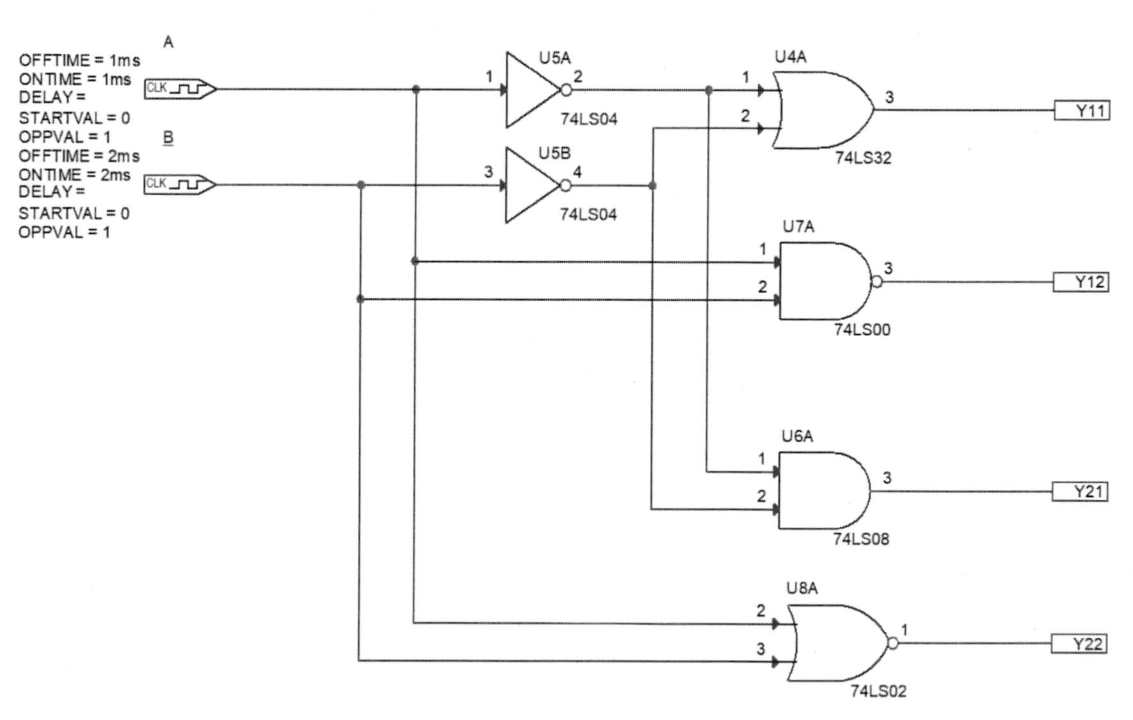

그림 13 $Y_{11} = \overline{A} + \overline{B}$ $Y_{12} = \overline{AB}$ $Y_{21} = \overline{A} \cdot \overline{B}$ $Y_{22} = \overline{A+B}$

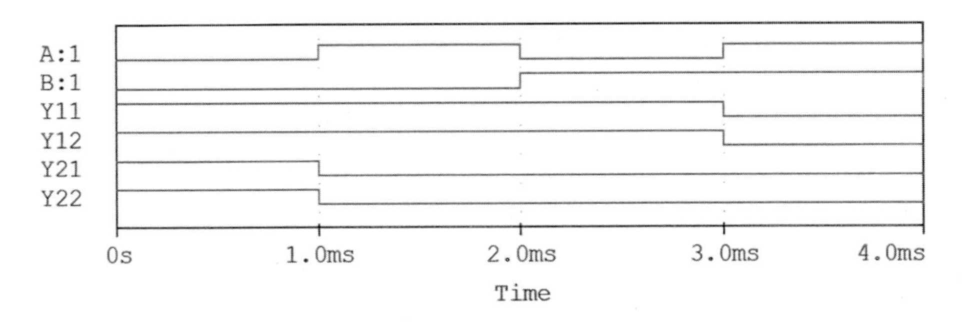

그림 14 드모르강의 법칙 시뮬레이션 결과

XNOR 게이트의 논리식은 드 모르강의 법칙

$$\overline{AB} = \overline{A} + \overline{B}$$
$$\overline{A+B} = \overline{A}\;\overline{B}$$

을 이용하여 증명할 수 있다. 즉,

$$Y = A \odot B = \overline{A \oplus B} = \overline{A\,\overline{B} + \overline{A}\,B} = \overline{A\,\overline{B}}\;\overline{\overline{A}\,B} = (\overline{A} + B)(A + \overline{B})$$
$$= \overline{A}\,A + AB + \overline{A}\,\overline{B} + \overline{B}\,B = AB + \overline{A}\,\overline{B}$$

3. 실험 기기 및 부품

(1) NAND 게이트 : IC 7400 1개

(2) NOR 게이트 : IC 7402 1개

(3) XOR 게이트 : IC 7486 1개

(4) 저항 : 1kΩ 3개, 330Ω 1개

(5) 4 비트 DIP SW 1개

(6) 직류 전원 공급기 1대

(7) 적색 LED 1개

4. 실험절차

(1) NAND 게이트실험

그림 15의 회로를 구성하라. 표 2의 진리표에 의거 LED 점멸동작상태를 이용하여 순차적으로 $Y=\overline{AB}$의 값을 멀티미터로 측정하고 표 2에 기록하라. NAND 게이트 동작을 확인하라.

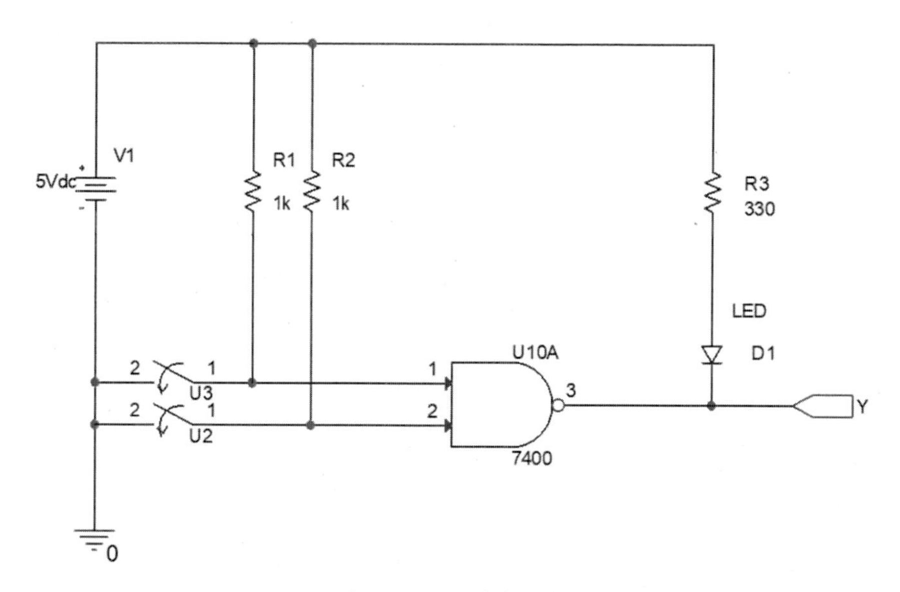

그림 15 NAND 게이트 회로

표 2

A	B	$Y=\overline{AB}$
0	0	
0	$5V$	
$5V$	0	
$5V$	$5V$	

(2) NOR 게이트 실험 : IC 7402 1개

그림 16의 회로를 구성하라. 표 3의 진리표에 의거 순차적으로 $Y=\overline{A+B}$의 값을 멀티미터로 측정하고 표 3에 기록하라. NOR 게이트 동작을 확인하라.

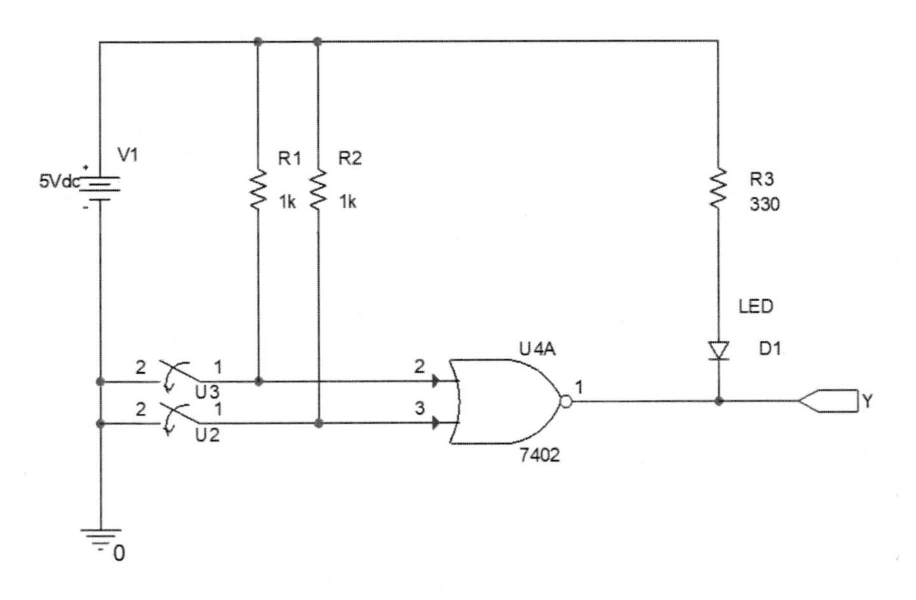

그림 16 NOR 게이트 회로

표 3

A	B	$Y=\overline{A+B}$
0	0	
0	$5V$	
$5V$	0	
$5V$	$5V$	

(3) XOR 게이트 실험 : IC 7486 1개

1) 그림 17의 회로를 구성하라. 표 4의 진리표에 의거 순차적으로 $Y = A\ \overline{B} + \overline{A}\ B$의 값을 멀티미터로 측정하고 표 4에 기록하라.

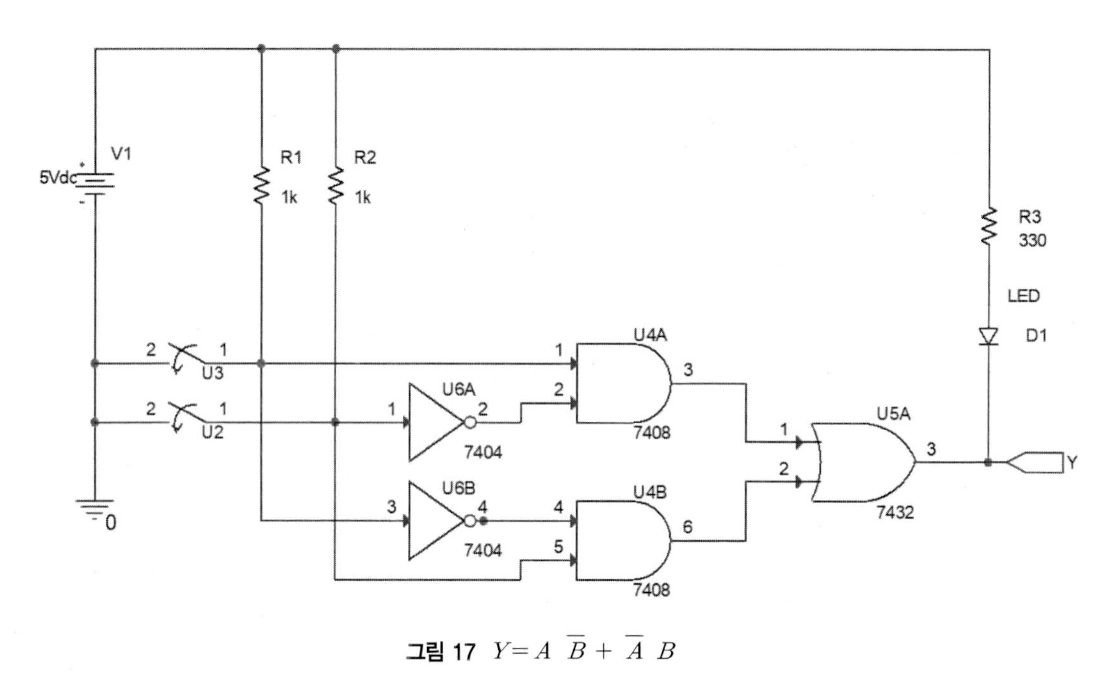

그림 17 $Y = A\ \overline{B} + \overline{A}\ B$

2) 그림 18의 회로를 구성하라. 표 4의 진리표에 의거 순차적으로 $Y = A \oplus B$의 값을 멀티미터로 측정하고 표 4에 기록하라. XOR 게이트 동작을 확인하라.

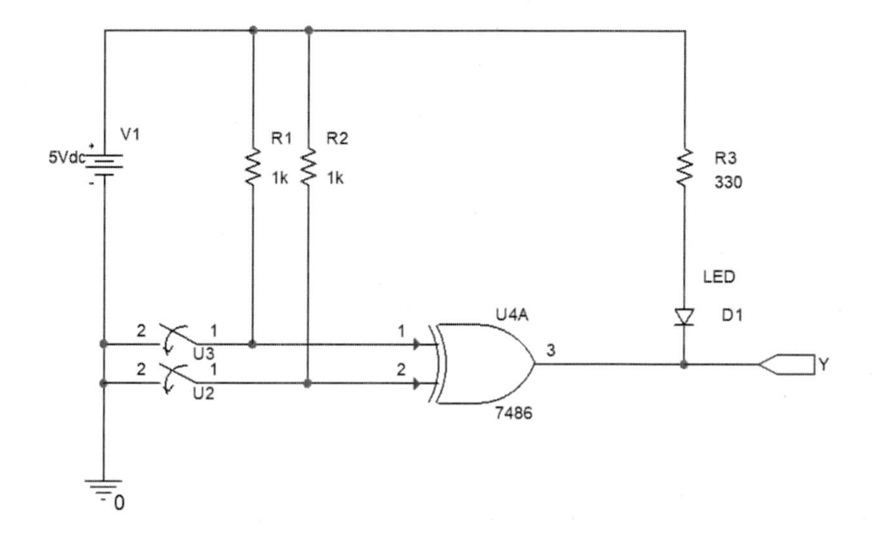

그림 18 $Y = A \oplus B$

표 4

A	B	$Y = A\ \overline{B} + \overline{A}\ B$	$Y = A \oplus B$
0	0		
0	$5\,V$		
$5\,V$	0		
$5\,V$	$5\,V$		

(4) XNOR 게이트 실험 :

1) 그림 19의 회로를 구성하라. 표 5의 진리표에 의거 순차적으로 $Y = A\ B + \overline{A}\ \overline{B}$ 의 값을 멀티미터로 측정하고 표 5에 기록하라. XNOR 게이트 동작을 확인하라.

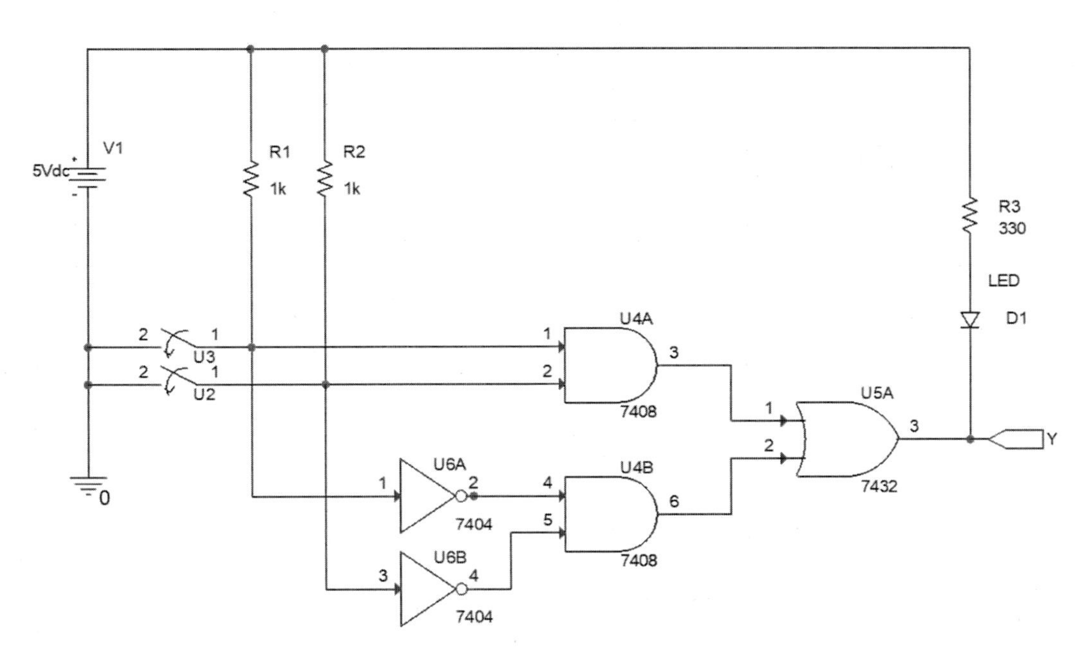

그림 19 $Y = AB + \overline{A}\ \overline{B}$

2) 그림 20의 회로를 구성하라. 표 5의 진리표에 의거 순차적으로 $Y = A \oplus B$의 값을 멀티미터로 측정하고 표 5에 기록하라. XNOR 게이트 동작을 확인하라.

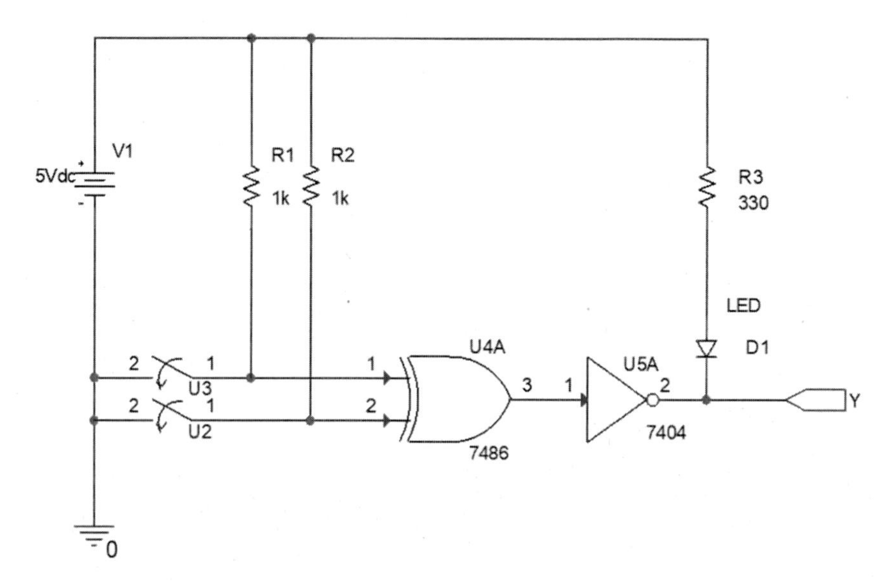

그림 20 $Y = A \odot B = \overline{A \oplus B}$

표 5

A	B	$Y = A\,B + \overline{A}\ \overline{B}$	$Y = A \odot B$
0	0		
0	$5V$		
$5V$	0		
$5V$	$5V$		

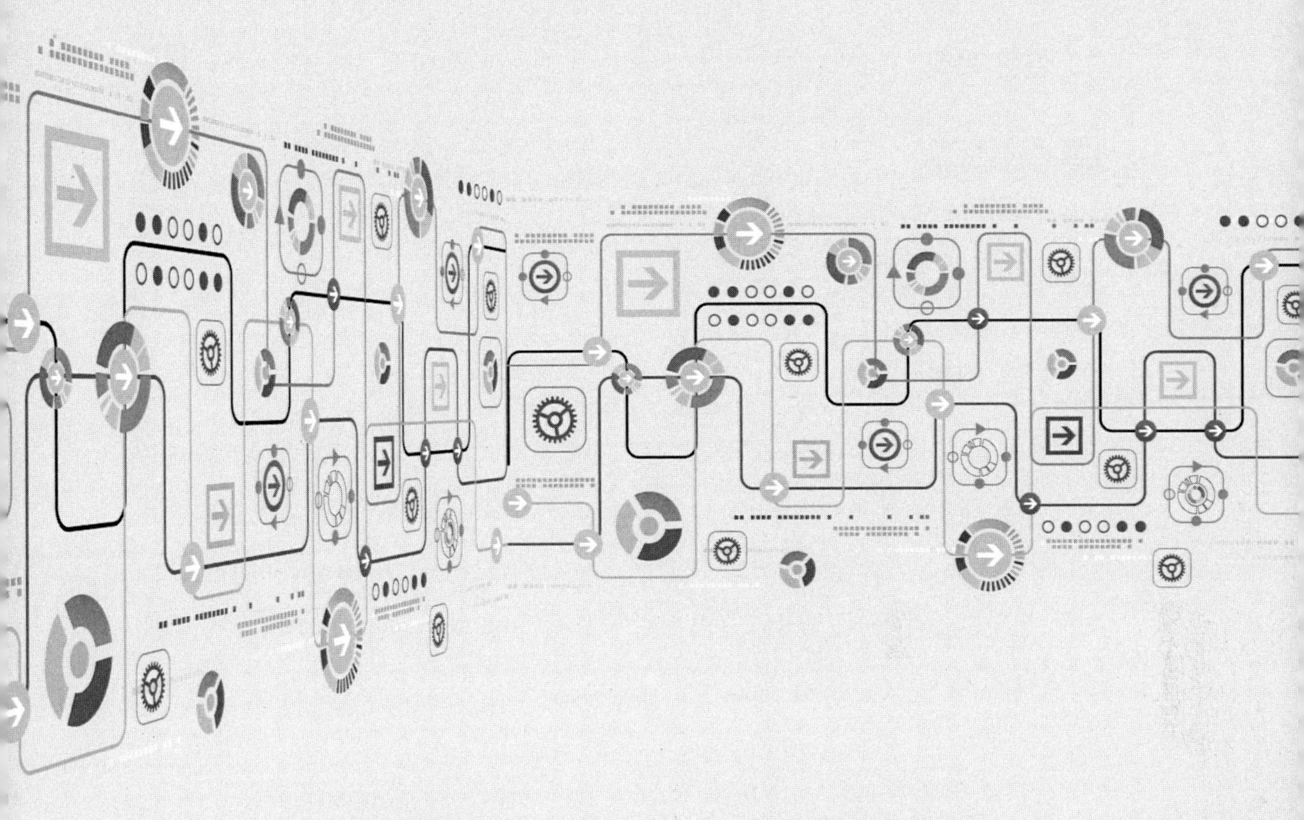

실험 3
논리식의 간소화 Karnaugh-map

1. 실험 목적
2. 기본 이론
   - 2.1 3변수 카노맵의 예1
   - 2.2 3변수 카노맵의 예2
   - 2.3 4변수 카노맵
3. 요약문제
4. 실험 기기 및 부품
5. 실험절차

1. 실험 목적

objective

(1) Karnaugh-map을 이해한다.
(2) Karnaugh-map을 활용한 논리식의 간소화하는 방법을 이해한다.

2. 기본 이론

논리식의 간소화란 AND와 OR 게이트들로 구성된 디지털 논리 회로를 게이트의 개수와 입력의 개수를 체계적인 방법으로 줄여줌으로써 최소비용으로 구현할 수 있게 하는 것이다. 논리식을 간소화하기 위하여 일반적으로 다차원 배열의 Karnaugh-map을 사용한다. 디지털 논리함수는 다음과 같이 논리 곱의 합(Sum of products)으로 간단히 표시할 수 있다.

$$Y(A,B,C) = \overline{A}\,\overline{B}C + \overline{A}\,BC + A\overline{B}C = m_1 + m_3 + m_5 = \sum m(1,3,5)$$

$Y = \sum m(1,3,5)$를 카노맵으로 간소화하기 위하여 그림 1과 같이 2차원 배열을 구성한다. 입력의 개수에 따라 카노맵은 2변수 카노맵, 3변수 카노맵, 혹은 4변수 카노맵 등과 같이 배열의 형태를 확장할 수가 있고, 보통 5변수 카노맵 이상은 쉽게 다루기가 쉽지 않다.

2.1 3변수 카노맵의 예1

$$Y = \sum m(1,3,5) = \overline{A}\,\overline{B}C + \overline{A}\,BC + A\overline{B}C$$

에 대한 Karnaugh-map은 변수 A는 세로 방향으로, 변수 BC는 가로 방향으로 나타내었다. 다음은 함수 Y에 대한 진리표와 카노맵을 나타내고 있다.

표 1 $Y=\sum m(1,3,5)=\overline{A}\,\overline{B}C+\overline{A}BC+A\overline{B}C$의 진리표

A	B	C	Y	최소항	기호
0	0	0	0	$\overline{A}\,\overline{B}\,\overline{C}$	m_0
0	0	1	1	$\overline{A}\,\overline{B}C$	m_1
0	1	0	0	$\overline{A}B\overline{C}$	m_2
0	1	1	1	$\overline{A}BC$	m_3
1	0	0	0	$A\overline{B}\,\overline{C}$	m_4
1	0	1	1	$A\overline{B}C$	m_5
1	1	0	0	$AB\overline{C}$	m_6
1	1	1	0	ABC	m_7

A \ BC	00	01	11	10
0	0	1	1	0
1	0	1	0	0

그림 1 $Y=\sum m(1,3,5)$의 카노맵

$\overline{A}\,\overline{B}C$와 $\overline{A}BC$는 가로 방향으로 하나로 묶을 수가 있기 때문에 $\overline{A}$가 되고, $\overline{A}\,\overline{B}C$와 $A\overline{B}C$는 세로 방향으로 하나로 묶을 수가 있기 때문에 $\overline{B}$만 남는다. 이것은 부울 대수 전개법에 의해서도 확인할 수 있다.

$$Y=\overline{A}\,\overline{B}C+\overline{A}BC+A\overline{B}C=(\overline{A}+A)\overline{B}C+\overline{A}C(\overline{B}+B)$$

결과적으로 간소화된 논리식은

$$Y=\overline{B}C+\overline{A}C$$

로 된다. 3 변수 입력(3 variable inputs) 3개의 곱항(Product term)이 2변수 입력(2 variable inputs) 2개의 곱항으로 간소화되어 게이트의 수를 줄일 수 있게 된다. 그림 2는

$Y_1 = \overline{A}\,\overline{B}C + \overline{A}BC + A\overline{B}C$와 $Y_2 = \overline{B}C + \overline{A}\,C$의 회로이며, 그림 3은 각각의 회로에 대한 시뮬레이션 결과이고 동일한 결과 $Y = \sum m(1,3,5)$를 나타낸다.

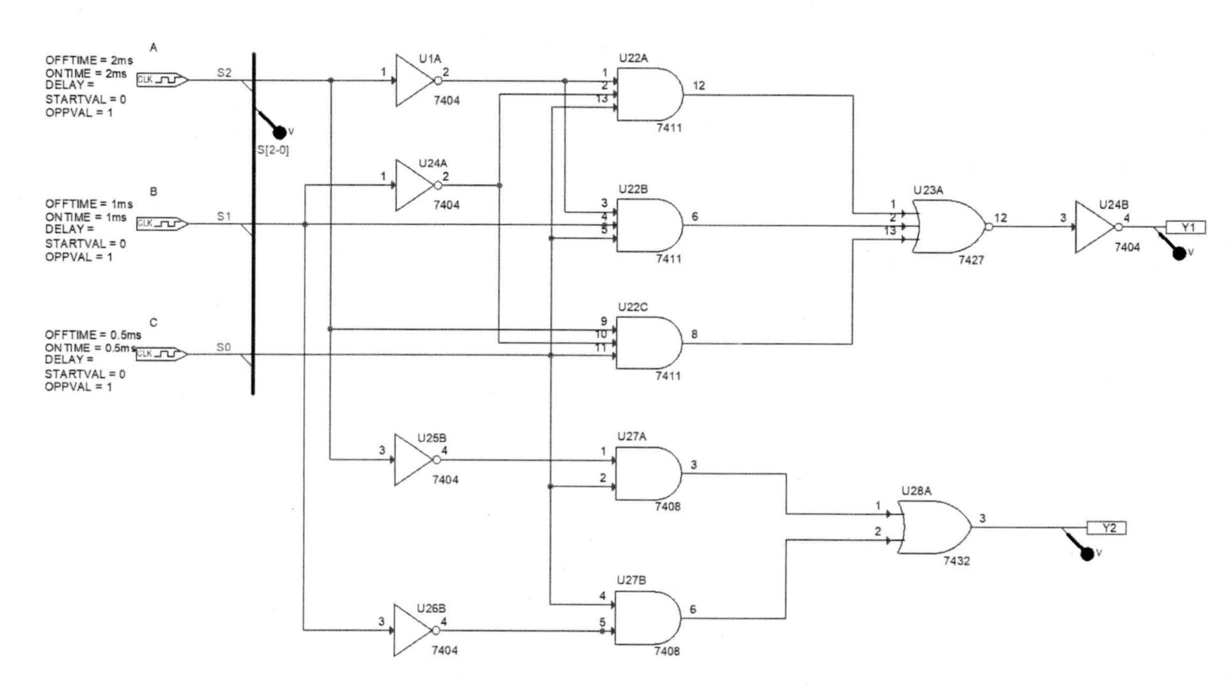

그림 2 $Y_1 = \overline{A}\,\overline{B}C + \overline{A}BC + A\overline{B}C$ 및 $Y_2 = \overline{B}C + \overline{A}\,C$의 회로

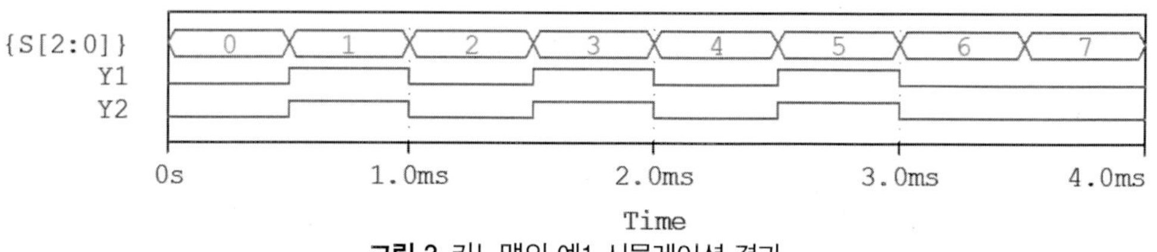

그림 3 카노맵의 예1 시뮬레이션 결과

2.2 3변수 카노맵의 예2

$$Y = \sum m(1,3,5,7) = \overline{A}\,\overline{B}C + \overline{A}\,BC + A\overline{B}C + ABC$$

에 대한 진리표와 Karnaugh-map은 다음과 같다 :

표 2 $Y=\sum m(1,3,5,7)=\overline{A}\,\overline{B}C+\overline{A}BC+A\overline{B}C+ABC$의 진리표

A	B	C	Y	최소항	기호
0	0	0	0	$\overline{A}\,\overline{B}\,\overline{C}$	m_0
0	0	1	1	$\overline{A}\,\overline{B}C$	m_1
0	1	0	0	$\overline{A}B\overline{C}$	m_2
0	1	1	1	$\overline{A}BC$	m_3
1	0	0	0	$A\overline{B}\,\overline{C}$	m_4
1	0	1	1	$A\overline{B}C$	m_5
1	1	0	0	$AB\overline{C}$	m_6
1	1	1	1	ABC	m_7

A \ BC	00	01	11	10
0	0	1	1	0
1	0	1	1	0

그림 4 $Y=\sum m(1,3,5,7)=\overline{A}\,\overline{B}C+\overline{A}BC+A\overline{B}C+ABC$의 카노맵

카노맵상에서 $\overline{A}\,\overline{B}C$, $\overline{A}BC$, $A\overline{B}C$와 ABC는 모두 C 하나로 묶을 수가 있기 때문에

$$Y=C$$

로 간소화된다. 이처럼 카노맵상에서는 인접한 곱항들을 입체적으로 하나로 묶을 수가 있기 때문에 논리식의 간소화에 매우 편리한 방법이라고 할 수 있다.

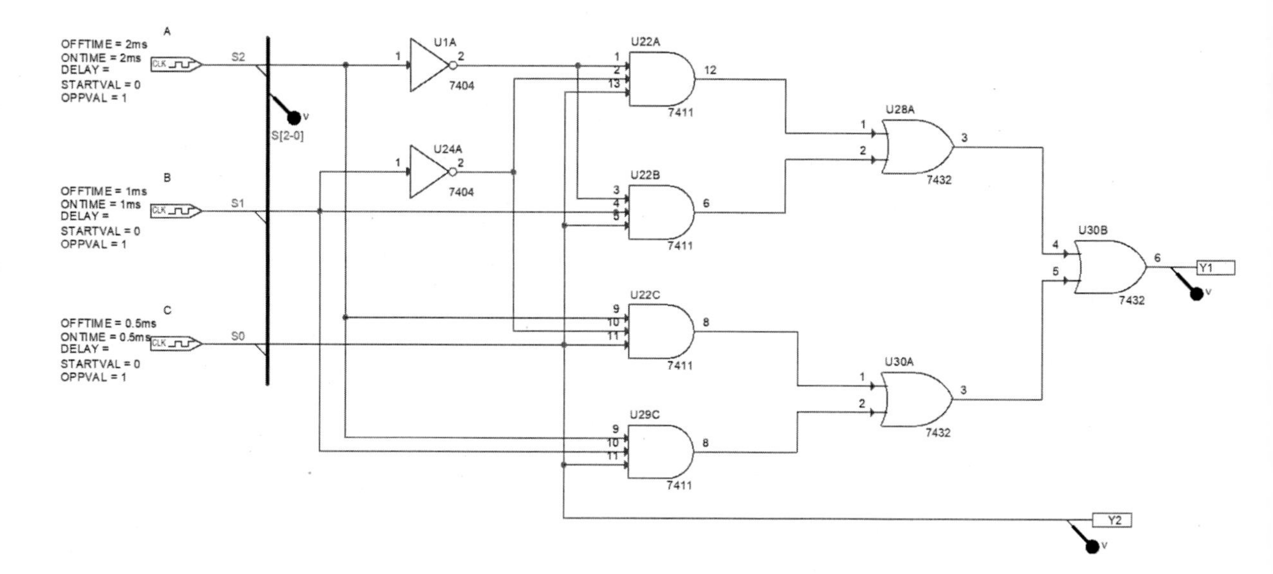

그림 5 $Y_1 = \sum m(1,3,5,7) = \overline{A}\,\overline{B}C + \overline{A}BC + A\overline{B}C + ABC$ 및 $Y_2 = C$의 회로

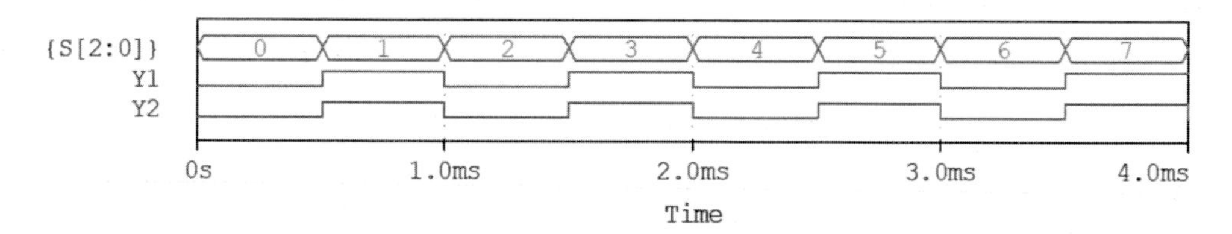

그림 6 카노맵의 예2 시뮬레이션 결과

2.3 4변수 카노맵

$$
\begin{aligned}
Y(A,B,C,D) &= \overline{A}\,B\overline{C}\overline{D} + AB\overline{C}\overline{D} + \overline{A}\,B\overline{C}D + AB\overline{C}D + \overline{A}\,BCD + \overline{A}\,BC\overline{D} \\
&= \sum m(4,5,6,7,12,13)
\end{aligned}
$$

에 대한 진리표와 Karnaugh-map은 다음과 같다 :

표 3 $Y(A,B,C,D)=\sum m(4,5,6,7,12,13)$ 의 진리표

A	B	C	D	Y	최소항	기호
0	0	0	0	0	$\overline{A}\,\overline{B}\,\overline{C}\,\overline{D}$	m_0
0	0	0	1	0	$\overline{A}\,\overline{B}\,\overline{C}D$	m_1
0	0	1	0	0	$\overline{A}\,\overline{B}C\overline{D}$	m_2
0	0	1	1	0	$\overline{A}\,\overline{B}CD$	m_3
0	1	0	0	1	$\overline{A}B\overline{C}\,\overline{D}$	m_4
0	1	0	1	1	$\overline{A}B\overline{C}D$	m_5
0	1	1	0	1	$\overline{A}BC\overline{D}$	m_6
0	1	1	1	1	$\overline{A}BCD$	m_7
1	0	0	0	0	$A\overline{B}\,\overline{C}\,\overline{D}$	m_8
1	0	0	1	0	$A\overline{B}\,\overline{C}D$	m_9
1	0	1	0	0	$A\overline{B}C\overline{D}$	m_{10}
1	0	1	1	0	$A\overline{B}CD$	m_{11}
1	1	0	0	1	$AB\overline{C}\,\overline{D}$	m_{12}
1	1	0	1	1	$AB\overline{C}D$	m_{13}
1	1	1	0	0	$ABC\overline{D}$	m_{14}
1	1	1	1	0	$ABCD$	m_{15}

AB \ CD	**00**	**01**	**11**	**10**
00	0	0	0	0
01	1	1	1	1
11	1	1	0	0
10	0	0	0	0

그림 7 $Y(A,B,C,D)=\sum m(4,5,6,7,12,13)$ 의 카노맵

카노맵상에서 $\overline{A}B\overline{C}\,\overline{D}$, $\overline{A}B\overline{C}D$, $\overline{A}BCD$, $\overline{A}BC\overline{D}$는 모두 $\overline{A}B$ 하나로 묶을 수가 있고, $\overline{A}B\overline{C}\,\overline{D}$, $AB\overline{C}\,\overline{D}$, $\overline{A}B\overline{C}D$, $AB\overline{C}D$는 모두 $B\overline{C}$ 하나로 묶을 수가 있기 때문에

$$Y = \overline{A}B + B\overline{C}$$

로 간소화된다. 그림 8은 $Y_1 = \overline{A}\,B\overline{C}\overline{D} + AB\overline{C}\overline{D} + \overline{A}\,B\overline{C}D + AB\overline{C}D + \overline{A}\,BCD + \overline{A}\,BC\overline{D}$ 및 $Y_2 = \overline{A}B + B\overline{C}$의 회로이며, 그림 9는 각각의 회로에 대한 시뮬레이션 결과이고 동일한 결과 $Y(A,B,C,D) = \sum m(4,5,6,7,12,13)$를 나타낸다.

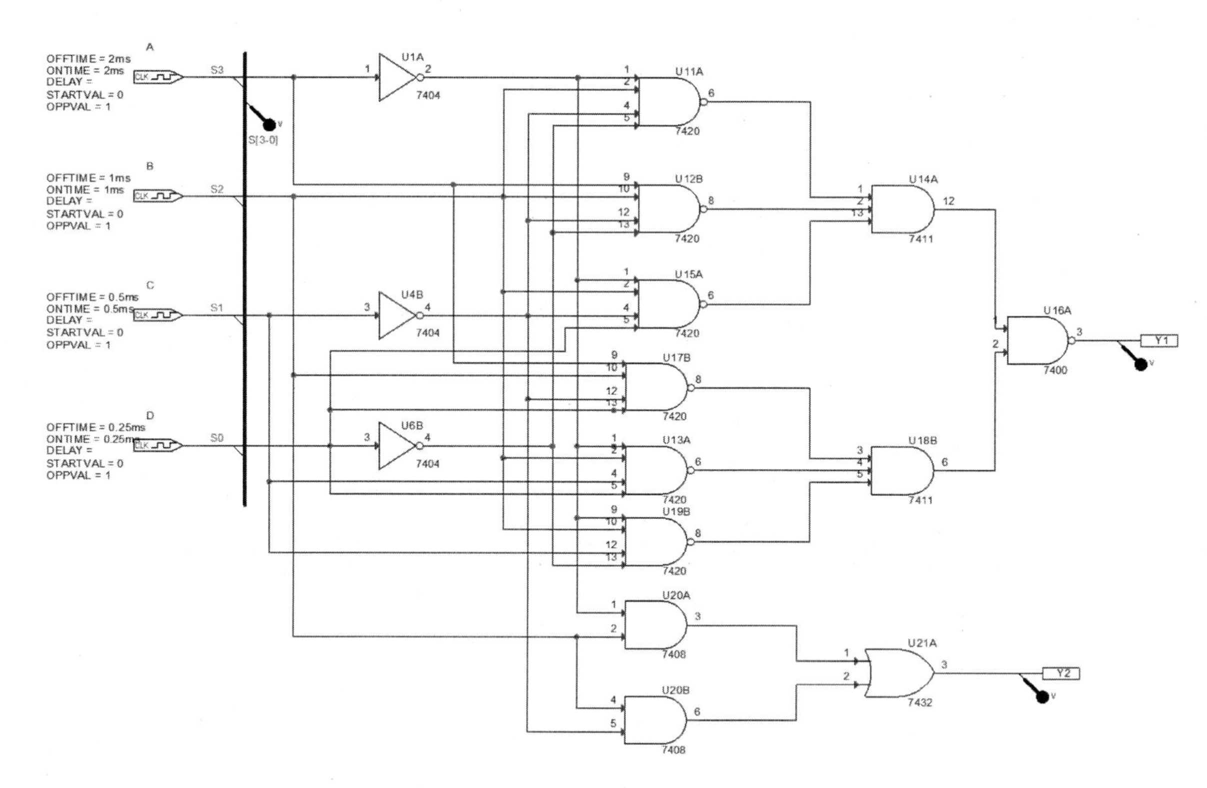

그림 8 $Y_1 = \overline{A}\,B\overline{C}\overline{D} + AB\overline{C}\overline{D} + \overline{A}\,B\overline{C}D + AB\overline{C}D + \overline{A}\,BCD + \overline{A}\,BC\overline{D}$ 및 $Y_2 = \overline{A}B + B\overline{C}$ 의 회로

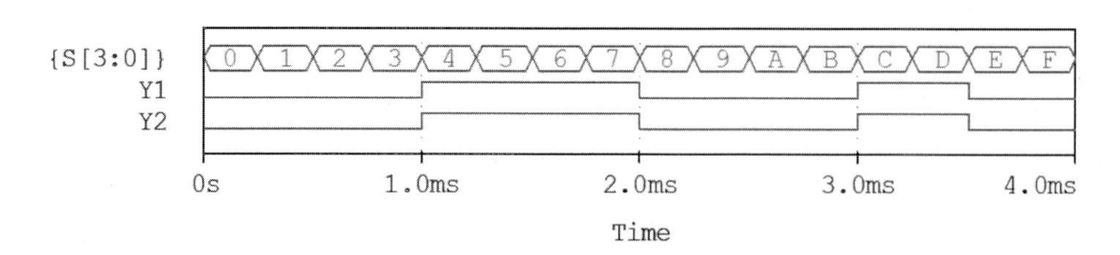

그림 9 시뮬레이션 결과

한편, $F(A,B,C,D)=\sum m(0,1,2,4,5,8,9,10)$를 합의 곱 형태로 변형해 보자. 다음 카노맵에서 $F(A,B,C,D)=\overline{A}\,\overline{C}+\overline{B}\,\overline{C}+\overline{B}\,\overline{D}$이고, $\overline{F(A,B,C,D)}=AB+BC+CD$이므로, $F(A,B,C,D)=\overline{AB+BC+CD}=\overline{AB}\cdot\overline{BC}\cdot\overline{CD}=(\overline{A}+\overline{B})(\overline{B}+\overline{C})(\overline{C}+\overline{D})$가 되어 합의 곱형태를 구하였다.

AB \ CD	00	01	11	10
00	1	1	0	1
01	1	1	0	0
11	0	0	0	0
10	1	1	0	1

그림 10 $F(A,B,C,D)=\sum m(0,1,2,4,5,8,9,10)$ 의 카노맵

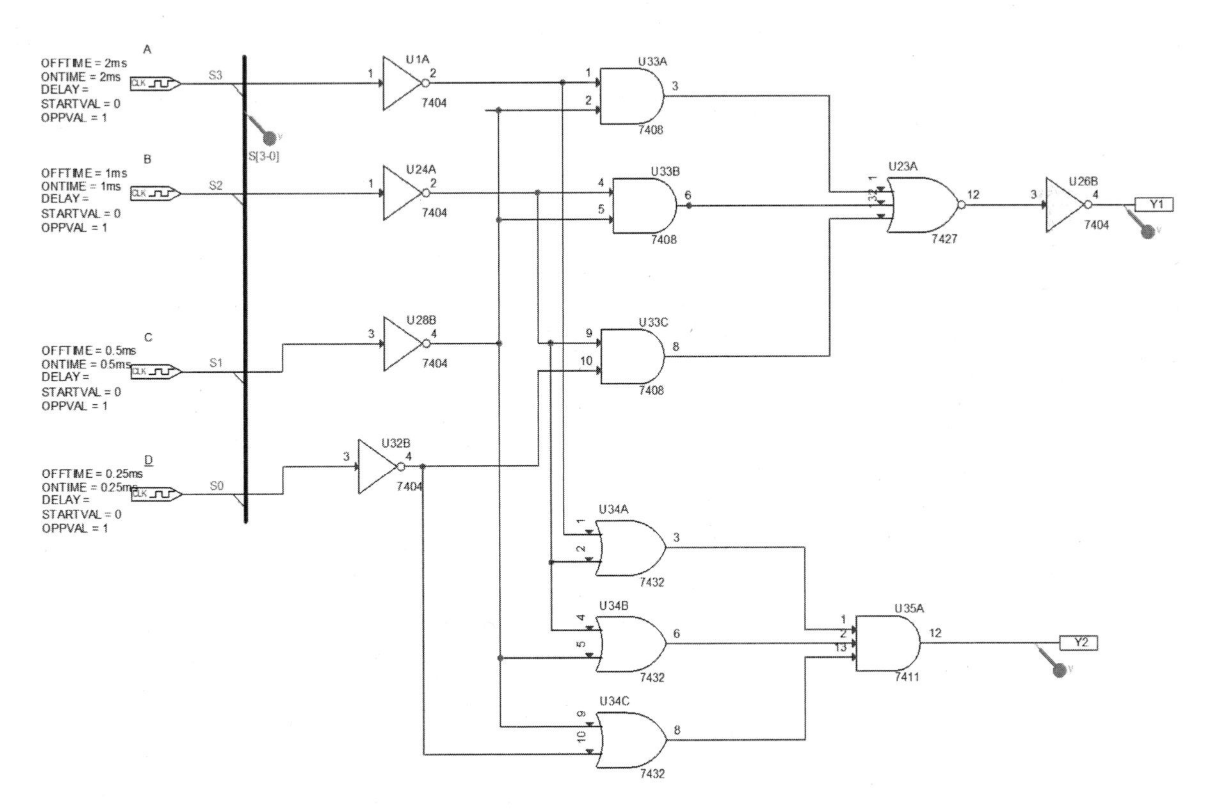

그림 11 $F(A,B,C,D)=\sum m(0,1,2,4,5,8,9,10)$의 회로 구현

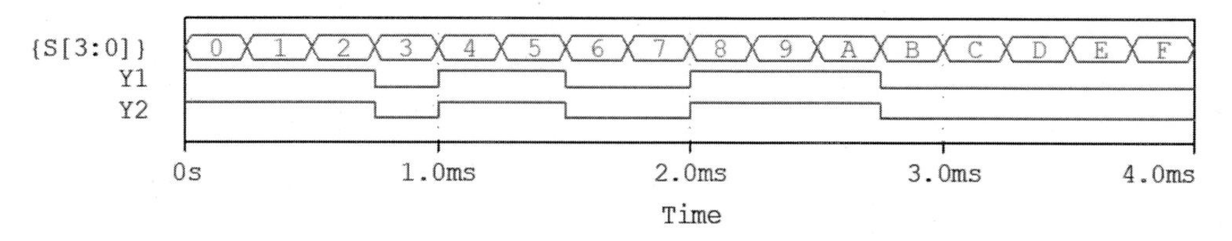

그림 12 $F(A,B,C,D)=\sum m(0,1,2,4,5,8,9,10)$ 의 시뮬레이션 결과

그림 12로부터 합의 곱(SOP) 형태와 곱의 합(POS) 형태는 일치한다는 사실을 확인할 수 있다.

3. 요약문제

1. 논리식 $A(A+B+C)$를 간단히 하면? **2010년 4회 무선설비기사**

① A	② 1
③ 0	④ $A+B+C$

4. 실험 기기 및 부품

(1) NAND 게이트 : IC 7400 1개

(2) NOR 게이트 : IC 7402 1개

(3) XOR 게이트 : IC 7486 1개

(4) 저항 : 1kΩ 3개, 330Ω 1개

(5) 4 비트 DIP SW 1개

(6) 직류 전원 공급기 1대

(7) 적색 LED 1개

5. 실험절차

(1) 그림 13 $Y=\sum m(1,3,5)=\overline{A}\,\overline{B}C+\overline{A}BC+A\overline{B}C$ 회로를 구성하라. 표 4의 진리표에서 3개의 입력 A, B, C에 대하여 출력 Y 값을 측정하고, 표 4에 기록하라.

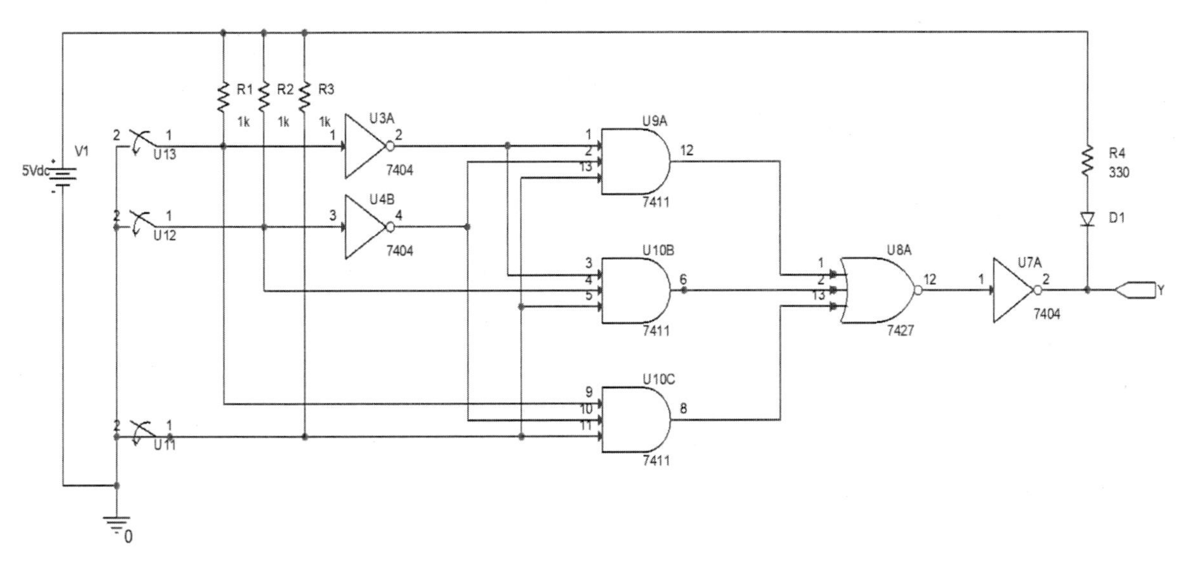

그림 13 $Y=\overline{A}\,\overline{B}C+\overline{A}BC+A\overline{B}C$

표 4 $Y=\overline{A}\,\overline{B}C+\overline{A}BC+A\overline{B}C$ 의 진리표

A	B	C	$Y=\overline{A}\,\overline{B}C+\overline{A}BC+A\overline{B}C$
0	0	0	
0	0	5V	
0	5V	0	
0	5V	5V	
5V	0	0	
5V	0	5V	
5V	5V	0	
5V	5V	5V	

(2) 그림 14의 $Y = \overline{B}C + \overline{A}\,C$ 회로를 구성하라. 표 5의 진리표에서 3개의 입력 A, B, C 에 대하여 출력 Y 값을 측정하고, 표 5에 기록하라.

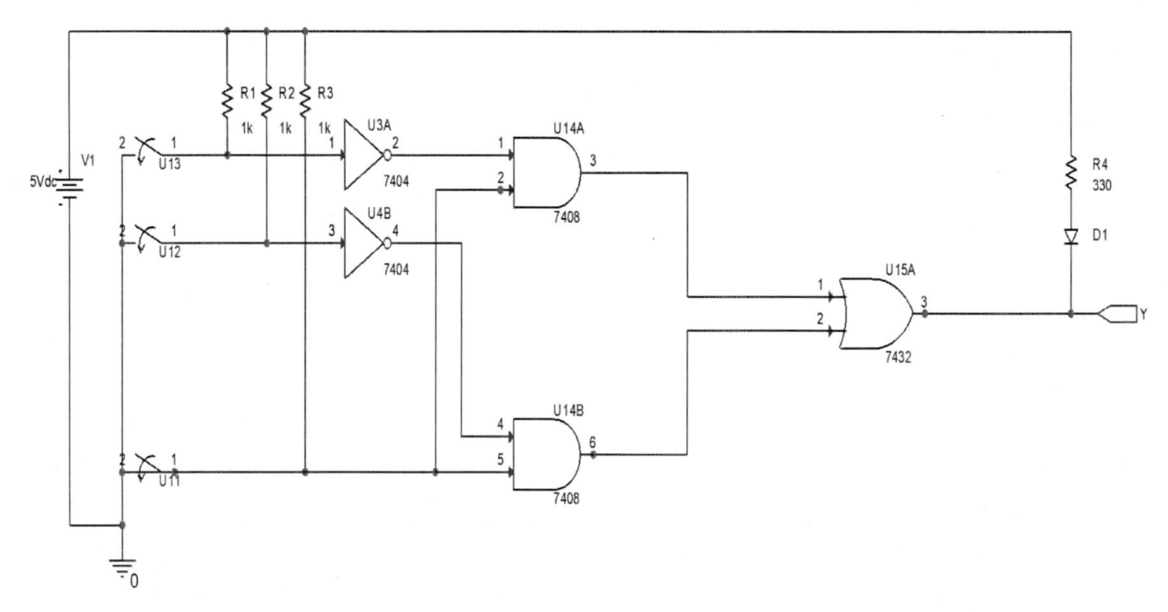

그림 14 $Y = \overline{B}C + \overline{A}\,C$

표 5 $Y = \overline{B}C + \overline{A}\,C$ 의 진리표

A	B	C	$Y = \overline{B}C + \overline{A}\,C$
0	0	0	
0	0	5V	
0	5V	0	
0	5V	5V	
5V	0	0	
5V	0	5V	
5V	5V	0	
5V	5V	5V	

(3) 표 4와 표 5의 결과를 비교하고, 논리회로의 간소화가 이루어졌는가를 확인하라.

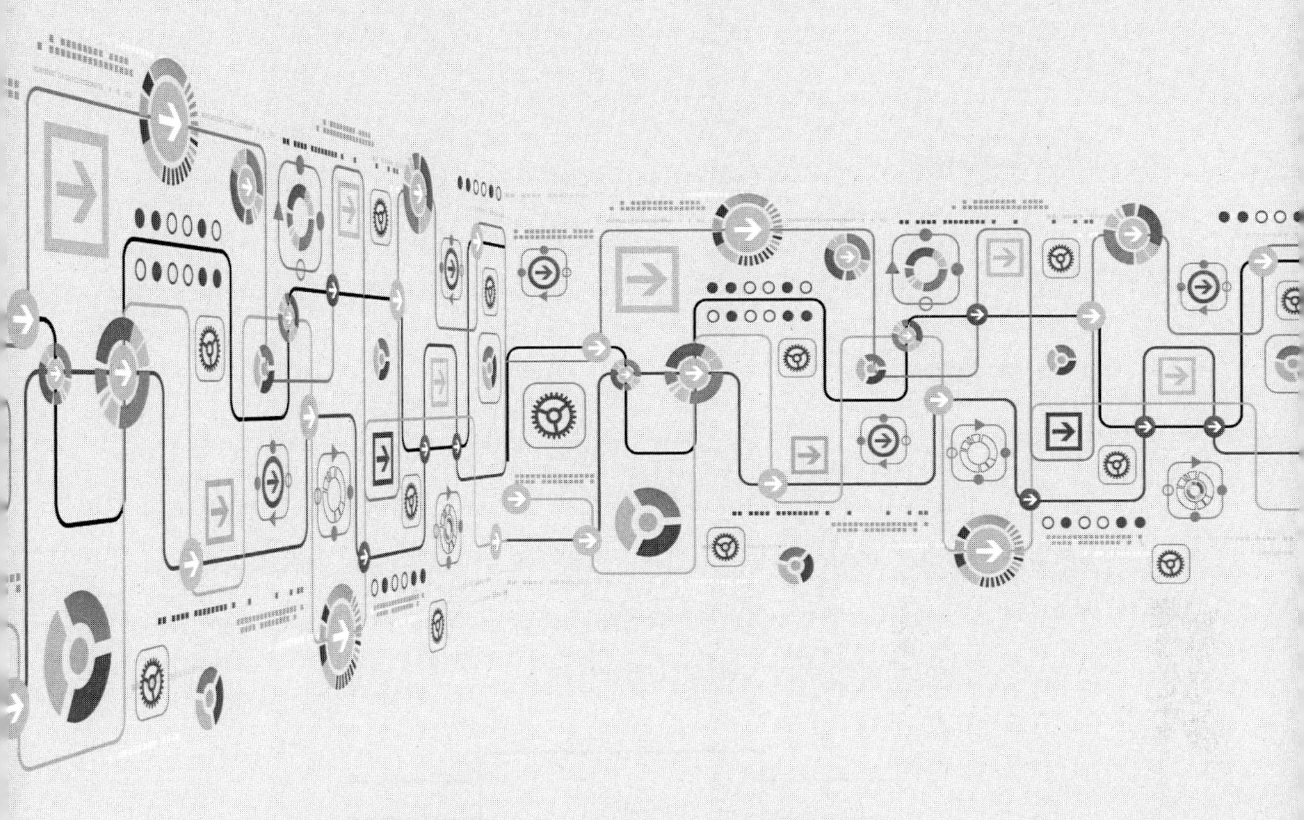

실험 4
반가산 및 전가산기 실험

1. 실험 목적
2. 기본 이론
   - 2.1 반가산기
   - 2.2 전가산기
3. 실험 기기 및 부품
4. 요약문제
5. 실험절차

1. 실험 목적

objective

(1) 반가산기의 동작을 이해한다.
(2) 전가산기의 동작을 이해한다.

2. 기본 이론

디지털 시스템은 조합논리회로와 순서논리회로로 구분된다. 조합논리회로는 그림 1에 보인 대로 어떠한 시간에도 출력이 현재 시점에서 입력들의 조합에 의해 결정되는 게이트들로만 구성된다. 반면에, 순서논리회로는 그림 2에 보인 대로 논리 게이트 이외에 저장 소자들을 포함한다. 현재 저장 소자의 상태는 과거입력의 함수이므로, 순서논리회로의 출력은 입력의 현재 및 과거 상태에 의해 결정된다.

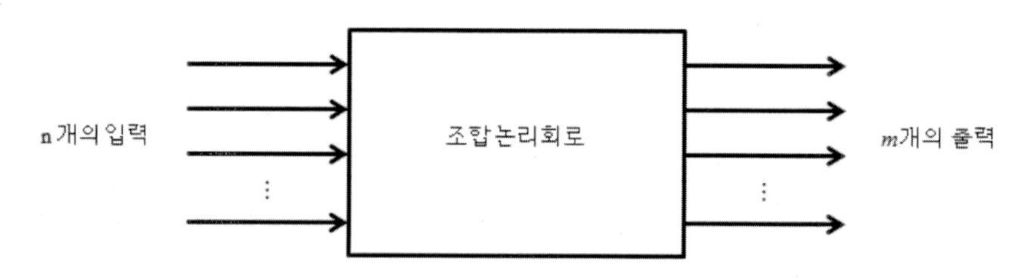

그림 1 조합논리회로의 블록 다이어그램

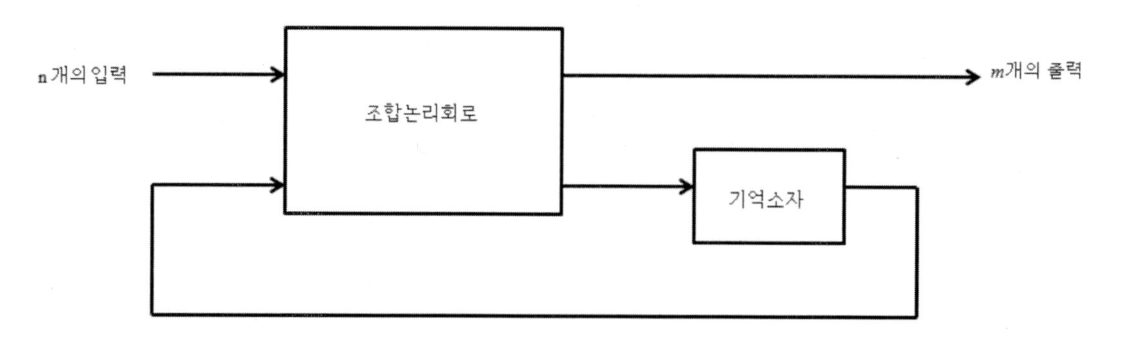

그림 2 순서논리회로의 블록 다이어그램

조합논리회로의 예로는 가감산기, 부호기, 복호기, 멀티플렉서, 코드변환기 등이 있다. 반면에, 순서논리회로의 예로는 래치, 플립플롭, 카운터, 레지스스트, 타이머 등이 있다. 실험 4장에서부터 11장까지는 조합논리회로를 실펴보고, 이후 12장부터 순서논리회로를 다룬다.

2.1 반가산기

디지털 1 비트 A와 B를 더할 때 합(S)과 자리올림수(C)가 발생된다. 반가산기는 다음과 같이 1 비트 덧셈을 수행하는 회로이다.

$$\begin{array}{r} A \\ +\ B \\ \hline C\ S \end{array}$$

표 1은 반가산기의 진리표를 나타낸다. 합(S)과 자리올림수(C)의 부울 논리함수는 각각 다음과 같이 표현된다.

$$C_o = AB$$

$$S = A \oplus B = A \cdot \overline{B} + \overline{A} \cdot B$$

따라서, 반가산기는 그림 3과 같이 배타논리합과 AND 게이트 각 1개로 구현할 수 있다.

표 1 반가산기의 진리표

A	B	C_o	S
0	0	0	0
0	1	0	1
1	0	0	1
1	1	1	0

그림 3(a)와 (b)는 각각 반가산기의 논리기호 및 논리회로를 나타낸다.

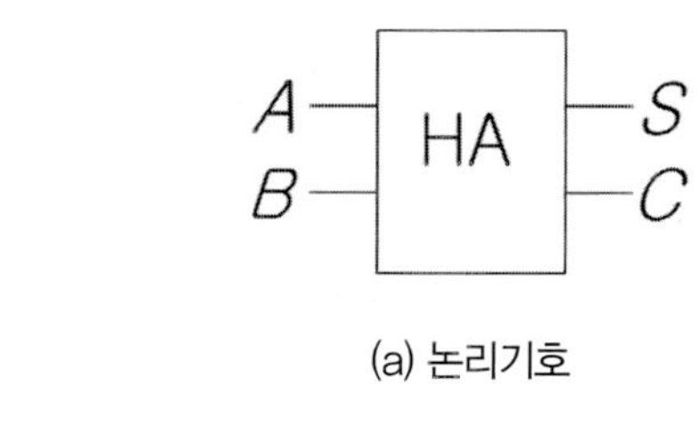

(a) 논리기호

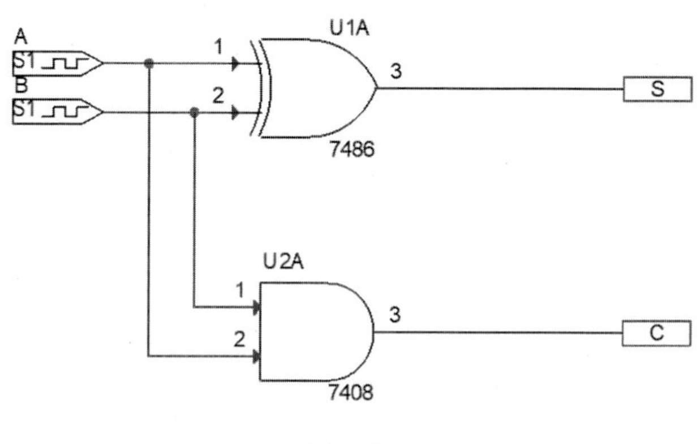

(b) 논리회로

그림 3 반가산기

그림 4는 A, B 두 개의 디지털 입력에 대한 반가산 연산을 PSPICE로 시뮬레이션한 결과이다. 다음 동작 설명과 같이 표 1의 진리표 대로 출력이 됨을 알 수가 있다.

① $0-1ms$; $A=0$ $B=0$ 입력 : $C=0$, $S=0$

② $1-2ms$; $A=0$ $B=1$ 입력 : $C=0$, $S=1$

③ $2-3ms$; $A=1$ $B=0$ 입력 : $C=0$, $S=1$

④ $3-4ms$; $A=1$ $B=1$ 입력 : $C=1$, $S=1$

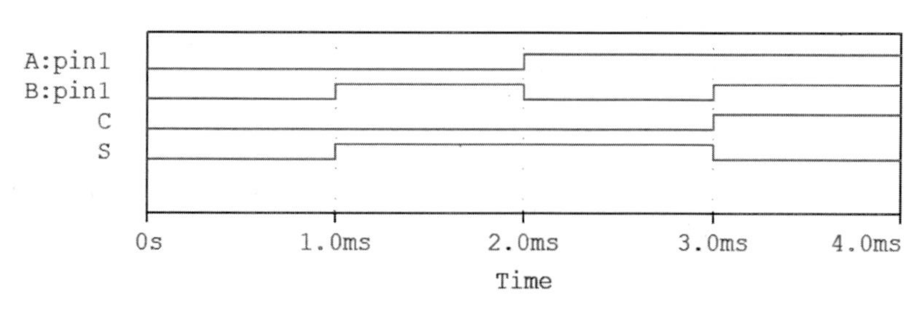

그림 4 반가산기의 시뮬레이션 결과

2.2 전가산기

전가산기는 실제적인 덧셈연산을 수행할 수 있는 것으로 다음과 같이 이전 자리올림수(C_i)를 포함하여, 디지털 1 비트 A에서 B를 더할 때 합(S)와 자리올림수(C_o)가 발생된다.

$$\begin{array}{r} C_{in} \\ A \\ +\ B \\ \hline C_o\,S \end{array}$$

표 2는 전가산기의 진리표를 나타낸다. 합(S)과 자리올림수(C_o)의 부울 논리함수는 각각 다음과 같이 표현된다.

$$\begin{aligned} S &= \overline{A}\,\overline{B}C_i + \overline{A}B\overline{C_i} + A\overline{B}\,\overline{C_i} + + ABC_i \\ &= (A\overline{B} + \overline{A}B)\overline{C_i} + (\overline{A}\,\overline{B_i} + AB)C_i \\ &= (A \oplus B)\overline{C_i} + (A \odot B)C_i \\ &= A \oplus B \oplus C_i \end{aligned}$$

$$\begin{aligned} C_o &= \overline{A}BC_i + A\overline{B}C_i + AB\overline{C_i} + ABC_i \\ &= AB(C_i + \overline{C_i}) + (A\overline{B} + \overline{A}B)C_i \\ &= AB + (A \oplus B)\,C_i \end{aligned}$$

표 2 전가산기의 진리표

A	B	C_i	C_0	S
0	0	0	0	0
0	0	1	0	1
0	1	0	0	1
0	1	1	1	0
1	0	0	0	1
1	0	1	1	0
1	1	0	1	0
1	1	1	1	1

부울 논리함수로부터 전가산기를 구성하면 그림 5와 같다. 그림 5의 (a)와 (b)는 전가산기의 논리기호와 논리회로를 각각 나타낸다. 전가산기는 그림 6과 같이 반가산기 2개와 OR 게이트 1개로 구성할 수 있다.

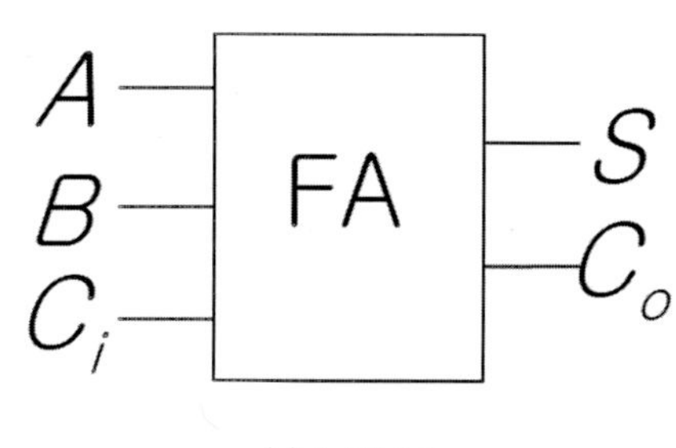

(a) 논리기호

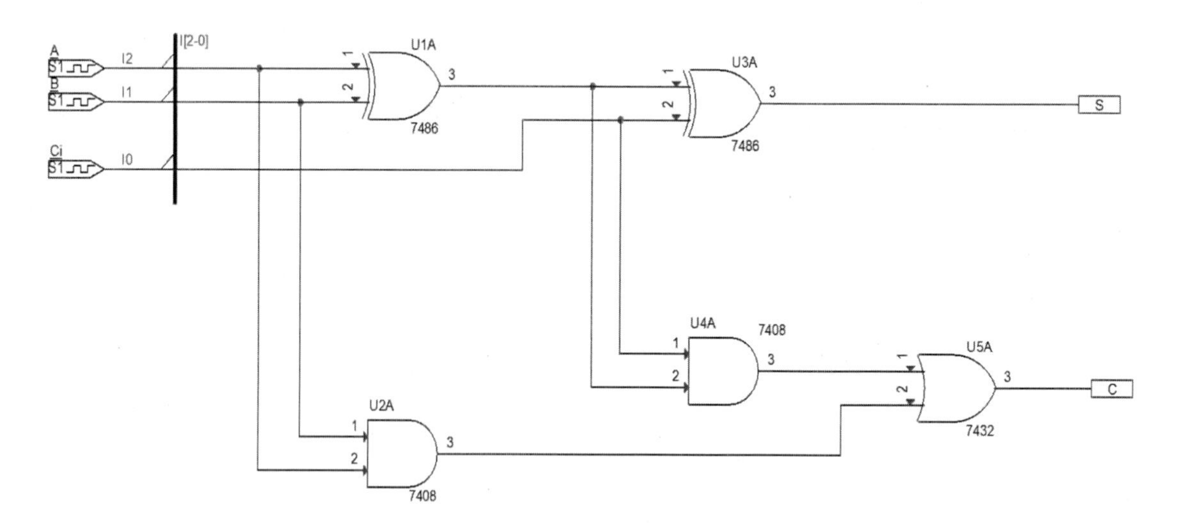

(b) 논리회로

그림 5 전가산기

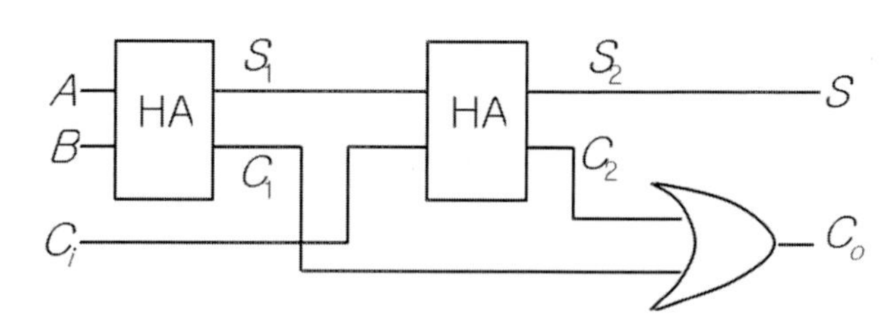

그림 6 반가산기로 구성한 전가산기

그림 7은 A, B 및 C_i 3개의 디지털 입력에 대한 전가산 연산을 PSPICE로 시뮬레이션한 결과이다. 다음 동작 설명과 같이 표 2의 진리표 대로 출력이 됨을 알 수가 있다.

① $0-0.5ms$; $A=0$ $B=0$ $C_i=0$ 입력 : $S=0$ $C=0$

② $0.5-1ms$; $A=0$ $B=0$ $C_i=1$ 입력 : $S=1$ $C=0$

③ $1-1.5ms$; $A=0$ $B=1$ $C_i=0$ 입력 : $S=1$ $C=0$

④ $1.5-2ms$; $A=0$ $B=1$ $C_i=1$ 입력 : $S=0$ $C=1$

⑤ $2-2.5ms$; $A=1$ $B=0$ $C_i=0$ 입력 : $S=1$ $C=0$

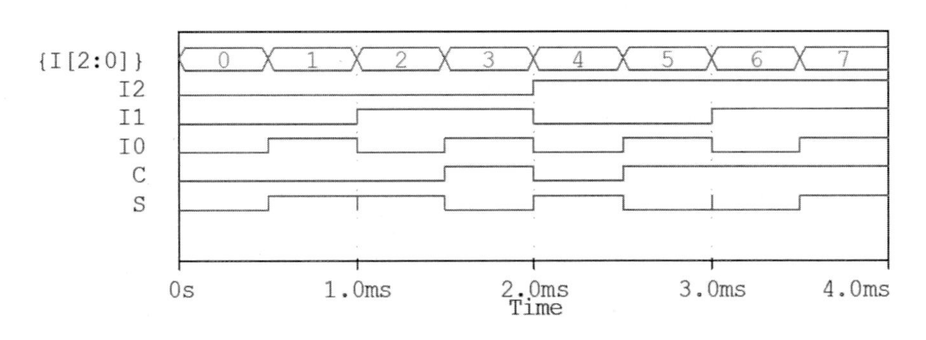

그림 7 전가산기 시뮬레이션 결과

3. 실험 기기 및 부품

(1) AND 게이트 : IC 7408 1개

(2) OR 게이트 : IC 7432 1개

(5) 저항 : 1kΩ 3개, 330Ω2개

(6) 4 비트 DIP Switch : 1개

(7) 적색 LED : 2개

(8) 직류 전원 공급기 1대

4. 요약문제

1. 한자리의 2진수 A, B를 입력으로 하여 출력 $S = B\overline{A} + \overline{B}A$, $C = AB$를 취할 수 있는 회로를 무엇이라 하는가?

① 전가산기 ② 반감산기
③ 반가산기 ④ 전감산기

5. 실험절차

(1) 그림 8의 반가산기 회로를 구성하라. 표 3의 진리표에서 2개의 입력 A, B에 대하여 출력 S, C_0 값을 측정하고, 표 3에 기록하라. 반가산기의 동작을 확인하라.

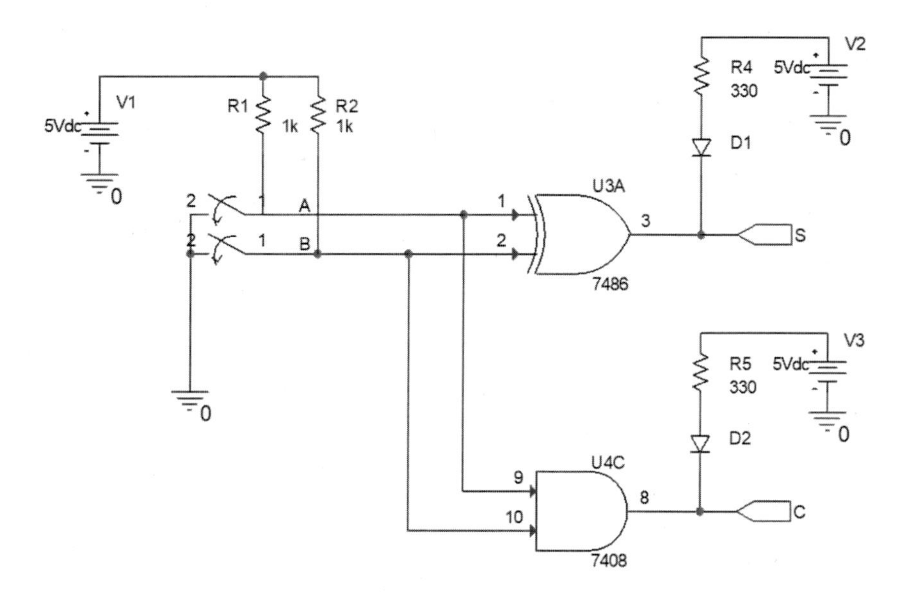

그림 8 반가산기

표 3 반가산기의 진리표

A	B	C_o	S
0V	0V		
0V	5V		
5V	0V		
5V	5V		

(2) 그림 9의 전가산기 회로를 구성하라. 표 4의 진리표에서 3개의 입력 A, B, C_i에 대하여 출력 S, C_0 값을 측정하고, 표 4에 기록하라. 전가산기의 동작을 확인하라.

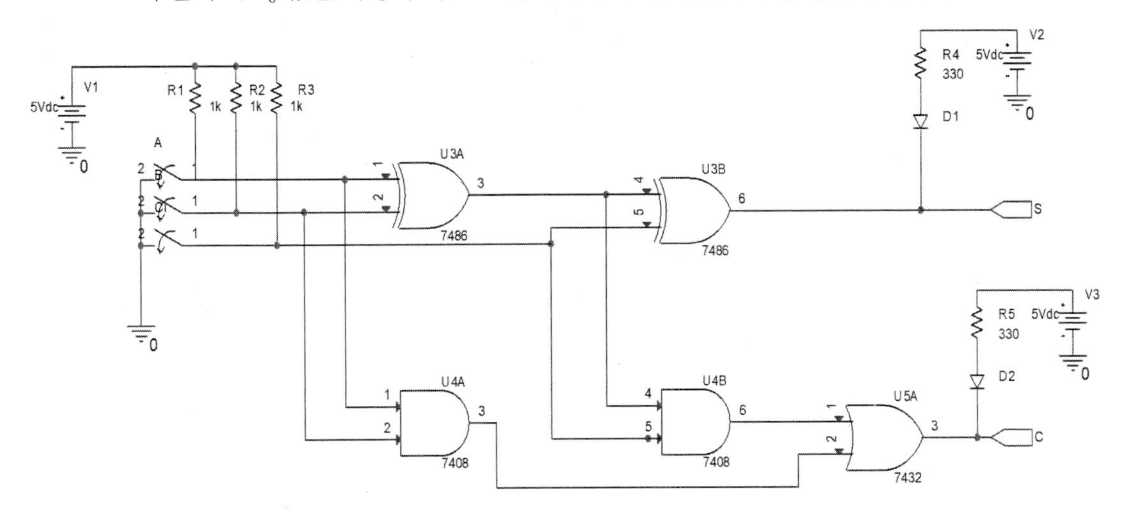

그림 9 전가산기

표 4 전가산기의 진리표

A	B	C_i	C_0	S
0V	0V	0V		
0V	0V	5V		
0V	5V	OV		
0V	5V	5V		
5V	0V	0V		
5V	0V	5V		
5V	5V	0V		
5V	5V	5V		

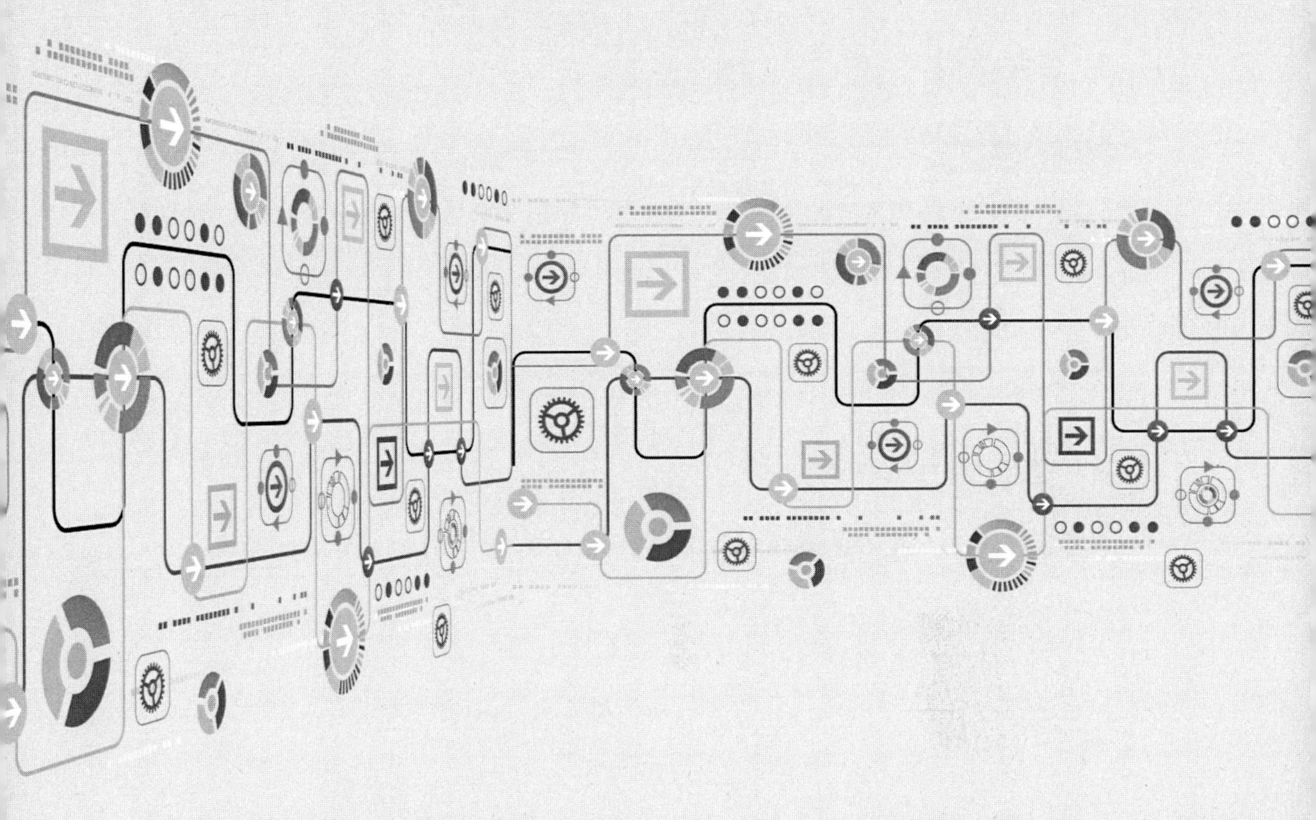

실험 5
반감산기 Half Subtractor 및 전감산기 Full Subtractor

1. 실험 목적

objective

(1) 반감산기의 동작을 이해한다.
(2) 전감산기의 동작을 이해한다.

2. 기본 이론

2.1 반감산기Half Subtractor; HS

디지털 1비트 A에서 B를 뺄 때 다음과 같이 차(D)과 자리빌림수(B_o)가 발생된다.

$$\begin{array}{r} A \\ -\ B \\ \hline B_o\,D \end{array}$$

반감산기는 1비트 A에서 B를 빼는 연산을 수행한다. 표 1은 반감산기의 진리표를 나타낸다.

표 1 반감산기의 진리표

A	B	B_o	D
0	0	0	0
0	1	1	1
1	0	0	1
1	1	0	0

표 1의 진리표로부터 부울 함수식을 구하면 다음과 같다 :

$$B_o = \overline{A}B$$

$$D = A \oplus B = A \cdot \overline{B} + \overline{A} \cdot B$$

그림 1은 반감산기의 논리기호와 논리회로를 각각 나타낸다.

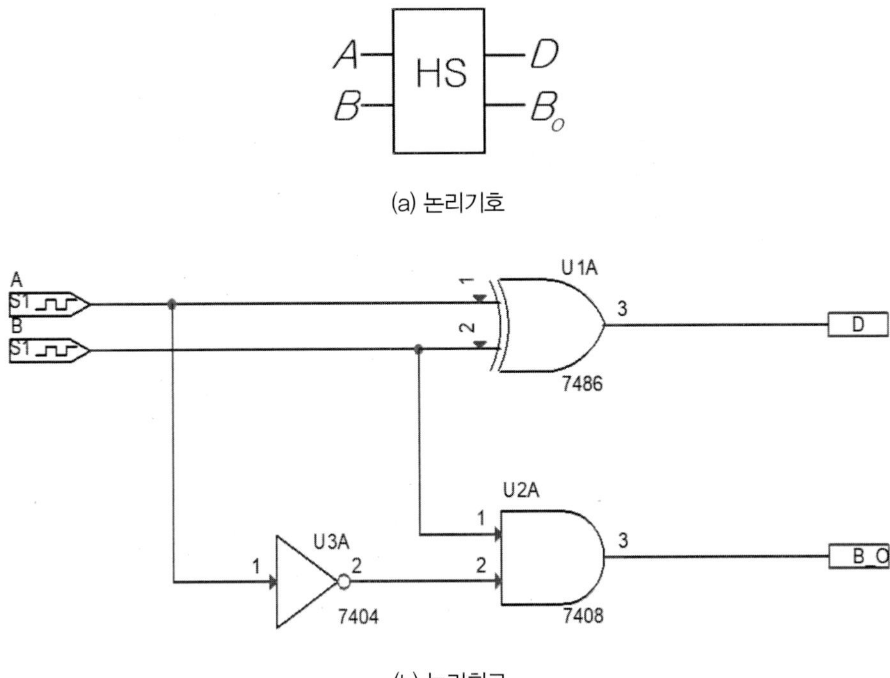

(a) 논리기호

(b) 논리회로

그림 1 반감산기

그림 2는 A, B 두 개의 디지털 입력에 대한 반감산 연산을 PSPICE로 시뮬레이션한 결과이다. 다음 동작 설명과 같이 표 1의 진리표 대로 출력이 됨을 알 수가 있다.

① $A=0\ \ B=0$ 입력 : $B_0=0,\ D=0$

② $A=0\ \ B=1$ 입력 : $B_0=1,\ D=1$

③ $A=1\ \ B=0$ 입력 : $B_0=0,\ D=1$

④ $A=1\ \ B=1$ 입력 : $B_0=0,\ D=0$

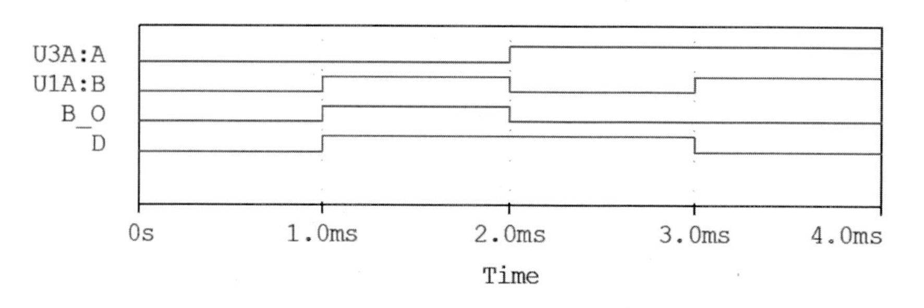

그림 2 시뮬레이션 결과

2.2 전감산기 Full Subtractor; FS

전감산기는 실제적인 2진수 뺄셈연산을 할 수 있는 회로이다. 이전 자리빌림수(B_i)를 포함하여, 디지털 1비트 A에서 B를 뺄 때 차(D)와 자리빌림수(B_o)가 발생된다. 4자리의 2진수 뺄셈을 예로 들어 즉, 1010-0111을 연산하는 경우 각 자리마다 뺄셈하는 과정은 다음과 같다 :

첫째 자리 0-1 $D=1$ $B_o=1$

둘째 자리 1-1-1 $D=1$ $B_o=1$

셋째 자리 0-1-1 $D=0$ $B_o=1$

넷째 자리 1-0-1 $D=0$ $B_o=0$

표 2 전감산기의 진리표

A	B	B_i	B_o	D
0	0	0	0	0
0	0	1	1	1
0	1	0	1	1
0	1	1	1	0
1	0	0	0	1
1	0	1	0	0
1	1	0	0	0
1	1	1	1	1

그림 3은 진리표로부터 반감산기의 카노맵을 작성한 것이다.

A \ BB_i	00	01	11	10
0	0	1	0	1
1	1	0	1	0

(a) D의 카노맵

A \ BB_i	00	01	11	10
0	0	1	1	1
1	0	0	1	0

(b) B_o의 카노맵

그림 3 전감산기의 카노맵

전감산기의 카노맵으로부터 부울 논리식을 구하면 다음과 같다 :

$$\begin{aligned} D &= \overline{A}\,\overline{B}B_i + A\overline{B}\,\overline{B_i} + \overline{A}B\overline{B_i} + ABB_i \\ &= (A\overline{B} + \overline{A}B)\overline{B_i} + (\overline{A}\,\overline{B_i} + AB)B_i \\ &= (A \oplus B)\overline{B_i} + (A \odot B)B_i \\ &= A \oplus B \oplus B_i \end{aligned}$$

$$\begin{aligned} B_o &= \overline{A}\,\overline{B}B_i + \overline{A}BB_i + \overline{A}B\overline{B_i} + ABB_i \\ &= \overline{A}B(B_i + \overline{B_i}) + (\overline{A}\,\overline{B} + AB)B_i \\ &= \overline{A}B + (A \odot B)B_i \end{aligned}$$

그림 4는 전감산기의 논리기호와 논리회로를 나타낸다. 그림 5는 반감산기 2개와 OR 게이트 1개로 전가산기를 구성한 것이다.

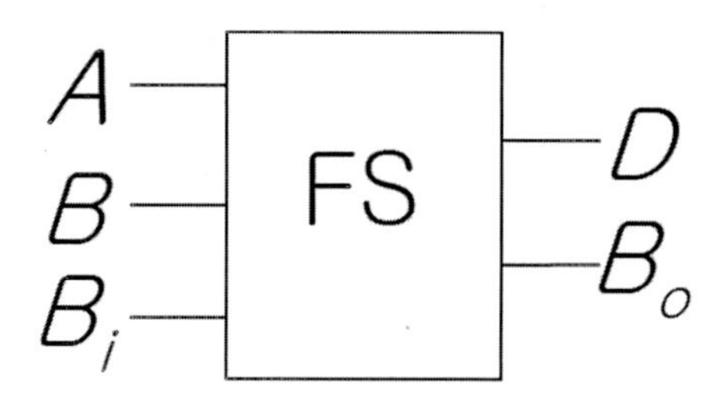

(a) 논리기호

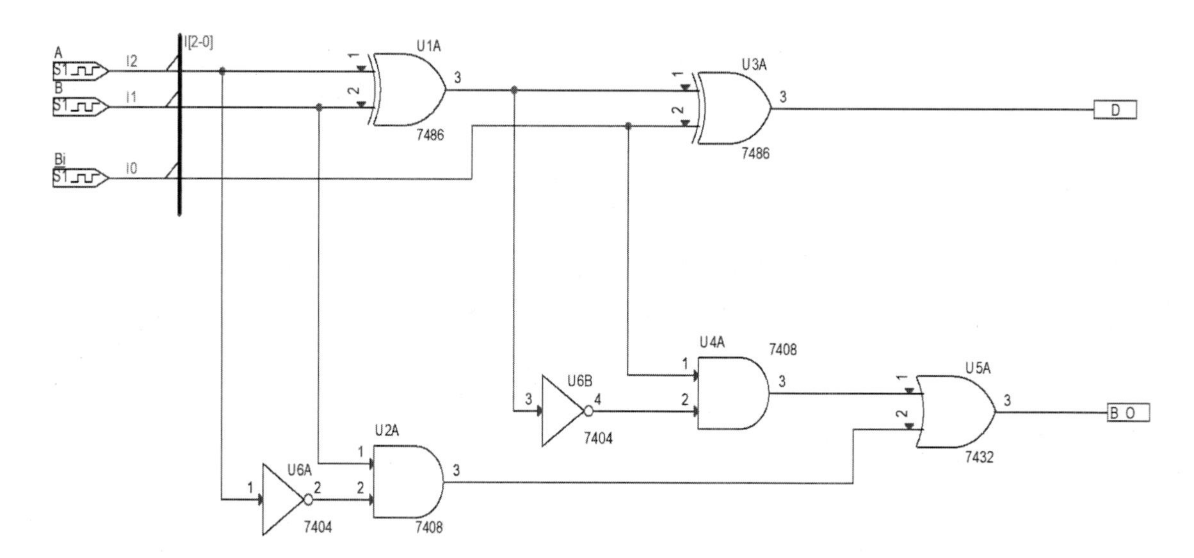

(b) 논리회로

그림 4 전감산기

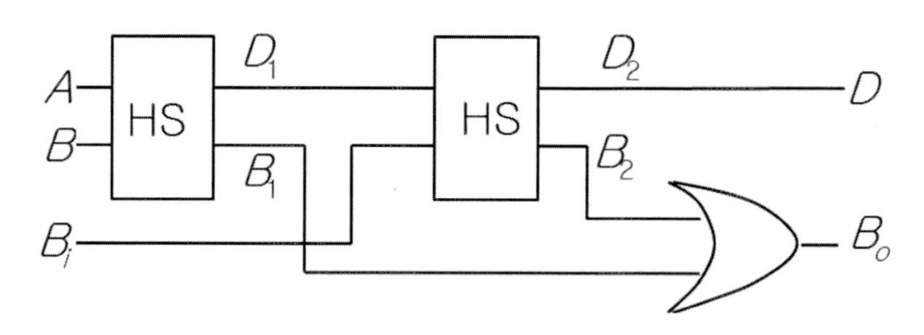

그림 5 반감산기를 사용한 전감산기

그림 6은 A, B 및 B_i 3개의 디지털 입력에 대한 전감산 연산을 PSPICE로 시뮬레이션한 결과이다. 다음 동작 설명과 같이 표 2의 진리표 대로 출력이 됨을 알 수가 있다.

① $A=0$ $B=0$ $B_i=0$입력 : $B_o=0$ $D=0$

② $A=0$ $B=0$ $B_i=1$입력 : $B_o=1$ $D=1$

③ $A=0$ $B=1$ $B_i=0$입력 : $B_o=1$ $D=1$

④ $A=0$ $B=1$ $B_i=1$입력 : $B_o=1$ $D=0$

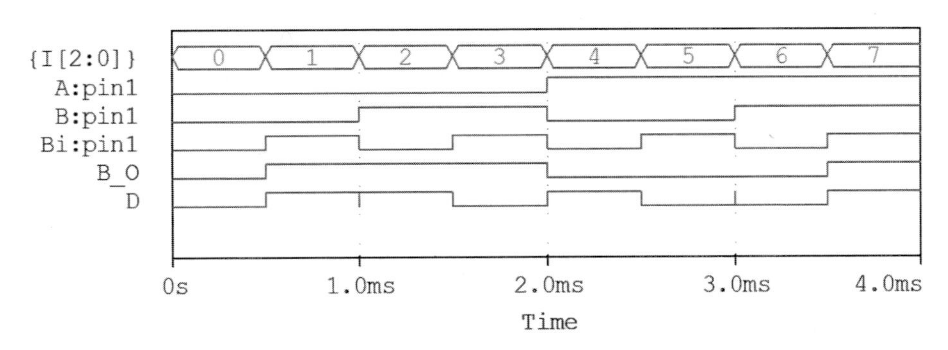

그림 6 전가산기의 시뮬레이션 결과

3. 실험 기기 및 부품

(1) NOT 게이트 : IC 7404 1개

(2) AND 게이트 : IC 7408 1개

(3) OR 게이트 : IC 7432 1개

(4) 저항 : 1kΩ 3개, 330Ω2개

(5) 4 비트 DIP Switch : 1개

(6) 적색 LED : 2개

(7) 직류 전원 공급기 1대

4. 실험절차

(1) 그림 7의 반감산기 회로를 구성하라. 표 3의 진리표에서 2개의 입력 A, B에 대하여 출력 LED 동작을 확인하라. 출력 D, B_0 값을 디지털 멀티미터로 측정하고, 표 3에 기록하라. 반가산기의 동작을 확인하라.

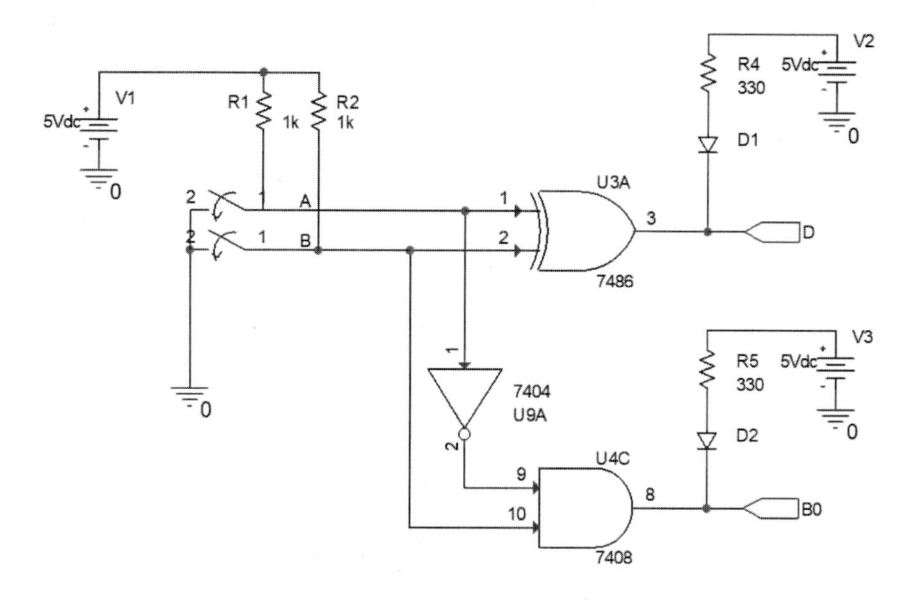

그림 7 반감산기

표 3 반감산기의 진리표

A	B	B_o	D
0V	0V		
0V	5V		
5V	0V		
5V	5V		

(2) 그림 8의 전감산기 회로를 구성하라. 표 4의 진리표에서 3개의 입력 A, B, B_i에 대하여 출력 LED 동작을 확인하라. 출력 D, B_0 값을 디지털 멀티미터로 측정하고, 표 4에 기록하라. 전감산기의 동작을 확인하라.

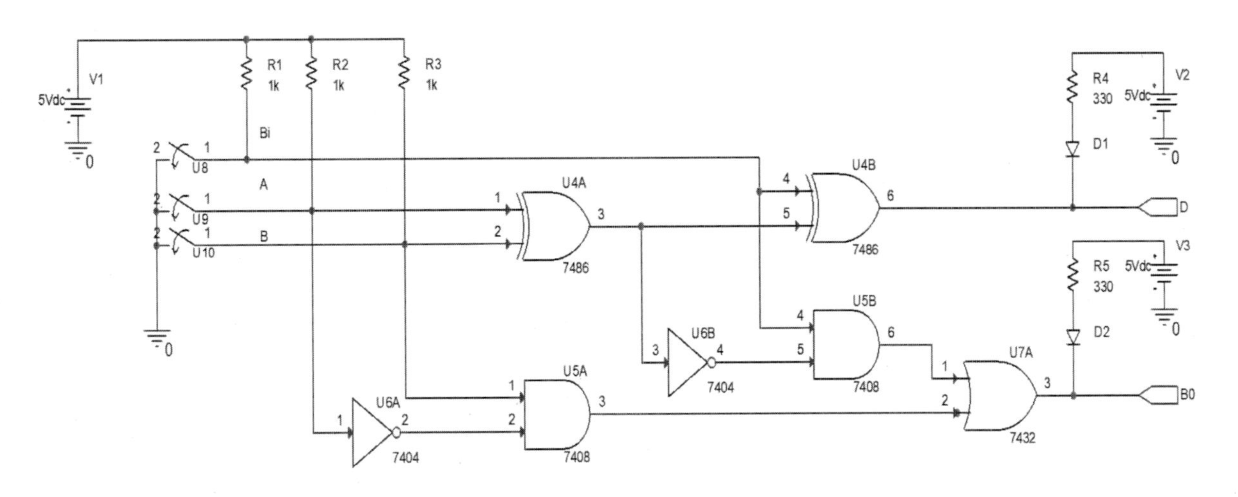

그림 8 전감산기

표 4

A	B	B_i	B_o	D
0V	0V	0V		
0V	0V	5V		
0V	5V	0V		
0V	5V	5V		
5V	0V	0V		
5V	0V	5V		
5V	5V	0V		
5V	5V	5V		

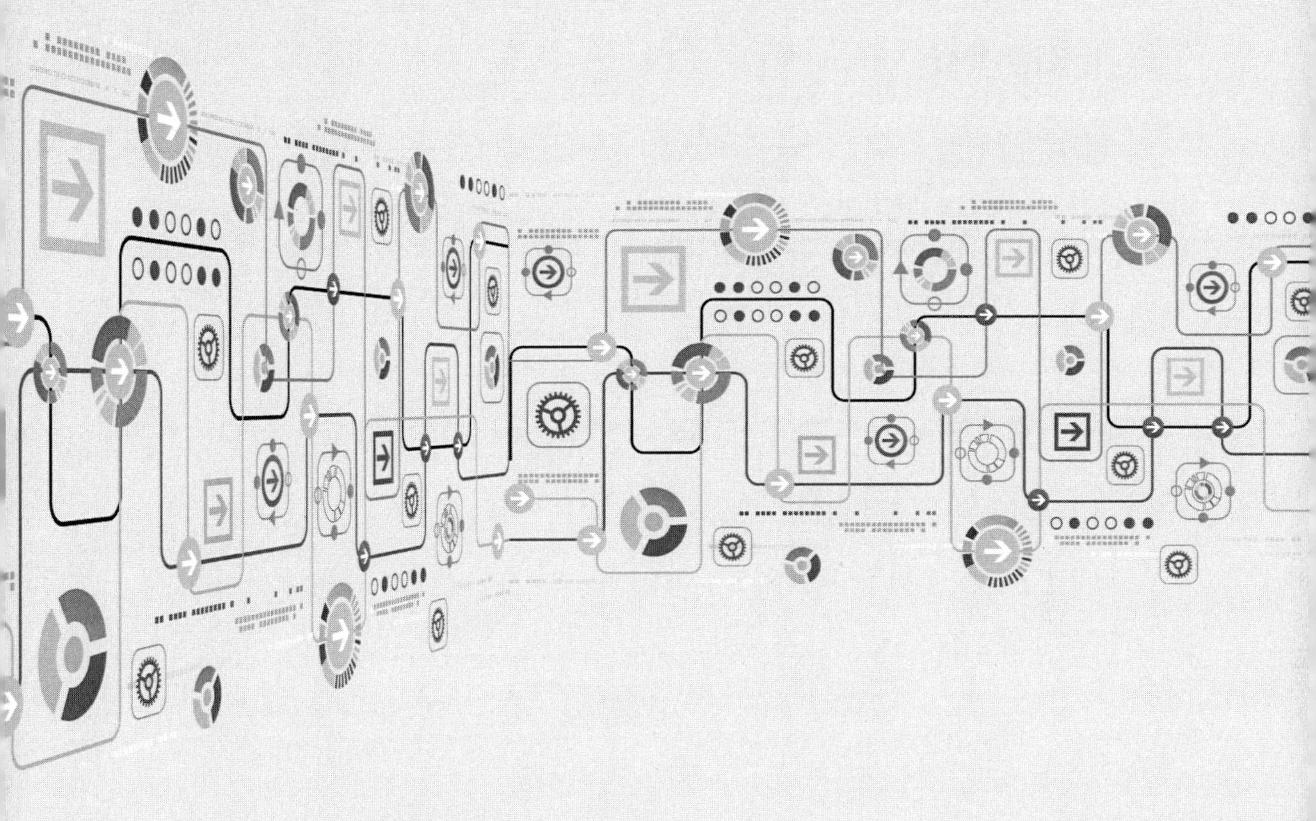

실험 6

4비트 병렬가산기 및 감산기 실험

1. 실험 목적

objective

(1) 4비트 이진 병렬가산기의 동작을 이해한다.
(2) 4비트 이진 병렬감산기의 동작을 이해한다.
(3) BCD 가산기의 동작을 이해한다.

2. 기본 이론

2.1 4비트 이진 병렬가산

4비트 $A_4A_3A_2A_1$와 4비트 $B_4B_3B_2B_1$에 대한 병렬가산을 행할 때 $S_4S_3S_2S_1$과 자리올림 수 C가 발생한다.

$$\begin{array}{r} A_4\,A_3\,A_2\,A_1 \\ +\; B_4\,B_3\,B_2\,B_1 \\ \hline C\;S_4\,S_3\,S_2\,S_1 \end{array}$$

IC 74283는 4비트 병렬가산기 회로이며, 그림 1은 IC 74283을 사용하여 4비트 병렬가산기 회로를 구성한 것이다. C_o는 이전 캐리단자이며 C_4는 최종 캐리단자이다.

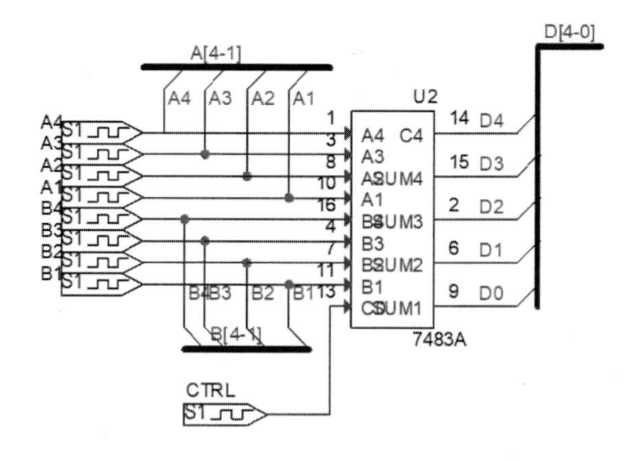

그림 1 4비트 병렬가산기

그림 2는 표 1의 4비트 $A_4A_3A_2A_1$ $B_4B_3B_2B_1$에 대하여 가산 연산을 PSPICE로 시뮬레이션한 결과이다. 시뮬레이션 결과로부터 0B(11), 0A(10), 0C(12), 16(22), 12(18)로 일치한다.

표 1 4 비트 병렬가산 연산

A_4	A_3	A_2	A_1	B_4	B_3	B_2	B_1	C_4	S_4	S_3	S_2	S_1	10진수
0	0	1	1	1	0	0	0	0	1	0	1	0	11
0	1	1	0	0	1	0	0	0	1	0	1	0	10
1	0	0	1	0	0	1	1	0	1	1	0	0	12
1	1	0	0	1	0	1	0	1	0	1	1	0	22
1	1	1	0	0	1	0	0	1	0	0	1	0	18

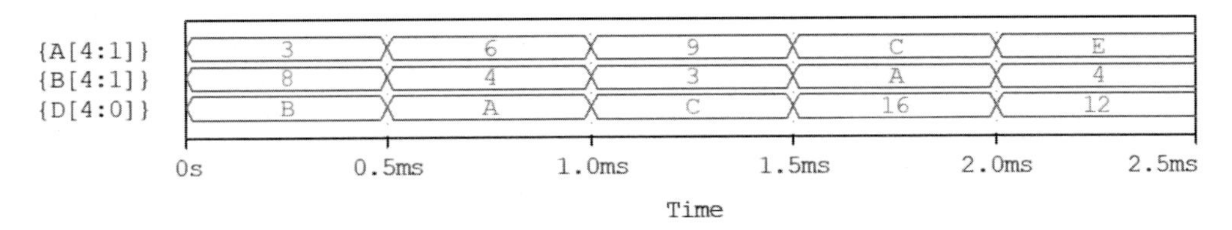

그림 2 4비트 병렬가산기의 시뮬레이션 결과

2.2 8비트 병렬감산기

8비트 감산 $A_8A_7A_6A_5A_4A_3A_2A_1 - B_8B_7B_6B_5B_4B_3B_2B_1$을 위하여서는 $B_8B_7B_6B_5B_4B_3B_2B_1$에 대한 2의 보수를 구하고, $A_8A_7A_6A_5A_4A_3A_2A_1$와 병렬비트 덧셈 연산을 수행하면 된다. $B_8B_7B_6B_5B_4B_3B_2B_1$의 각 비트를 1에 대하여 배타 논리합 연산을 취하여 1의 보수를 만들고, 이전 캐리에 1을 인가하여 주면 최종적으로 2의 보수가 된다. 그림 3은 2의 보수를 이용하여 8비트 병렬감산기를 74283 IC로 구현한 것이다. 만약 이전 캐리에 0를 인가하면 8비트 가산기로 동작된다.

표 2 4 비트 병렬감산

A_4	A_3	A_2	A_1	10진수	B_4	B_3	B_2	B_1	10진수	결과
0	0	1	0	2	1	0	0	0	8	-6
0	1	1	0	6	0	1	0	0	4	2
1	0	0	1	9	0	0	1	1	3	6
1	1	0	0	12	1	0	1	0	10	2
1	1	1	0	14	0	1	0	0	4	10
0	1	1	0	6	1	1	0	0	12	-6
0	1	1	0	6	1	1	1	1	15	-9

표 2. 4비트 병렬감산을 하기 위해 IC74838를 2개 사용하고 2의 보수를 이용하여 8비트 병렬감산기를 구현하였다. $A_8A_7A_6A_5$ 및 $B_8B_7B_6B_5$는 모두 0로 입력하였다. 최상위 비트는 부호비트이며 최상위 비트가 0이면 양수, 1이면 음수이다.

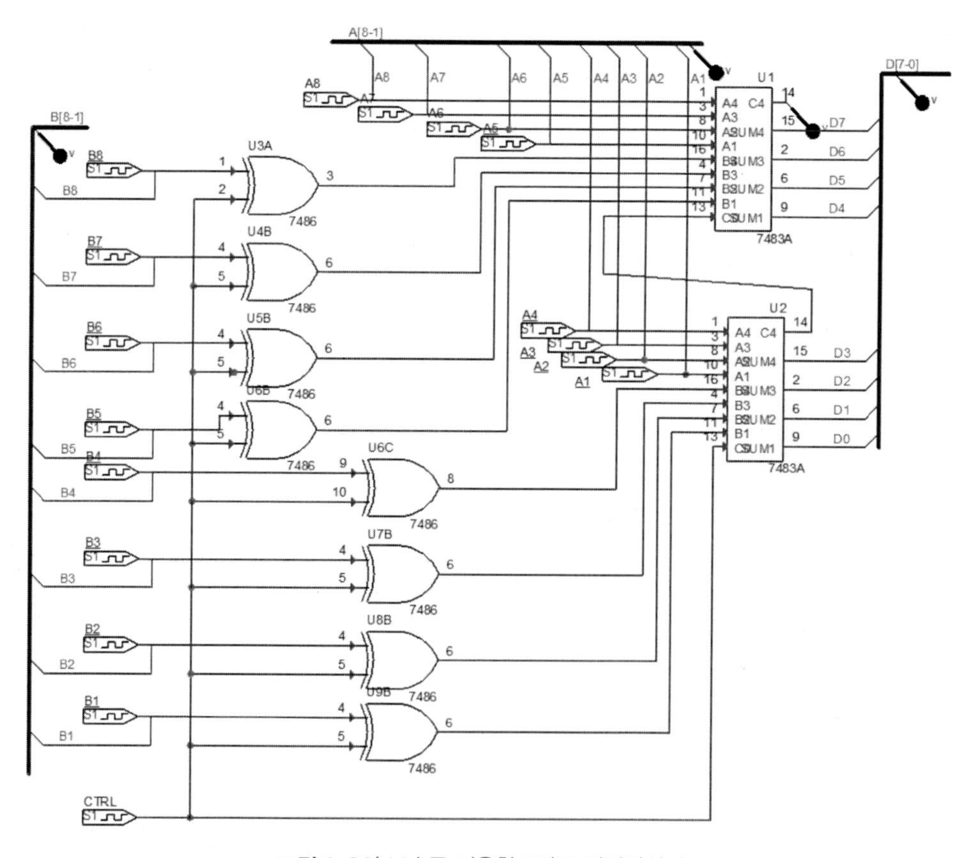

그림 3 2의 보수를 이용한 8비트 병렬감산기

그림 4는 8비트 감산 $A_8A_7A_6A_5A_4A_3A_2A_1$ - $B_8B_7B_6B_5B_4B_3B_2B_1$을 PSPICE로 시뮬레이션한 결과이다.

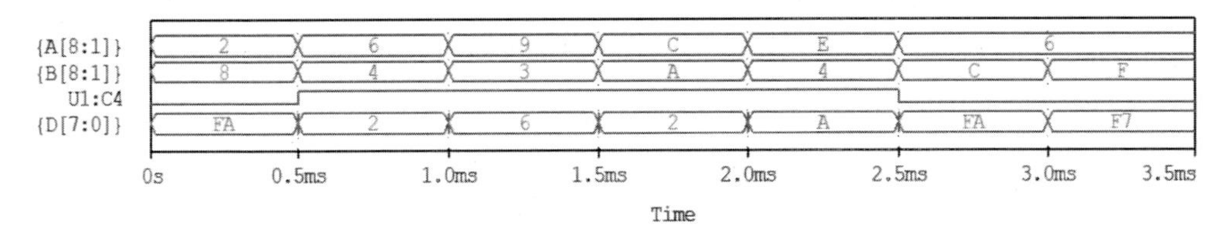

그림 4 8비트 병렬감산기의 시뮬레이션 결과

결과를 분석하면, FA는 1111 1010이고 최상위 비트가 1이므로 음수이며 2의 보수를 취하면 0000 0110가 되어 6이므로 FA = -6이 된다. F7는 1111 0111이고 최상위 비트가 1이므로 음수이며 2의 보수를 취하면 0000 1001가 되어 9이므로 F7 = -9가 된다. 기타 결과들 모두 표의 최종 가산결과들과 일치함을 알 수 있다.

2.3 BCD 가산기

BCD 연산은 각각의 BCD 입력값이 9를 넘지 않으므로, 19를 초과할 수 없다. 4비트 병렬가산기를 사용하여, BCD 가산기를 구현할 수 있다. 표 3은 이진덧셈과 BCD 덧셈을 비교한 것이다. 표 3으로부터 0에서 9까지는 이진덧셈과 BCD 덧셈결과가 동일한 결과를 얻지만, $C_{out} = 1$이 발생하는 시점인 10에서부터 19까지는 6(0110)의 차이가 발생한다. 결과적으로, BCD 연산 과정에서 캐리 $C_{out} = 1$이 발생하면, 병렬 이진 가산결과 값 $Z_8Z_4Z_2Z_1$에 0110을 더해주어야 BCD 연산결과 값 $S_4S_3S_2S_1$과 동일하게 된다. C_{out}의 부울 논리식은 다음과 같이 된다 :

$$C_{out} = C_1 + Z_8Z_4 + Z_8Z_2$$

C_1은 병렬 이진 가산연산 시 발생하는 carry 값을 의미하고, C_{out}는 최종 BCD 가산연산 시 발생하는 carry를 의미한다.

표 3 진리표 이진덧셈-BCD 덧셈의 비교

C_1	Z_8	Z_4	Z_2	Z_1	C_{out}	S_4	S_3	S_2	S_1	**10진수**
0	0	0	0	0	0	0	0	1	1	0
0	0	0	0	1	0	0	1	0	1	1
0	0	0	1	0	0	0	1	1	0	2
0	0	0	1	1	0	0	1	1	1	3
0	0	1	0	0	0	0	1	1	1	4
0	0	1	0	1	0	0	1	1	1	5
0	0	1	1	0	0	0	1	1	1	6
0	0	1	1	1	0	0	1	1	1	7
0	1	0	0	0	0	0	1	1	1	8
0	1	0	0	1	0	0	1	1	1	9
0	1	0	1	0	1	0	0	0	0	10
0	1	0	1	1	1	0	0	0	1	11
0	1	1	0	0	1	0	0	1	0	12
0	1	1	0	1	1	0	0	1	1	13
0	1	1	1	0	1	0	1	0	0	14
0	1	1	1	1	1	0	1	0	1	15
1	0	0	0	0	1	0	1	1	0	16
1	0	0	0	1	1	0	1	1	1	17
1	0	0	1	0	1	1	0	0	0	18
1	0	0	1	1	1	1	0	0	1	19

그림 5는 4비트 병렬 이진 가산기를 사용하여 BCD 가산기를 구현한 것이다.

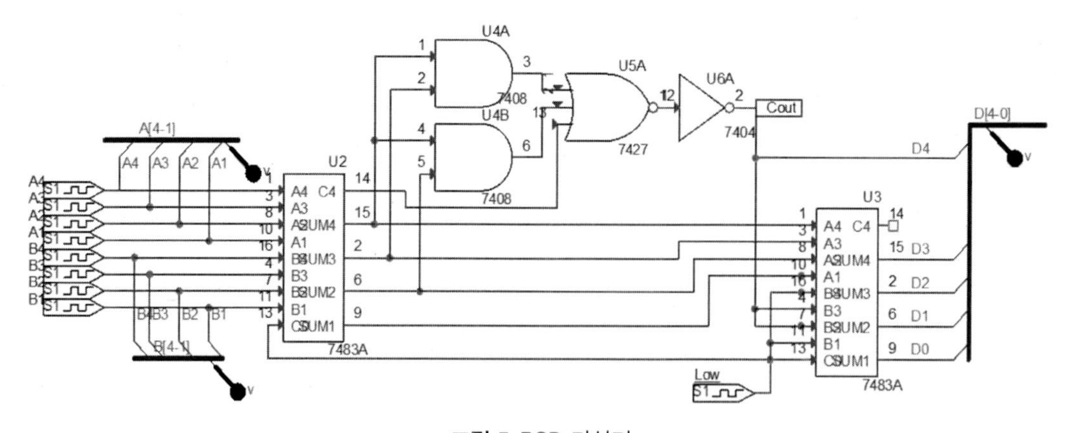

그림 5 BCD 가산기

BCD 연산 과정에서 캐리 $C_{out}=1$이 발생하면, 병렬 이진 가산결과 값 $Z_8Z_4Z_2Z_1$에 0110을 더해주어야 하므로 AND 및 OR 게이트로 구현하였다. 표 4는 BCD 가산의 실제 예를 들었다. 4비트 $A_4A_3A_2A_1$와 4비트 $B_4B_3B_2B_1$의 4비트 병렬 2진 가산 결과 $C_1Z_8Z_4Z_2Z_1$가 1001을 초과할 때, 0110을 더하여 $C_{out}S_4S_3S_2S_1$의 값이 결정된다.

표 4 BCD 가산기의 실제 예

A_4	A_3	A_2	A_1	**10진수**	B_4	B_3	B_2	B_1	**10진수**	C_{out}	S_4	S_3	S_2	S_1	**10진수**
0	1	0	1	5	0	1	0	0	4	0	1	0	0	1	9
0	1	1	0	6	0	1	1	1	7	1	0	0	1	1	13
0	1	1	1	7	1	0	0	1	9	1	0	1	1	0	16
1	0	0	0	8	0	1	0	1	5	1	0	0	1	1	13
1	0	0	1	9	1	0	0	0	8	1	0	1	1	1	17

그림 6은 표 4의 BCD 가산기의 예에 대하여 BCD 가산기회로를 시뮬레이션한 결과를 나타내고 있으며 표 4와 일치함을 보여준다.

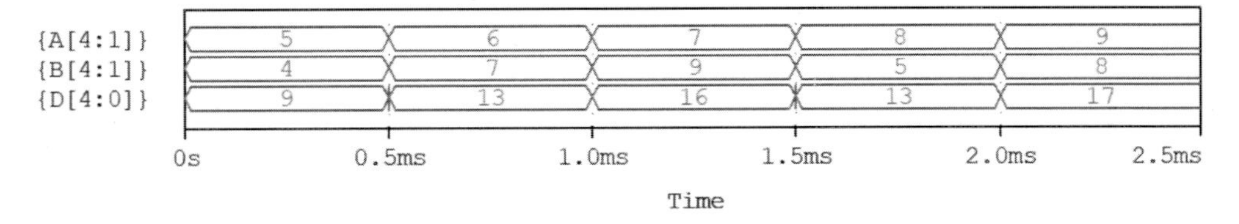

그림 6 BCD 덧셈회로의 시뮬레이션 결과

3. 요약문제

1의 보수기에 대한 설명으로 적합한 것은? **2010년 2회 무선설비기사**

① 감산기를 이용하지 않고 감수의 보수를 이용하여 가산기만으로 뺄셈을 한다.

② 감수의 보수를 이용하지 않고 피감수의 보수를 이용하여 감산기만으로 뺄셈을 한다.

③ 감산기를 이용하지 않고 피감수의 보수를 이용하여 가산기만으로 뺄셈을 한다.

④ 피감수의 보수를 이용하여 감산기만으로 뺄셈을 한다.

4. 실험 기기 및 부품

(1) NOT 게이트 : IC 74041개

(2) AND 게이트 : IC 74081개

(3) 배타논리합 게이트 : IC 74861개

(4) 3 INPUT NOR 게이트 : IC 7427 1개

(5) 4비트 병렬가산기 : IC 74283 1개

(6) 저항 : 1kΩ 8개, 330Ω5개

(7) 4 비트 DIP Switch : 2개

(8) 적색 LED : 5개

(9) 직류 전원 공급기 1대

5. 실험절차

(1) 그림 7의 4비트 병렬가산기 회로를 구성하라. 표 5의 각 경우에 대하여 연산을 수행하고 결과를 표 5에 기록하라. 가산기 동작을 확인하라. IC74283의 8번 PIN을 접지에 연결하고, 16번 PIN을 5V 전원에 연결하라.

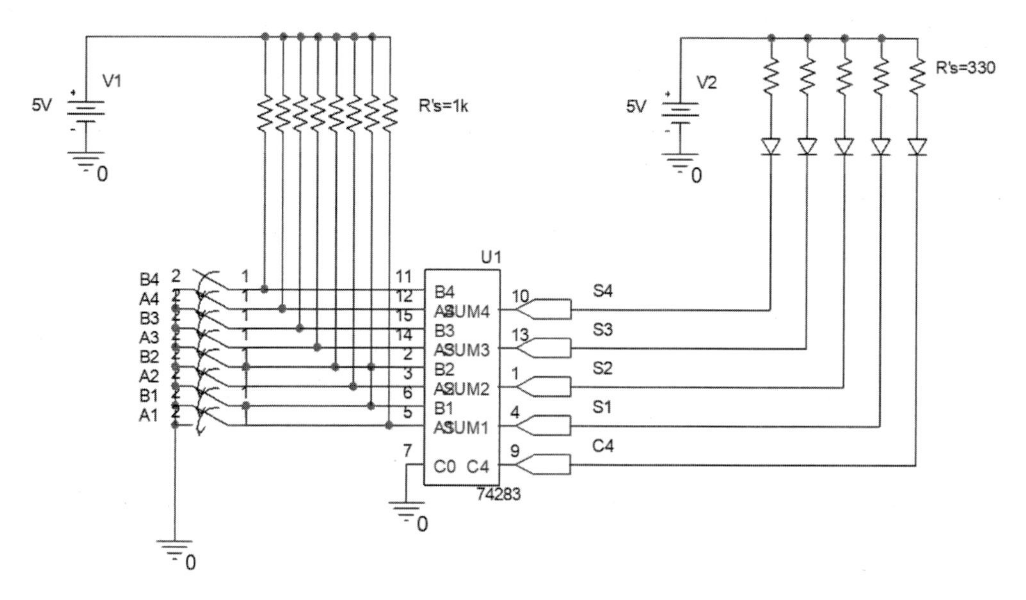

그림 7 4비트 병렬가산기 회로

표 5 4비트 병렬가산

A_4	A_3	A_2	A_1	B_4	B_3	B_2	B_1	C_4	S_4	S_3	S_2	S_1
0V	0	5V	0V	5V	0V	0V	0V					
0V	5V	5V	0V	0V	5V	0V	0V					
5V	0V	0V	5V	0V	0V	5V	5V					
5V	5V	0V	0V	5V	0V	5V	0V					
5V	5V	5V	0V	0V	5V	0V	0V					

(2) 그림 8의 8비트 병렬감산기 회로를 구성하라. 표 6의 각 경우에 대하여 연산을 수행하고 결과를 표 6에 기록하라. 감산기 동작을 확인하라. IC7486의 7번 PIN을 접지에 연결하고, 14번 PIN을 5V 전원에 연결하라. $A_8A_7A_6A_5$ 및 $B_8B_7B_6B_5$는 모두 0로 입력할 것.

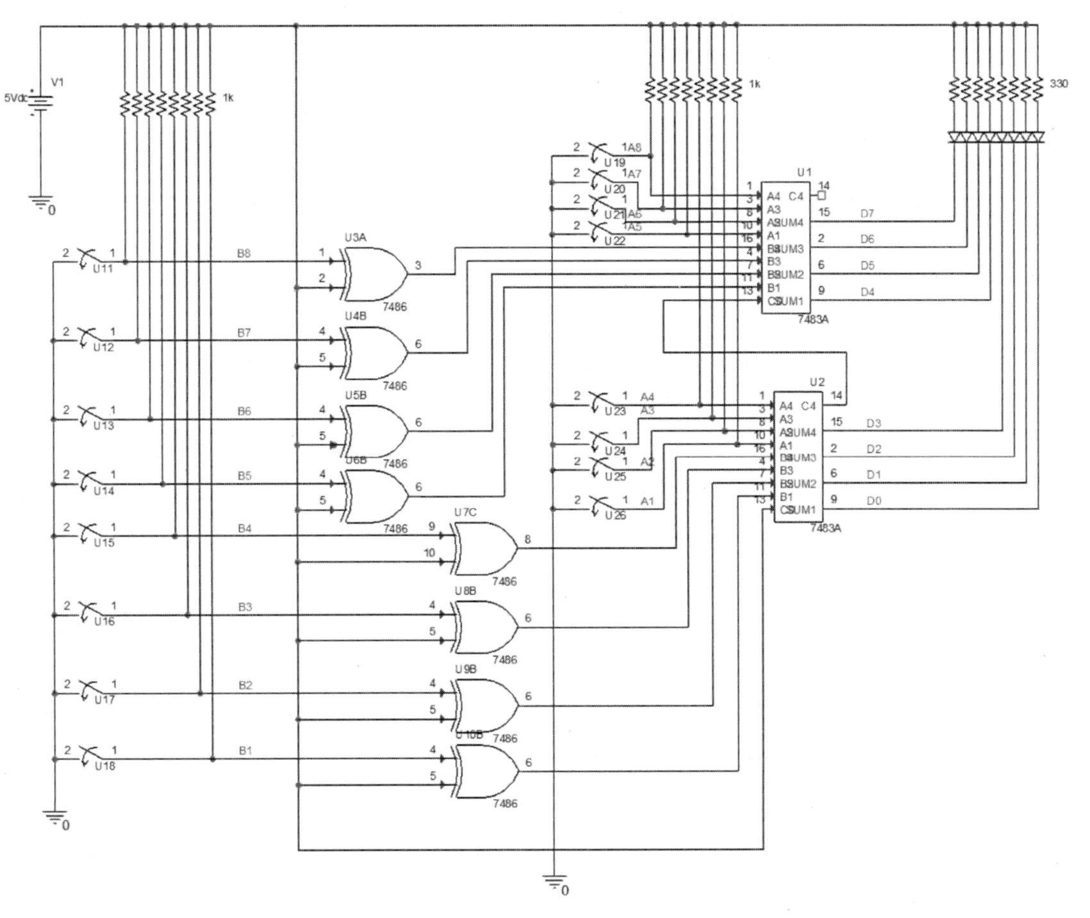

그림 8 8비트 병렬감산기 회로

표 6 8비트 병렬감산

A_4	A_3	A_2	A_1	10진수	B_4	B_3	B_2	B_1	10진수	D_8	D_7	D_6	D_5	D_4	D_3	D_2	D_1	10진수
0V	0V	5V	0V	2	5V	0V	0V	0V	8									
0V	5V	5V	0V	6	0V	5V	0V	0V	4									
5V	0V	0V	5V	9	0V	0V	5V	5V	3									
5V	5V	0V	0V	12	5V	0V	5V	0V	10									
5V	5V	5V	0V	14	0V	5V	0V	0V	4									
0V	5V	5V	0V	6	5V	5V	0V	0V	12									
0V	5V	5V	0V	6	5V	5V	5V	5V	15									

(3) (2)의 그림 8 감산기 회로에서 이전 캐리단자입력을 0으로 전환한 다음 표7의 각 경우에 대하여 연산을 수행하고 결과를 표7에 기록하라. 가산기 동작을 확인하라.

표 7 병렬가산

A_4	A_3	A_2	A_1	10진수	B_4	B_3	B_2	B_1	10진수	D_8	D_7	D_6	D_5	D_4	D_3	D_2	D_1	10진수
0V	0V	5V	0V	2	5V	0V	0V	0V	8									
0V	5V	5V	0V	6	0V	5V	0V	0V	4									
5V	0V	0V	5V	9	0V	0V	5V	5V	3									
5V	5V	0V	0V	12	5V	0V	5V	0V	10									
5V	5V	5V	0V	14	0V	5V	0V	0V	4									
0V	5V	5V	0V	6	5V	5V	0V	0V	12									
0V	5V	5V	0V	6	5V	5V	5V	5V	15									

(4) 그림 9의 4비트 BCD 가산기 회로를 구성하라. 표 8의 각 경우에 대하여 연산을 수행하고 결과를 표 8에 기록하라. BCD 가산기 동작을 확인하라. IC7408, 7404 및 IC7427의 7번 PIN을 접지에 연결하고, 14번 PIN을 5V 전원에 연결하라.

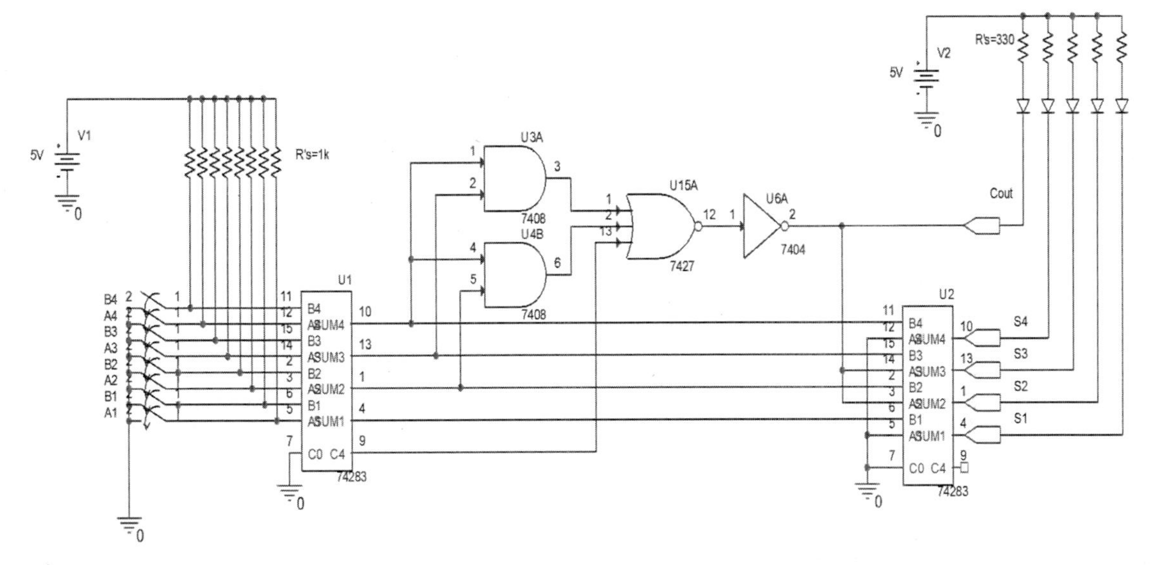

그림 9 BCD 가산기

표 8 BCD 가산

A_4	A_3	A_2	A_1	10진수	B_4	B_3	B_2	B_1	10진수	C_{out}	S_4	S_3	S_2	S_1	10진수
0V	5V	0V	5V	5	0V	5V	0V	0V	4						
0V	5V	5V	0V	6	0V	5V	5V	5V	7						
0V	5V	5V	5V	7	5V	0V	0V	5V	8						
5V	0V	0V	0V	8	0V	5V	0V	5V	5						
5V	0V	0V	5V	9	5V	0V	0V	0V	8						

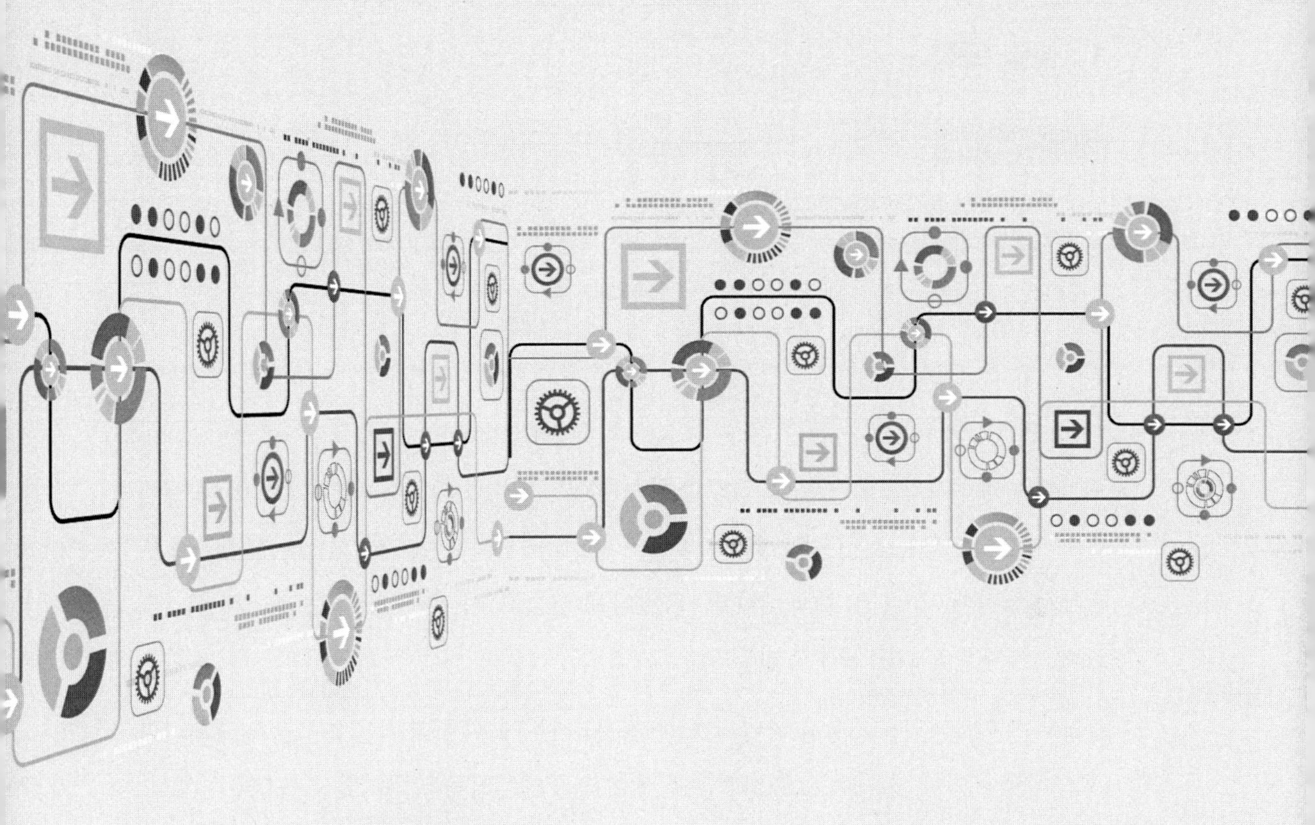

실험 7

디코더Decoder 및 인코더Encoder

1. 실험 목적

objective

(1) 디코더의 동작을 이해한다.
(2) 인코더의 동작을 이해한다.
(3) 8 × 3 인코더 74LS148 IC의 동작을 이해한다.

2. 기본 이론

디코더는 해독기라고도 하는데, 암호를 해독한다는 의미로 쓰인다. 0001, 0110, 0101와 같은 디지털 코드는 십진수로 각각 1, 6, 5가 된다. 디코더는 디지털 코드를 십진수로 변환해서 해당 데이터선의 출력을 high (1) 상태로 만들고, 나머지 해당없는 데이터 선들의 출력의 상태는 low(0) 상태로 만든다.

인코더는 디코더의 역기능을 하며 부호기라고도 하는데, 데이터 혹은 정보를 암호화한다는 의미로 쓰인다. 십진수 1, 6, 5와 같은 정보 혹은 데이터들은 디지털 코드 0001, 0110, 0101와 같은 디지털 코드로 변환해서 값에 따라 해당 코드의 출력을 high (1) 상태로 만들고, 나머지 해당없는 코드들의 출력의 상태는 low(0) 상태로 만든다.

2.1 2×4 디코더

2×4 디코더는 그림 1에 보인 대로 디지털 입력 A, B의 값에 대하여 표 1과 같이 4개의 출력 Y_o, Y_1, Y_2, Y_3을 얻을 수가 있다. 각각의 디코더 출력의 논리식은 $Y_o = \overline{A}\,\overline{B}$ $Y_1 = \overline{A}B$ $Y_2 = A\overline{B}$ $Y_3 = AB$이다.

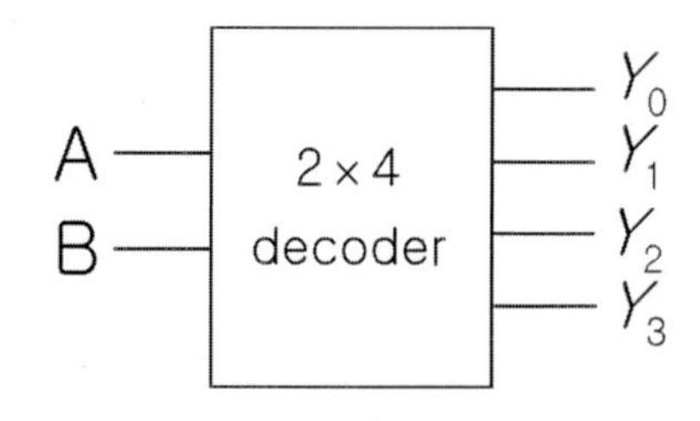

그림 1 2 × 4 디코더 블록 다이어그램

표 1 2×4 디코더의 진리표

A	B	Y_o	Y_1	Y_2	Y_3
0	0	1	0	0	0
0	1	0	1	0	0
1	0	0	0	1	0
1	1	0	0	0	1

$AB = 00 = 0_{10}$일 때, $Y_0 = 1$, $AB = 01 = 1_{10}$일 때, $Y_1 = 1$, $AB = 10 = 2_{10}$일 때, $Y_2 = 1$, $AB = 11 = 3_{10}$일 때, $Y_3 = 1$가 된다. 그림 2는 2×4 디코더 회로를 4개의 AND 게이트와 2개의 NOT 게이트로 구성한 것이다.

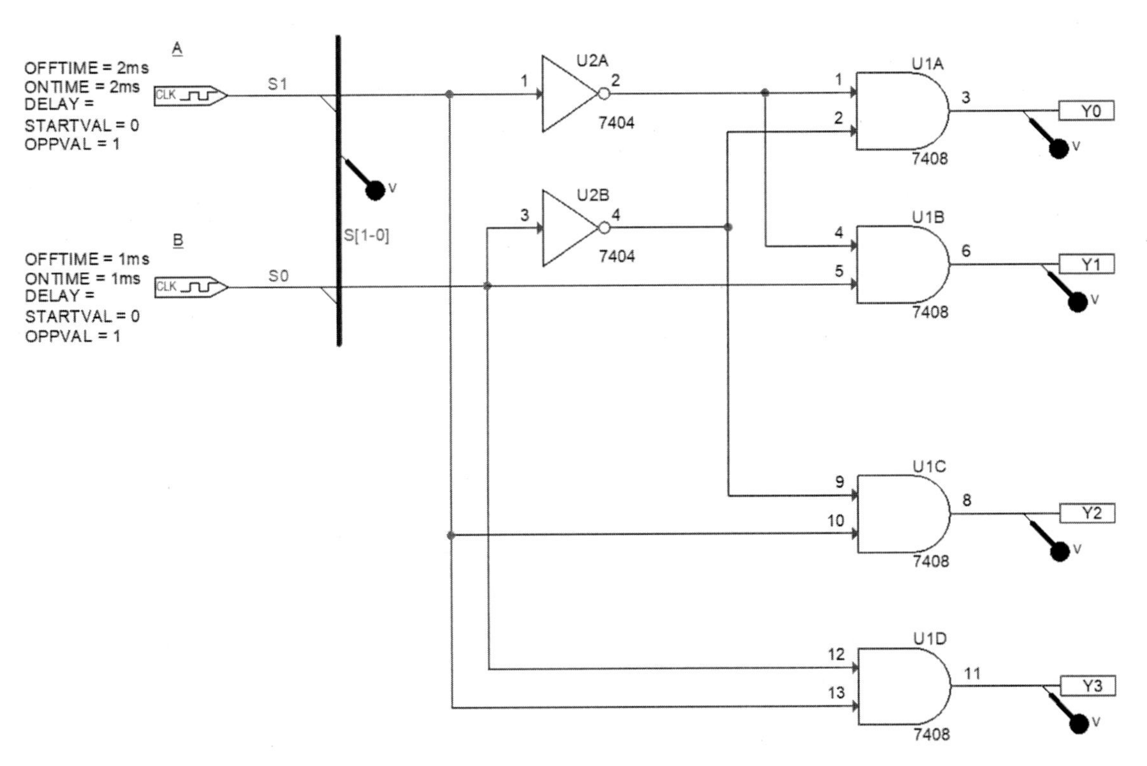

그림 2 2×4 디코더

그림 3은 두 개의 디지털 입력 s_1, s_0에 대한 디코더 연산을 PSPICE로 시뮬레이션한 결과이다. $s_1s_0 = 00 = 0_{10}$일 때, $Y_0 = 1$, $s_1s_0 = 01 = 1_{10}$일 때, $Y_1 = 1, s_1s_0 = 10 = 2_{10}$일 때, $Y_2 = 1$, $s_1s_0 = 11 = 3_{10}$일 때, $Y_3 = 1$이 되어 디코더로 동작함을 확인할 수 있다.

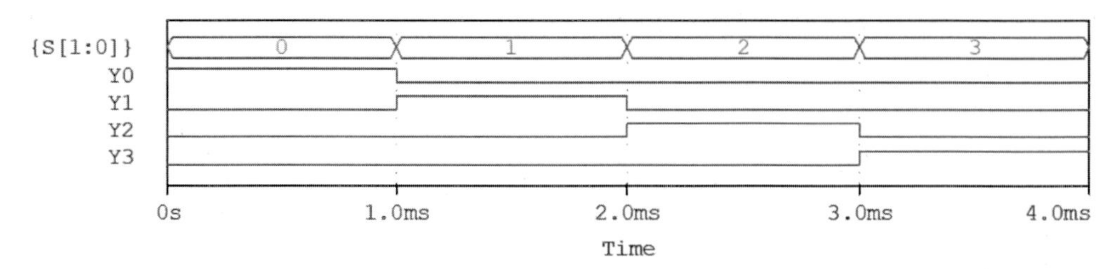

그림 3 시뮬레이션 결과

2.2 3×8 디코더

3×8 디코더는 그림 4와 같이 3개의 디지털 입력 A, B, C의 값에 대하여 표 2와 같이 8개의 출력 Y_o, Y_1, Y_2, Y_3, Y_4, Y_5, Y_6, Y_7을 얻을 수가 있다. 각각의 디코더 출력의 논리식은 $Y_o = \overline{A}\,\overline{B}\,\overline{C}$ $Y_1 = \overline{A}\,\overline{B}C$ $Y_2 = \overline{A}B\overline{C}$ $Y_4 = A\overline{B}\,\overline{C}$ $Y_5 = A\overline{B}C$ $Y_6 = AB\overline{C}$ $Y_7 = ABC$이다.

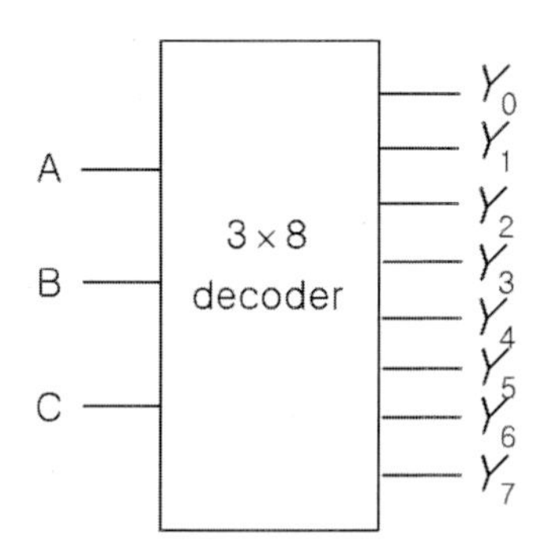

그림 4 3×8 디코더 블록 다이어그램

표 2 3×8 디코더의 진리표

A	B	C	Y_o	Y_1	Y_2	Y_3	Y_4	Y_5	Y_6	Y_7
0	0	0	1	0	0	0	0	0	0	0
0	0	1	0	1	0	0	0	0	0	0
0	1	0	0	0	1	0	0	0	0	0
0	1	1	0	0	0	1	0	0	0	0
1	0	0	0	0	0	0	1	0	0	0
1	0	1	0	0	0	0	0	1	0	0
1	1	0	0	0	0	0	0	0	1	0
1	1	1	0	0	0	0	0	0	0	1

그림 5는 3×8 디코더 회로를 8개의 AND 게이트와 3개의 NOT 게이트로 구성한 것이다.

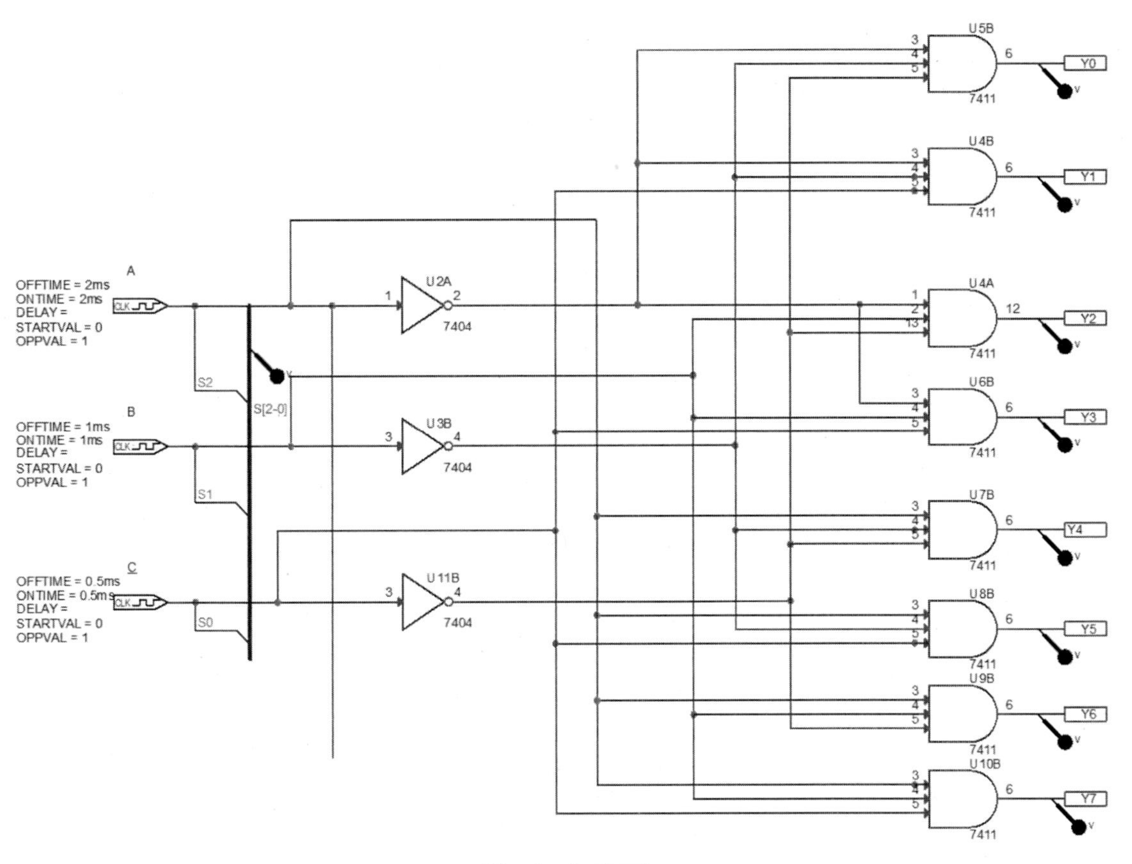

그림 5 3×8 디코더

그림 6은 A, B, C 3개의 디지털 입력에 대한 3×8 디코더 연산을 PSPICE로 시뮬레이션한 결과이다.

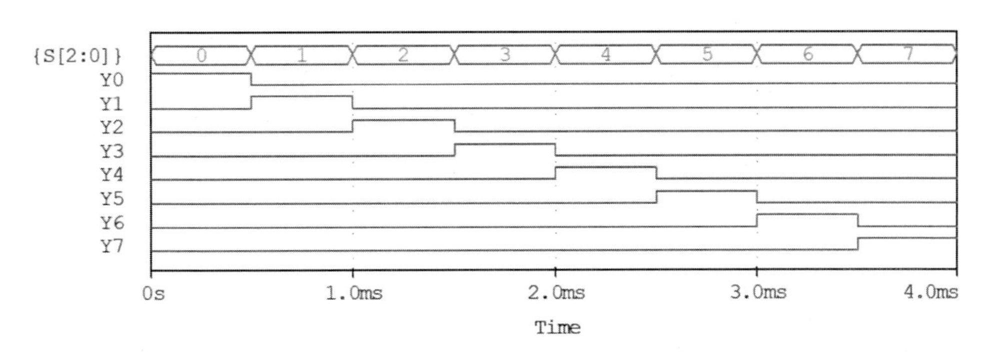

그림 6 시뮬레이션 결과

2.3 4×16 디코더

표 3은 IC 74154를 이용한 4×16 디코더의 진리표이다. $G1 = G2 = 0$일 때 디코더로 동작하며 4비트의 이진부호 입력 $DCBA$의 조합에 따라, 전체 16개의 출력 중 해당 출력선만 $Y_i = 0$이 되고 기타 출력선은 $Y_j = 1$가 된다. 즉, 실제 IC는 AND 게이트 대신 NAND 게이트로 구성되어 있다. 따라서, active low로 동작한다. 그림 7은 IC 74154를 이용한 4×16 디코더 회로이며, 그림 8은 시뮬레이션 결과를 보여주고 있다. 4×16 디코더의 진리표와 동일한 결과를 나타내고 있다.

표 3 4×16 디코더의 진리표

D	C	B	A	$G1$	$G2$	Y_o	Y_1	Y_2	Y_3	Y_4	Y_5	Y_6	Y_7	Y_8	Y_9	Y_{10}	Y_{11}	Y_{12}	Y_{13}	Y_{14}	Y_{15}
0	0	0	0	0	0	0	1	1	1	1	1	1	1	1	1	1	1	1	1	1	1
0	0	0	1	0	0	1	0	1	1	1	1	1	1	1	1	1	1	1	1	1	1
0	0	1	0	0	0	1	1	0	1	1	1	1	1	1	1	1	1	1	1	1	1
0	0	1	1	0	0	1	1	1	0	1	1	1	1	1	1	1	1	1	1	1	1
0	1	0	0	0	0	1	1	1	1	0	1	1	1	1	1	1	1	1	1	1	1
0	1	0	1	0	0	1	1	1	1	1	0	1	1	1	1	1	1	1	1	1	1
0	1	1	0	0	0	1	1	1	1	1	1	0	1	1	1	1	1	1	1	1	1
0	1	1	1	0	0	1	1	1	1	1	1	1	0	1	1	1	1	1	1	1	1
1	0	0	0	0	0	1	1	1	1	1	1	1	1	0	1	1	1	1	1	1	1
1	0	0	1	0	0	1	1	1	1	1	1	1	1	1	0	1	1	1	1	1	1
1	0	1	0	0	0	1	1	1	1	1	1	1	1	1	1	0	1	1	1	1	1
1	0	1	1	0	0	1	1	1	1	1	1	1	1	1	1	1	0	1	1	1	1
1	1	0	0	0	0	1	1	1	1	1	1	1	1	1	1	1	1	1	1	1	1
1	1	0	1	0	0	1	1	1	1	1	1	1	1	1	1	1	1	1	0	1	1
1	1	1	0	0	0	1	1	1	1	1	1	1	1	1	1	1	1	1	1	0	1
1	1	1	1	0	0	1	1	1	1	1	1	1	1	1	1	1	1	1	1	1	0

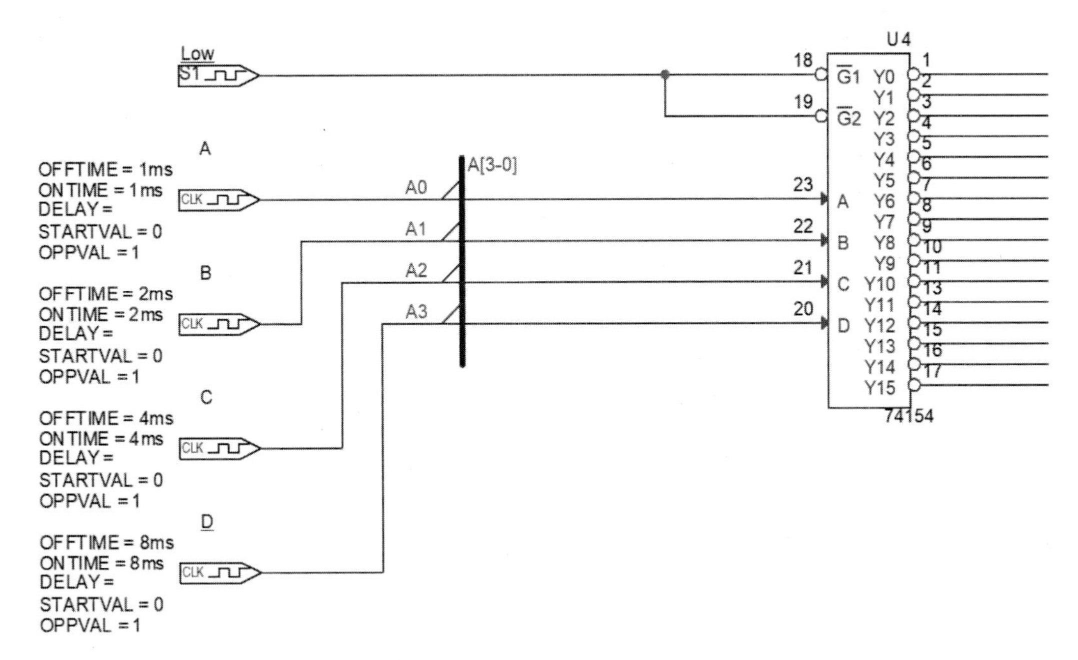

그림 7 IC 74154를 이용한 4×16 디코더

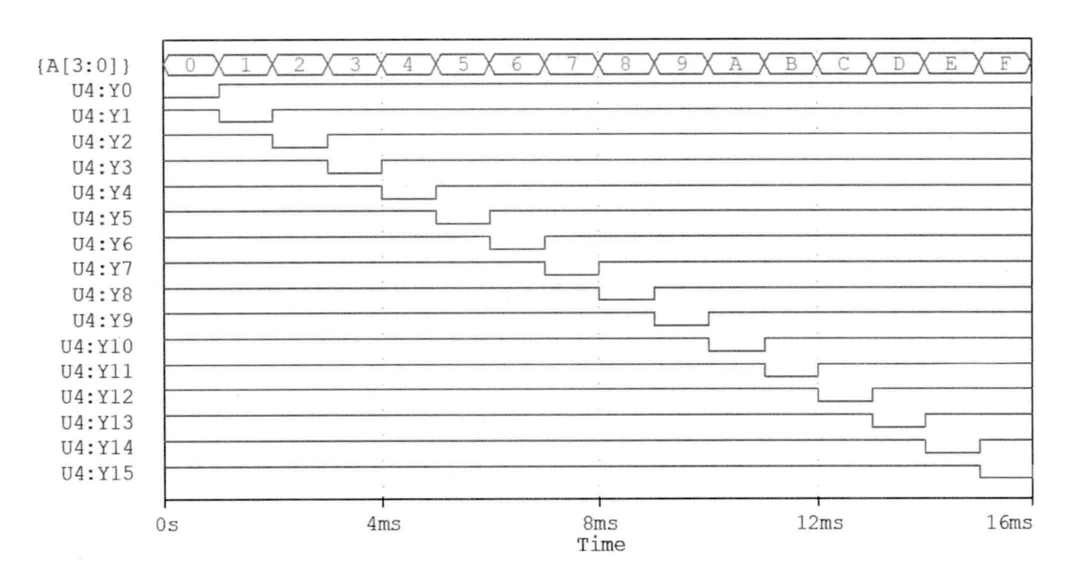

그림 8 4×16 디코더 회로 시뮬레이션 결과

2.4 BCD-10진수 decoder

BCD-10진수 decoder는 2진수 1001 이하의 BCD 입력 $DCBA$의 값에 따라, 해당 출력선만 $Y_i = 0$이 되고 기타 출력선은 $Y_j = 1$이 된다. 표 4는 BCD-10진수 디코더의 진리표이다. 그림 11은 IC 7442를 이용한 BCD-10진수 decoder 회로이며, 그림 12는 시뮬레이션 결과를 보여주고 있다.

표 4 BCD-10진수 decoder의 진리표

D	C	B	A	Y_o	Y_1	Y_2	Y_3	Y_4	Y_5	Y_6	Y_7	Y_8	Y_9
0	0	0	0	0	1	1	1	1	1	1	1	1	1
0	0	0	1	1	0	1	1	1	1	1	1	1	1
0	0	1	0	1	1	0	1	1	1	1	1	1	1
0	0	1	1	1	1	1	0	1	1	1	1	1	1
0	1	0	0	1	1	1	1	0	1	1	1	1	1
0	1	0	1	1	1	1	1	1	0	1	1	1	1
0	1	1	0	1	1	1	1	1	1	0	1	1	1
0	1	1	1	1	1	1	1	1	1	1	0	1	1
1	0	0	0	1	1	1	1	1	1	1	1	0	1
1	0	0	1	1	1	1	1	1	1	1	1	1	0
1	0	1	0	1	1	1	1	1	1	1	1	1	1
1	0	1	1	1	1	1	1	1	1	1	1	1	1
1	1	0	0	1	1	1	1	1	1	1	1	1	1
1	1	0	1	1	1	1	1	1	1	1	1	1	1
1	1	1	0	1	1	1	1	1	1	1	1	1	1
1	1	1	1	1	1	1	1	1	1	1	1	1	1

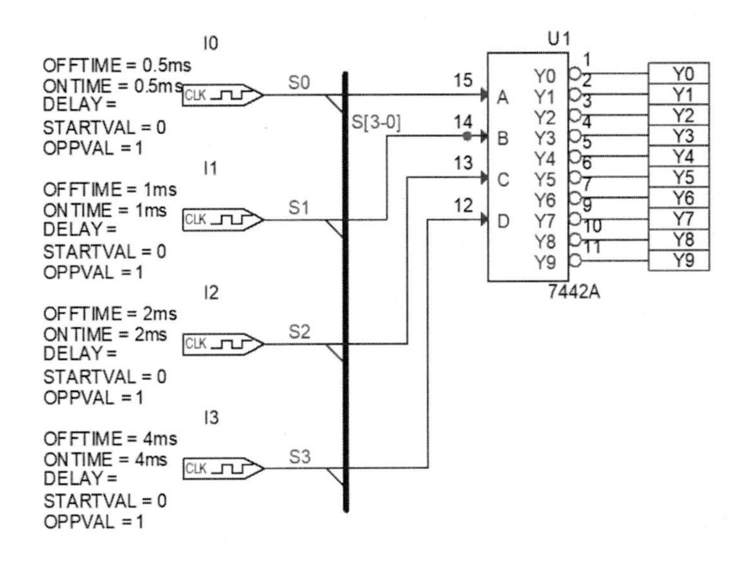

그림 9 IC7442 BCD–10진수 decoder

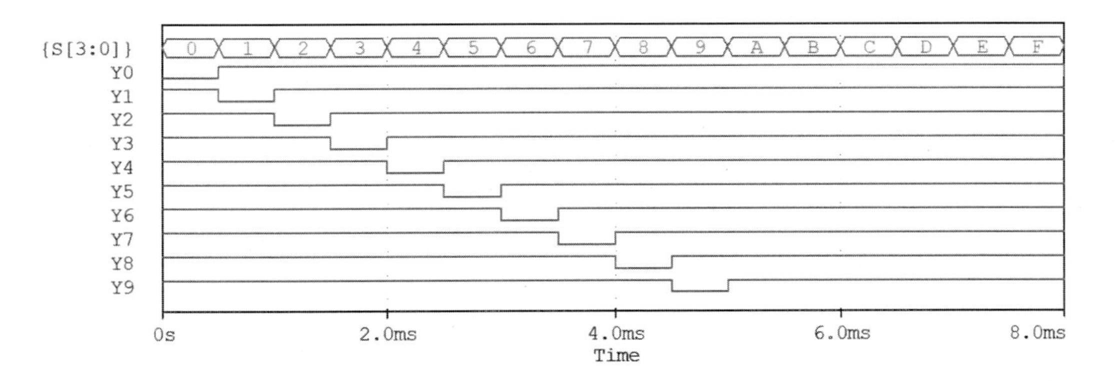

그림 10 시뮬레이션 결과

지금까지 디코더의 동작을 살펴보았는데, 다음 회로는 디코더의 간단한 응용회로이며 디코더의 확장 기능을 설명하고 있다.

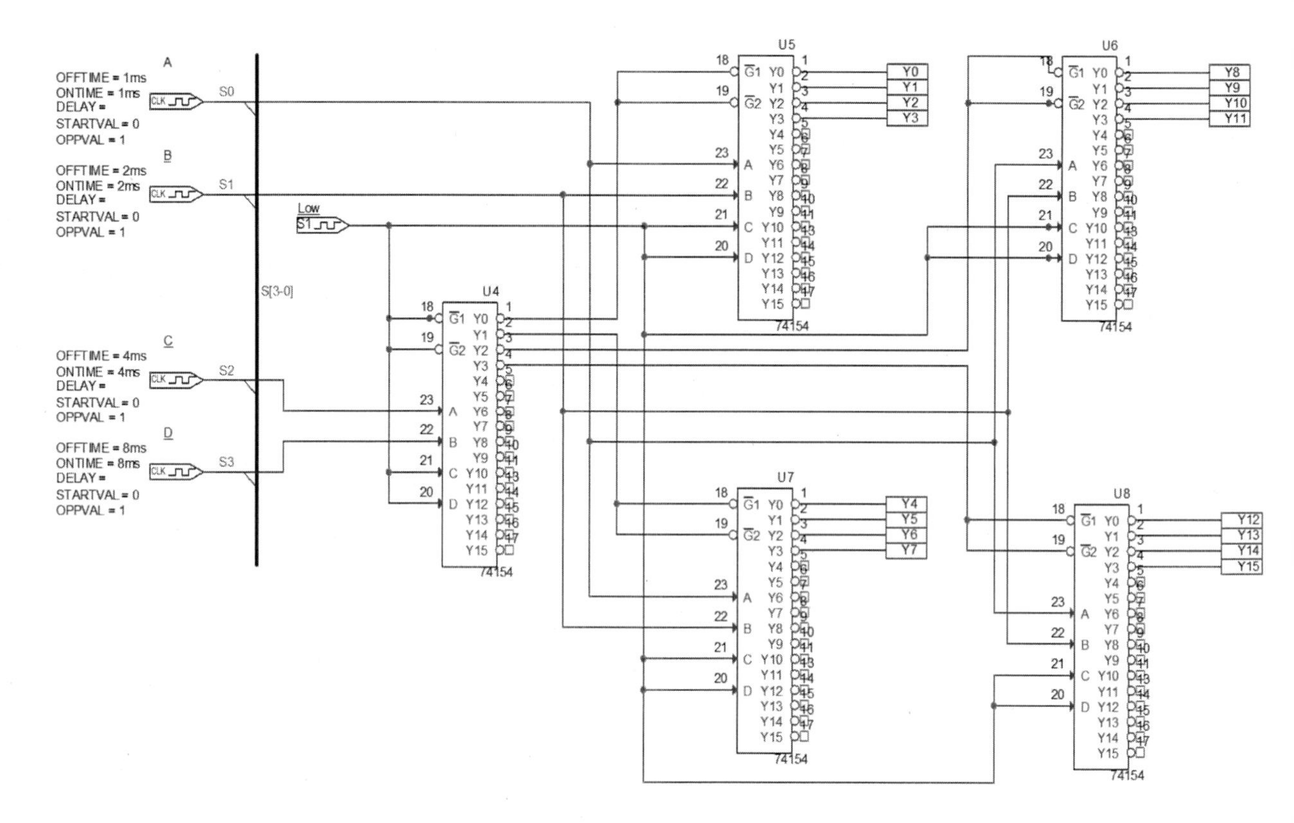

그림 11 4×16 디코더 응용회로

좌측 2×4 디코더 출력은 선택 입력 C,D에 따라 각각 우측 디코더를 활성화시키는 역할을 한다. 선택 입력 A,B는 각각의 활성화된 디코더의 출력을 결정한다. 결과적으로 위 회로는 4×16 디코더로 동작한다.

$$CD=00 \quad AB=00 \quad Y_0 \quad AB=10 \quad Y_1 \quad AB=01 \quad Y_2 \quad AB=11 \quad Y_3$$
$$CD=10 \quad AB=00 \quad Y_4 \quad AB=10 \quad Y_5 \quad AB=01 \quad Y_6 \quad AB=11 \quad Y_7$$

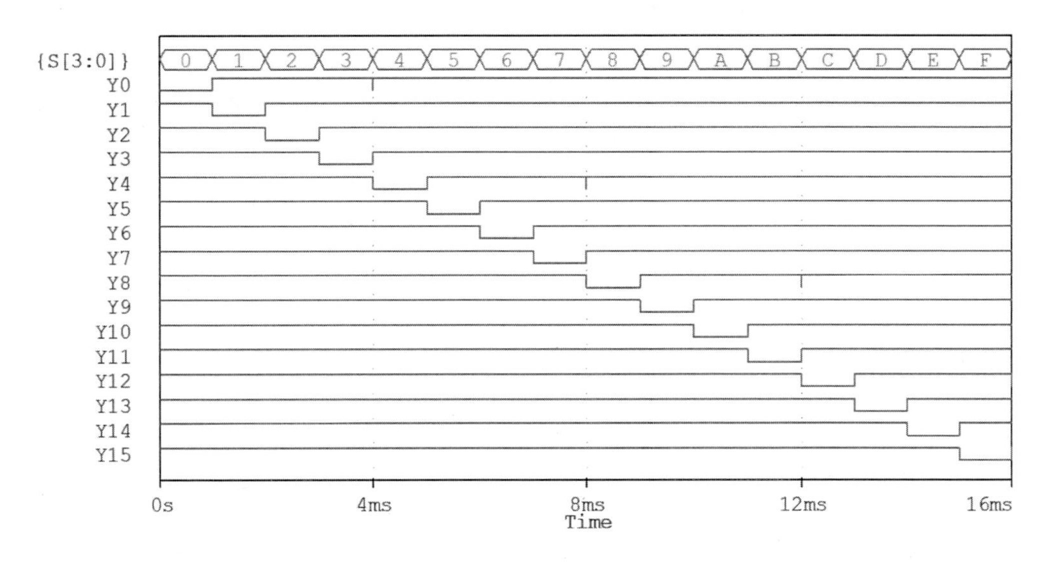

그림 12 4×16 디코더 회로 시뮬레이션 결과

이번에는 디코더의 적용 예로써 디코더를 사용하여 논리식 $F(A,B,C,D)=\overline{A}\,\overline{B}C+B\overline{C}+ABCD$를 설계하여 보자.

$F(A,B,C,D)=\overline{A}\,\overline{B}C+B\overline{C}+ABCD$ 의 카노맵으로부터

$F(A,B,C,D)=\sum m(2,3,4,5,12,13,15)$ 가 된다.

AB \ CD	**00**	**01**	**11**	**10**
00	0	0	1	1
01	1	1	0	0
11	1	1	1	0
10	0	0	0	0

그림 13 $F(A,B,C,D)=\overline{A}\,\overline{B}C+B\overline{C}+ABCD$의 카노맵

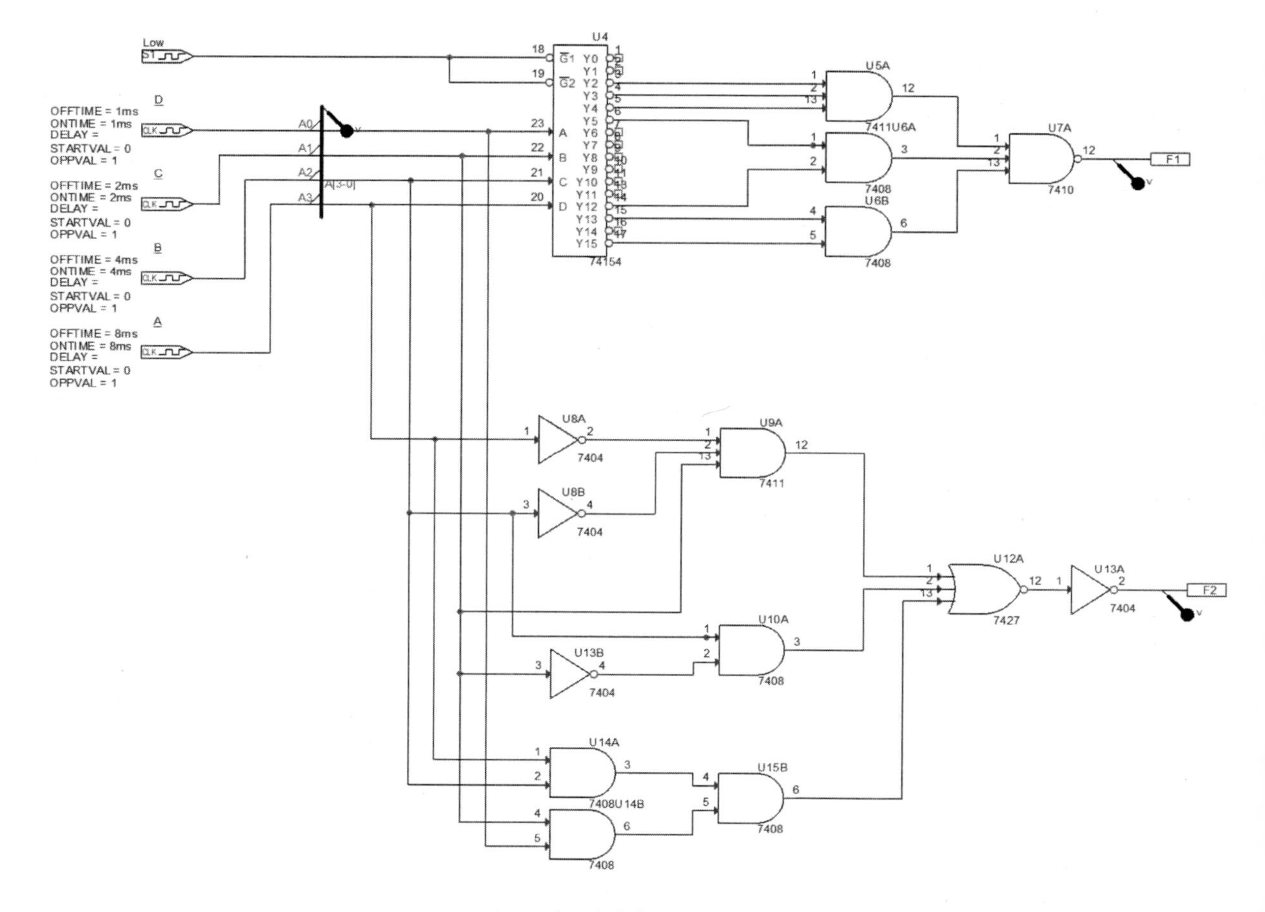

그림 14 디코더 응용회로–논리식 설계

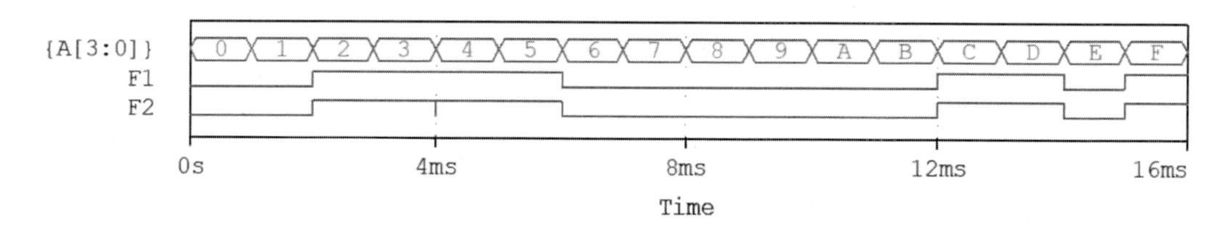

그림 15 디코더 응용회로 시뮬레이션 결과

디코더를 이용한 논리식설계 회로와 기본 게이트들로 구성한 회로를 비교하면 디코더를 이용하면 기본 게이트의 개수가 현저하게 줄어든 사실을 알 수 있다.

2.5 4×2 인코더

4×2 인코더는 그림 16과 같이 4개의 데이터선 I_o, I_1, I_2, I_3을 디지털 2비트 B_1, B_0의 경우의 수로 출력하는 것이다. 표 5는 4×2 인코더의 진리표를 나타낸다. 진리표로부터 B_1, B_0에 대한 부울 함수식을 각각 구하면 $B_1 = I_2 + I_3$, $B_0 = I_1 + I_3$이다.

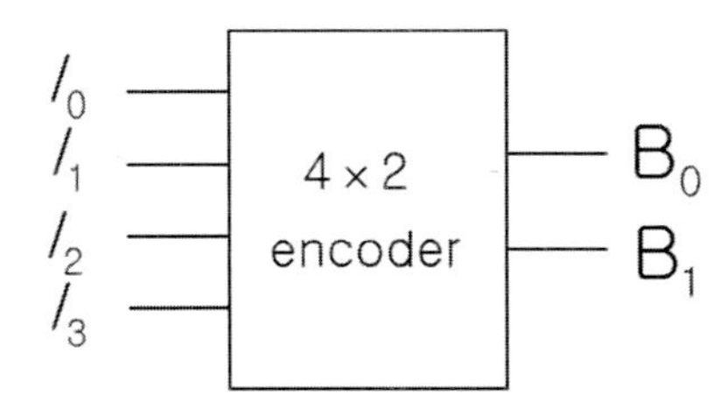

그림 16 4×2 인코더의 블록 다이어그램

표 5 4×2 우선순위 인코더의 진리표

E	I_o	I_1	I_2	I_3	Y_1	Y_0
1	1	0	0	0	0	0
1	x	1	0	0	0	1
1	x	x	1	0	1	0
0	x	x	x	1	1	1

진리표로부터 B_0 및 B_1에 대한 카노맵을 각각 구하면,

I_3I_2 \ I_1I_0	00	01	11	10
00	0	0	1	1
01	0	0	0	0
11	1	1	1	1
10	1	1	1	1

(a) $Y_0 = I_3 + \overline{I_2}I_1$

I_3I_2 \ I_1I_0	00	01	11	10
00	0	0	0	0
01	1	1	1	1
11	1	1	1	1
10	1	1	1	1

(b) $Y_1 = I_2 + I_3$

그림 17 B_0 및 B_1에 대한 카노맵

그림 18은 4×2 우선순위 인코더 회로이다. 그림 19는 시뮬레이션 결과이며, 4×2 인코더의 진리표와 동일하게 동작함을 알 수 있다.

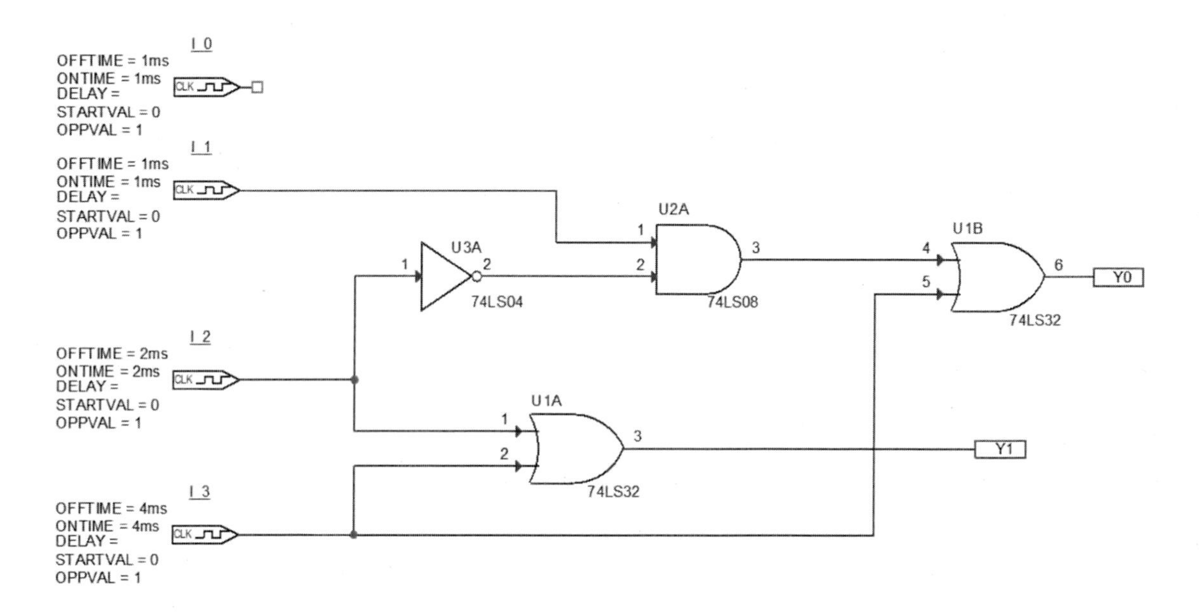

그림 18 4×2 우선순위 인코더 회로

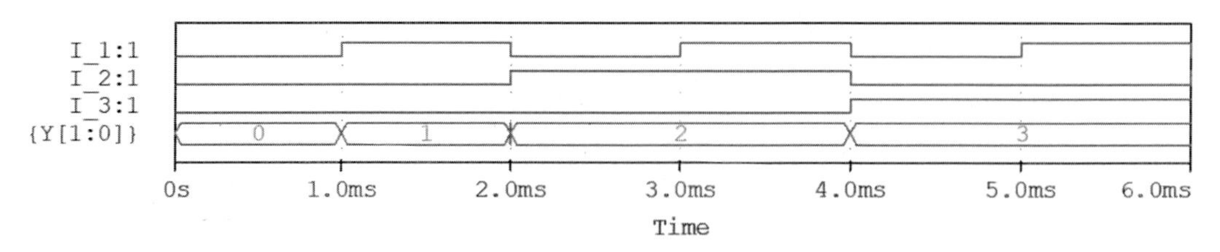

그림 19 4×2 우선순위 인코더 회로의 시뮬레이션 결과

2.6 8×3 인코더

8×3 인코더는 그림 20과 같이 8개의 데이터선 $I_o, I_1, I_2, I_3, I_4, I_5, I_6, I_7$을 디지털 3비트 B_2, B_1, B_0의 경우의 수로 출력하는 것이다. 표 6은 8×3 인코더의 진리표를 나타낸다.

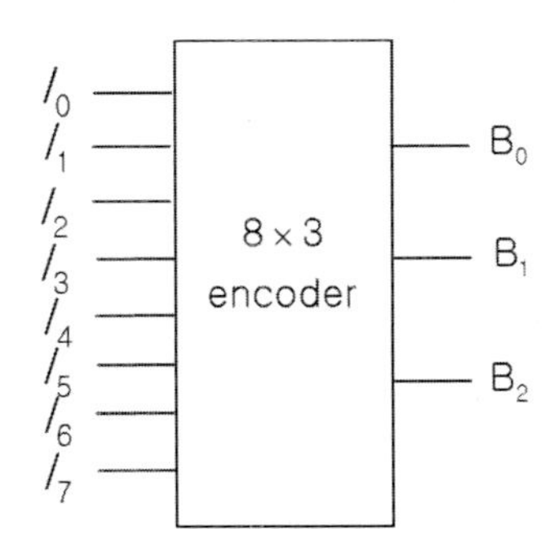

그림 20 8×3 인코더의 블록 다이어그램

표 6 8×3 우선순위 인코더의 진리표

I_o	I_1	I_2	I_3	I_4	I_5	I_6	I_7	Y_2	Y_1	Y_0
1	0	0	0	0	0	0	0	0	0	0
x	1	0	0	0	0	0	0	0	0	1
x	x	1	0	0	0	0	0	0	1	0
x	x	x	1	0	0	0	0	0	1	1
x	x	x	x	1	0	0	0	1	0	0
x	x	x	x	x	1	0	0	1	0	1
x	x	x	x	x	x	1	0	1	1	0
x	x	x	x	x	x	x	1	1	1	1

진리표로부터 Y_2, Y_1, Y_0에 대한 부울 함수식을 각각 구하면 $Y_2 = I_7 + \overline{I_7} I_6 + \overline{I_7}\,\overline{I_6} I_5 + \overline{I_7}\,\overline{I_6}\,\overline{I_5} I_4$, $Y_1 = I_7 + \overline{I_7} I_6 + \overline{I_7}\,\overline{I_6}\,\overline{I_5}\,\overline{I_4} I_3 + \overline{I_7}\,\overline{I_6}\,\overline{I_5}\,\overline{I_4}\,\overline{I_3} I_2$, $Y_0 = I_7 + \overline{I_7}\,\overline{I_6} I_5 + \overline{I_7}\,\overline{I_6}\,\overline{I_5}\,\overline{I_4} I_3 + \overline{I_7}\,\overline{I_6}\,\overline{I_5}\,\overline{I_4}\,\overline{I_3}\,\overline{I_2} I_1$이다. 한편, 부울 대수 간략화 공식을 적용하면, $I_7 + \overline{I_7} I_6 = (I_7 + \overline{I_7})(I_7 + I_6) = I_7 + I_6$가 된다. 같은 논리로, $Y_2 = I_7 + I_6 + I_5 + I_4$로 간략화된다. Y_1 및 Y_2 역시 $Y_1 = I_7 + I_6 + \overline{I_5}\,\overline{I_4} I_3 + \overline{I_5}\,\overline{I_4} I_2$ $Y_0 = I_7 + \overline{I_6} I_5 + \overline{I_6}\,\overline{I_4} I_3 + \overline{I_6}\,\overline{I_4}\,\overline{I_2} I_1$로 간략화된다. 그림 21은 3×8 인코더 회로를 구성한 것이다.

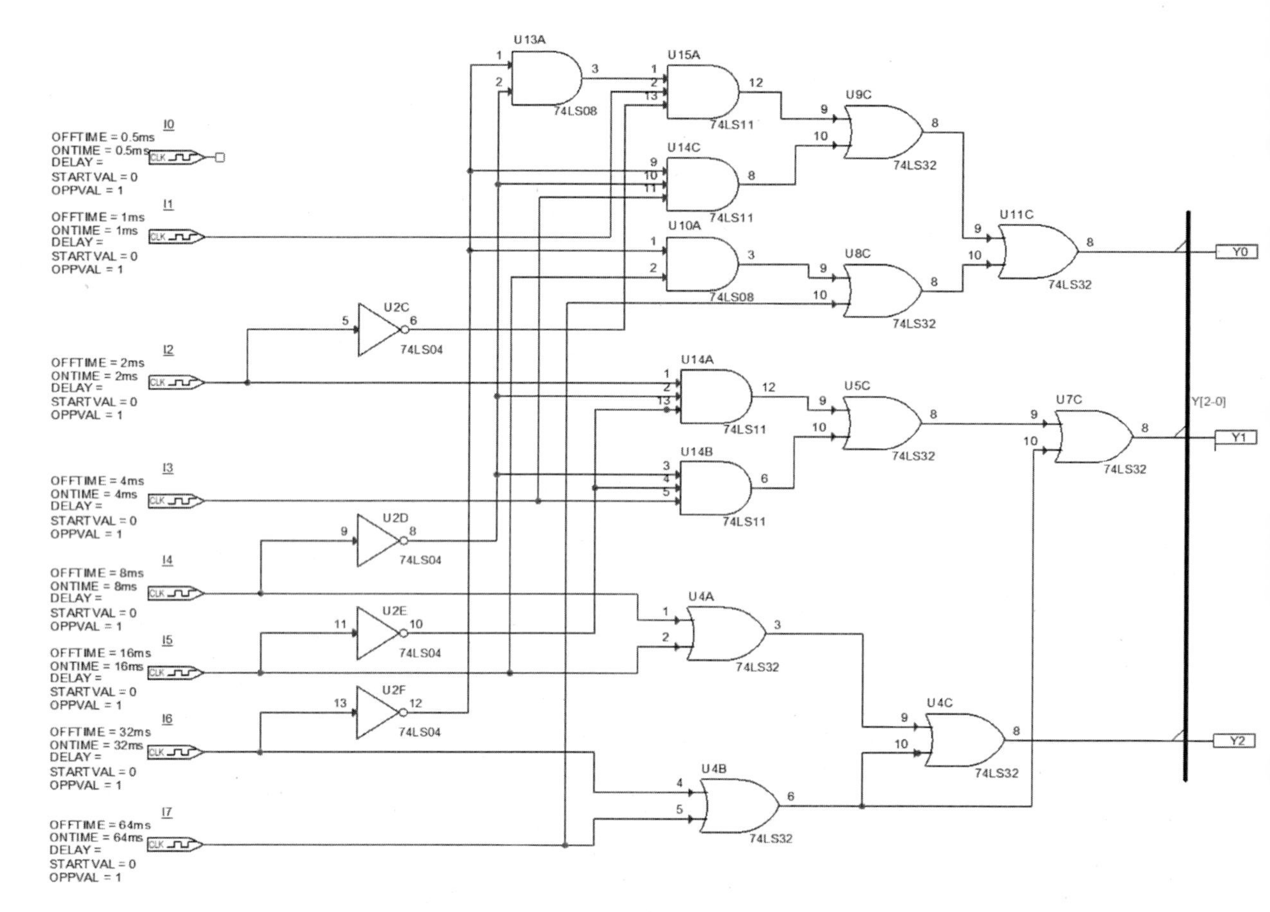

그림 21 8×3 우선순위 인코더 회로

그림 22는 8×3 인코더를 시뮬레이션한 결과이다. 진리표의 결과와 동일한 결과를 얻게 됨을 볼 수 있다.

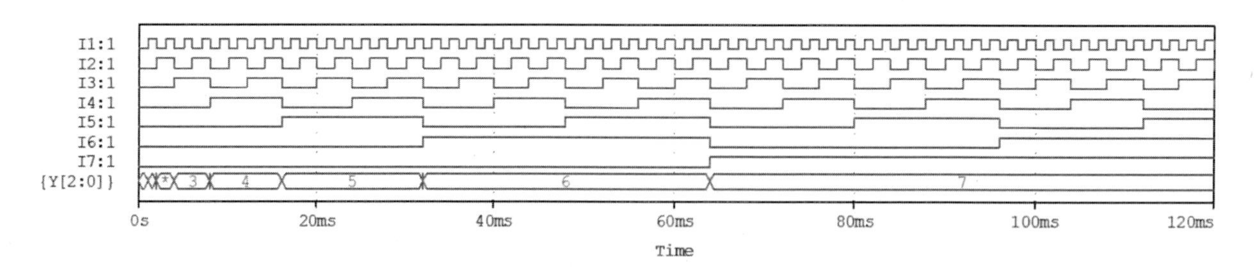

그림 22 8×3 인코더의 시뮬레이션 결과

그림 23은 8×3 인코더를 74LS148 IC로 구성한 것이며, 입출력 단자 모두 active low로 동작하고, EI는 enable input의 약어로 역시 active low로 동작되어 LOW(0) 상태에서 인코더로 동작한다. 그림 18은 시뮬레이션한 결과이다. 시뮬레이션 결과로부터 인코더의 동작을 확인할 수 있다.

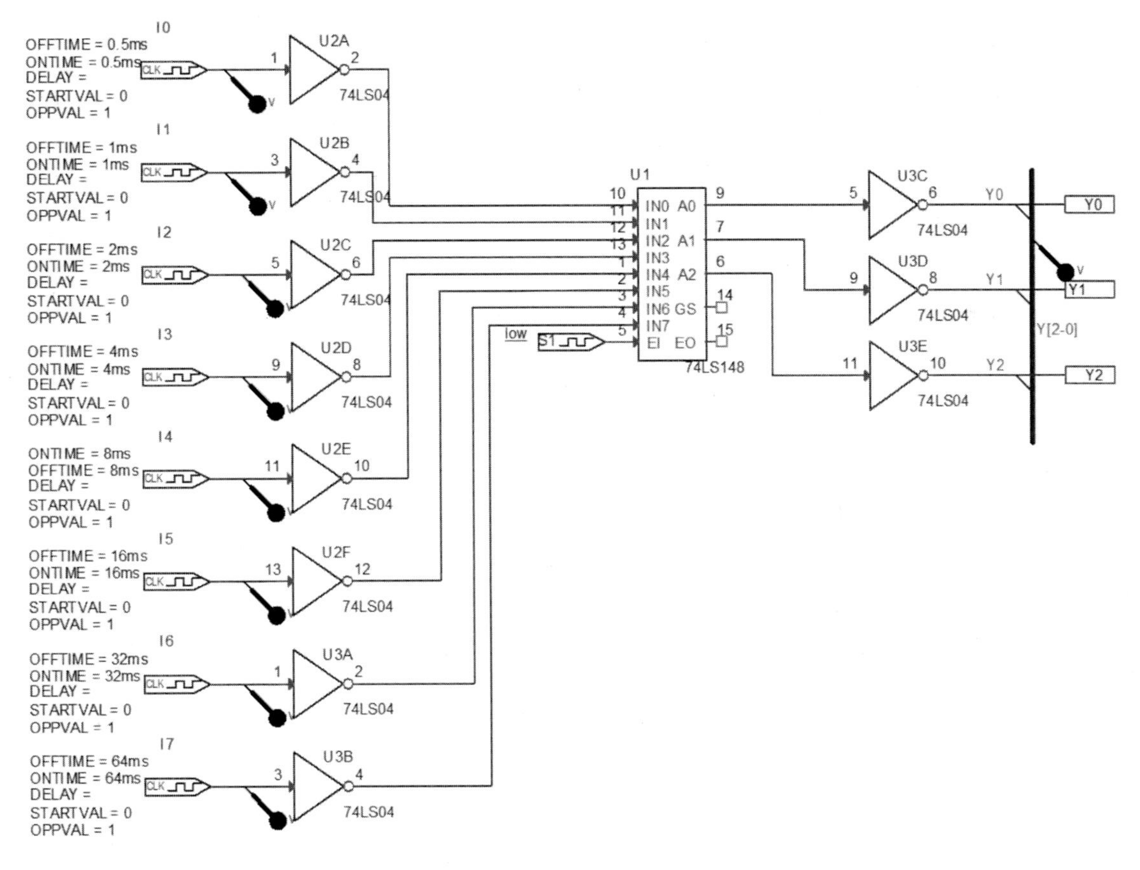

그림 23 8×3 우선순위 인코더(74LS148 IC)

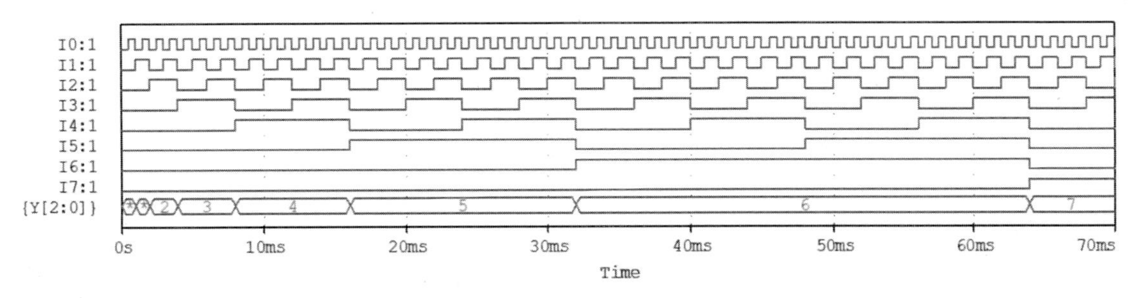

그림 24 8×3 인코더(74LS148 IC) 시뮬레이션 결과

$I_1 = 1$일 때, $Y_2Y_1Y_0 = 001\,(1)$, $I_6 = 1$일 때, $Y_2Y_1Y_0 = 110\,(6)$, $I_7 = 1$일 때, $Y_2Y_1Y_0 = 111\,(7)$임을 확인할 수 있다.

3. 요약문제

1. n개의 입력으로부터 2진 정보를 2^n개의 독자적인 출력으로 변환이 가능한 것은?

   2011년 1회 무선설비기사

   ① 멀티플렉서　　② 디코더
   ③ 계수기　　④ 비교기

4. 실험 기기 및 부품

(1) AND 게이트 : IC 7408 1개

(2) NOT 게이트 : IC 7404 1개

(3) BCD-10진수 decoder : IC 7442 1개

(4) 8×3 인코더 : IC 7448 1개

(5) 저항 : 1kΩ 8개, 330Ω5개

(6) 4 비트 DIP Switch : 2개

(7) 적색 LED : 5개

(8) 직류 전원 공급기 1대

(9) 오실로스코우프 1대

5. 실험절차

(1) 그림 25의 2×4 디코더 회로를 구성하라. A, B의 값에 따른 디코더 출력 Y_o, Y_1, Y_2, Y_3을 LED ON/OFF를 관찰함과 동시에 오실로스코프로 각각 측정하고, 표 7에 기록하고, 동작을 확인하라.

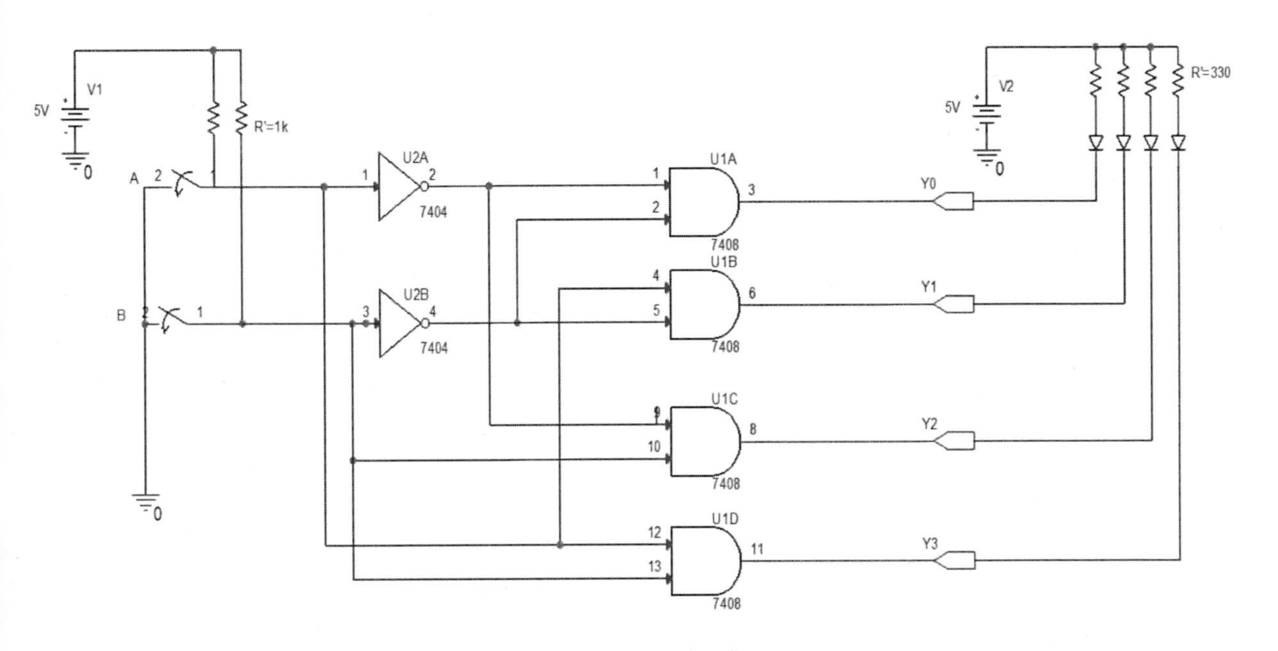

그림 25 2×4 디코더

표 7 2×4 디코더의 진리표

A	B	Y_o	Y_1	Y_2	Y_3
0	0				
0	$5V$				
$5V$	0				
$5V$	$5V$				

(2) 그림 26의 BCD-10진수 디코더 회로를 구성하라. A, B, C, D의 값에 따른 디코더 출력 $Y_o, Y_1, Y_2, Y_3, Y_4, Y_5, Y_6, Y_7, Y_8, Y_9$을 LED ON/OFF를 관찰함과 동시에 오실로스코프로 각각 측정하고, 표 8에 기록하고, 동작을 확인하라.

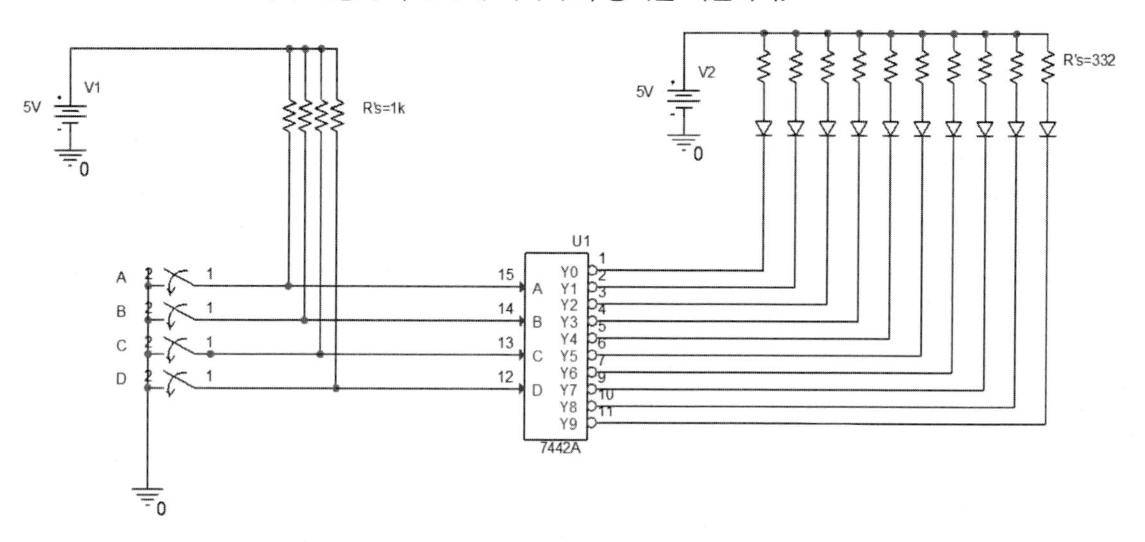

그림 26 IC7442 BCD-10진수 decoder

표 8

D	C	B	A	Y_o	Y_1	Y_2	Y_3	Y_4	Y_5	Y_6	Y_7	Y_8	Y_9
0V	0V	0V	0V										
0V	0V	0V	5V										
0V	0V	5V	0V										
0V	0V	5V	5V										
0V	5V	0V	0V										
0V	5V	0V	5V										
0V	5V	5V	0V										
0V	5V	5V	5V										
5V	0V	0V	0V										
5V	0V	0V	5V										
5V	0V	5V	0V										
5V	0V	5V	5V										
5V	5V	0V	0V										
5V	5V	0V	5V										
5V	5V	5V	0V										
5V	5V	5V	5V										

(3) IC 741S48을 사용하여 그림 27의 8×3 인코더 회로를 구성하라. $I_o, I_1, I_2, I_3, I_4, I_5, I_6, I_7$의 값의 변화에 따라 인코더 출력 A_2, A_1, A_0을 LED ON/OFF를 관찰함과 동시에 오실로스코프로 각각 측정하고, 표 9에 기록함과 동시에 인코더 동작을 확인하라.

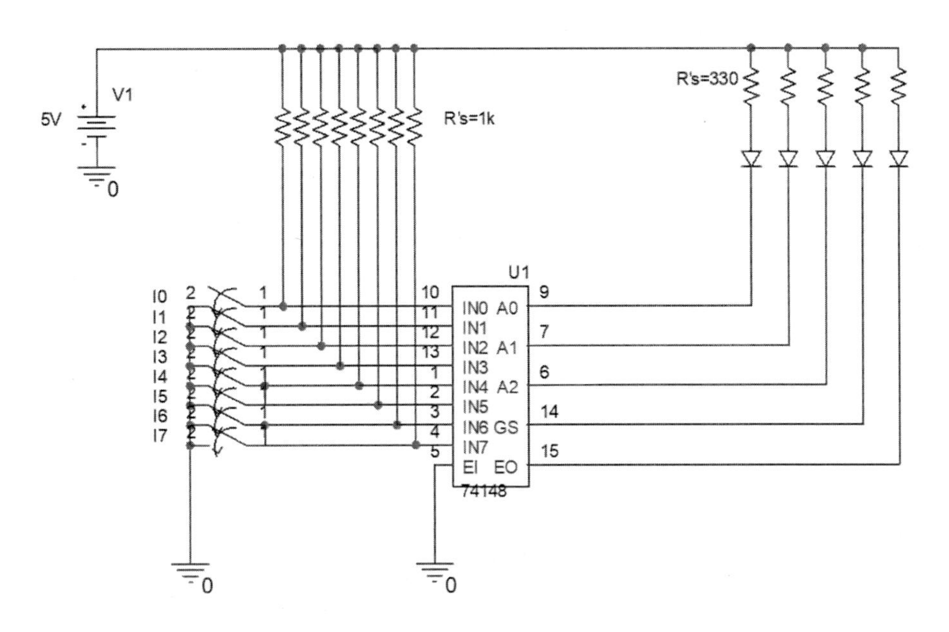

그림 27 8×3 인코더 회로

표 9 8×3 인코더의 진리표

I_o	I_1	I_2	I_3	I_4	I_5	I_6	I_7	A_2	A_1	A_0
1	0	0	0	0	0	0	0			
0	1	0	0	0	0	0	0			
0	0	1	0	0	0	0	0			
0	0	0	1	0	0	0	0			
0	0	0	0	1	0	0	0			
0	0	0	0	0	1	0	0			
0	0	0	0	0	0	1	0			
0	0	0	0	0	0	0	1			

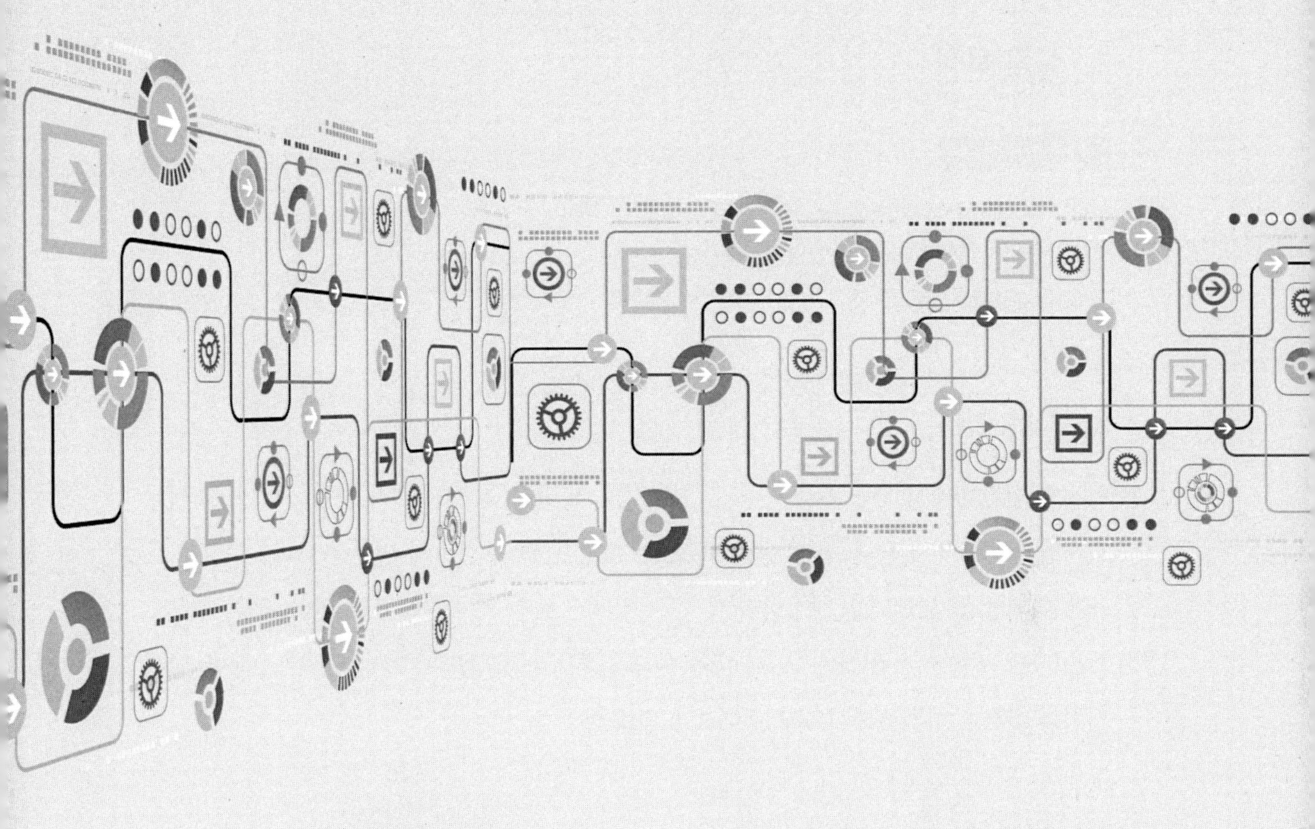

실험 8

code converter 실험

1. 실험 목적

objective

(1) BCD부호–Excess 3부호 변환기의 동작을 이해한다.
(2) 8421부호–Gray 부호 변환기의 동작을 이해한다.
(3) 8421부호–BCD 부호 변환기 동작을 이해한다.

2. 기본 이론

디지털 시스템에서 전송로의 특성과 전송 목적에 따라 특정 2진 디지털 코드를 또 다른 디지털 코드로의 변환을 하게 된다. 8421부호를 Gray 부호로의 변환은 Gray 부호의 내재된 디지털 전송 에러를 최소화할 수 있는 장점으로 인하여 널리 사용된다. 한편, BCD-7segment 변환기는 BCD 코드로 10진수를 입력받아 해당되는 7 세그먼트 코드를 발생시키는 것으로 디스플레이 목적으로 사용된다.

2.1 BCD–Excess 3부호 변환기

BCD 부호를 Excess 3부호로 변환하는 회로를 구성하여 보자. 표 1은 BCD-Excess 3부호 변환기의 진리표를 나타내고 있다. $Z_8Z_4Z_2Z_1$와 $Y_4Y_3Y_2Y_1$는 각각 BCD 부호와 Excess 3부호이다. Excess 3부호는 BCD 부호의 값에 0011을 더한 값이다.

표 1 BCD–Excess 3부호 변환기의 진리표

Z_8	Z_4	Z_2	Z_1	Y_4	Y_3	Y_2	Y_1	10진수
0	0	0	0	0	0	1	1	0
0	0	0	1	0	1	0	0	1
0	0	1	0	0	1	0	1	2
0	0	1	1	0	1	1	0	3
0	1	0	0	0	1	1	1	4
0	1	0	1	1	0	0	0	5
0	1	1	0	1	0	0	1	6

Z_8	Z_4	Z_2	Z_1	Y_4	Y_3	Y_2	Y_1	10진수
0	1	1	1	1	0	1	0	7
1	0	0	0	1	0	1	1	8
1	0	0	1	1	1	0	0	9

표 1로부터 카노맵을 작성하면 그림 1과 같다 :

Z_8Z_4 \ Z_2Z_1	**00**	**01**	**11**	**10**
00	0	0	0	0
01	0	1	1	1
11	×	×	×	×
10	1	1	×	×

(a) $Y_4 = Z_8 + Z_4Z_2 + Z_4Z_1 = Z_8 + Z_4(Z_2 + Z_1)$

Z_8Z_4 \ Z_2Z_1	**00**	**01**	**11**	**10**
00	0	1	1	1
01	1	0	0	0
11	×	×	×	×
10	0	1	×	×

(b) $Y_3 = \overline{Z_4}Z_1 + \overline{Z_4}Z_2 + Z_4\overline{Z_2}\,\overline{Z_1} = \overline{Z_4}(Z_1 + Z_2) + Z_4\overline{Z_2}\,\overline{Z_1}$

Z_8Z_4 \ Z_2Z_1	**00**	**01**	**11**	**10**
00	1	0	1	0
01	1	0	1	0
11	×	×	×	×
10	1	0	×	×

(c) $Y_2 = \overline{Z_2}\,\overline{Z_1} + Z_2Z_1 = Z_2 \odot Z_1$

Z_8Z_4 \ Z_2Z_1	**00**	**01**	**11**	**10**
00	1	0	0	1
01	1	0	0	1
11	×	×	×	×
10	1	0	×	×

(d) $Y_1 = \overline{Z_1}$

그림 1 BCD–Excess 3부호 변환기의 카노맵

그림 2는 그림 1의 카노 맵으로부터 BCD- Excess 3부호 변환기를 구현한 회로이며, 그림 3은 BCD-Excess 3부호 변환기의 시뮬레이션 결과이다. 시뮬레이션 결과로부터 BCD 부호가 Excess 3부호로 변환되었음을 알 수 있다.

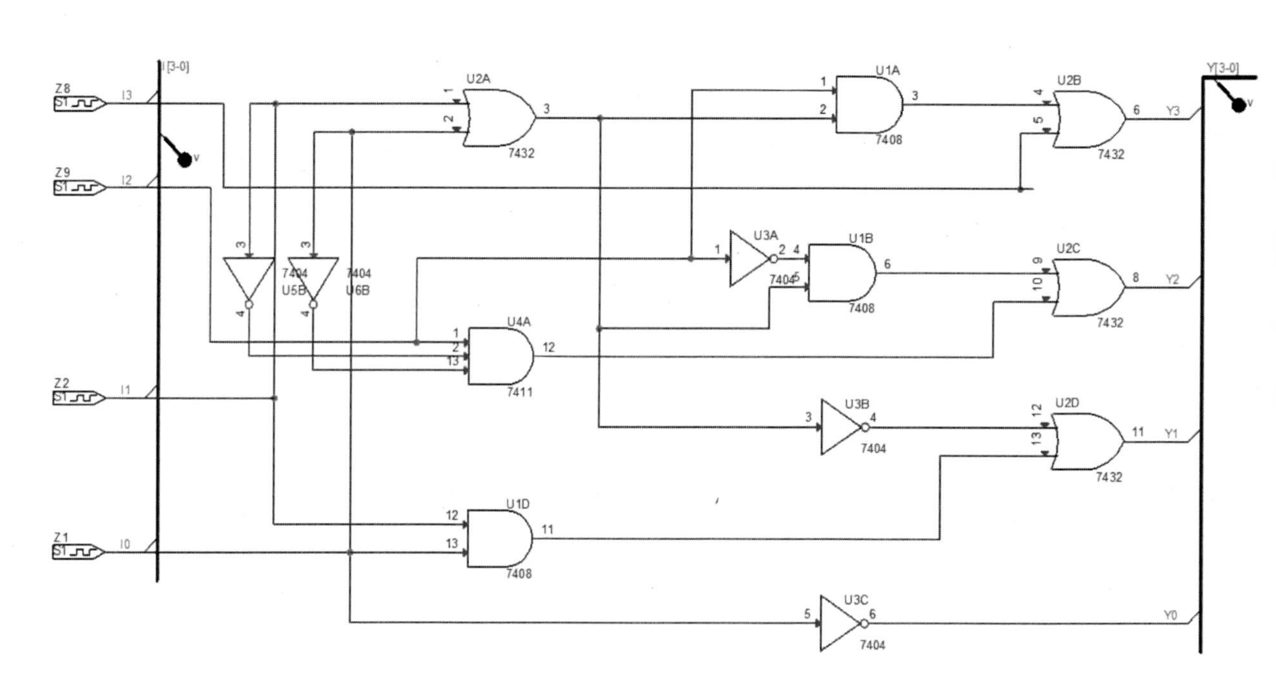

그림 2 BCD–Excess 3부호 변환기

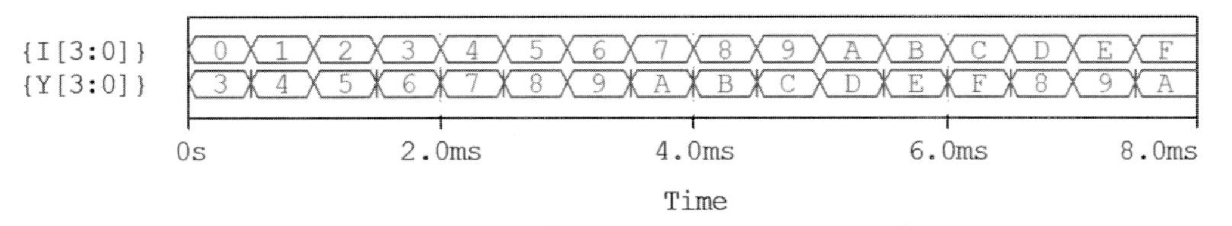

그림 3 BCD–Excess 3부호 변환기의 시뮬레이션 결과

2.2 2진 부호–Gray 부호 변환기

Gray 부호는 이전 값과 현재 값의 차이가 1비트만 다르다는 특수성 때문에 에러 검출이 용이하여 정보 전송 코드로 널리 알려져 있는 부호이다. 2진 부호 10101을 Gray 부호로 변환하여 보자. 그림 4의 시각적 설명대로 2진 부호의 첫째 디지트 1 혹은 0은 그 값 그대로 Gray 부호로 내려온다. Gray 부호의 두 번째 디지트는 2진 부호의 첫 번째 디지트 1과 그 다음 디지트 0과의 배타논리합 결과 값이 내려온다. 즉, 1이 Gray 부호의 두 번째 디지트 값이 된다. Gray 부호의 세 번째 디지트는 2진 부호의 두 번째 디지트 0과 그 다음 디지트 1과 배타논리합 결과 값이 내려온다. 즉, 1이 Gray 부호의 세 번째 디지트 값이 된다. 동일한 패턴으로 i 번째 디지트 값을 구하면 최종 Gray 부호는 111101이 된다.

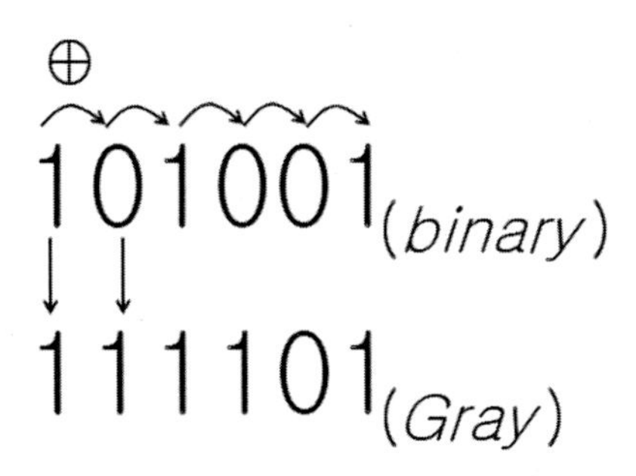

그림 4 이진 부호–그레이 부호 변환

반면에, Gray 부호 111101을 2진 부호로 변환하여 보자. 그림 5의 시각적 설명대로 Gray 부호의 첫째 디지트 1은 그 값 1 그대로 2진 부호로 내려온다. 2진 부호의 두 번째 디지트는 2진 부호의 첫 번째 디지트 1과 Gray 부호 두 번째 디지트 1과의 배타논리합 결과 값 0이 내려온다. 즉, 0이 2진 부호의 두 번째 디지트 값이 된다. 2진 부호의 세 번째

디지트는 2진 부호의 두 번째 디지트 0과 Gray 부호 세 번째 디지트 1과의 배타논리합 결과 값 1이 내려온다. 즉, 1이 2진 부호의 세 번째 디지트 값이 된다.

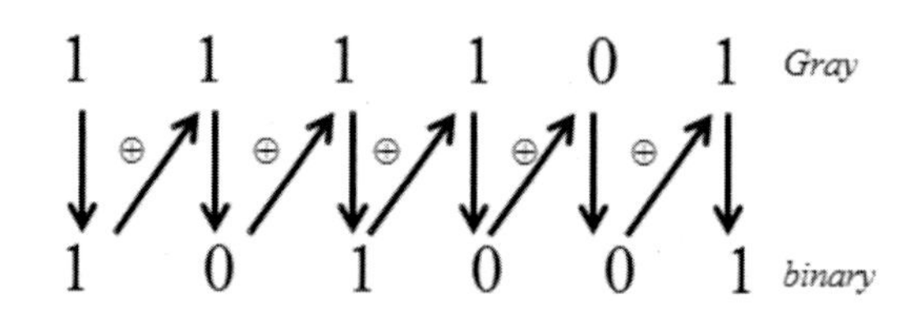

그림 5 그레이 부호-이진 부호 변환

2진 부호를 Gray 부호로 변환하는 회로를 구성하여 보자. 표 2는 2진-Gray 부호 변환기의 진리표를 나타내고 있다. $Z_8Z_4Z_2Z_1$와 $Y_4Y_3Y_2Y_1$는 각각 2진 부호와 Gray 부호이다.

표 2 2진 부호-Gray 부호 변환기의 진리표

Z_8	Z_4	Z_2	Z_1	Y_4	Y_3	Y_2	Y_1	10진수
0	0	0	0	0	0	0	0	0
0	0	0	1	0	0	0	1	1
0	0	1	0	0	0	1	1	2
0	0	1	1	0	0	1	0	3
0	1	0	0	0	1	1	0	4
0	1	0	1	0	1	1	1	5
0	1	1	0	0	1	0	1	6
0	1	1	1	0	1	0	0	7
1	0	0	0	1	1	0	0	8
1	0	0	1	1	1	0	1	9
1	0	1	0	1	1	1	1	10
1	0	1	1	1	1	1	0	11
1	1	0	0	1	0	1	0	12
1	1	0	1	1	0	1	1	13
1	1	1	0	1	0	0	1	14
1	1	1	1	1	0	0	0	15

표 2로부터 카노맵을 작성하면 그림 6과 같다 :

Z_8Z_4 \ Z_2Z_1	**00**	**01**	**11**	**10**
00	0	0	0	0
01	0	0	0	0
11	1	1	1	1
10	1	1	1	1

(a) $Y_4 = Z_8$

Z_8Z_4 \ Z_2Z_1	**00**	**01**	**11**	**10**
00	0	0	0	0
01	1	1	1	1
11	0	0	0	0
10	1	1	1	1

(b) $Y_3 = \overline{Z_8}Z_4 + Z_8\overline{Z_4} = Z_8 \oplus Z_4$

Z_8Z_4 \ Z_2Z_1	**00**	**01**	**11**	**10**
00	0	0	1	1
01	1	1	0	0
11	1	1	0	0
10	0	0	1	1

(c) $Y_2 = Z_4\overline{Z_2} + \overline{Z_4}Z_2 = Z_4 \oplus Z_2$

Z_8Z_4 \ Z_2Z_1	**00**	**01**	**11**	**10**
00	0	1	0	1
01	0	1	0	1
11	0	1	0	1
10	0	1	0	1

(d) $Y_1 = \overline{Z_2}Z_1 + Z_2\overline{Z_1} = Z_2 \oplus Z_1$

그림 6 8421 부호-Gray 부호 변환기의 카노맵

그림 7은 그림 6의 카노맵으로부터 8421부호-Gray 부호 변환기를 구현한 회로이며, 그림 8은 2진 부호-Gray 부호 변환기의 시뮬레이션 결과이다. 시뮬레이션 결과로부터 2진 부호가 Gray 부호로 변환로 변환되었음을 확인할 수 있다.

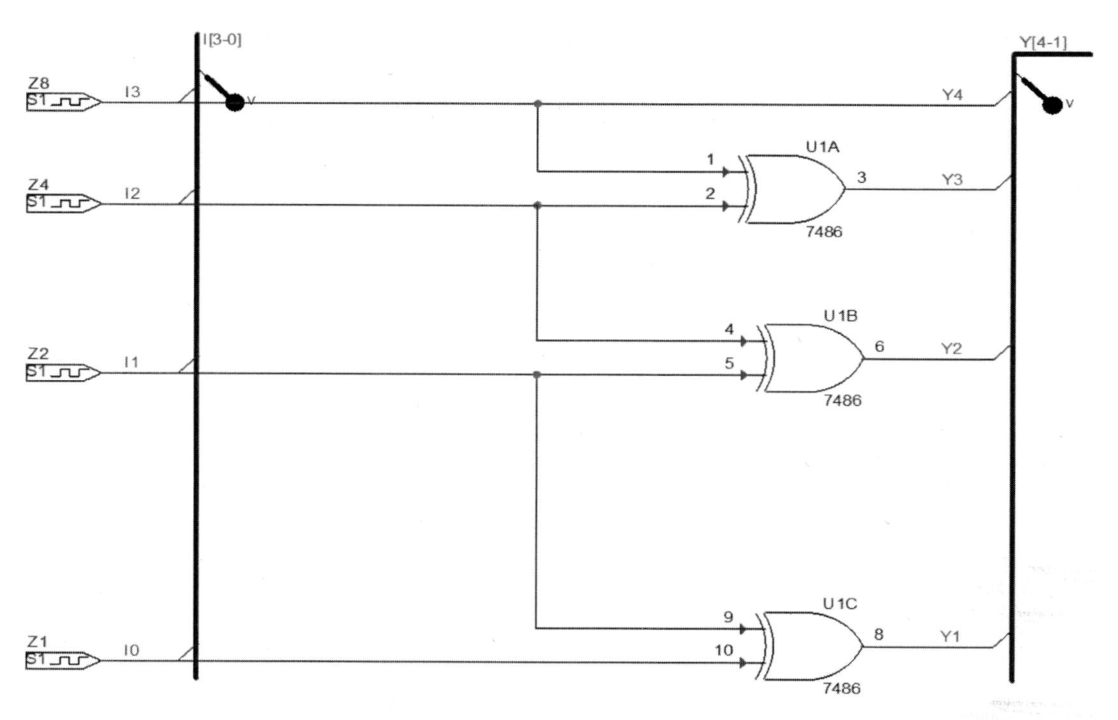

그림 7 8421 부호-Gray 부호 변환기

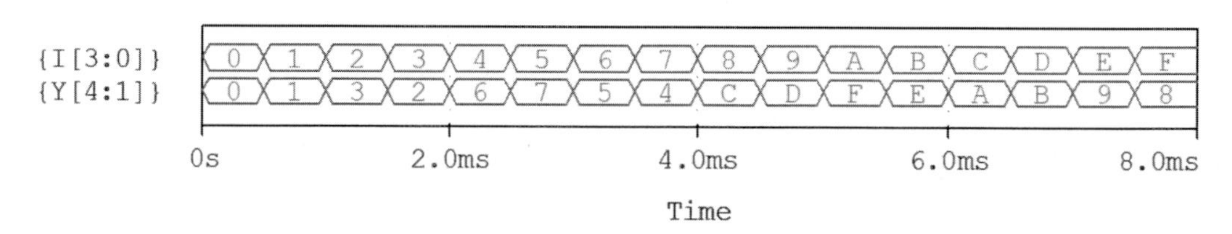

그림 8 BCD-Gray 부호 변환기의 시뮬레이션 결과

2.3 2진 부호–BCD 부호 변환기

2진 부호와 BCD 부호는 1001보다 클 때 달라진다. 즉, 표 3로부터 2진수가 10을 넘게 되면 2진 부호에 0110을 더하고, 캐리를 포함하여 BCD 부호를 얻게 된다. 8421부호-BCD 부호 변환기는 2진 부호를 BCD 부호로 변환하는 것이다.

표 3 2진 부호–BCD 부호 변환기의 진리표

Z_8	Z_4	Z_2	Z_1	C_{out}	S_4	S_3	S_2	S_1	10진수
0	0	0	0	0	0	0	0	0	0
0	0	0	1	0	0	0	0	1	1
0	0	1	0	0	0	0	1	0	2
0	0	1	1	0	0	0	1	1	3
0	1	0	0	0	0	1	0	0	4
0	1	0	1	0	0	1	0	1	5
0	1	1	0	0	0	1	1	0	6
0	1	1	1	0	0	1	1	1	7
1	0	0	0	0	1	0	0	0	8
1	0	0	1	0	1	0	0	1	9
1	0	1	0	1	0	0	0	0	10
1	0	1	1	1	0	0	0	1	11
1	1	0	0	1	0	0	1	0	12
1	1	0	1	1	0	0	1	1	13
1	1	1	0	1	0	1	0	0	14
1	1	1	1	1	0	1	0	1	15

그림 9는 4비트 병렬가산기 IC74283와 4비트 비교기 IC7485를 사용하여 구현한 8421 부호-BCD 부호 변환기 회로이다. IC7485의 $B_3B_2B_1B_0 = 1001$로 고정하였다. 이것은 이진수 입력이 $A_3A_2A_1A_0 \geq 1001$일 경우 4비트 비교기 출력 $A > B$가 High 상태(1)이 되므로 4비트 병렬가산기의 2진수 $A_3A_2A_1A_0$와 $B_4B_3B_2B_1 = 0110$을 더한 값이 $S_4S_3S_2S_1$로 출력된다. 이때 캐리(C)는 최종 캐리가 된다. 즉, $CS_4S_3S_2S_1$이 BCD 변환 값이다. 정상적인 비교기 동작을 위하여 직렬 입력 $A < B_{IN}$, $A = B_{IN}$, $A > B_{IN}$는 모두 1로 설정하였다. 표 4는 8421 부호-BCD 부호 변환기의 진리표를 나타낸다.

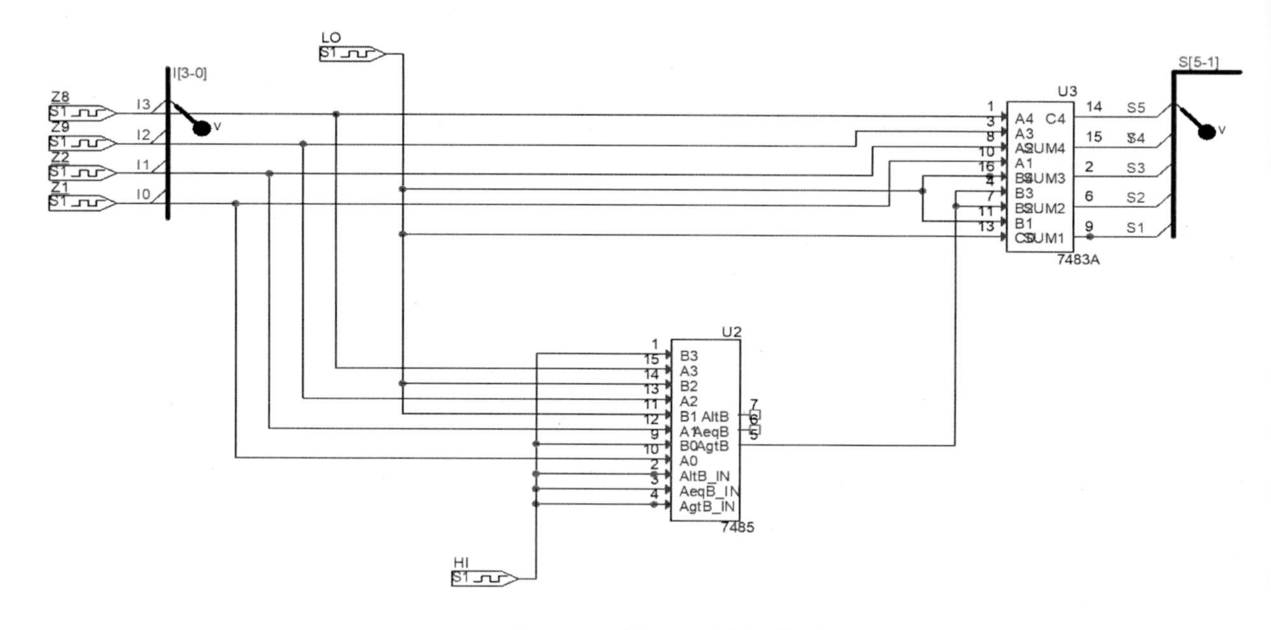

그림 9 8421 부호-BCD 부호 변환기

그림 10은 8421 부호-BCD 부호 변환기의 시뮬레이션 결과를 보여준다. 캐리를 포함한 BCD 값 $CS_4S_3S_2S_1$과 2진수 값 $A_4A_3A_2A_1$을 비교하면 서로 값이 일치함을 볼 수 있다. $A_4A_3A_2A_1 = 1001$일 때까지는 $C = 0$이며 BCD 값 $CS_4S_3S_2S_1 = 01001$과 동일하며, $A_4A_3A_2A_1 = 1010$부터 $A_4A_3A_2A_1 = 1111$ 구간에는 $C = 1$이 되어 캐리가 발생한다. 따라서, BCD 값은 각각 $CS_4S_3S_2S_1 = 10000$부터 $CS_4S_3S_2S_1 = 10101$까지 증가된다.

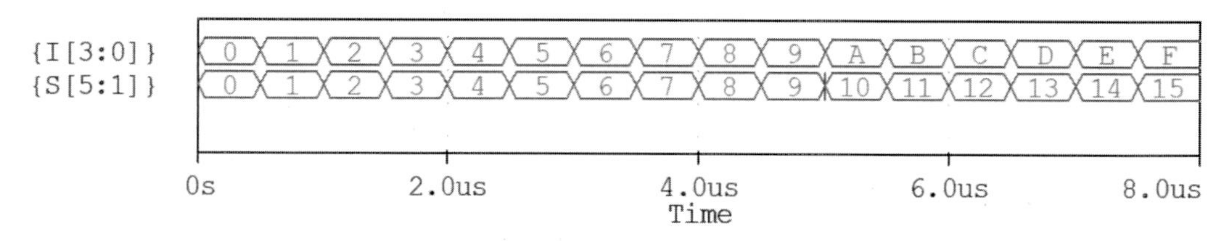

그림 10 8421 부호-BCD 부호 변환기의 시뮬레이션 결과

3. 실험 기기 및 부품

(1) AND 게이트 : IC 7408 2개

(2) NOT 게이트 : IC 7404 1개

(3) OR 게이트 : IC 7432 1개

(4) 4비트 비교기 : IC 74LS85 1개

(5) 4비트 병렬가산기 : IC 74LS283 1개

(6) 배타논리합 데이트 : IC 74LS86 1개

(7) 저항 : 1kΩ 4개, 330Ω5개

(8) 4 비트 DIP Switch : 1개

(9) 적색 LED : 5개

(10) 직류 전원 공급기 1대

(11) 오실로스코우프 1대

4. 실험절차

(1) 그림 11의 BCD–Excess 3부호 변환기 회로를 구성하라. 표 4의 진리표에서 4개의 BCD부호 입력에 대하여 LED ON/OFF를 관찰함과 동시에 오실로스코프로 출력값 $Y_4 Y_3 Y_2 Y_1$을 측정하고, 표 4에 기록하라. BCD 부호–BCD 부호 변환기 동작을 확인하라.

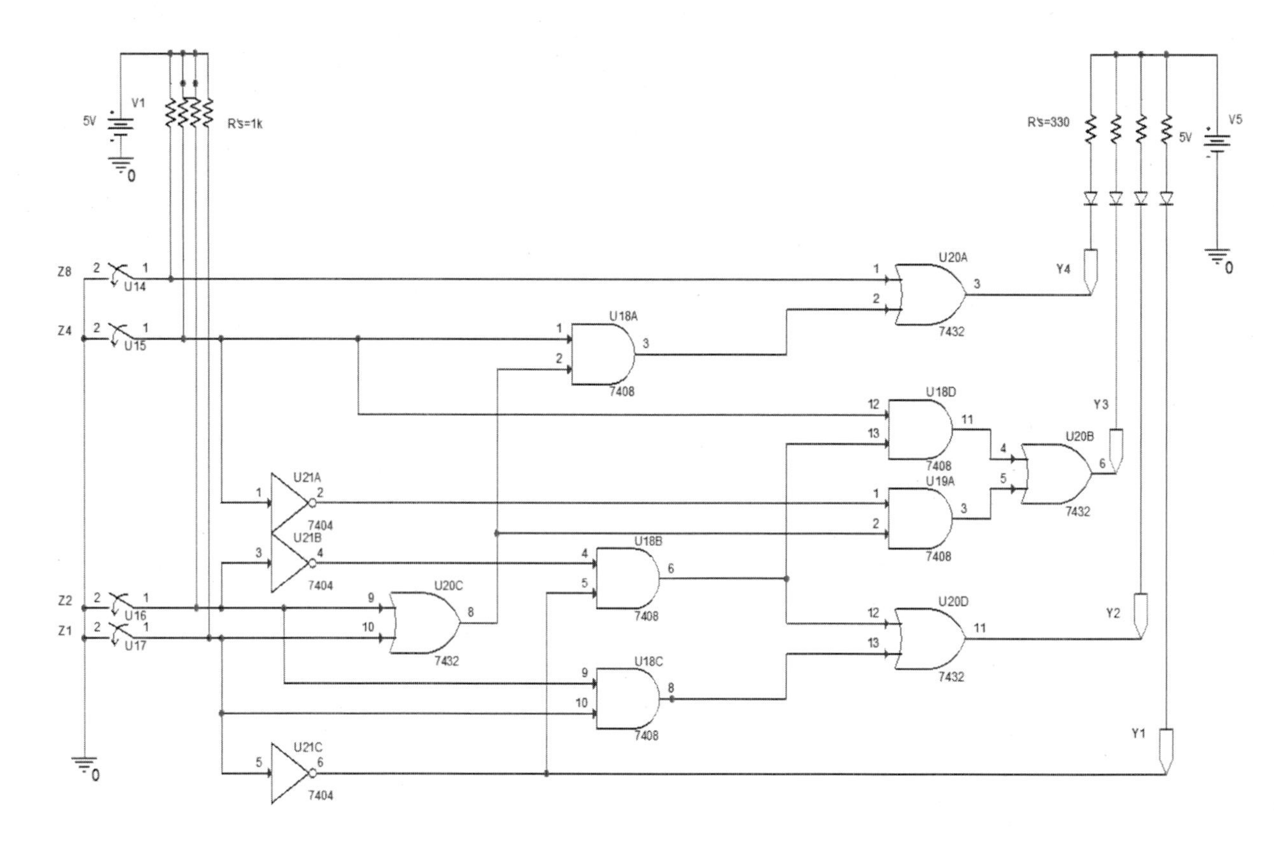

그림 11 BCD-Excess 3부호 변환기

표 4 BCD-Excess 3부호 변환기의 진리표

Z_8	Z_4	Z_2	Z_1	10진수 값	Y_4	Y_3	Y_2	Y_1	10진수 값
0V	0V	0V	0V						
0V	0V	0V	5V						
0V	0V	5V	0V						
0V	0V	5V	5V						
0V	5V	0V	0V						
0V	5V	0V	5V						
0V	5V	5V	0V						
0V	5V	5V	5V						
5V	0V	0V	0V						
5V	0V	0V	5V						

(2) 그림 12의 8421 부호-Gray 부호 변환기 회로를 구성하라. 표 5의 진리표에서 4개의 8421 부호 입력에 대하여 LED ON/OFF를 관찰함과 동시에 오실로스코프로 출력값 $Y_4 Y_3 Y_2 Y_1$을 측정하고, 표 5에 기록하라. 8421 부호-Gray 부호 변환기 동작을 확인하라.

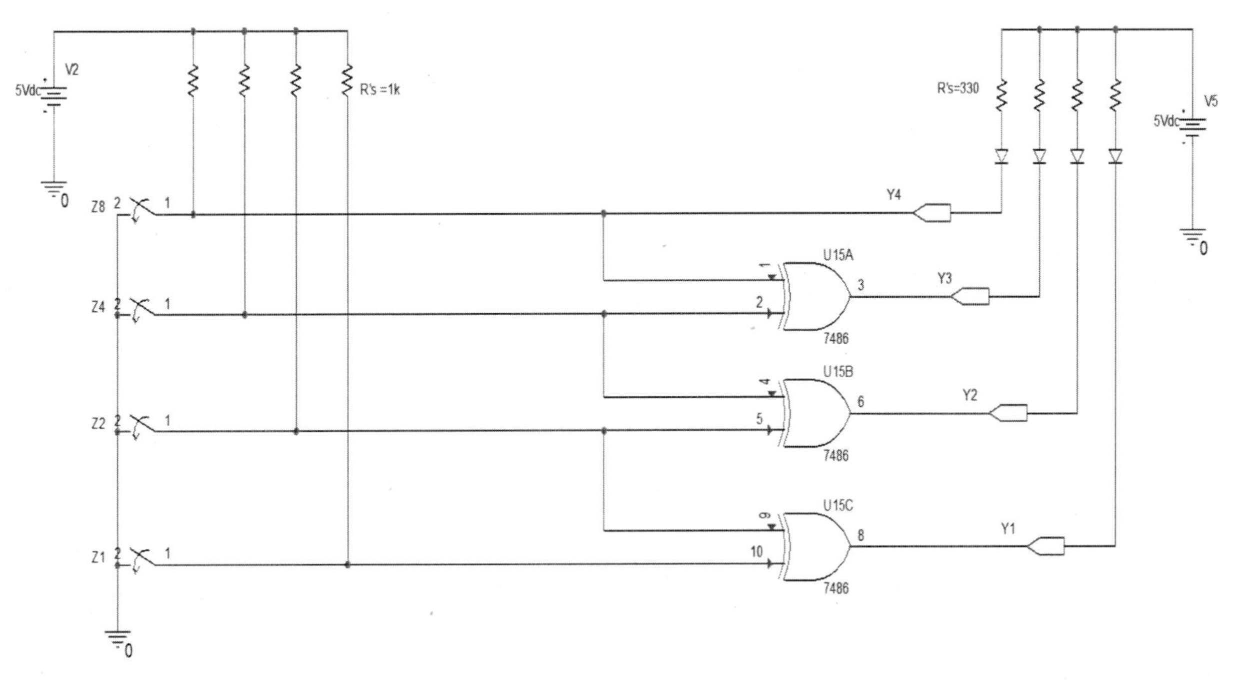

그림 12 8421 부호-Gray 부호 변환기

표 5 8421 부호-Gray 부호 변환기의 진리표

A_4	A_3	A_2	A_1	Y_4	Y_3	Y_2	Y_1	**10진수**
0V	0V	0V	0V					
0V	0V	0V	5V					
0V	0V	5V	0V					
0V	0V	5V	5V					
0V	5V	0V	0V					
0V	5V	0V	5V					
0V	5V	5V	0V					
0V	5V	5V	5V					
5V	0V	0V	0V					

A_4	A_3	A_2	A_1	Y_4	Y_3	Y_2	Y_1	**10진수**
5V	0V	0	5V					
5V	0V	5V	0V					
5V	0V	5V	5V					
5V	5V	0V	0V					
5V	5V	0V	5V					
5V	5V	5V	0V					
5V	5V	5V	5V					

(3) 그림 13의 8421 부호-BCD 부호 변환기 회로를 구성하라. 표 6의 진리표에서 4개의 8421 부호 입력 $A_4A_3A_2A_1$에 대하여 LED ON/OFF를 관찰함과 동시에 오실로스코프로 출력값$CS_4S_3S_2S_1$을 측정하고, 표 6에 기록하라. 8421 부호-BCD 부호 변환기 동작을 확인하라.

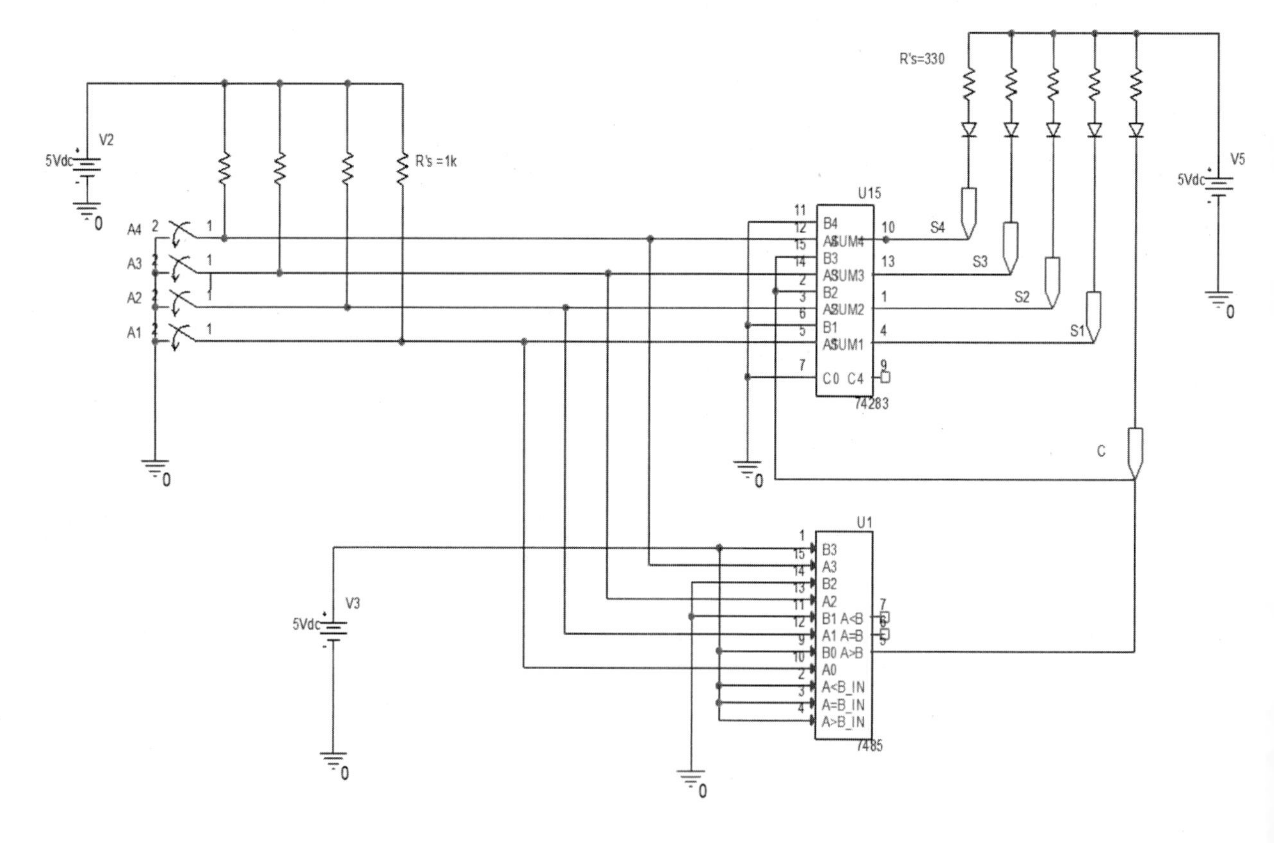

그림 13 8421 부호-BCD 부호 변환기

표 6 8421 부호-BCD 부호 변환기의 진리표

A_4	A_3	A_2	A_1	C	S_4	S_3	S_2	S_1	10진수
0V	0V	0V	0V						
0V	0V	0V	5V						
0V	0V	5V	0V						
0V	0V	5V	5V						
0V	5V	0V	0V						
0V	5V	0V	5V						
0V	5V	5V	0V						
0V	5V	5V	5V						
5V	0V	0V	0V						
5V	0V	0	5V						
5V	0V	5V	0V						
5V	0V	5V	5V						
5V	5V	0V	0V						
5V	5V	0V	5V						
5V	5V	5V	0V						
5V	5V	5V	5V						

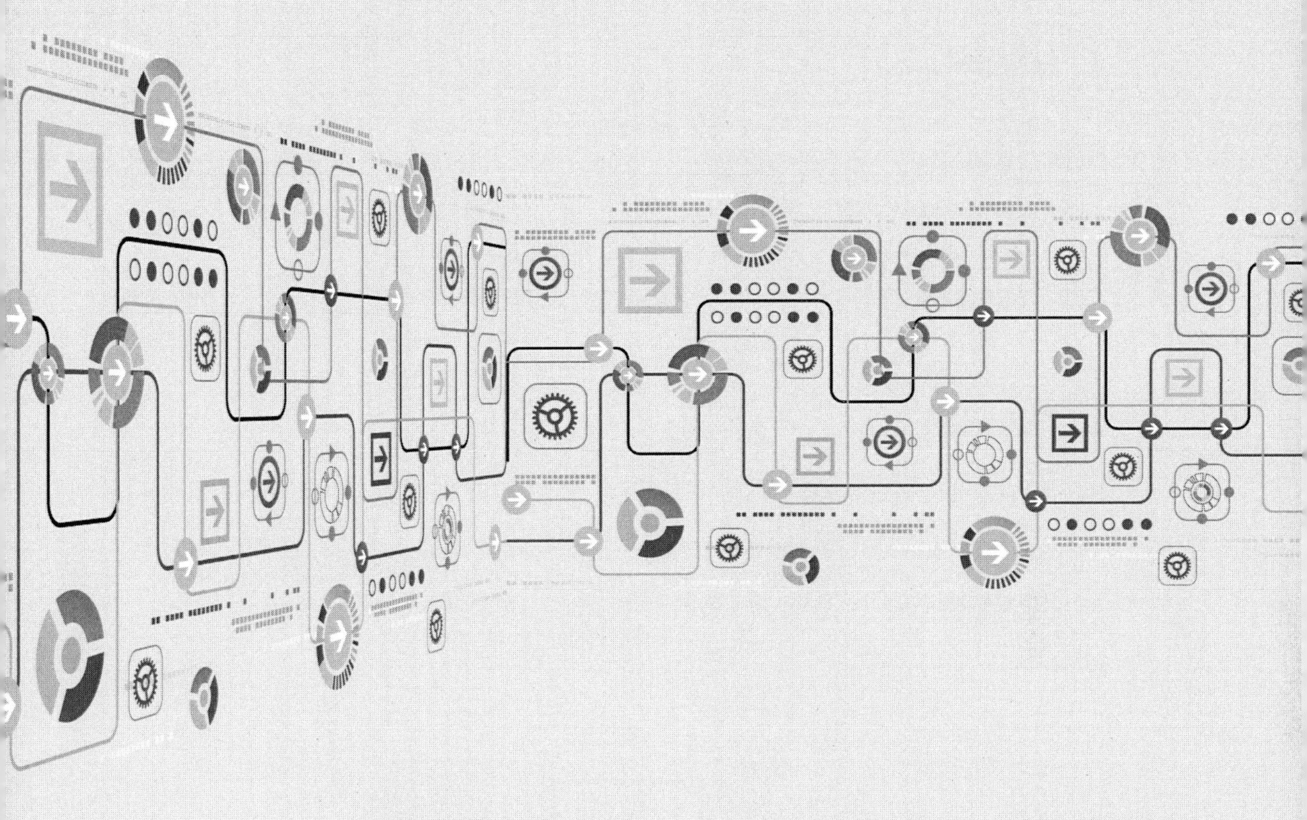

실험 9

BCD-7 segment decoder 실험

1. 실험 목적
2. 기본 이론
3. 실험 기기 및 부품
4. 실험절차

1. 실험 목적

objective

(1) BCD-7 segment decoder의 동작을 이해한다.
(2) 74LS47/48 BCD-7 segment 디코더 동작을 이해한다.
(3) 애노드 및 캐소드형 7 segment 디스플레이 장치를 이해한다.

2. 기본 이론

BCD-7 segment decoder는 BCD 입력 신호를 7개의 LED로 구성된 7 segment 디스플레이소자로 디스플레이하는 것이다. 7 segment의 출력은 $abcdefg$이며 각각의 값에 따라 그림 1과 같이 10진수로 화면에 표시된다. 표 1은 BCD-7 segment decoder의 진리표를 나타내고 있다.

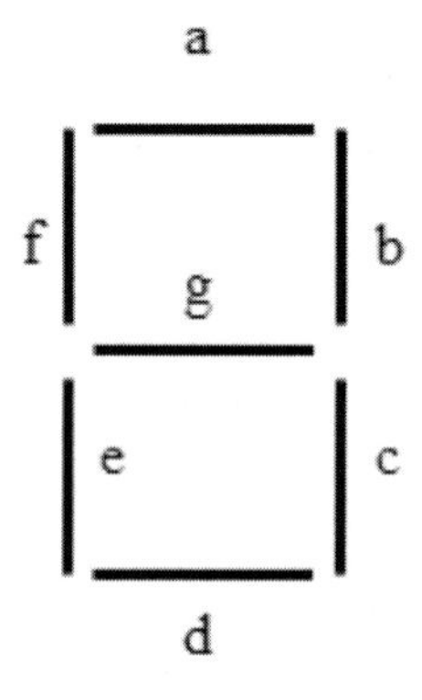

(a) 7 segment 표시기

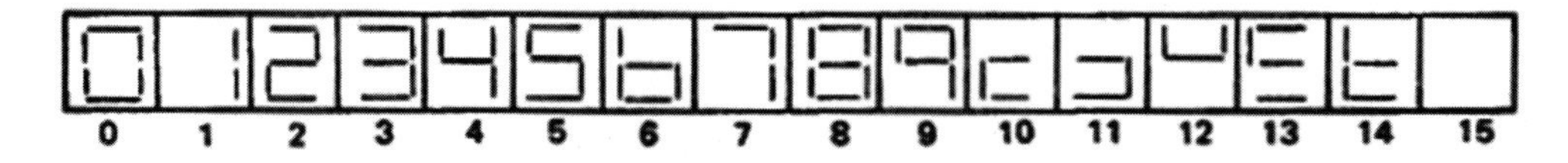

(b) 7 segment 숫자 표시

그림 1 7 segment의 10진수 표시

표 1 BCD-7 segment decoder의 진리표

BCD input				7 segment decoder						
A	B	C	D	a	b	c	d	e	f	g
0	0	0	0	1	1	1	1	1	1	0
0	0	0	1	0	1	1	0	0	0	0
0	0	1	0	1	1	0	1	1	0	1
0	0	1	1	1	1	1	1	0	0	1
0	1	0	0	0	1	1	0	0	1	1
0	1	0	1	1	0	1	1	0	1	1
0	1	1	0	0	0	1	1	1	1	1
0	1	1	1	1	1	1	0	0	0	0
1	0	0	0	1	1	1	1	1	1	1
1	0	0	1	1	1	1	0	0	1	1
×	×	×	×	×	×	×	×	×	×	×
×	×	×	×	×	×	×	×	×	×	×
×	×	×	×	×	×	×	×	×	×	×
×	×	×	×	×	×	×	×	×	×	×
×	×	×	×	×	×	×	×	×	×	×
×	×	×	×	×	×	×	×	×	×	×

진리표로부터 카노맵을 그리고 논리식을 최대로 간소화시키면, 그림 2와 같다.

AB \ CD	00	01	11	10
00	1	0	1	1
01	0	1	1	0
11	×	×	×	×
10	1	1	×	×

(a) $a = CD + A + BD + \overline{B}\,\overline{D}$

$AB \backslash CD$	**00**	**01**	**11**	**10**
00	1	1	1	1
01	1	0	1	0
11	×	×	×	×
10	1	1	×	×

(b) $b = \overline{B} + CD + \overline{C}\,\overline{D}$

$AB \backslash CD$	**00**	**01**	**11**	**10**
00	1	1	1	0
01	1	1	1	1
11	×	×	×	×
10	1	1	×	×

(c) $c = B + \overline{C} + D$

$AB \backslash CD$	**00**	**01**	**11**	**10**
00	1	0	1	1
01	0	1	0	1
11	×	×	×	×
10	1	0	×	×

(d) $d = C\overline{D} + \overline{B}\,\overline{D} + \overline{B}C + B\overline{C}D$

$AB \backslash CD$	**00**	**01**	**11**	**10**
00	1	0	0	1
01	0	0	0	1
11	×	×	×	×
10	1	0	×	×

(e) $e = \overline{B}\,\overline{D} + C\overline{D}$

AB \ CD	00	01	11	10
00	1	0	0	0
01	1	1	0	1
11	×	×	×	×
10	1	1	×	×

(f) $f = A + \overline{C}\,\overline{D} + B\overline{D} + B\overline{C}$

AB \ CD	00	01	11	10
00	0	0	1	1
01	1	1	0	1
11	×	×	×	×
10	1	1	×	×

(g) $g = A + C\overline{D} + B\overline{C} + \overline{B}C = A + B\overline{D} + B\overline{C} + \overline{B}C$

그림 2 카노맵 간소화

74LS47 BCD-7 segment 디코더 회로는 출력이 LOW(0) 상태일 때 해당 LED가 ON 되어야 하므로 공통 anode 타입 LED 디스플레이소자를 써야 한다. 공통 anode 타입 LED 디스플레이소자는 anode가 공통으로 연결되어있어 anode를 보호 저항 1개와 같이 VCC(전원)으로 연결하면 된다. 이와 반대로, 74LS48 디코더는 출력이 HIGH (1) 상태일 때 해당 LED가 ON되어야 하므로 공통 cathode 타입 LED 디스플레이소자를 써야 정상적인 LED 디스플레이가 가능하다. 공통 cathode 타입 LED 디스플레이소자는 cathode가 공통으로 연결되어 있어 cathode를 GND(접지)로 연결하고, 각각의 LED 소자를 저항으로 직렬접속해 주어야 한다.

그림 3은 74LS48 BCD-7 segment 디코더 회로이다. 즉, BCD 입력 $DCBA$을 $DCBA=0000$에서부터 $DCBA=1001$까지 순차적으로 1씩 증가시킬 때, 디코더 출력 $abcdefg$을 얻게 된다. $abcdefg$은 7 segment로 연결하여 10진수 값으로 디스플레이된다.

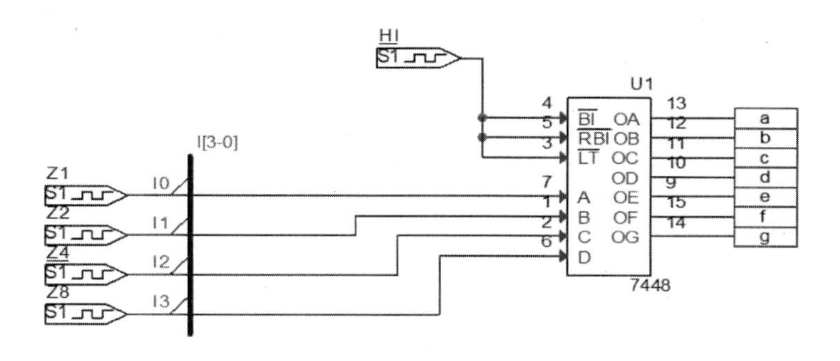

그림 3 7448 BCD-7 segment 디코더

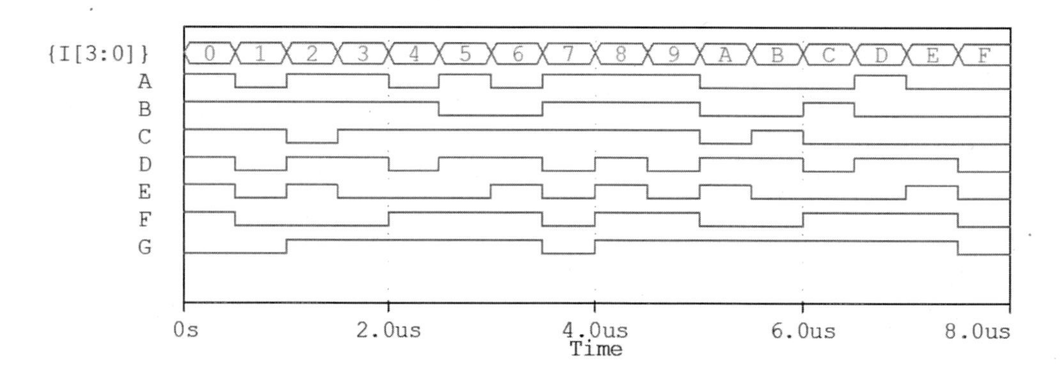

그림 4 7448 BCD-7 segment 디코더 시뮬레이션 결과

3. 실험 기기 및 부품

(1) BCD-7segment decoder : IC 74LS47/48 1개

(2) 오실로스코우프 1대

(3) 직류 전원 공급기 1대

(4) FND /500 : 공통 cathode 타입 7 segment DISPLAY 장치 1개

(5) FND /507 : 공통 anode 타입7 segment DISPLAY 장치 1개

4. 실험절차

(1) 그림 5의 7448 BCD–7 segment 디코더 회로를 구성하라. 표 2의 진리표에서 4개의 BCD 입력 A, B, C, D에 대하여 출력 $abcdefg$ 값을 측정하고, 표 2에 기록하라. 이론값과 비교하라.

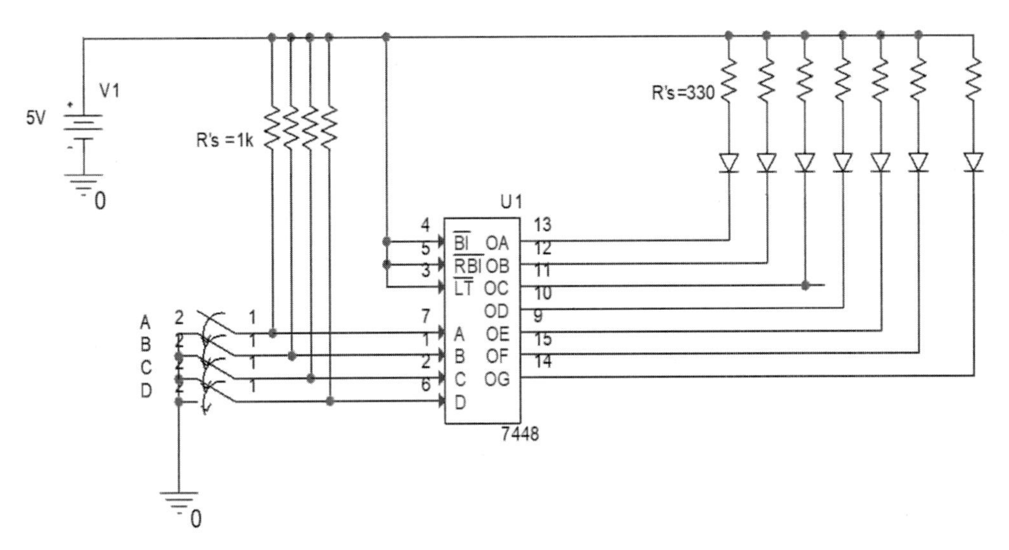

그림 5 7448 BCD–7 segment 디코더 회로

표 2 7448 BCD–7 segment 디코더의 진리표

D	C	B	A	10진수	a	b	c	d	e	f	g
0	0	0	0	0							
0	0	0	5V	1							
0	0	5V	0	2							
0	0	5V	5V	3							
0	5V	0	0	4							
0	5V	0	5V	5							
0	5V	5V	0	6							
0	5V	5V	5V	7							
5V	0	0	0	8							
5V	0	0	5V	9							

(2) 그림 6의 공통 anode 장치를 사용한 BCD–7 segment 디스플레이 장치 회로를 구성하라. 표 3의 진리표에서 4개의 BCD 입력 A, B, C, D에 대하여 출력값이 각각 정상적으로 디스플레이되는지 확인하라.

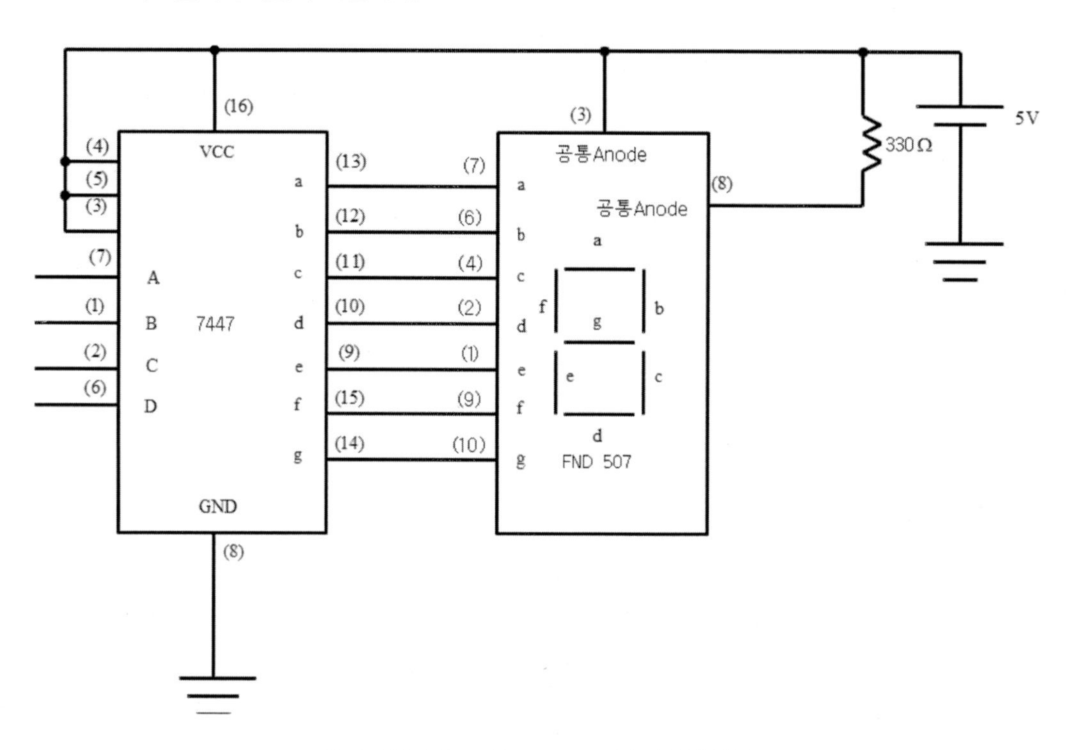

그림 6 공통 애노드 7 segment 디스플레이 장치

표 3 7447 BCD–7 segment 디코더의 진리표

D	C	B	A	10진수	7 segment 디스플레이 값
0	0	0	0	0	
0	0	0	5V	1	
0	0	5V	0	2	
0	0	5V	5V	3	
0	5V	0	0	4	
0	5V	0	5V	5	
0	5V	5V	0	6	
0	5V	5V	5V	7	
5V	0	0	0	8	
5V	0	0	5V	9	

(3) 그림 7의 공통 cathoode 장치를 사용한 BCD-7 segment 디스플레이 장치 회로를 구성하라. 표 4의 진리표에서 4개의 BCD 입력 A, B, C, D에 대하여 출력값이 각각 정상적으로 디스플레이되는지 확인하라.

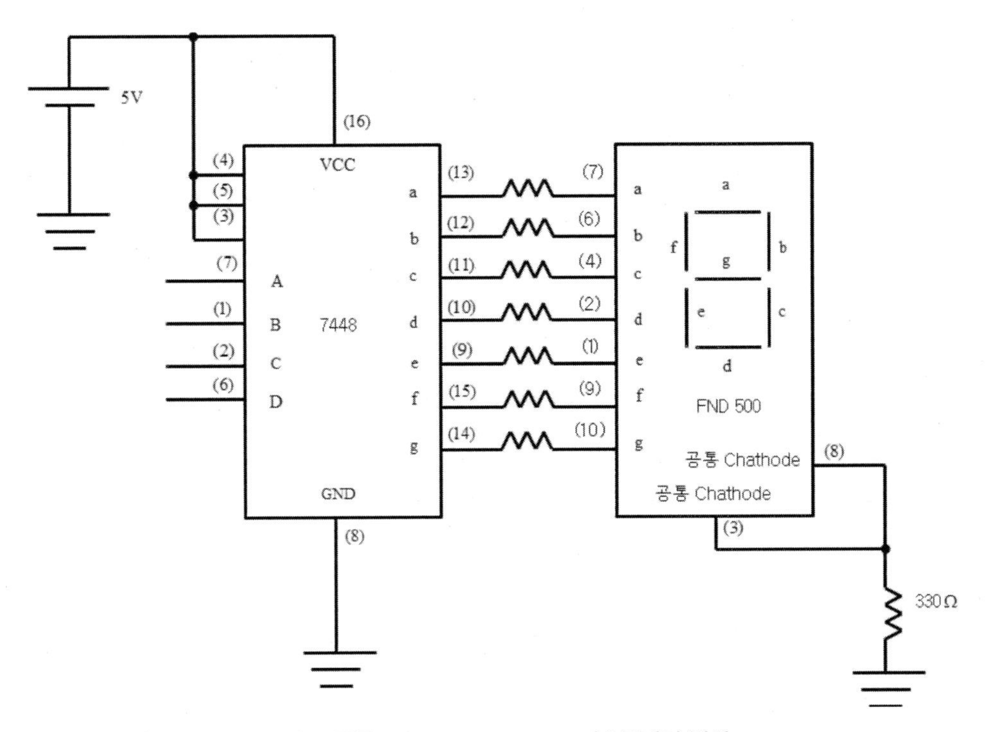

그림 7 공통 Cathode 7 segment 디스플레이 장치

표 4 7448 BCD-7 segment 디코더의 진리표

D	C	B	A	10진수	7 segment 디스플레이 값
0	0	0	0	0	
0	0	0	5V	1	
0	0	5V	0	2	
0	0	5V	5V	3	
0	5V	0	0	4	
0	5V	0	5V	5	
0	5V	5V	0	6	
0	5V	5V	5V	7	
5V	0	0	0	8	
5V	0	0	5V	9	

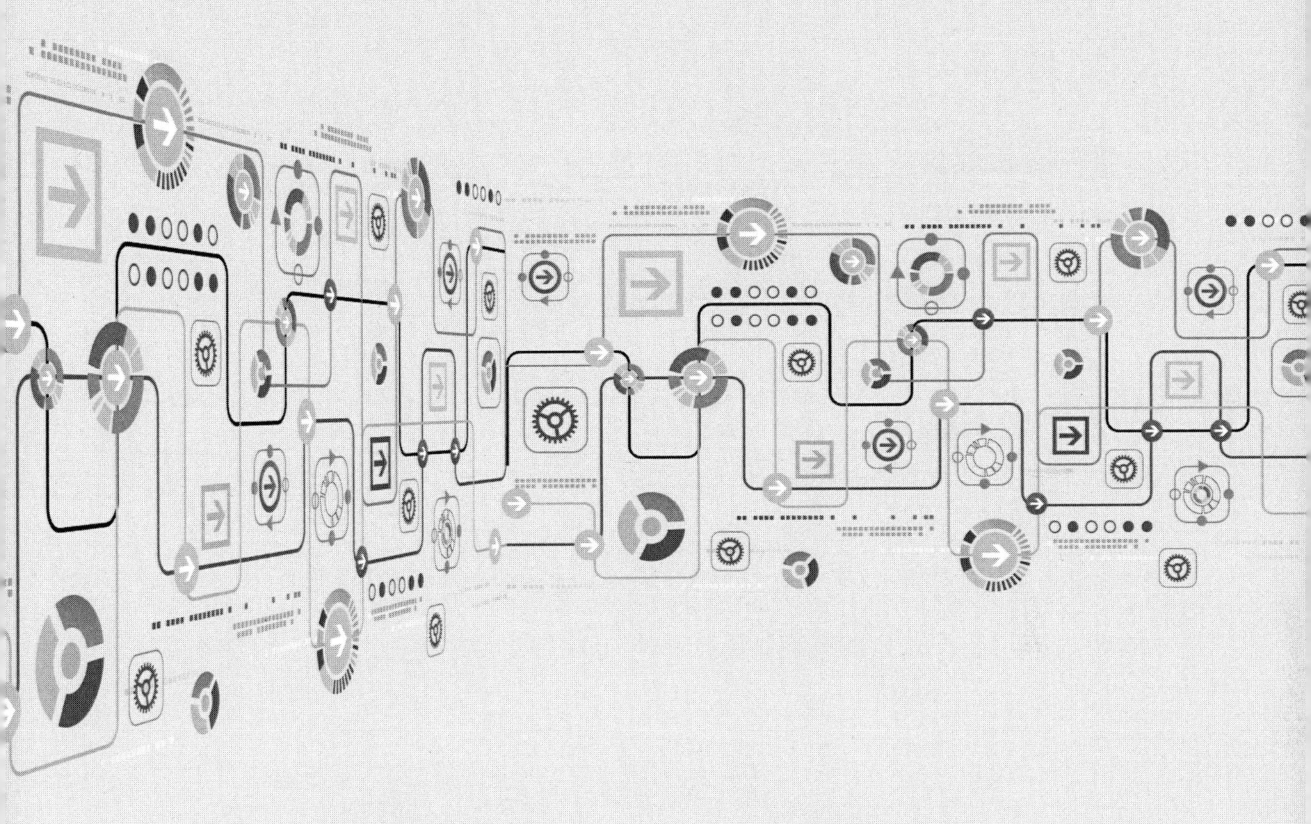

실험 10
크기 비교기 실험

1. 실험 목적
2. 기본 이론
   - 2.1 1비트 비교기
   - 2.2 2비트 비교기
   - 2.3 4비트 비교기
3. 실험 기기 및 부품
4. 실험절차

1. 실험 목적

objective

(1) 1비트 비교기의 동작을 이해한다.
(2) 2비트 비교기의 동작을 이해한다.
(3) 4비트 비교기 IC 7485의 동작을 이해한다.

2. 기본 이론

2.1 1비트 비교기

1비트 비교기는 각각의 1비트 A B 입력에 대하여 $A > B$일 때, $F_1(A > B)$이 되며, $A = B$일 때, $F_1(A = B)$이 되고 $A < B$ 일 때, $F_3(A < B)$이 된다. 표 1은 1비트 비교기의 진리표를 나타낸다.

표 1 1비트 비교기의 진리표

입력		출력		
A	B	$F_1(A > B)$	$F_1(A = B)$	$F_3(A < B)$
0	0	0	1	0
0	1	0	0	1
1	0	1	0	0
1	1	0	1	0

표 1의 1비트 비교기의 진리표로부터 부울 논리식은 각각

$$F_1(A > B) = A\overline{B}$$

$$F_2(A = B) = \overline{A \oplus B} = A \odot B$$

$$F_3(A < B) = \overline{A}B$$

이 됨을 쉽게 알 수 있다. 그림 1은 게이트로 구현한 1비트 비교기 회로이다.

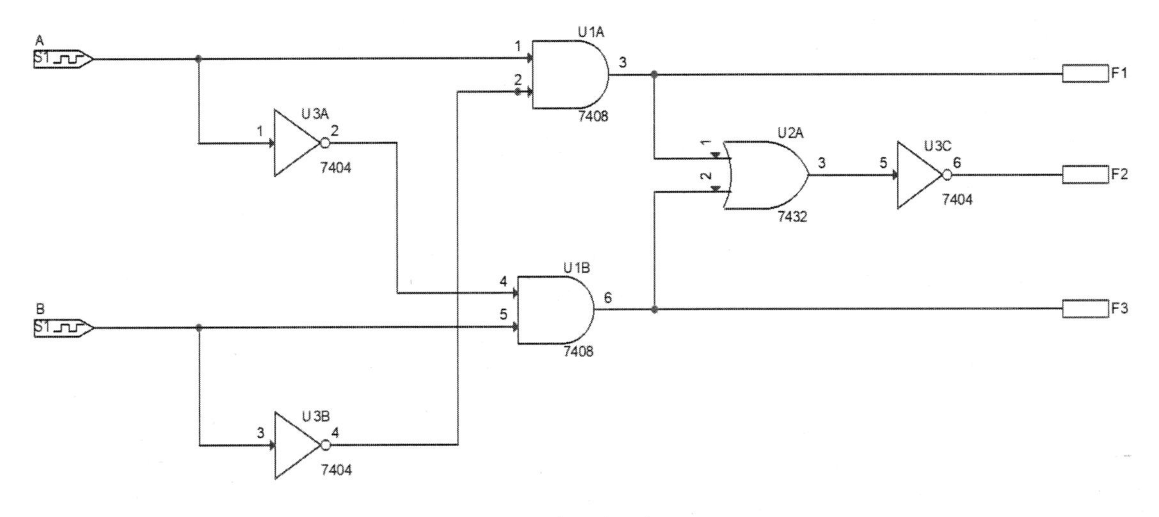

그림 1 비트 비교기

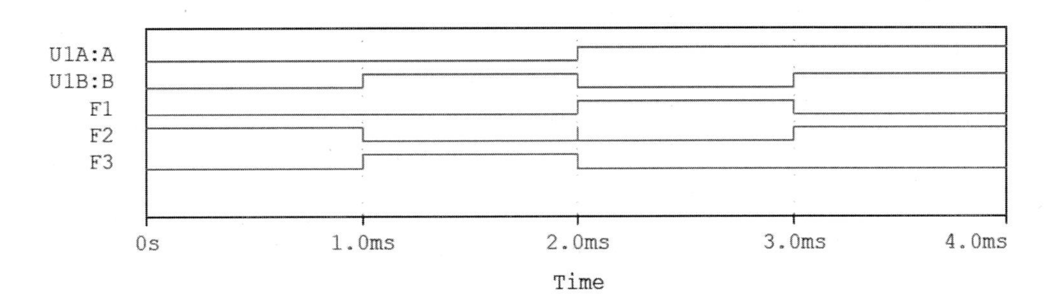

그림 2 비트 비교기의 시뮬레이션 결과

2.2 2비트 비교기

2비트 비교기는 각각의 2비트 A_1A_2 B_1B_2 입력에 대하여 출력은 $F_1(A > B)$, $F_1(A = B)$, $F_3(A < B)$ 3개이며 $A_1A_2 > B_1B_2$일 때, $F_1(A > B)$이 되며, $A_1A_2 = B_1B_2$일 때, $F_1(A = B)$이 되고 $A_1A_2 < B_1B_2$일 때, $F_3(A < B)$이 된다. 표 1은 2비트 비교기의 진리표를 나타낸다.

표 2 2비트 비교기의 진리표

입력				출력		
A_1	A_2	B_1	B_2	$F_1(A > B)$	$F_1(A = B)$	$F_3(A < B)$
0	0	0	0	0	1	0
0	0	0	1	0	0	1
0	0	1	0	0	0	1
0	0	1	1	0	0	1
0	1	0	0	1	0	0
0	1	0	1	0	1	0
0	1	1	0	0	0	1
0	1	1	1	0	0	1
1	0	0	0	1	0	0
1	0	0	1	1	0	0
1	0	1	0	0	1	0
1	0	1	1	0	0	1
1	1	0	0	1	0	0
1	1	0	1	1	0	0
1	1	1	0	1	0	0
1	1	1	1	0	1	0

그림 3은 표 2의 진리표로부터 3가지 출력에 대한 카노맵을 각각 작성한 것으로 카노맵으로부터 논리식간소화를 수행한 결과 식을 나타내었다.

A_1A_2 \ B_1B_2	**00**	**01**	**11**	**10**
00	0	0	0	0
01	1	0	0	0
11	1	1	0	1
10	1	1	0	0

(a) $F_1 = A_1\overline{B_1} + A_2\overline{B_1}\,\overline{B_2} + A_1A_2\overline{B_2}$

A_1A_2 \ B_1B_2	00	01	11	10
00	1	0	0	0
01	0	1	0	0
11	0	0	1	1
10	0	0	0	0

$$
\begin{aligned}
\text{(b)}\ F_2 &= \overline{A_1}\,\overline{A_2}\,\overline{B_1}\,\overline{B_2} + \overline{A_1}A_2\overline{B_1}B_2 + A_1\overline{A_2}B_1\overline{B_2} + A_1A_2B_1B_2 \\
&= \overline{A_1}\,\overline{B_1}\left(\overline{A_2}\,\overline{B_2}\right) + \overline{A_1}\,\overline{B_1}\left(A_2B_2\right) + A_1B_1\left(\overline{A_2}\,\overline{B_2}\right) + A_1B_1A_2B_2 \\
&= \overline{A_1}\,\overline{B_1}\left(A_2 \odot B_2\right) + A_1B_1\left(A_2 \odot B_2\right) \\
&= \left(A_1 \odot B_1\right)\left(A_2 \odot B_2\right)
\end{aligned}
$$

A_1A_2 \ B_1B_2	00	01	11	10
00	0	1	1	1
01	0	0	1	1
11	0	0	0	0
10	0	0	1	0

$$\text{(c)}\ F_3 = \overline{A_1}B_1 + \overline{A_2}B_1B_2 + \overline{A_1}\,\overline{A_2}B_2$$

그림 3 F_1, F_2, F_3의 카노맵 간소화 과정

그림 4는 F_1, F_2, F_3의 카노맵 간소화 결과로부터 2비트 비교기를 게이트로 구현한 회로이다.

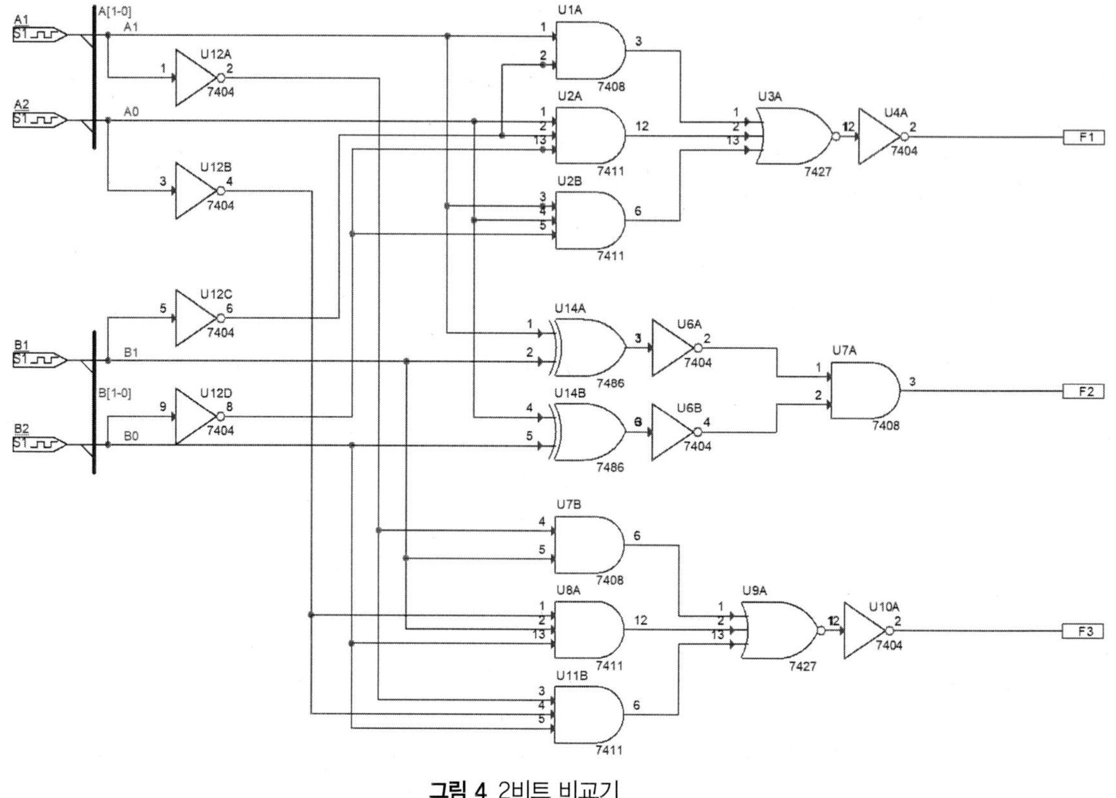

그림 4 2비트 비교기

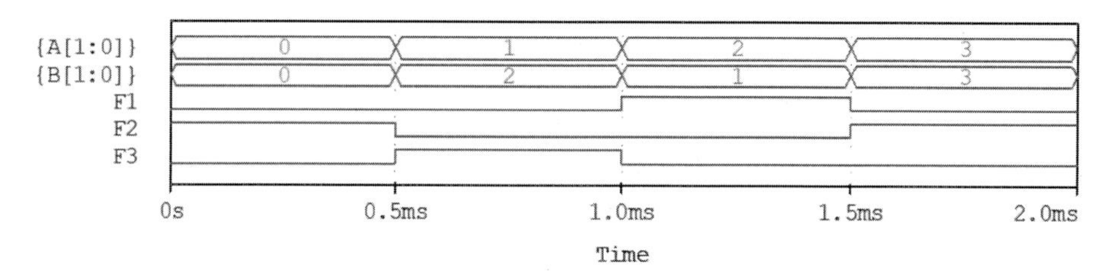

그림 4 2비트 비교기 시뮬레이션 결과

2.3 4비트 비교기

표 3은 4비트 비교기 IC 7485의 진리표를 나타낸다. 각각의 4비트 A_3, A_2, A_1, A_0 B_3, B_2, B_1, B_0 입력에 대하여 출력은 $Y_{A<B}$, $Y_{A=B}$, $Y_{A>B}$ 3개이며 직렬 입력은 이전단이 존재할 경우의 전단 비교기 결과를 나타낸다. 각 비트가 모두 같을 때는 직렬 입력값에 따라 비교기 동작이 error가 발생할 수 있다. 따라서, 비교기 동작을 위하여 $I_{A>B}$, $I_{A<B}$, $I_{A=B}$ 경우의 수가 110과 000인 경우는 피하여야 한다.

표 3 IC 7485의 진리표

입력				직렬 입력			출력		
A_3, B_3	A_2, B_2	A_1, B_1	A_0, B_0	$I_{A>B}$	$I_{A<B}$	$I_{A=B}$	$Y_{A>B}$	$Y_{A<B}$	$Y_{A=B}$
$A_3 > B_3$	X	X	X	X	X	X	1	0	0
$A_3 < B_3$	X	X	X	X	X	X	0	1	0
$A_3 = B_3$	$A_2 > B_2$	X	X	X	X	X	1	0	0
$A_3 = B_3$	$A_2 < B_2$	X	X	X	X	X	0	1	0
$A_3 = B_3$	$A_2 = B_2$	$A_1 > B_1$	X	X	X	X	1	0	0
$A_3 = B_3$	$A_2 = B_2$	$A_1 < B_1$	X	X	X	X	0	1	0
$A_3 = B_3$	$A_2 = B_2$	$A_1 = B_1$	$A_0 > B_0$	X	X	X	1	0	0
$A_3 = B_3$	$A_2 = B_2$	$A_1 = B_1$	$A_0 < B_0$	X	X	X	0	1	0
$A_3 = B_3$	$A_2 = B_2$	$A_1 = B_1$	$A_0 = B_0$	1	X	X	1	0	0
$A_3 = B_3$	$A_2 = B_2$	$A_1 = B_1$	$A_0 = B_0$	X	1	X	0	1	0
$A_3 = B_3$	$A_2 = B_2$	$A_1 = B_1$	$A_0 = B_0$	X	X	1	0	0	1
$A_3 = B_3$	$A_2 = B_2$	$A_1 = B_1$	$A_0 = B_0$	1	1	0	0	0	0
$A_3 = B_3$	$A_2 = B_2$	$A_1 = B_1$	$A_0 = B_0$	0	0	0	1	1	0

그림 5는 4비트 비교기 IC 7585 회로를 나타내고 있다. 직렬 입력 $I_{A>B}$, $I_{A<B}$, $I_{A=B}$ 경우의 수는 111로 설정하였다. 각각의 4비트 A_3, A_2, A_1, A_0 B_3, B_2, B_1, B_0 입력에 대하여서는 임의적으로 디지털 clock을 각각 인가하였다. 그림 6은 4비트 비교기 IC 7585의 시뮬레이션 결과를 보여준다. 정상적인 4비트 비교기 동작을 확인할 수 있다. 즉, $A > B$일 때, $Y_2(A > B) = 1$이 되며, $A = B$일 때, $Y_1(A = B) = 1$이 되고 $A < B$일 때, $Y_0(A = B) = 1$이 됨을 알 수가 있다.

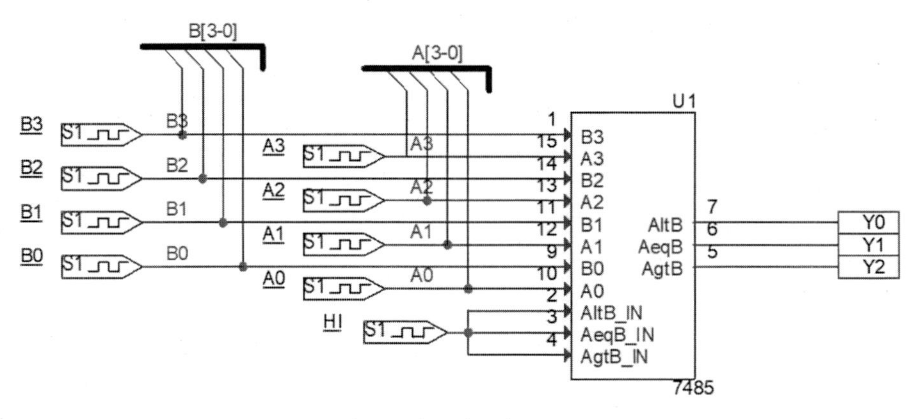

그림 5 4비트 비교기 IC 7485

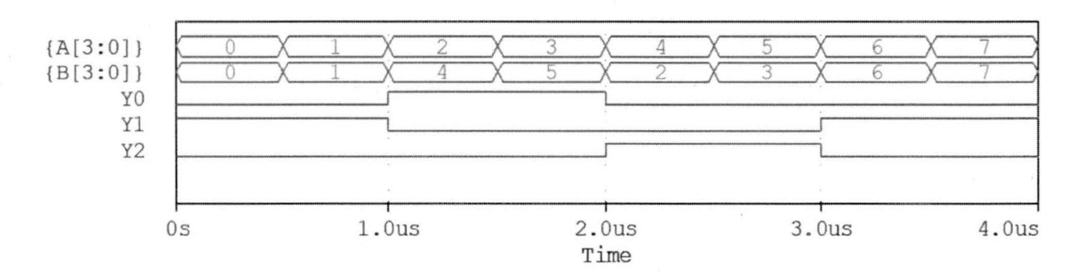

그림 6 4비트 비교기 IC 7485의 시뮬레이션 결과

3. 실험 기기 및 부품

(1) 4비트 비교기 : IC 74LS85 1개

(2) 4비트 DIP S/W : 2개

(3) 저항 : 1kΩ 8개, 330Ω 3개

(4) 직류 전원 공급기 1대

4. 실험절차

(1) IC7485를 사용하여 4비트 비교기 회로를 구성하라. 표 4의 진리표에서 4비트 A_3, A_2, A_1, A_0 B_3, B_2, B_1, B_0 입력에 대하여 출력 $Y_{A<B}$, $Y_{A=B}$, $Y_{A>B}$ 값을 측정하고, 표 4에 기록하라. 비교기 동작을 확인하라.

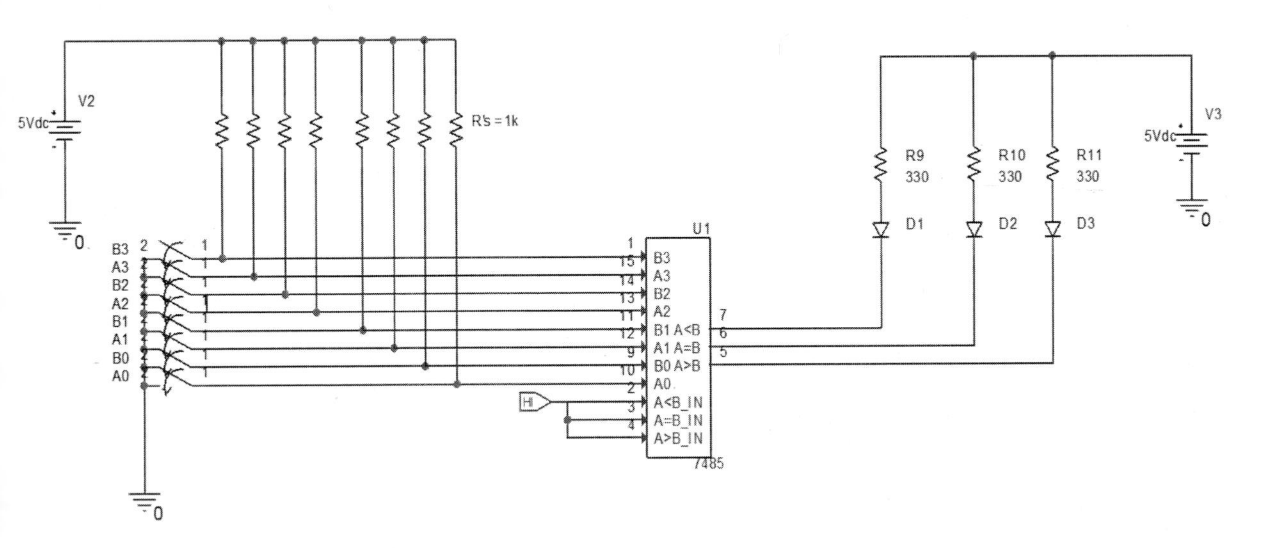

그림 7 4비트 비교기 회로 IC 7585

표 4 4비트 비교기 회로 IC 7585의 진리표

A_3	A_2	A_1	A_0	B_3	B_2	B_1	B_0	$Y_{A<B}$	$Y_{A>B}$	$Y_{A>B}$
0V	0V	0V	0V	0V	0V	0V	0V			
0V	0V	0V	5V	5V	0V	0V	5V			
0V	5V	5V	0V	0V	0V	0V	5V			
0V	0V	5V	5V	0	5V	0V	5V			
5V	5V	0V	0V	5V	0V	0V	5V			
0V	5V	0V	5V	5V	0V	0V	5V			
0V	5V	5V	0V	5V	0V	0V	5V			
0V	5V	5V	5V	0	5V	5V	5V			
5V	0V	0V	0V	5V	0V	5V	5V			
5V	5V	0V	5V	5V	0V	5V	5V			

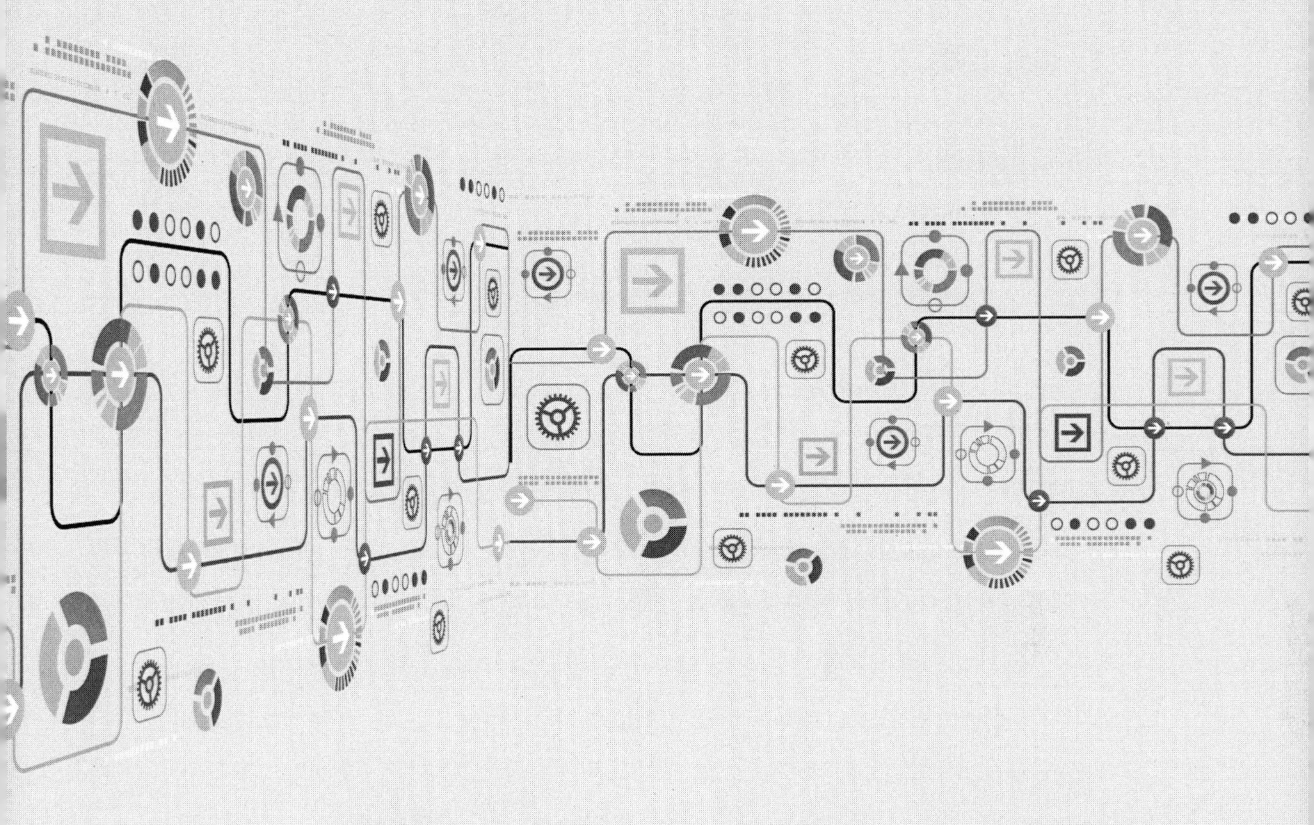

실험 11

멀티플렉서 및 디멀티플렉서

1. 실험 목적

objective

(1) 4×1 멀티플렉서의 동작을 이해한다.
(2) 1×4 디멀티플렉서의 동작을 이해한다.
(3) 4×1 멀티플렉서 74LS153 IC의 동작을 이해한다.

2. 기본 이론

멀티플렉서는 그림 1(a)와 같이 여러 개의 입력선 중의 하나로부터 이진 정보를 선택하고 하나의 출력선으로 내보내는 것이다. 반대로, 디멀티플렉서는 그림 1(b)와 같이 하나의 출력선으로부터 이진 정보를 받아서 여러 개의 입력선 중의 하나를 선택하고 선택된 입력선으로 디지털 정보를 내보내는 것이다. 그림 1(a)는 4×1 멀티플렉서를, 그림 1(b)는 1×4 디멀티플렉서를 각각 나타내고 있으며, 선택 입력 $s_1 s_0$에 의해 입출력 선이 각각 선택된다.

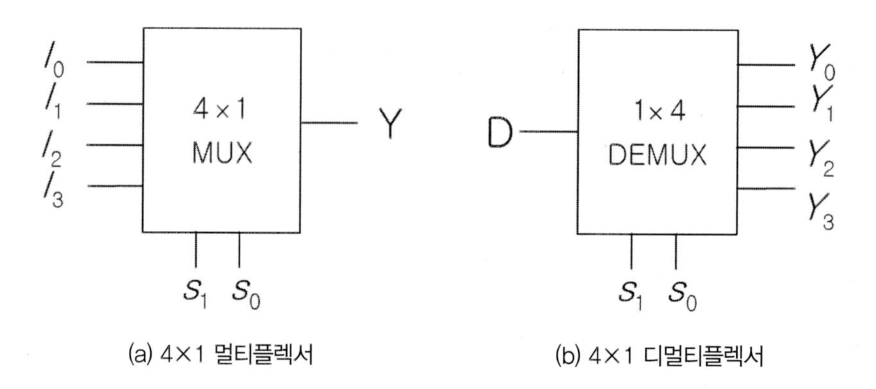

(a) 4×1 멀티플렉서　　(b) 4×1 디멀티플렉서

그림 1 4×1 멀티플렉서와 디멀티플렉서의 블록 다이어그램

2.1 4×1 멀티플렉서

4×1 멀티플렉서는 선택 입력 s_o와 s_1의 경우의 수에 대하여 4개의 입력 신호 I_o, I_1, I_2, I_3 중에서 하나의 입력 신호 I_i를 선택하여 출력하는 것이다. 표 1은 4×1 멀티플렉서의 진리표를 나타내고 있다. H는 High voltage level, L는 Low voltage level을 나타내고, X는 L/H의 상태와 상관이 없다는 의미를 갖는 무정의(Don't care) 상태를 나타낸다. 출력의 논리식은 다음과 같다 :

$$Y = \overline{s_1}\,\overline{s_0}I_0 + \overline{s_1}s_0I_1 + s_1\overline{s_0}I_2 + s_1s_0I_3$$

표 1 4×1 멀티플렉서의 진리표(개념도)

선택 입력		입력				출력
s_o	s_1	I_o	I_1	I_2	I_3	Y
L	L	L	X	X	X	I_o
L	L	H	X	X	X	I_o
H	L	X	L	X	X	I_1
H	L	X	H	X	X	I_1
L	H	X	X	L	X	I_2
L	H	X	X	H	X	I_2
H	H	X	X	X	L	I_3
H	H	X	X	X	H	I_3

그림 2는 4×1 멀티플렉서 회로를 4개의 AND 게이트와 2개의 NOT 게이트 및 3개의 OR 게이트로 구성한 것이다.

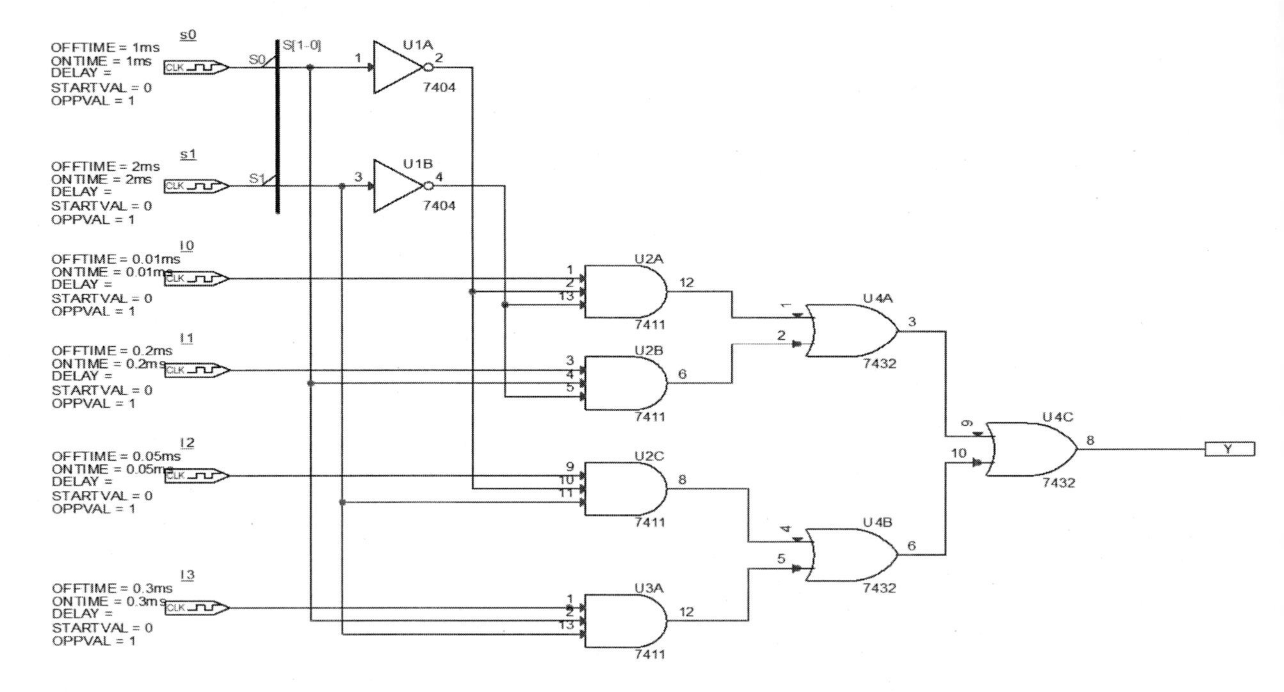

그림 2 게이트로 구성한 4×1 멀티플렉서

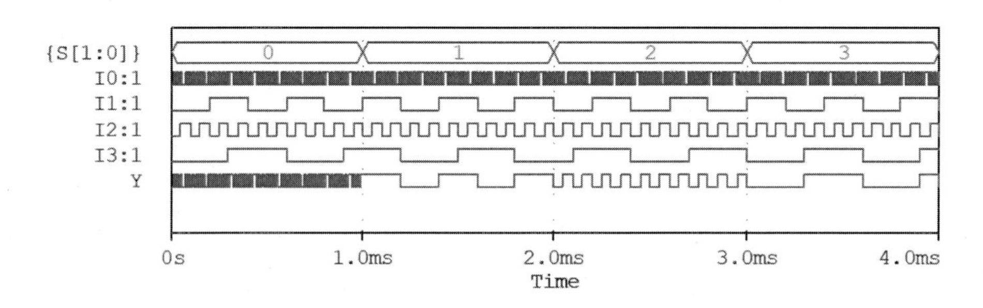

그림 3 4×1 멀티플렉서의 시뮬레이션 결과

그림 4는 4개의 디지털 입력에 대한 4×1 멀티플렉서를 PSPICE로 시뮬레이션한 결과이다. 다음 동작과 같이 표 1의 진리표 대로 출력이 됨을 알 수가 있다.

$$s_1 s_0 = 00 : Y = I_0 \quad s_1 s_0 = 01 : Y = I_1 \quad s_1 s_0 = 10 : Y = I_2 \quad s_1 s_0 = 11 : Y = I_3$$

이번에는 4×1 멀티플렉서를 실제적 IC로 구현하여 보자. 표 2는 4×1 멀티플렉서 74LS153 IC의 진리표를 나타내고 있다. IC 74LS153는 enable 단자 E가 Low 상태가 될 때 멀티플렉서로 동작한다.

표 2 4×1 멀티플렉서 74LS153 IC의 진리표

선택 입력		Enable	입력				출력
s_o	s_1	E	I_o	I_1	I_2	I_3	Z
X	X	H	X	X	X	X	L
L	L	L	L	X	X	X	L
L	L	L	H	X	X	X	H
H	L	L	X	L	X	X	L
H	L	L	X	H	X	X	H
L	H	L	X	X	L	X	L
L	H	L	X	X	H	X	H
H	H	L	X	X	X	L	L
H	H	L	X	X	X	H	H

그림 4는 4×1 멀티플렉서 회로를 74LS153 IC로 구성한 것이다.

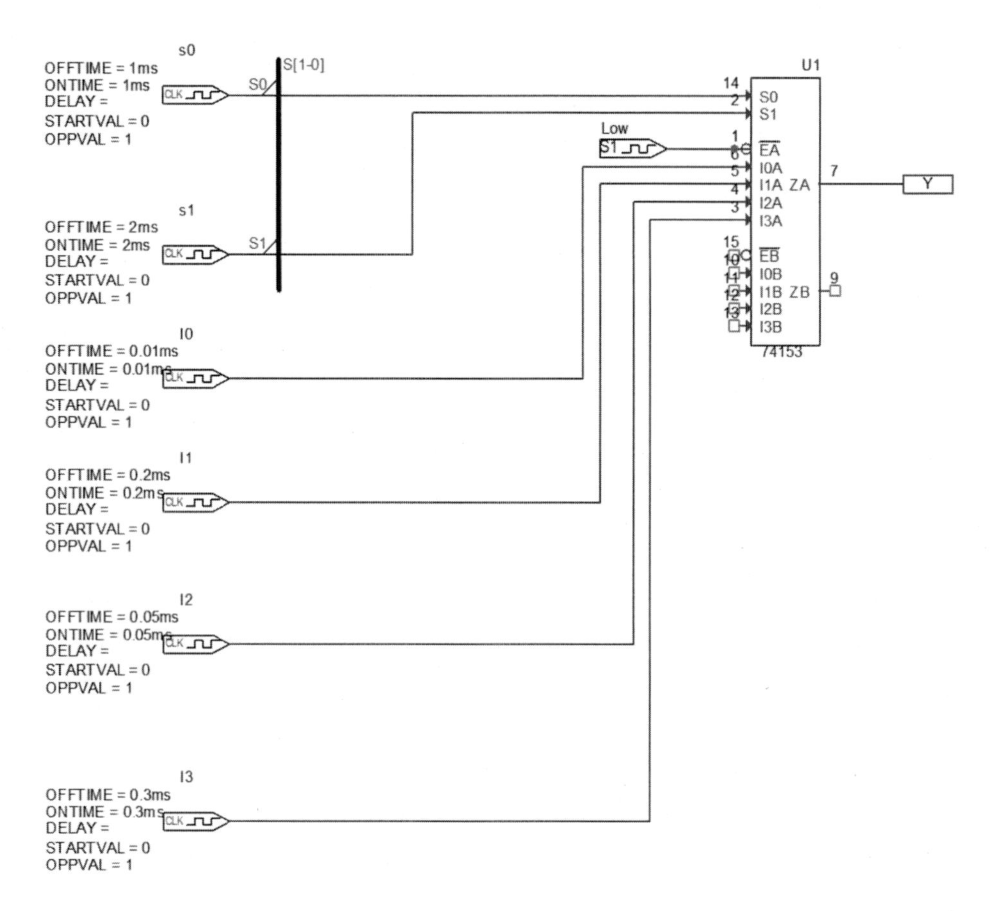

그림 4 74LS153 IC 4×1 멀티플렉서 회로

그림 5는 4개의 디지털 입력에 대한 74LS153 IC을 PSPICE로 시뮬레이션한 결과이다. $s_1 s_0 = 00 = 0_{10}$일 때, $Z_A = I_0$가 되고, $s_1 s_0 = 01 = 1_{10}$일 때, $Z_A = I_1$가 되고, $s_1 s_0 = 10 = 2_{10}$일 때, $Z_A = I_2$가 되고, $s_1 s_0 = 11 = 3_{10}$일 때, $Z_A = I_3$가 되어 멀티플렉서로 동작함을 확인할 수 있다.

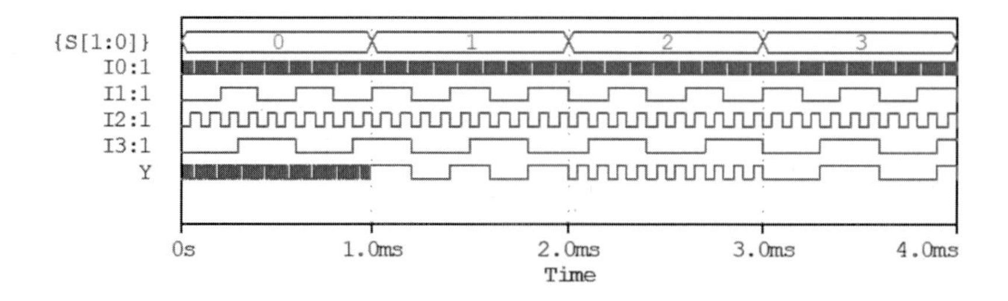

그림 5 시뮬레이션 결과

2.2 8×1 멀티플렉서

8×1 멀티플렉서는 선택 입력 $s_0s_1s_2$의 경우의 수에 대하여 8개의 입력 신호 $I_o, I_1, I_2, I_3, I_4, I_5, I_6, I_7$ 중에서 하나의 입력 신호 I_i 를 선택하여 출력하는 것이다.

표 3 8×1 멀티플렉서의 진리표

선택 입력			Enable	입력								출력
s_o	s_1	s_2	E	I_o	I_1	I_2	I_3	I_4	I_5	I_6	I_7	Z
X	X	X	H	X	X	X	X	X	X	X	X	L
L	L	L	L	L	X	X	X	X	X	X	X	L
L	L	L	L	H	X	X	X	X	X	X	X	H
L	L	H	L	X	L	X	X	X	X	X	X	L
L	L	H	L	X	H	X	X	X	X	X	X	H
L	H	L	L	X	X	L	X	X	X	X	X	L
L	H	L	L	X	X	H	X	X	X	X	X	H
L	H	H	L	X	X	X	L	X	X	X	X	L
L	H	H	L	X	X	X	H	X	X	X	X	H
H	L	L	L	X	X	X	X	L	X	X	X	L
H	L	L	L	X	X	X	X	H	X	X	X	H
H	L	H	L	X	X	X	X	X	L	X	X	L
H	L	H	L	X	X	X	X	X	H	X	X	H
H	H	L	L	X	X	X	X	X	X	L	X	L
H	H	L	L	X	X	X	X	X	X	H	X	H
H	H	H	L	X	X	X	X	X	X	X	L	L
H	H	H	L	X	X	X	X	X	X	X	H	H

그림 6은 8×1 멀티플렉서 회로를 74LS151 IC로 구성한 것이다.

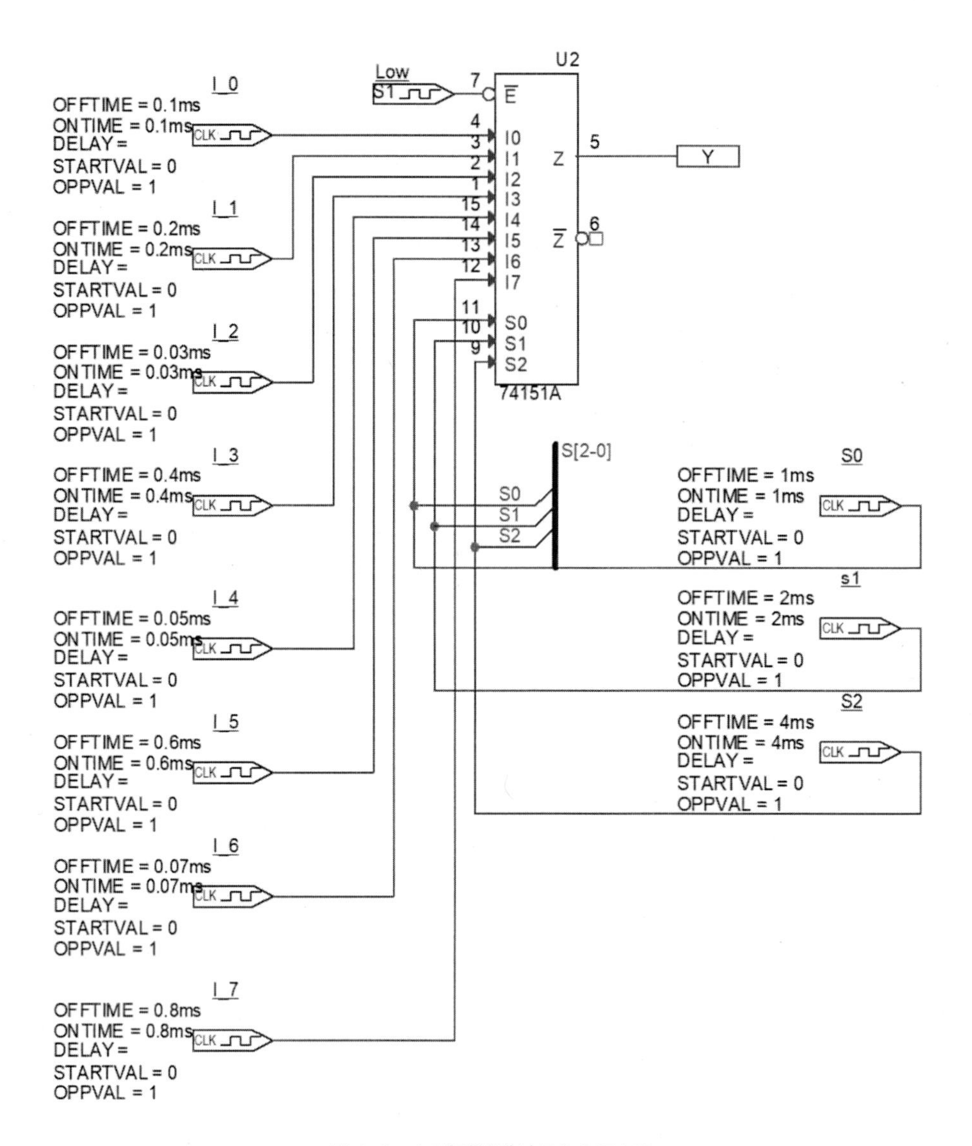

그림 6 8×1 멀티플렉서 74LS151 IC

그림 7은 8개의 디지털 입력에 대한 8×1 멀티플렉서 74LS151 IC를 PSPICE로 시뮬레이션한 결과이다. $s_0s_1s_2 = 010 = 2_{10}$일 때, $Z = I_2$가 되고, $s_2s_1s_0 = 100 = 4_{10}$일 때, $Z = I_4$가 되고, $s_2s_1s_0 = 110 = 6_{10}$일 때, $Z = I_6$가 되어 멀티플렉서로 동작함을 확인할 수 있다.

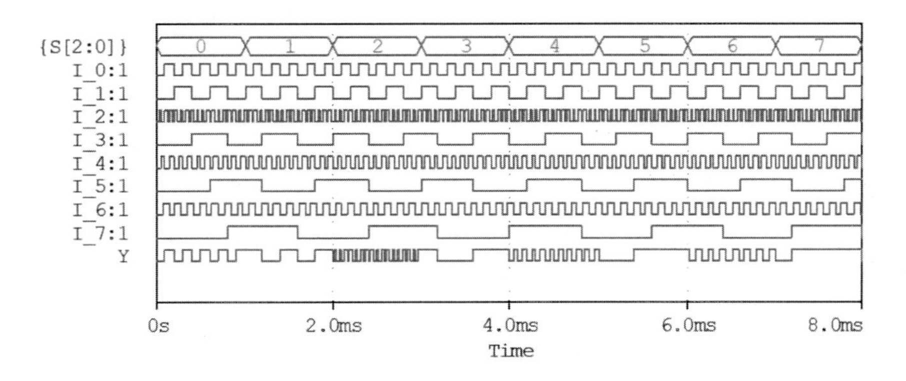

그림 7 시뮬레이션 결과

2.3 멀티플렉서를 이용한 조합논리회로 설계

멀티플렉서를 사용하여 조합논리회로의 구현이 가능하다. 예를 들어, 부울 논리식 $F=\sum m_i(1,3,5,7)$는 8×1 멀티플렉서를 사용하여 구현이 가능하다. 즉, 다음 진리표에 의해 해당 선택 입력의 조합에 따라 $s_2s_1s_0=001$ $s_2s_1s_0=011$ $s_2s_1s_0=101$ $s_2s_1s_0=111$인 경우에 대하여 $Z=1$로 설정하고, $s_2s_1s_0=000$ $s_2s_1s_0=010$ $s_2s_1s_0=100$ $s_2s_1s_0=110$인 경우에 대하여 $Z=0$로 설정한다. $Z=1$은 5[V], $Z=0$은 0[V]를 인가한다.

표 4 8×1 멀티플렉서를 사용한 $F=\sum m_i(1,3,5,7)$의 진리표

선택 입력			Enable	입력								출력
s_2	s_1	s_0	E	I_o	I_1	I_2	I_3	I_4	I_5	I_6	I_7	Z
X	X	X	H	X	X	X	X	X	X	X	X	L
L	L	L	L	L	X	X	X	X	X	X	X	$I_o=0$
L	L	H	L	X	H	X	X	X	X	X	X	$I_1=1$
L	H	L	L	X	X	L	X	X	X	X	X	$I_2=0$
L	H	H	L	X	X	X	H	X	X	X	X	$I_3=1$
H	L	L	L	X	X	X	X	L	X	X	X	$I_4=0$
H	L	H	L	X	X	X	X	X	H	X	X	$I_5=1$
H	H	L	L	X	X	X	X	X	X	L	X	$I_6=0$
H	H	H	L	X	X	X	X	X	X	X	H	$I_7=1$

그림 8은 IC 74151 8×1 멀티플렉서를 이용하여 조합논리회로 $F = \sum(1,3,5,7)$를 설계한 것이다.

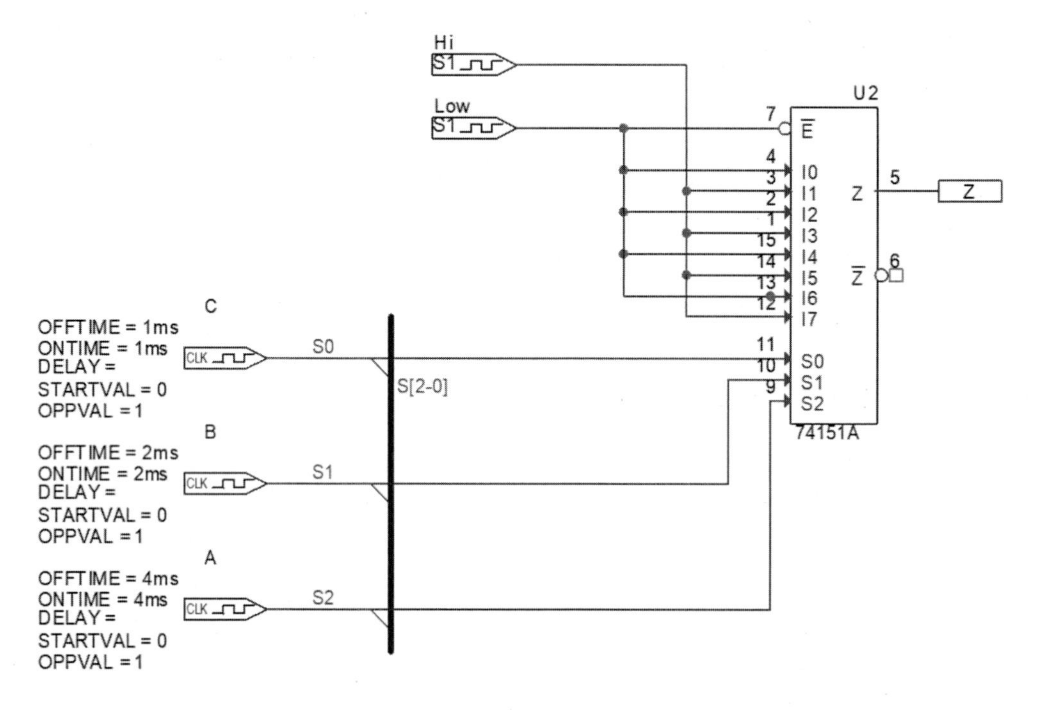

그림 8 IC 74151 8×1 멀티플렉서를 이용한 조합회로 설계 : $F = \sum(1,3,5,7)$

그림 9는 IC 74151 8×1 멀티플렉서를 이용하여 조합논리회로 $F = \sum(1,3,5,7)$를 시뮬레이션한 것이다. 조합논리회로 $F = \sum(1,3,5,7)$가 출력이 됨을 알 수가 있다.

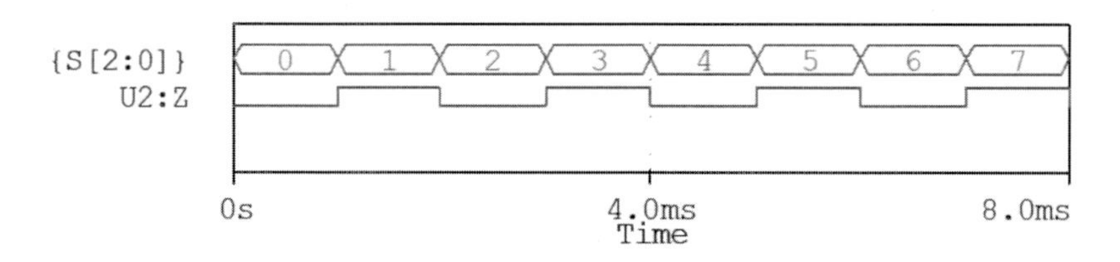

그림 9 조합논리회로 $F(s_2, s_1, s_0) = \sum m(1,3,5,7)$의 시뮬레이션 결과

IC 74151 8×1 멀티플렉서를 이용하여 조합논리회로 $F(A, B, C, D) = \sum m(2,4,5,7,9,13.15)$를 설계하고자 한다면, 진리표는 표 5와 같고, A, B, C를 선택변수로, D를 입력 데이터 변수로 사용하여 설계하면 그림 10과 같다.

표 5 진리표

A	B	C	D	Z
0	0	0	0	0
0	0	0	1	0
0	0	1	0	1
0	0	1	1	0
0	1	0	0	1
0	1	0	1	1
0	1	1	0	0
0	1	1	1	1
1	0	0	0	0
1	0	0	1	1
1	0	1	0	0
1	0	1	1	0
1	1	0	0	0
1	1	0	1	1
1	1	1	0	0
1	1	1	1	1

A	B	C	Z
0	0	0	0
0	0	1	$\overline{D}$
0	1	0	1
0	1	1	D
1	0	0	D
1	0	1	0
1	1	0	D
1	1	1	D

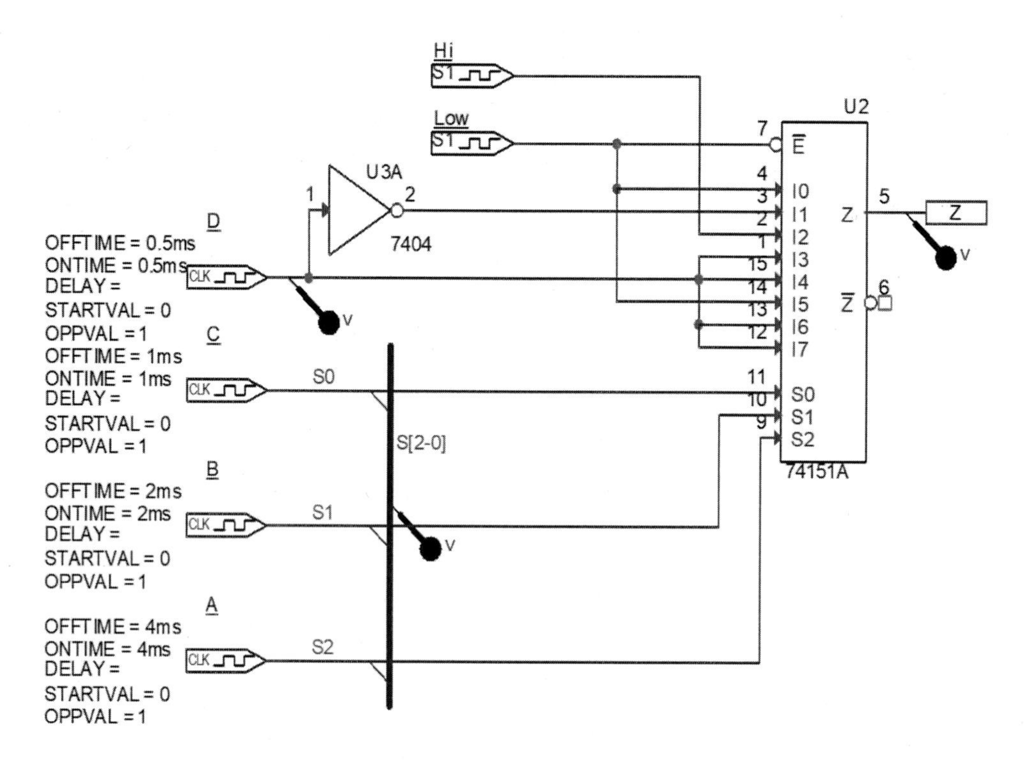

그림 10 IC 74151를 이용한 조합회로 $F(A,B,C,D)=\sum m(2,4,5,7,9,13.15)$ 설계

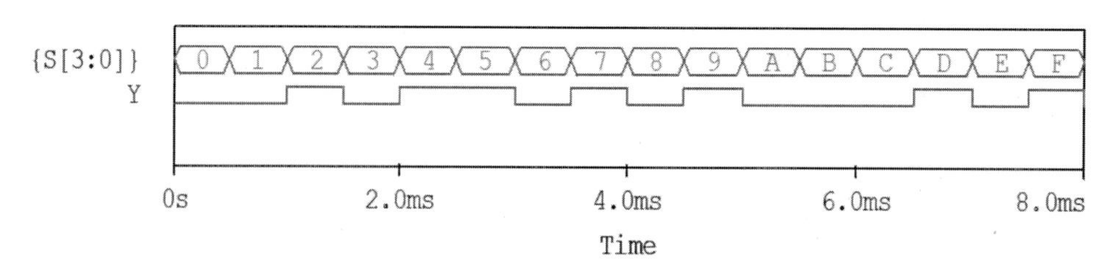

그림 11 조합논리회로 $F(A,B,C,D)=\sum m(2,4,5,7,9,13.15)$의 시뮬레이션 결과

2.4 8×1 디멀티플렉서

1×4 디멀티플렉서는 입력 신호 D를 선택 신호 AB의 조합 $AB=00, AB=01$, $AB=10$, $AB=11$에 따라 4개의 출력선 Y_o, Y_1, Y_2, Y_3 중 하나의 선으로 출력하는 것이다. IC 74155는 1×8 디멀티플렉서로 동작한다. $1\overline{G}$, $2\overline{G}$는 인에이블 신호단자이고, $1C$, $2\overline{C}$는 입력 신호단자이다. $C=0$일 때 $1\overline{G}=0$가 되어 AB의 조합에 따라

Y_o, Y_1, Y_2, Y_3 중 하나의 선으로 입력 신호 D가 출력되고, $C=1$일 때 $2\overline{G}=0$가 되어 AB의 조합에 따라 $2Y_o, 2Y_1, 2Y_2, 2Y_3$ 중 하나의 선으로 입력 신호 D가 출력되는 것이다.

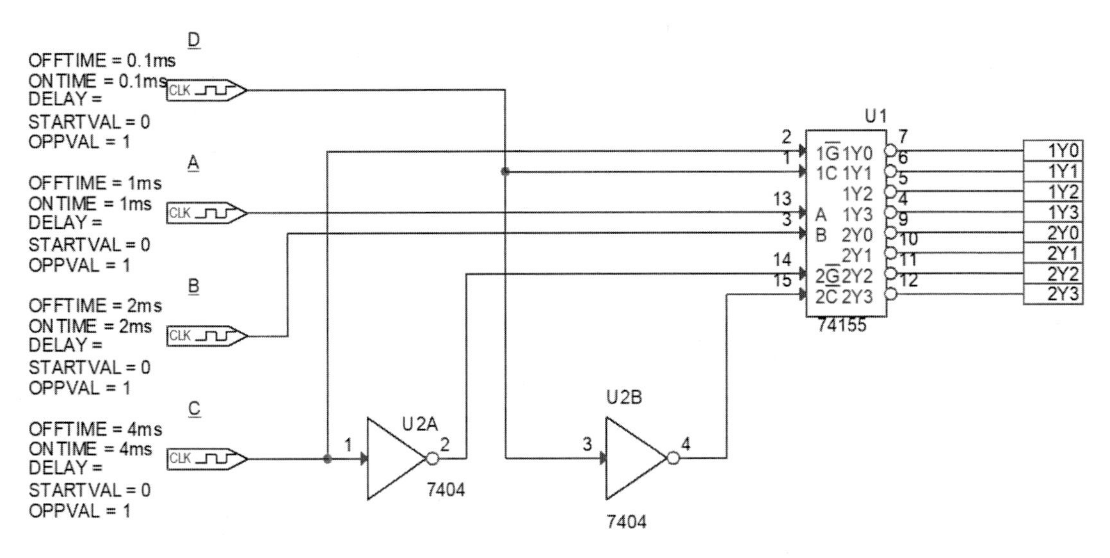

그림 12 IC 74155 1×8 디멀티플렉서

그림 12는 IC 74155 1×8 디멀티플렉서 회로이다. 그림 14는 시뮬레이션 결과이며, 1×8 디멀티플렉서의 진리표와 동일하게 동작함을 알 수 있다.

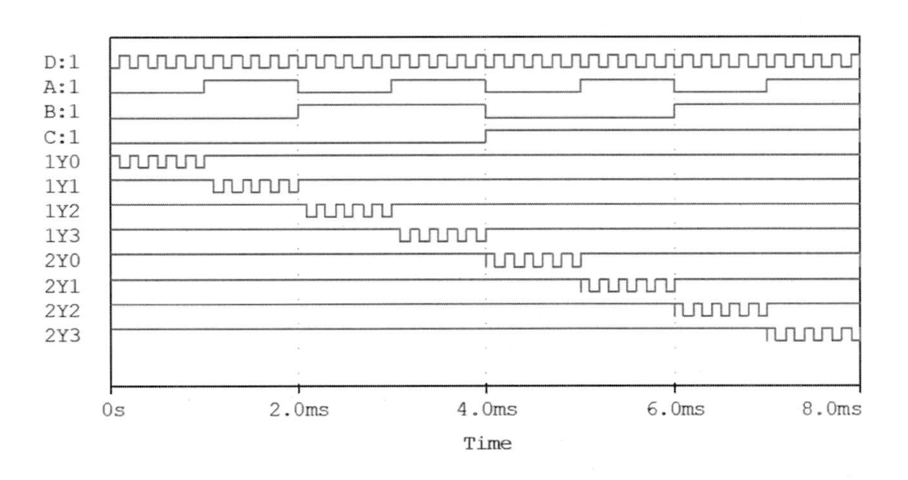

그림 13 IC 74155 8×1 디멀티플렉서의 시뮬레이션 결과

2.5 IC 74154 1×16 디멀티플렉서

IC 74154는 디코더 및 디멀티플렉서 겸용으로 사용될 수 있다. IC 74154를 1×16 디멀티플렉서로 사용할 경우 $\overline{G_1}$, $\overline{G_2}$ 단자 중 하나를 입력 데이터선, A, B, C, D를 선택선으로 사용한다. 즉, $\overline{G_2}$을 인에이블로 설정하고 $\overline{G_1}$를 입력 데이터선으로 사용하면, $\overline{G_2}= Low$일 때, A, B, C, D의 조합에 따라 정해지는 위치선으로 입력데이터가 전송된다. 그림 15는 IC 74154 1×16 디멀티플렉서이며 그림 16은 $\overline{G_2}= Low$일 때 IC 74154의 시뮬레이션 결과를 보여주고 있다.

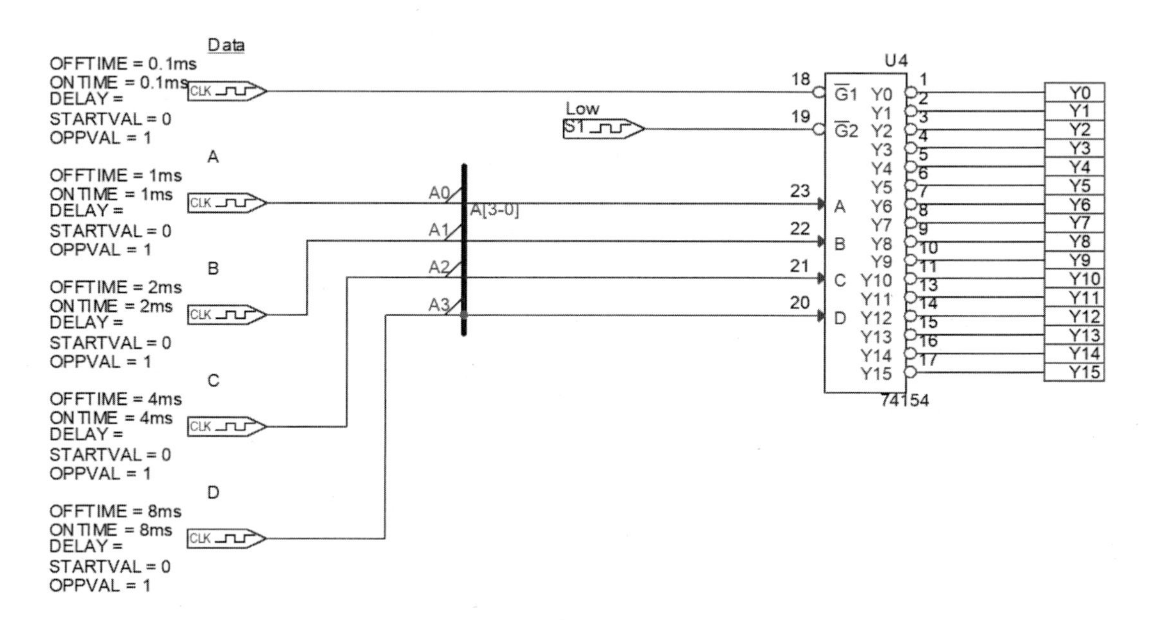

그림 14 IC 74154를 이용한 1×16 디멀티플렉서

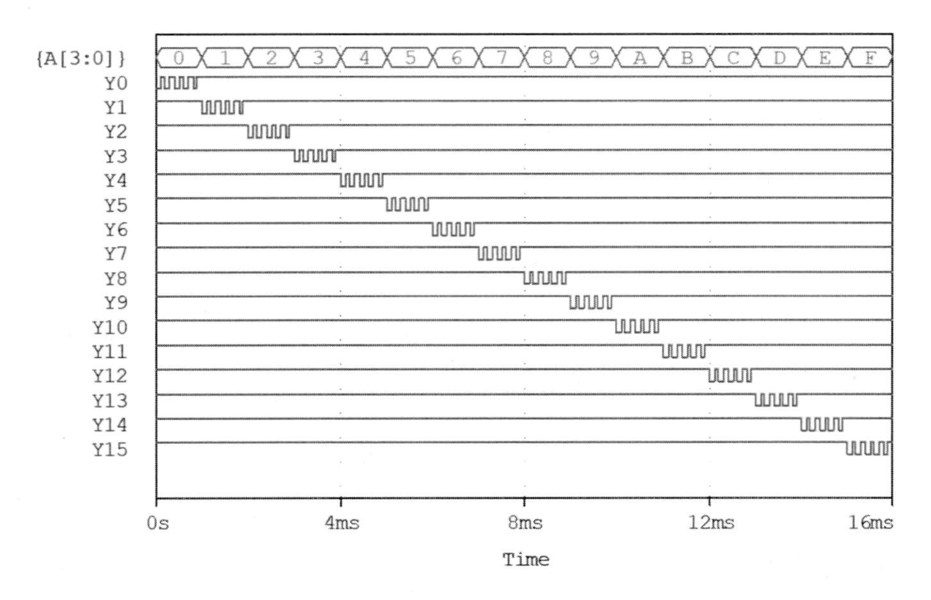

그림 15 IC 74154 1×16 디멀티플렉서의 시뮬레이션 결과

그림 16은 IC 74154 2단을 사용한 1×32 디멀티플렉서이며 1단의 $\overline{G_2} = Low$일 때 1단이 동작하고, 1단의 $\overline{G_2} = High$일 때 2단이 동작한다. 그림 17은 IC 74154의 시뮬레이션 결과를 보여주고 있다.

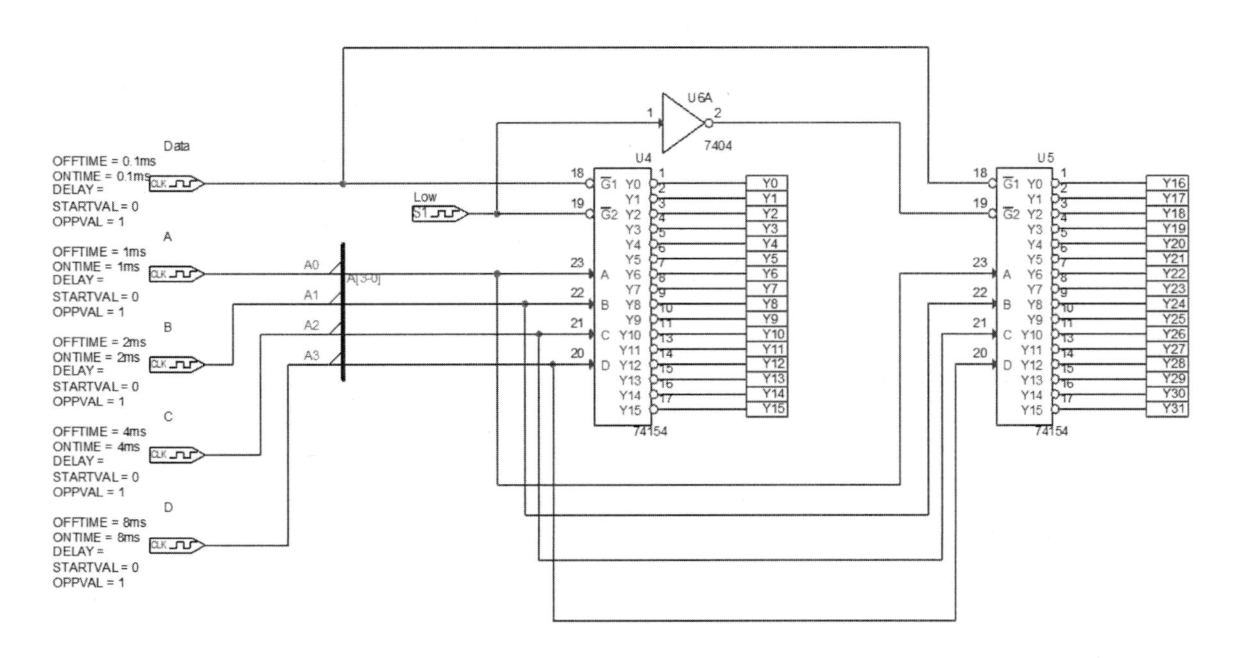

그림 16 IC 74154 1×32 디멀티플렉서

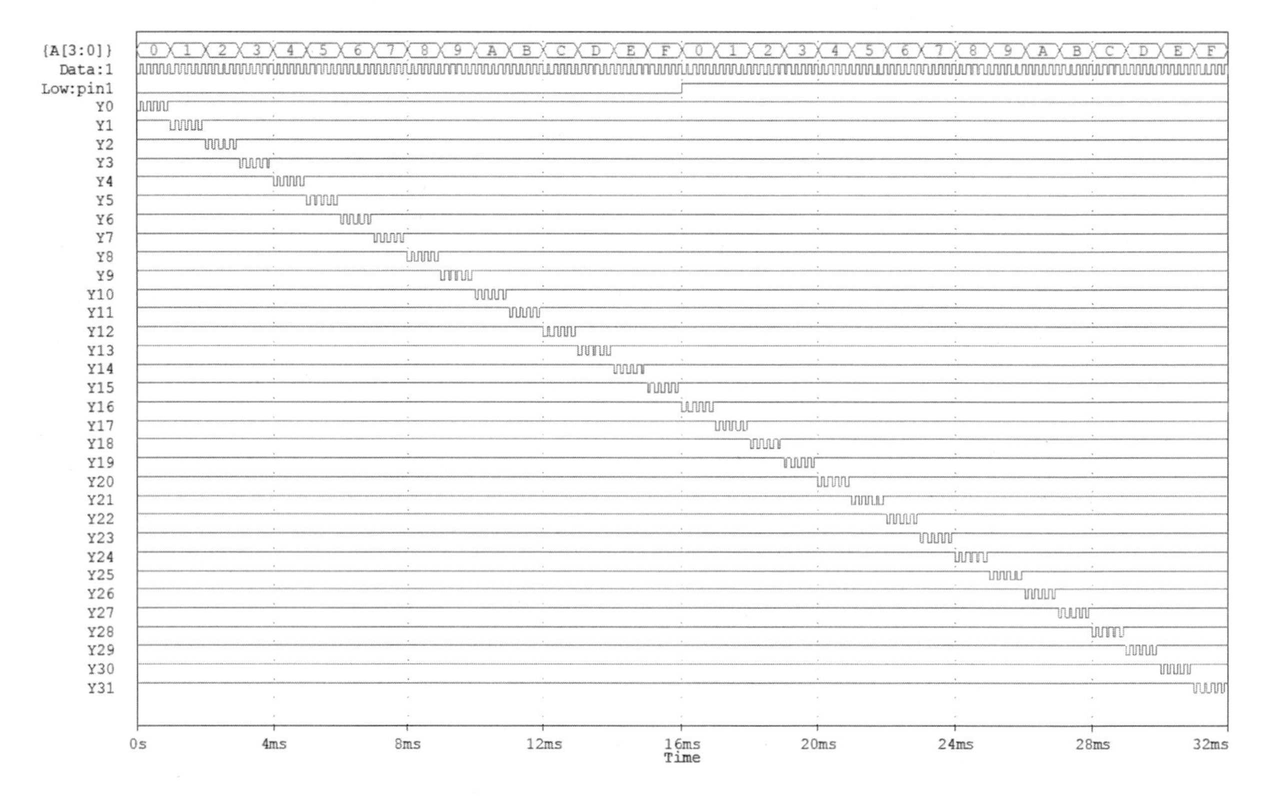

그림 17 IC 74154 1×32 디멀티플렉서의 시뮬레이션 결과

3. 요약문제

다음 소자 중에서 n개의 입력을 받아서 제어신호에 의해 그중 1개만을 선택하여 출력하는 것은? **2010년 2회 무선설비기사**

① Multiplexer ② Demultiplexer

③ Encoder ④ Decoder

4. 실험 기기 및 부품

(1) 4×1멀티플렉서 : IC 74153 1개

(2) 8×1멀티플렉서 : IC 74151

(3) 1×4 디멀티플렉서 : IC 74155 1개

(4) 1×16 디멀티플렉서 : IC 74154

(5) 오실로스코우프 1대

(6) 저항 : 1kΩ 5개, 330Ω 8개

(7) 4 비트 DIP Switch : 2개

(8) 적색 LED : 8개

(9) 직류 전원 공급기 1대

(10) 오실로스코우프 1대

5. 실험절차

(1) 그림 18의 74LS153 IC 4×1 멀티플렉서 회로를 구성하라. 8번 PIN은 GROUND, 16번 PIN은 5V 직류전원을 인가하라. I_0, I_1, I_2, I_3의 값에 따른 멀티플렉서 출력 Z을 LED ON/OFF를 관찰함과 동시에 오실로스코프로 각각 측정하고, 표 6에 기록하고, 동작을 확인하라.

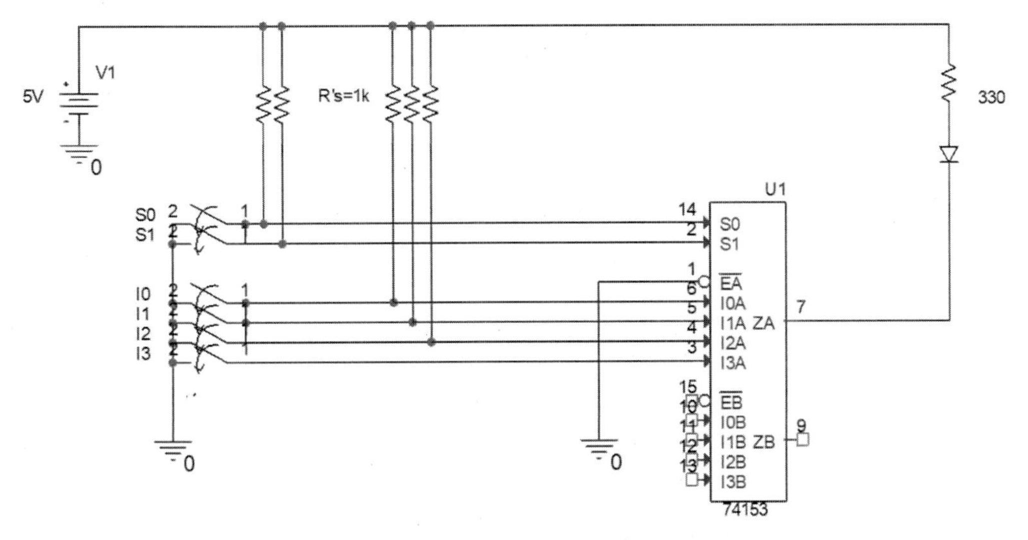

그림 18 74LS153 IC 1×4 멀티플렉서 회로

표 6 1×4 멀티플렉서 74LS153 IC의 진리표

선택 입력		Enable	입력				출력
s_o	s_1	E	I_o	I_1	I_2	I_3	Z
X	X	5V	X	X	X	X	
0V	0V	0V	0V	X	X	X	
0V	0V	0V	5V	X	X	X	
5V	0V	0V	X	0V	X	X	
5V	0V	0V	X	5V	X	X	
0V	5V	0V	X	X	0V	X	
0V	5V	0V	X	X	5V	X	
5V	5V	0V	X	X	X	0V	
5V	5V	0V	X	X	X	5V	

(2) IC 741S151을 사용하여 그림 19의 8×1 멀티플렉서를 구성하라. 8번 PIN은 GROUND, 16번 PIN은 5V 직류전원을 인가하라. $I_o, I_1, I_2, I_3, I_4, I_5, I_6, I_7$의 값의 변화에 따라 인코더 출력 Z을 LED ON/OFF를 관찰함과 동시에 오실로스코프로 각각 측정하고, 표 7에 기록함과 동시에 8×1 멀티플렉서 동작을 확인하라.

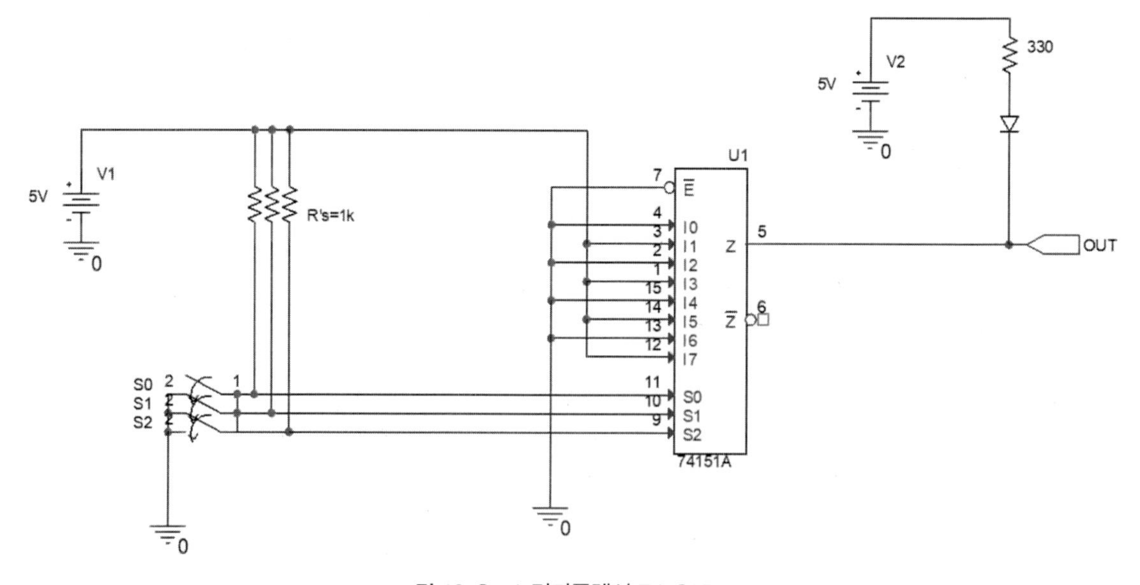

그림 19 8×1 멀티플렉서 74LS151

표 7

선택 입력			Enable	입력								출력
s_2	s_1	s_0	E	I_o	I_1	I_2	I_3	I_4	I_5	I_6	I_7	Z
X	X	X	5V	X	X	X	X	X	X	X	X	
0V	0V	0V	0V	0V	X	X	X	X	X	X	X	
0V	0V	5V	0V	X	5V	X	X	X	X	X	X	
0V	H	0V	0V	X	X	0V	X	X	X	X	X	
0V	5V	5V	0V	X	X	X	5V	X	X	X	X	
5V	0V	0V	0V	X	X	X	X	0V	X	X	X	
5V	0V	5V	0V	X	X	X	X	X	5V	X	X	
5V	5V	0	0V	X	X	X	X	X	X	0V	X	
5V	5V	5V	0V	X	X	X	X	X	X	X	5V	

(3) IC 741S155을 사용하여 그림 20의 1×4 디멀티플렉서를 구성하라. A_o, A_1, $1\overline{G}, 2\overline{G}$, $1C$, $2\overline{C}$의 값의 변화에 따라 디멀티플렉서 출력 $Y_o, Y_1, Y_2, Y_3, 2Y_o, 2Y_1, 2Y_2, 2Y_3$을 LED ON/OFF를 관찰함과 동시에 오실로스코프로 각각 측정하고, 표 8에 기록함과 동시에 1×4 디멀티플렉서 동작을 확인하라.

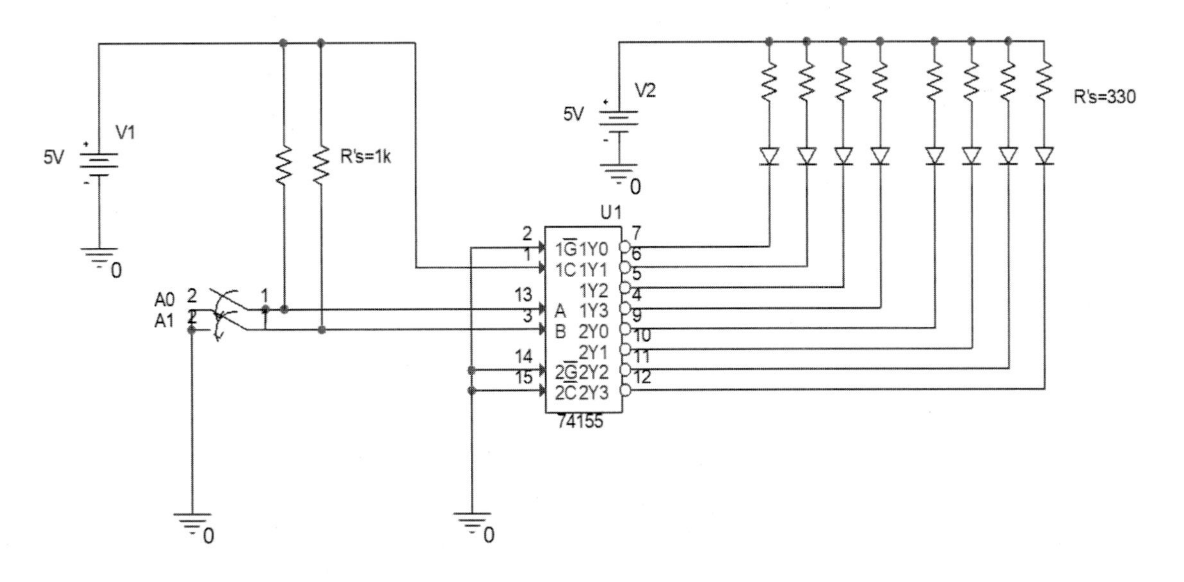

그림 20 IC 74155 1×4 디멀티플렉서

표 8 1×4 디멀티플렉서의 진리표

A_1	A_0	$E(1C)$	$I(1\overline{G})$	Y_o	Y_1	Y_2	Y_3
0V	0V	5V	0V				
0V	5V	5V	0V				
5V	0V	5V	0V				
5V	5V	5V	0V				

A_1	A_0	$E(1C)$	$I(1\overline{G})$	Y_o	Y_1	Y_2	Y_3
0V	0V	5V	5V				
0V	5V	5V	5V				
5V	0V	5V	5V				
5V	5V	5V	5V				

A_1	A_0	$E(2\overline{C})$	$I(2\overline{G})$	Y_o	Y_1	Y_2	Y_3
0V	0V	0V	0V				
0V	5V	0V	0V				
5V	0V	0V	0V				
5V	5V	0V	0V				

A_1	A_0	$E(2\overline{C})$	$I(2\overline{G})$	Y_o	Y_1	Y_2	Y_3
0V	0V	0V	5V				
0V	5V	0V	5V				
5V	0V	0V	5V				
5V	5V	0V	5V				

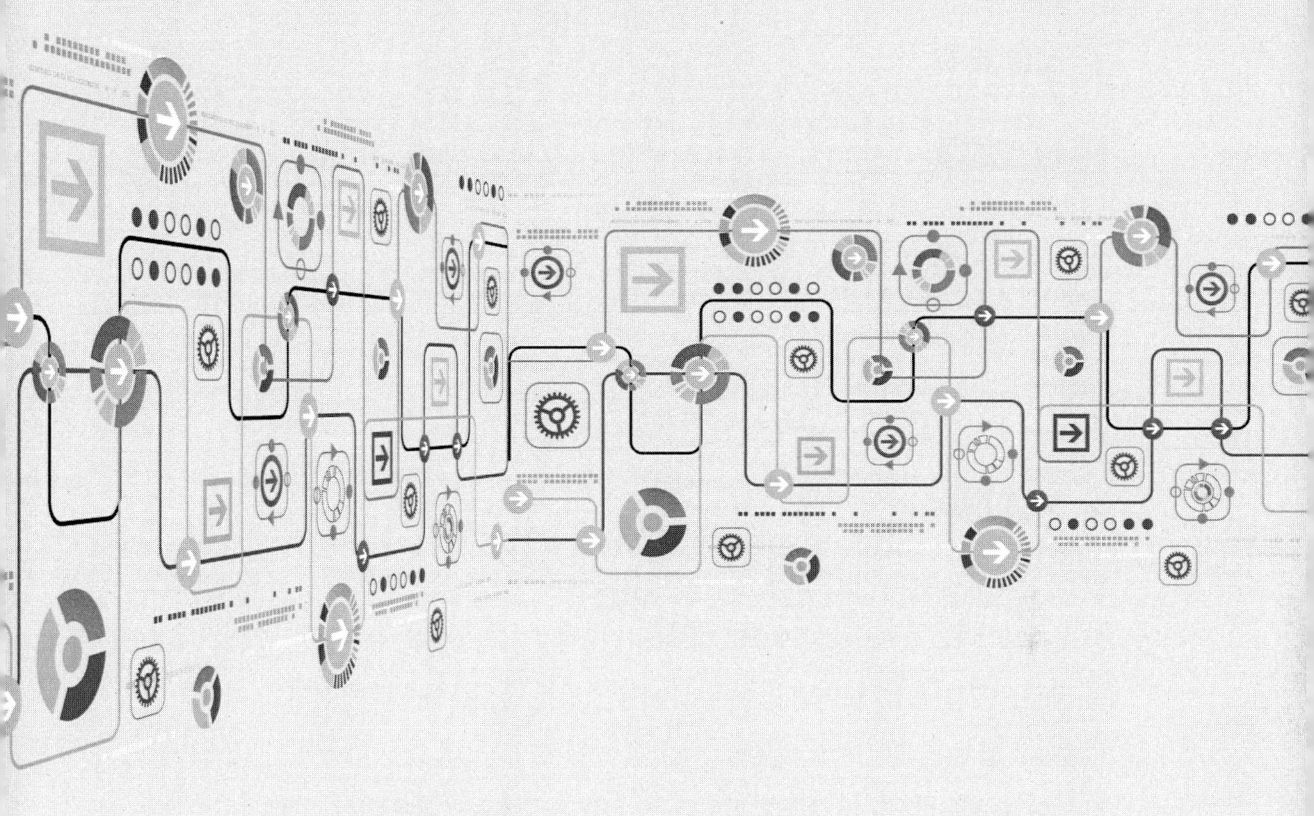

실험 12

플립플롭Flip Flop

1. 실험 목적
2. 기본 이론
   - 2.1 래치
   - 2.2 clock 입력을 갖는 NAND형 레벨 트리거 R-S 플립플롭
   - 2.3 레벨 트리거 D 플립플롭
   - 2.4 에지 트리거 D 플립플롭
   - 2.5 레벨 트리거 JK 플립플롭
   - 2.6 에지 트리거 JK 플립플롭
   - 2.7 에지 트리거 T 플립플롭
3. 요약문제
4. 실험 기기 및 부품
5. 실험절차

1. 실험 목적

objective

(1) RS Latch의 동작을 이해한다.
(2) RS 플립플롭의 동작을 이해한다.
(3) JK 플립플롭의 동작을 이해한다.
(4) T 플립플롭의 동작을 이해한다.
(5) 주파수 분주기의 동작을 이해한다.

2. 기본 이론

지금까지는 그 출력이 전적으로 입력들의 현재 상태에 의해 결정되어지는 조합논리회로를 살펴보았다. 그러나, 실제적으로 대부분의 디지털 시스템은 이진 정보를 저장할 수 있는 저장 소자를 포함하고 있다. 여기서, 저장 소자는 플립플롭으로 구성되고, 각각의 플립플롭은 클럭에 의해 트리거된다. 그림 1은 순서논리회로의 블록 다이어그램을 보여주고 있다. 순서논리회로의 출력은 입력과 저장 소자의 현재 상태에 의해 결정된다. 순서논리회로의 종류는 타이밍을 결정하는 공급 클럭의 연결방식에 따라 비동기식과 동기식로 구분한다. 이 부분에 대하여서는 실험 14장과 15장에서 다루도록 한다. 순서논리회로의 예로는 래치, 플립플롭, 카운터, 레지스트, 멀티바이브레이터 등이 있다.

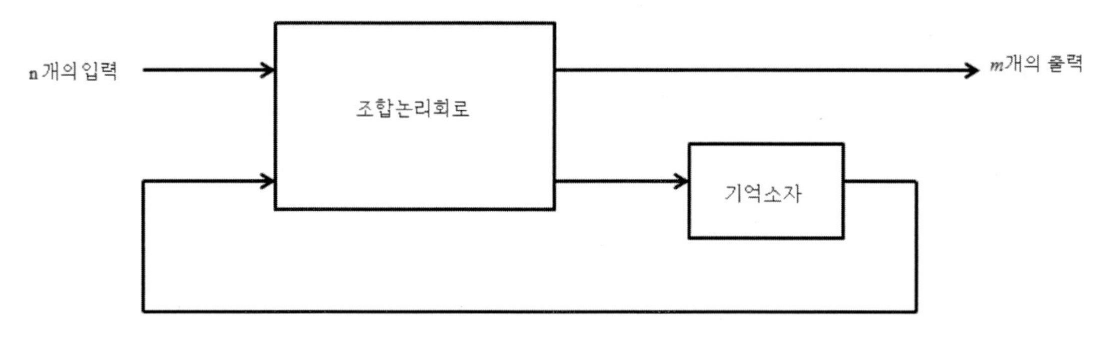

그림 1 순서논리회로의 블록 다이어그램

2.1 래치

래치는 가장 기본적인 저장소자로, 신호레벨에 의해 동작한다.

(1) R-S Latch(NOR 게이트 사용)

그림 2는 2개의 NOR 게이트를 사용한 R-S Latch를 보여준다. 입력은 2개의 입력, R과 S이다. 출력 Q가 $Q=1$, $\overline{Q}=0$인 상태를 set 상태라고 말하고, 반대로 $Q=0$,$\overline{Q}=1$인 상태를 reset 상태라고 한다. 보통 Q와 $\overline{Q}$는 서로 보수관계이다. 그러나, Q와 $\overline{Q}$가 동시에 0이 되는 조건이 발생한다. 이러한 상태를 금지 혹은 부정 상태라고 말한다. 그림 2의 피드백회로로부터 관찰해보면 $S=0$ $R=0$일 경우에는 출력 Q의 상태 변화가 일어나지 않는다. $S=0$ $R=1$일 경우에는 출력의 상태는 0 (reset) 상태가 되고, $S=1$ $R=0$일 경우에는 출력의 상태는 1 (set) 상태가 된다. 반면에, $S=1$ $R=1$일 경우에는 $Q(t)=\overline{Q(t)}=0$이 되므로 논리적으로 타당하지 못하다. 표 1은 NOR 게이트를 사용한 R-S Latch의 진리표를 나타내고 있다.

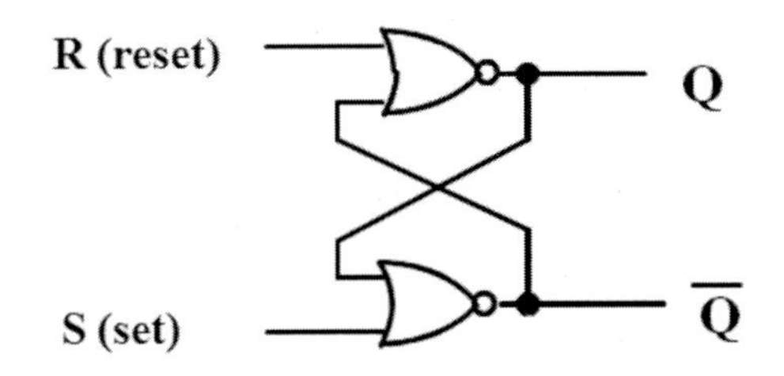

그림 2 R–S Latch(NOR 게이트 사용)회로

NOR 게이트를 사용한 R-S Latch의 동작은 다음과 같이 요약된다 :

① $R=0$ $S=0$입력 : 출력의 상태에는 변화가 없다.

② $R=0$ $S=1$입력 : 출력의 상태는 1 (set) 상태

③ $R=1$ $S=0$입력 : 출력의 상태는 0 (reset) 상태

④ $R=1$ $S=1$입력 : 출력의 상태는 $Q(t)=\overline{Q(t)}=0$; 부정 (undefined) 상태가 된다.

표 1 R–S Latch(NOR 게이트 사용)의 특성표

S	R	$Q(t+1)$	출력 상태
0	0	$Q(t)$	불변
0	1	0	리셋
1	0	1	셋
1	1	$Q(t+1)=\overline{Q(t+1)}=0$	부정

그림 3과 그림 4는 각각 NOR 게이트를 사용한 R-S Latch와 시뮬레이션 결과이다.

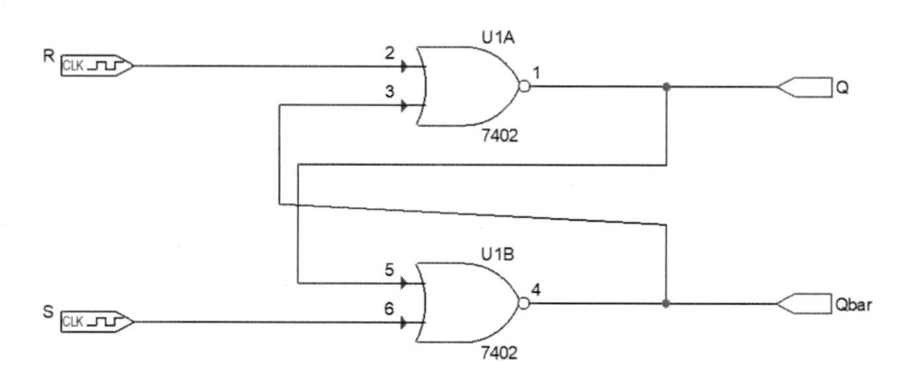

그림 3 R–S Latch(NOR 게이트사용) 회로

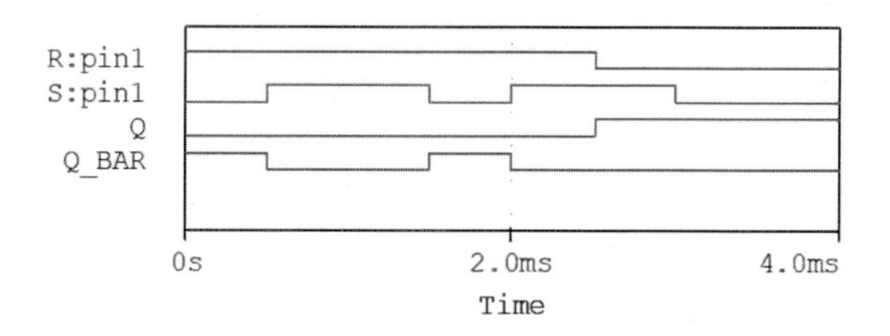

그림 4 R–S Latch(NOR 게이트 사용) 시뮬레이션 결과

그림 4의 모의실험 결과로부터 시간에 따른 출력의 상태 변화를 살펴보면,

0s : $S=0$ $R=1$ 입력 : 출력의 상태는 0, 2ms 근방 : $S=1$ $R=1$ 입력 : 출력의 상태는 $Q(t)=\overline{Q(t)}=0$(부정), $S=1$ $R=0$ 입력 : 출력의 상태는 1등 표 1 R-S Latch(NOR 게이트 사용)의 특성표 대로 동작함을 확인할 수 있다.

(2) R-S Latch(NAND 게이트 사용)

그림 5는 2개의 NAND 게이트를 사용한 R-S Latch를 보여준다. NOR 게이트를 사용한 R-S Latch와 마찬가지로 입력은 2개의 입력, R과 S이고, 출력 Q가 $Q=1$, $\overline{Q}=0$인 상태를 set 상태라고 말하고, 반대로 $Q=0$, $\overline{Q}=1$인 상태를 reset 상태라고 한다. 보통 Q와 $\overline{Q}$는 서로 보수관계이다. 그러나, Q와 $\overline{Q}$ 가 동시에 1이 되는 조건이 발생한다. 이러한 상태를 금지 혹은 부정 상태라고 말한다. 그림 5의 피드백회로로부터 관찰해보면 $S=0$ $R=0$일 경우에는 $Q(t)=\overline{Q(t)}=1$이 되므로 논리적으로 타당하지 못하다. $S=0$ $R=1$일 경우에는 출력의 상태는 0 (reset) 상태가 되고, $S=1$ $R=0$일 경우에는 출력의 상태는 1 (set) 상태가 된다. 반면에, $S=1$ $R=1$일 경우에는 출력 Q의 상태 변화가 일어나지 않는다. 표 2는 NAND 게이트를 사용한 R-S Latch의 진리표를 나타내고 있다.

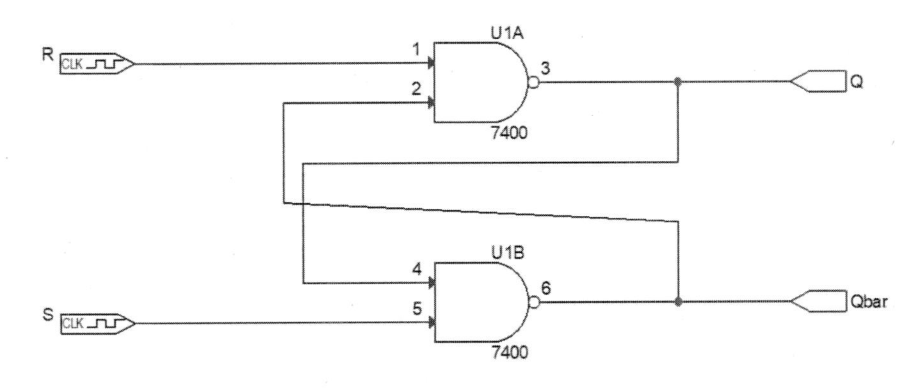

그림 5 R–S Latch(NAND 게이트 사용)회로

NAND 게이트를 사용한 R-S Latch의 동작은 다음과 같이 요약된다 :

① $R=0$ $S=0$입력 : 출력의 상태는 $Q(t)=\overline{Q(t)}=1$; 부정 (undefined) 상태가 된다.

② $R=0$ $S=1$입력 : 출력의 상태는 1 (set) 상태

③ $R=1$ $S=0$입력 : 출력의 상태는 0 (reset) 상태

④ $R=1$ $S=1$입력 : 출력의 상태에는 변화가 없다.

표 2 NAND 게이트를 사용한 R-S Latch의 특성표

R	S	$Q(t+1)$	출력 상태
0	0	$Q(t)=\overline{Q(t)}=1$	부정
1	0	0	리셋
0	1	1	셋
1	1	$Q(t)$	불변

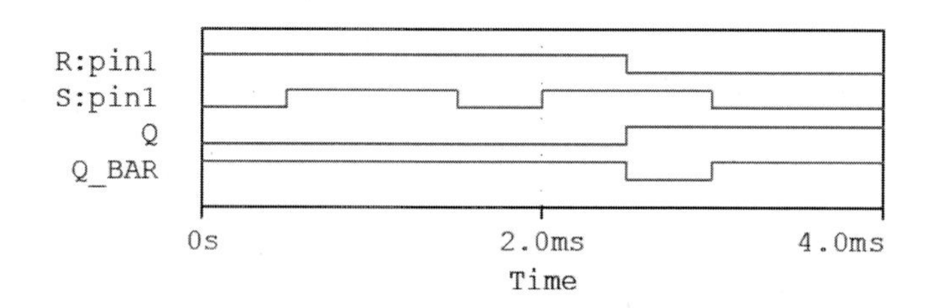

그림 6 NAND 게이트를 사용한 R-S Latch의 모의실험 결과

모의실험 결과로부터 시간에 따른 출력의 상태 변화를 살펴보면,

0s : $S=0$ $R=1$ 입력 : 출력의 상태는 0, $S=1$ $R=1$ 입력 : 출력의 상태는 불변, 3ms 근방 : $S=0$ $R=0$ 입력 : 출력의 상태는 $Q(t)=\overline{Q(t)}=1$(부정)등 표 2 NAND 게이트를 사용한 R-S Latch의 특성표 대로 동작함을 확인할 수 있다.

2.2 clock 입력을 갖는 NAND형 레벨 트리거 R-S 플립플롭

R-S 플립플롭은 그림에 보인 대로 R-S 래치에 클럭을 공급한 것으로, 클럭이 HI(1)인 동안 R,S 입력에 따라서 출력의 상태가 결정되는 것이다. 표 3은 R-S 플립플롭의 특성표이며, R-S 플립플롭의 동작은 다음과 같다 :

C=1인 동안

① S=0, R=0 입력 : 출력의 상태에는 변화가 없다.

② S=0, R=1 입력 : 출력의 상태는 0 (reset) 상태

③ S=1, R=0 입력 : 출력의 상태는 1 (set) 상태

④ S=1, R=1 입력 : 출력의 상태는 $Q(t) = \overline{Q(t)}$; 논리적으로 타당한 결과가 되지 못하므로 부정 (undefined) 상태가 된다.

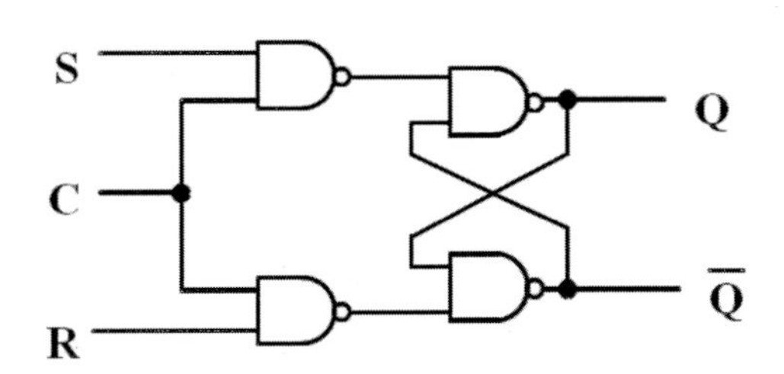

그림 7 NAND형 레벨 트리거 R–S 플립플롭

표 3 R–S 플립플롭의 특성표

C	S	R	$Q(t+1)$	출력 상태
0	x	x	$Q(t)$	불변
1	0	0	$Q(t)$	불변
1	0	1	0	리셋
1	1	0	1	셋
1	1	1	$Q(t+1) = \overline{Q(t+1)} = 1$	부정

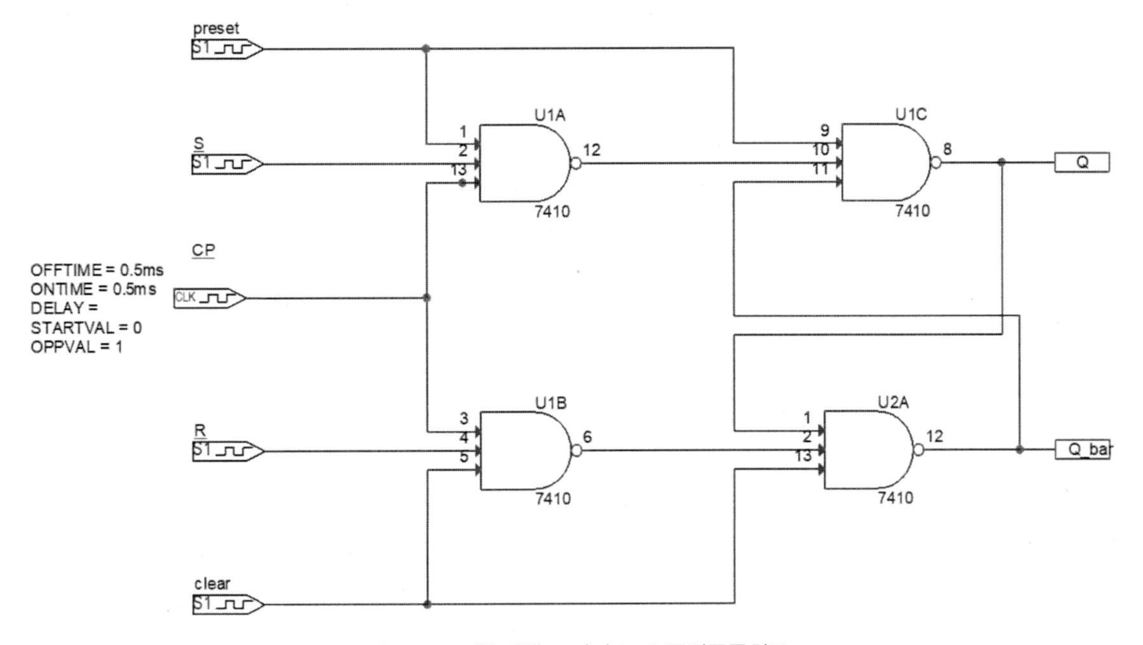

그림 8 NAND형 레벨 트리거 R–S 플립플롭회로

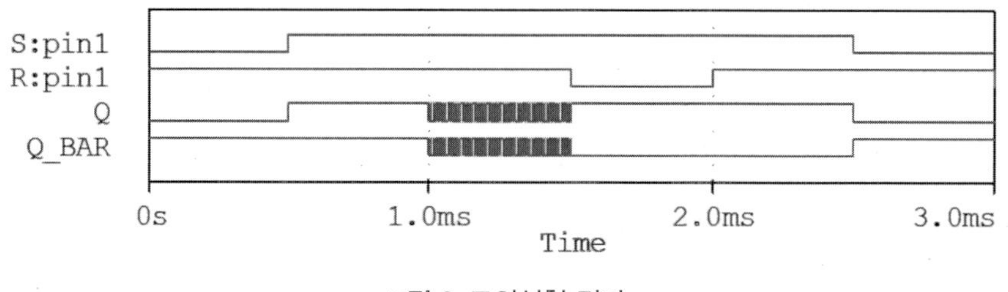

그림 9 모의실험 결과

모의실험 결과로부터 시간에 따른 출력의 상태 변화를 살펴보면, $clear = 0$으로 출력을 0 으로 초기화하고 $0.1\mu s$ 지난 후에 플립플롭 동작을 위해 $clear = 1$로 전환했다.

① $0.5ms$: $CP = 1$, $S = 1$ $R = 1$ 입력 : 출력의 상태는 $Q(t+1) = \overline{Q(t+1)} = 1$ 부정

② $1 - 1.5ms$: $CP = 0$, 출력의 상태는 불변이지만 직전 구간 부정 상태로 인한 불안정

③ $1.5 - 2ms$: $CP = 1$, $S = 1$ $R = 0$ 입력 : 출력의 상태는 1 (set) 상태

④ $2 - 2.5ms$: $CP = 0$, 출력의 상태는 불변

⑤ $2.5 - 3ms$: $CP = 1$, $S = 0$ $R = 1$ 입력 : 출력의 상태는 0 (reset) 상태

이상 표 3 R-S 플립플롭의 특성표 대로 동작함을 확인할 수 있다.

2.3 레벨 트리거 D 플립플롭

D 플립플롭은 레벨 트리거 RS 플립플롭의 단점인 부정 상태(S=1, R=1)가 나오는 경우를 회로적으로 사전에 차단하는 것으로, S=1, R=1 입력상태를 제거시키는 RS 플립플롭의 변형회로이다. D는 데이터 입력을 의미하며, 클럭이 HI(1)인 동안 출력은 $Q(t+1) = D$가 되어 입력데이터를 출력한다. 반면에 클럭이 LOW(0)인 동안 출력의 상태는 $Q(t+1) = Q(t)$가 되어 변하지 않는다.

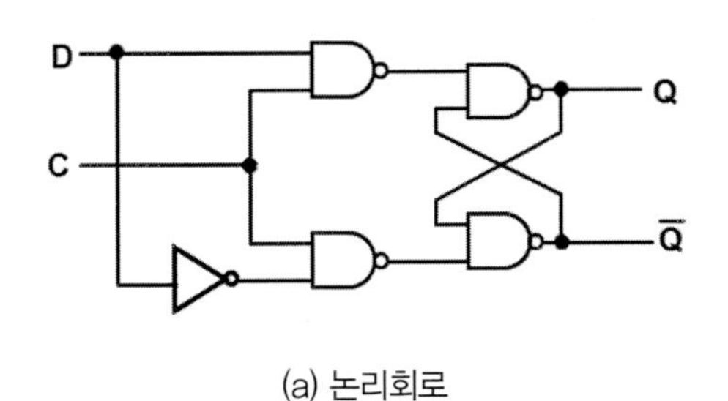

(a) 논리회로

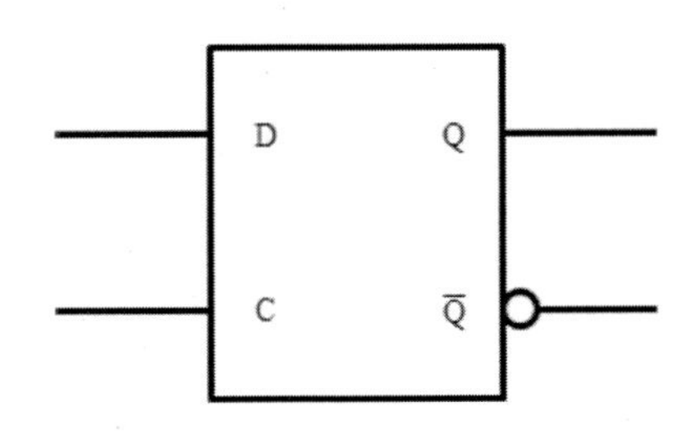

(b) 논리기호

C	D	$Q(t+1)$	출력 상태
0	x	$Q(t)$	불변
1	0	0	$Q(t+1)=D$
1	1	1	$Q(t+1)=D$

(c) 특성표

그림 10 레벨 트리거 D 플립플롭

레벨 트리거 D 플립플롭회로의 동작은 다음과 같다 :

① Clock=0 경우

D(Data) 입력에 상관없이 출력의 상태에는 변화가 없다.

② Clock=1 경우

- D=0 입력 : 출력의 상태는 0 (reset) 상태
- D=1 입력 : 출력의 상태는 1 (set) 상태

그림 11과 그림 12는 NOT 게이트와 NAND 게이트로 구성한 D 플립플롭회로와 시뮬레이션 결과를 나타낸다.

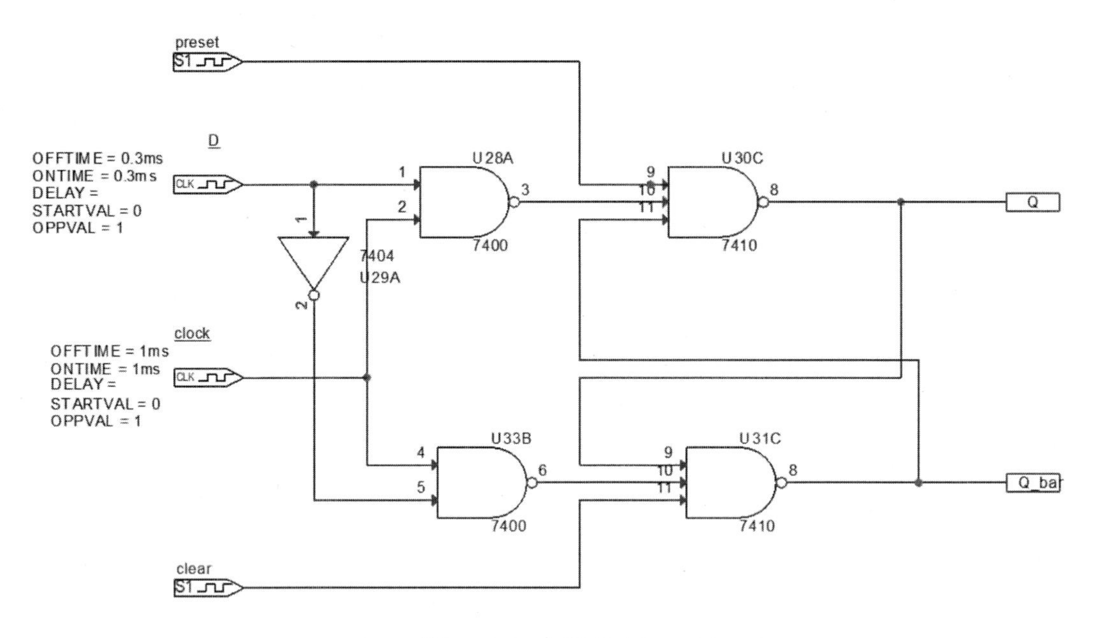

그림 11 레벨 트리거 D 플립플롭회로 그림 교체

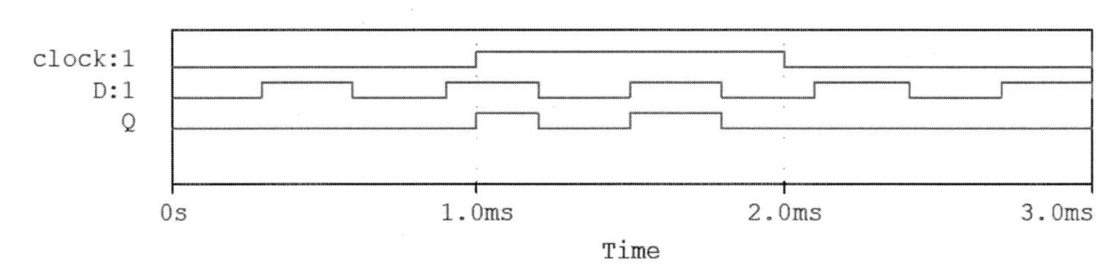

그림 12 모의실험 결과 그림 교체

모의실험 결과로부터 클럭이 HI(1)인 동안 현재 데이터가 출력으로 전달되고, 클럭이 LOW(0)인 동안 출력의 상태는 변하지 않는다. D 플립플롭에서는 RS 플립플롭의 단점인 부정 상태가 발생하지 않는다.

2.4 에지 트리거 D 플립플롭

에지 트리거 D 플립플롭은 레벨 트리거 D 플립플롭의 클럭펄스에 펄스 천이 검출기를 추가하여 구성할 수 있다. 펄스 천이 검출기는 클럭 펄스로부터 상승 또는 하강 에지를 추출하는 기능을 한다. 에지 트리거 D 플립플롭은 클럭 펄스의 상승 에지 또는 하강 에지, 즉 클럭 천이 순간 입력의 값에 따라 출력의 상태가 결정된다.

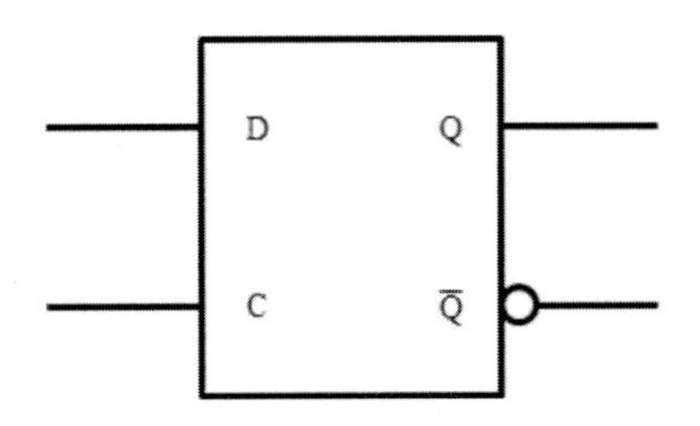

(b) 논리기호

C	D	$Q(t+1)$	출력상태
0	x	$Q(t)$	불변
↑	0	0	$Q(t+1)=D$
↑	1	1	$Q(t+1)=D$

(c) 특성표

그림 13 상승 에지 트리거 D 플립플롭

그림 14와 그림 15는 7474IC를 사용한 D F/F과 시뮬레이션 결과를 각각 나타낸다.

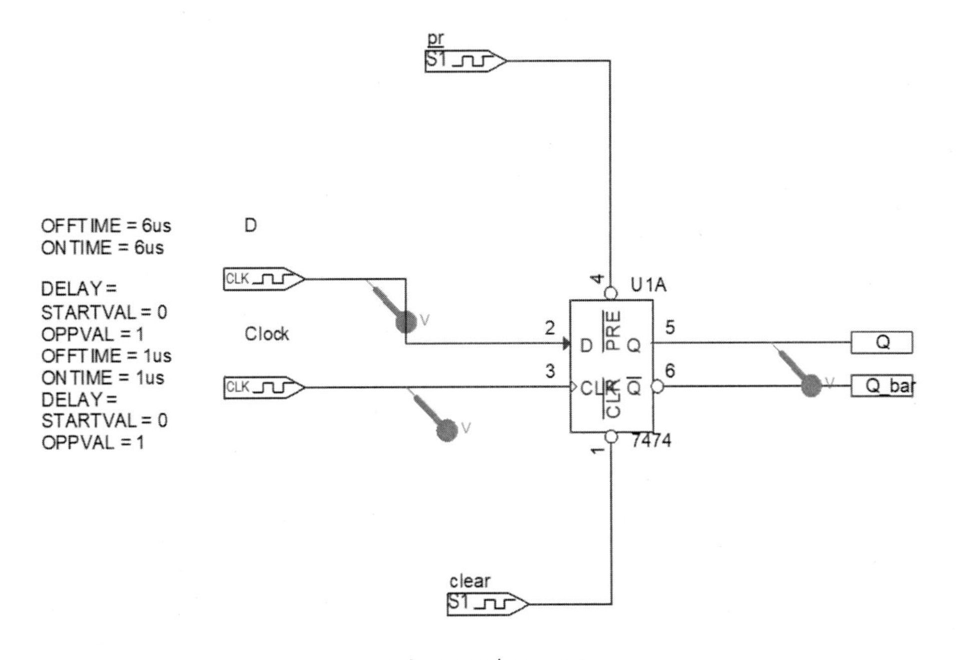

그림 14 D F/F 7474IC

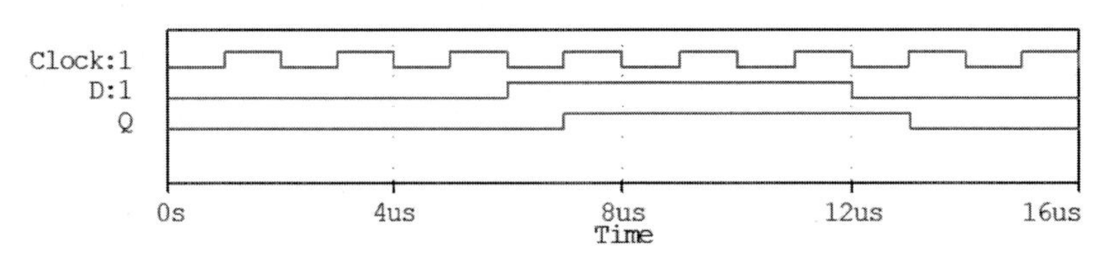

그림 15 시뮬레이션 결과

2.5 레벨 트리거 JK 플립플롭

레벨 트리거 JK 플립플롭의 구조는 레벨 트리거 RS 플립플롭의 출력 Q와 $\overline{Q}$를 입력으로 궤환시킨 형태로써 그림과 같다. 레벨 트리거 JK 플립플롭의 특성표는 표 4와 같다.

표 4 레벨 트리거 JK 플립플롭의 특성표

J	K	CLK	$Q(t+1)$	출력 상태
0	0	1	$Q(t)$	불변
0	1	1	0	리셋
1	0	1	1	셋
1	1	1	$\overline{Q(t)}$	반전

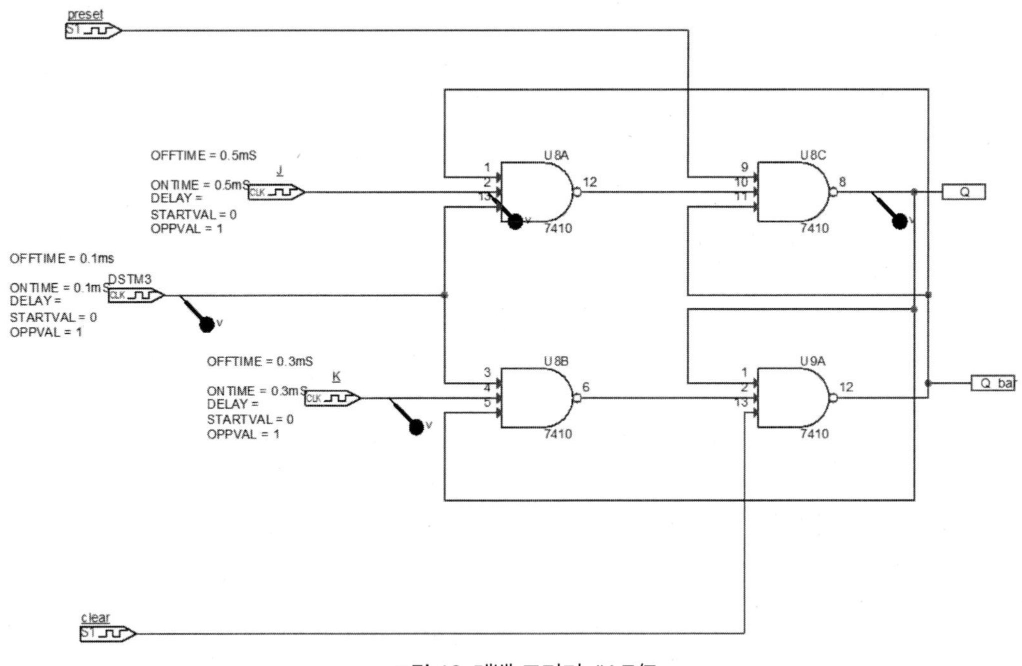

그림 16 레벨 트리거 JK F/F

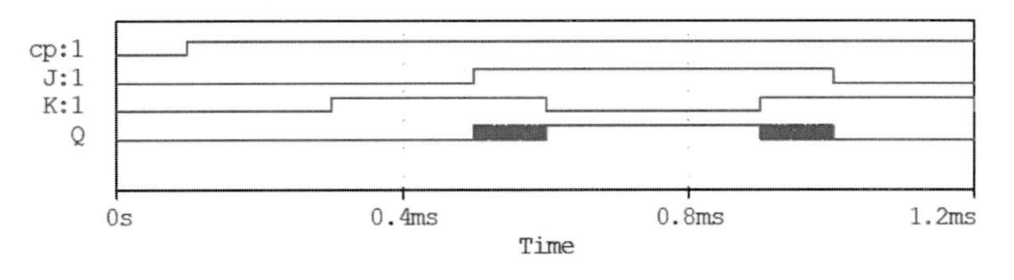

그림 17 시뮬레이션 결과

레벨 트리거 JK F/F의 문제점은 J=K=1인 경우 클럭이 1인 동안 반전(toggle)이 되풀이 되는 레이스(race) 현상이 발생한다는 사실이다.

2.6 에지 트리거 JK 플립플롭

에지 트리거 JK 플립플롭은 레벨 트리거 JK 플립플롭의 클럭펄스에 펄스 천이 검출기를 추가하여 구성할 수 있으며 레벨 트리거 JK F/F의 문제점인 race를 방지할 수 있다. 또한 레벨 트리거 JK 플립플롭을 2단 연결하여 주종형 JK 플립플롭을 구성하면 부에지 트리거 JK 플립플롭를 만들 수 있다. 주종형 JK 플립플롭은 그림과 같다.

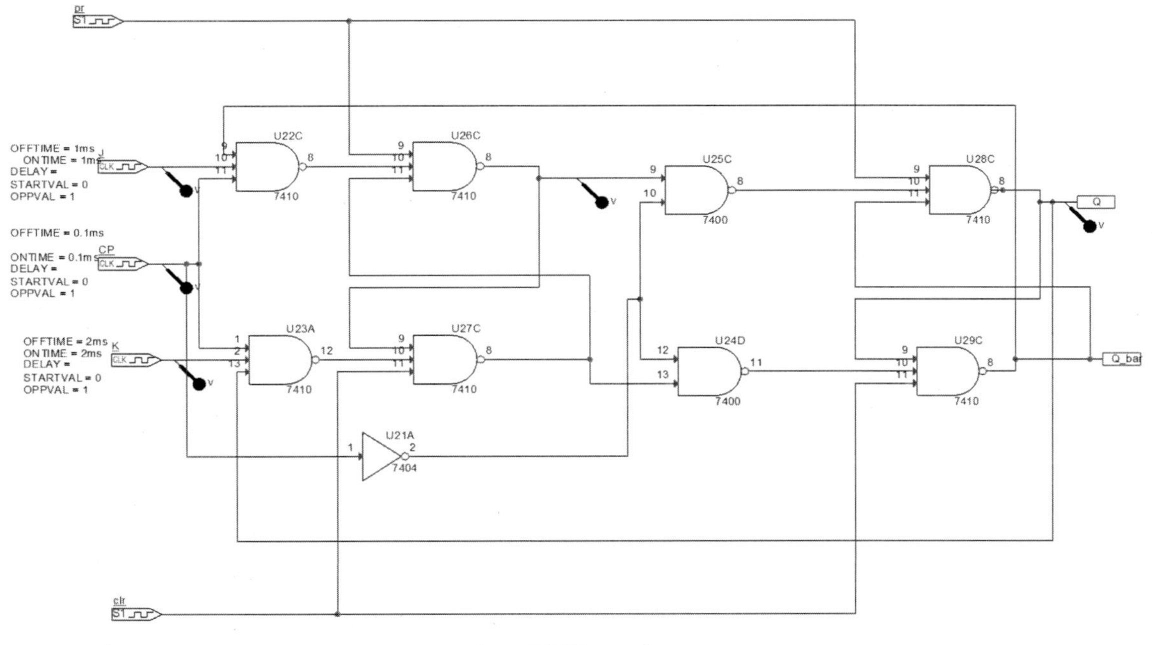

그림 18 주종형 JK F/F

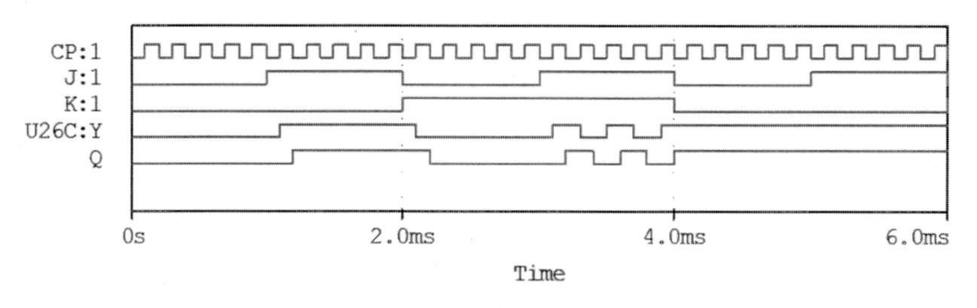

그림 19 시뮬레이션 결과

master 플립플롭은 cp=1 동안 J/K 입력값에 따라 동작한다. 1ms 지나면서 cp=1이 되는 동시에 출력 Y가 셋되고 2ms 지나면서 리셋되고 3ms 지나면서 토글되고 계속 유지한다. slave 플립플롭은 cp=0 동안 $S(Y')/R(\overline{Y})$ 값에 따라 동작한다. cp=0인 동안 $S(Y')=1$ 일 때 출력 Q가 셋되고 $S(Y')=0$일 때 출력 Q가 리셋된다. 주종 플립플롭의 동작은 cp의 하강 에지에서 최종 출력(slave출력)이 상태 변화가 결정되므로 하강 에지 트리거 플립플롭이다. J=K=1인 경우 클럭펄스(cp)의 하강 에지에서 slave 출력이 반전(toggle)이 일어나고 race 현상은 발생되지 않는다.

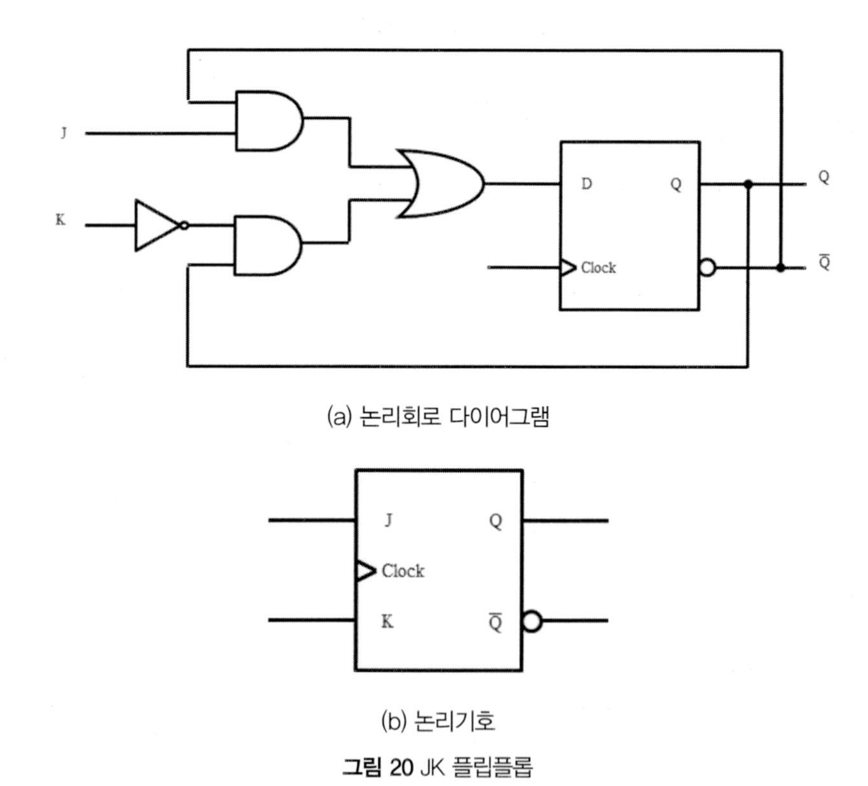

(a) 논리회로 다이어그램

(b) 논리기호

그림 20 JK 플립플롭

에지 트리거 JK 플립플롭의 회로는 에지 트리거 D 플립플롭과 외부 논리회로들로 역시 구성할 수 있으며 블록 다이어그램과 논리기호는 그림 20과 같다.

그림 20으로부터

$$D = J\overline{Q} + \overline{K}Q$$

가 성립함을 알 수 있다. $J=1$ $K=0$일 경우에는 $D=\overline{Q}+Q=1$이 되어 다음 클럭 에지에서 출력의 상태는 1 (set) 상태가 되며, $J=0$ $K=1$일 경우에는 $D=0$이 되어 다음 클럭 에지에서 출력의 상태는 0 (reset) 상태가 되고, $J=0$ $K=0$일 경우에는 $D=Q$가 되어 클럭 에지에서 출력 Q의 상태 변화가 일어나지 않는다. 반면에, $J=1$ $K=1$일 경우에는 $D=\overline{Q}$가 되며 상태반전(toggling)이 일어난다. JK 플립플롭의 특성표는 표 5와 같다.

표 5 에지 트리거 JK 플립플롭의 특성표

J	K	CLK	$Q(t+1)$	출력 상태
0	0	↓	$Q(t)$	불변
0	1	↓	0	리셋
1	0	↓	1	셋
1	1	↓	$\overline{Q(t)}$	반전

그림 21과 그림 22는 IC7476 부에지 트리거 JK F/F과 시뮬레이션 결과를 각각 나타낸다.

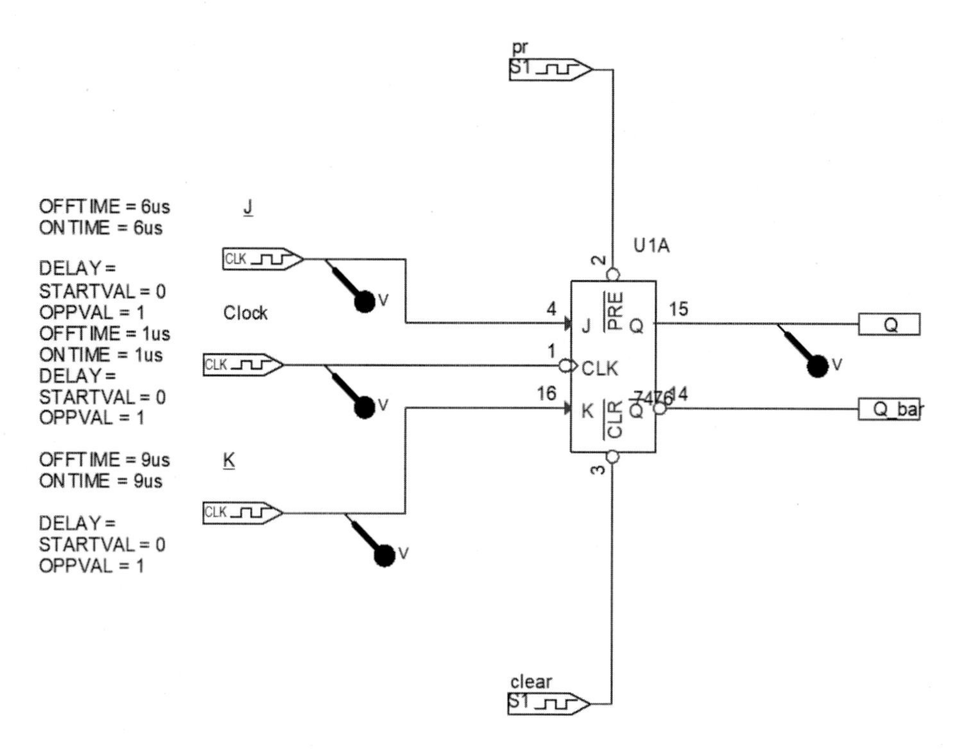

그림 21 7476 부에지 트리거 JK F/F

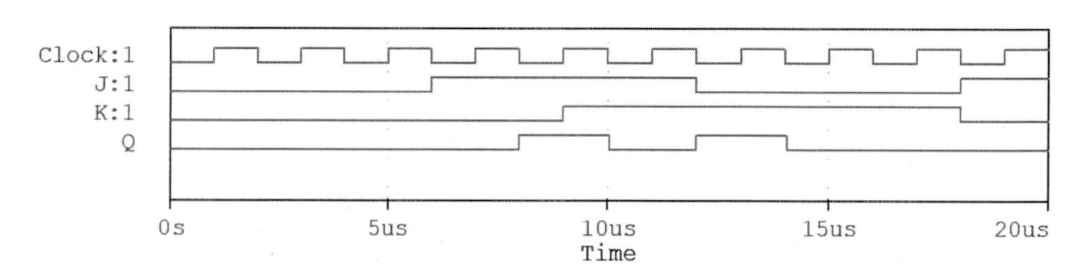

그림 22 시뮬레이션 결과

초기값 $Q=0$을 가정하고, 모의실험 결과로부터 클럭 하강 순간에 따른 출력의 상태 변화를 살펴보면 다음과 같다 :

① $8\mu s$ 근방 : $J=1 \quad K=0$ 입력 : 출력의 상태에는 1 (set)로 변화

② $10\mu s$ 근방 : $J=1 \ K=1$ 입력 : 출력의 상태는 토글

③ $12\mu s$ 근방 : $J=1 \ K=1$ 입력 : 출력의 상태는 토글

④ $14\mu s$ 근방 : $J=0 \ K=1$ 입력 : 출력의 상태는 0 (reset)으로 변화

2.7 에지 트리거 T 플립플롭

T 플립플롭은 그림 23과 같이 JK 플립플롭의 J와 K을 연결하여 $T=0$일 경우 $J=K=0$가 되어 다음 클럭 에지에서 출력의 상태가 변화하지 않으며, $T=1$일 경우 $J=K=1$가 되어 다음 클럭 에지에서 출력의 상태가 반전하는 플립플롭이다. 플립플롭의 특성표는 표 6과 같다.

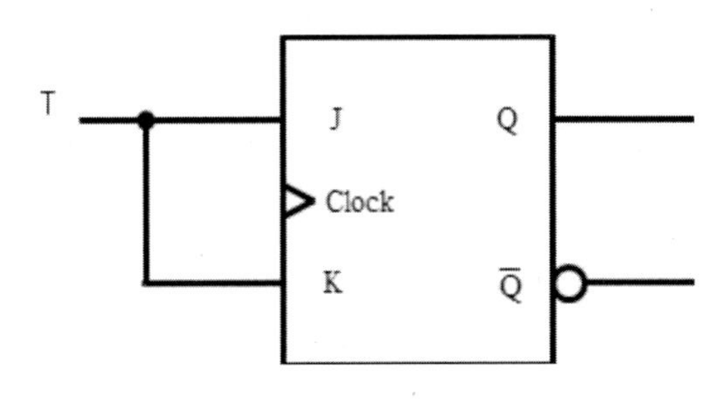

(a) 논리회로 다이어그램

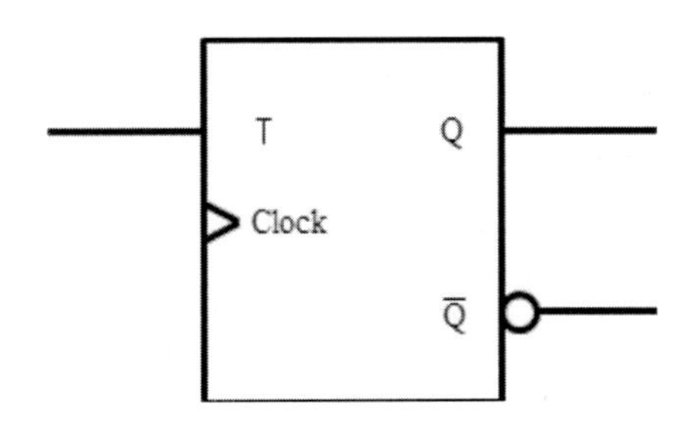

(b) 논리기호

C	T	$Q(t+1)$	next state
↑	0	$Q(t)$	무변화
↑	1	$\overline{Q(t)}$	반전

(c) 특성 표

그림 23 T 플립플롭

표 6 T 플립플롭의 $Q(t)$에 대한 특성표

T	$Q(t)$	CLK	$Q(t+1)$
0	0	↓	0
0	1	↓	1
1	0	↓	1
1	1	↓	0

그림 24와 그림 25는 IC7476를 사용한 T F/F과 시뮬레이션 결과를 각각 나타낸다. 그림 25로부터, $T=0$인 경우, T F/F의 출력은 출력 변화가 없이 이전 상태를 그대로 유지하고 있으며, 반면에, $T=1$인 경우, 클럭의 하강 에지에서 상태가 반전된다는 사실을 확인할 수 있다.

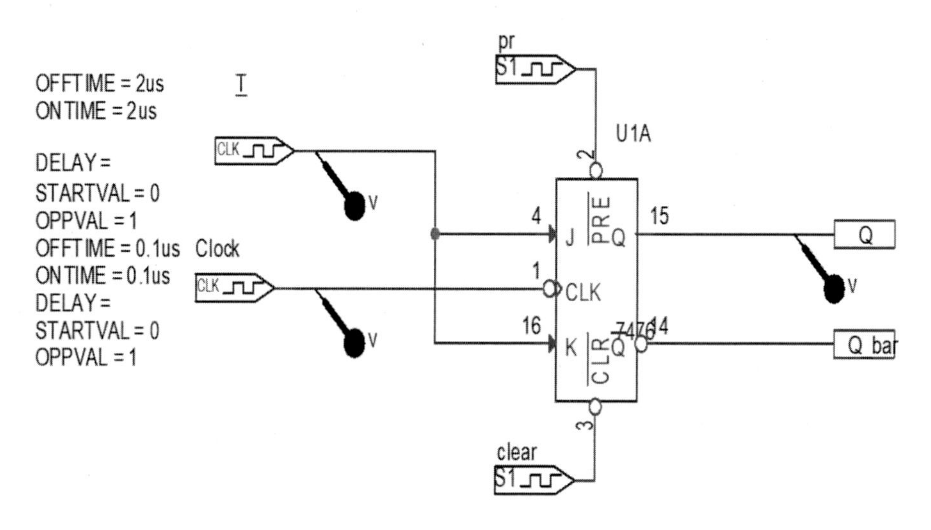

그림 24 T 플립플롭회로

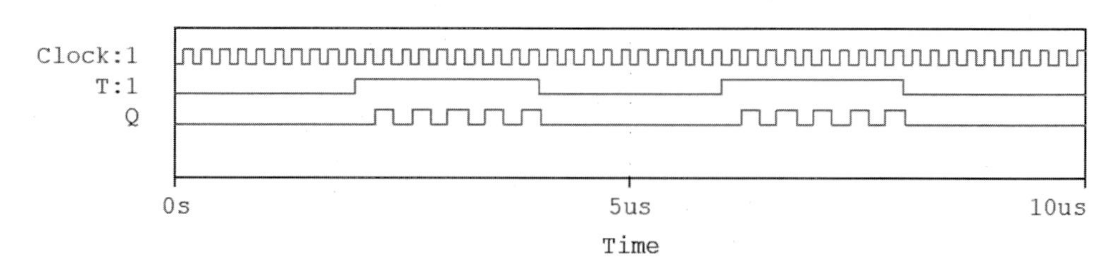

그림 25 T 플립플롭의 시뮬레이션 결과

만약 T F/F을 4개 사용하여 4단 직렬연결(cascading)하였다고 가정하면, $T=1$인 경우, 최종 출력은 클럭의 주파수에 비해 $1/16$로 줄어들 것임을 예측할 수 있다. 그림 26과 그림 27은 IC7476를 사용한 T F/F과 시뮬레이션 결과를 각각 나타낸다. T F/F의 출력 Q_n, $n=0,1,2,3$은 클럭의 주파수 1 [kHz]에 대하여 $\left(\frac{1}{2}\right)^n$인 500 [Hz], 250 [Hz],125 [Hz], 62.5 [Hz]로 각각 줄어들었음을 확인할 수 있다.

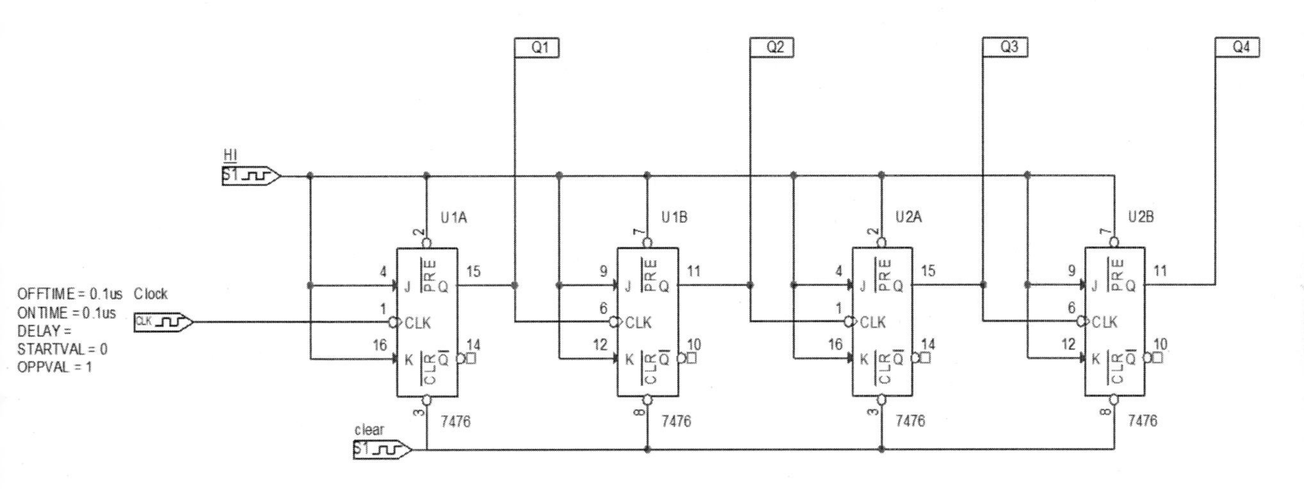

그림 26 주파수 분주회로

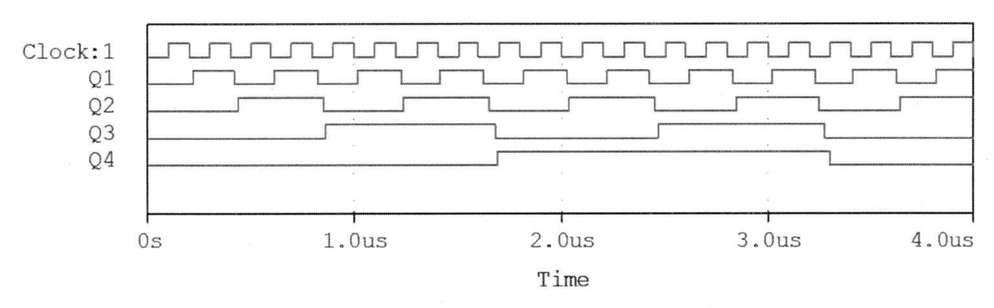

그림 27 주파수 분주회로의 시뮬레이션 결과

3. 요약문제

1. 플립플롭은 몇 개의 안정 상태를 갖는가? **2010년 4회 무선설비기사**

   ① 1 ② 2
   ④ 4 ④ ∞

2. 입력 주파수 512[kHz]를 T형 플립플롭 7개 종속접속한 회로에 연결했을 때 출력주파수는 얼마인가? **2011년 1회 무선설비기사**

   ① 256 [kHz] ② 8[kHz]
   ④ 4 [kHz] ④ 2[kHz]

4. 실험 기기 및 부품

(1) NAND 게이트 : IC 7400 1개

(2) NOR 게이트 : IC 7402 1개

(3) NOT 게이트 : IC 7404 1개

(3) D 플립플롭 : IC 7474 1개

(4) JK 플립플롭 : IC 7476 1개

(5) 저항 : 1kΩ 3개, 330Ω 3개, 20kΩ 1개, 30kΩ 1개

(6) 콘덴서 : 0.1μF 1개, 10μF 1개,

(7) 디지털 오실로스코우프 1대

(8) 직류 전원 공급기 1대

(9) 적색 LED 5개

5. 실험절차

(1) 그림 28의 R–S Latch(NAND 게이트 사용) 회로를 구성하라. 표 6의 특성표에서 2개의 입력 R, S에 대하여 LED 점멸 동작을 관찰하라. 출력 $Q, \overline{Q}$ 값을 오실로스코우프로 측정하고, 표 7에 기록하라. R–S Latch 동작을 확인하라.

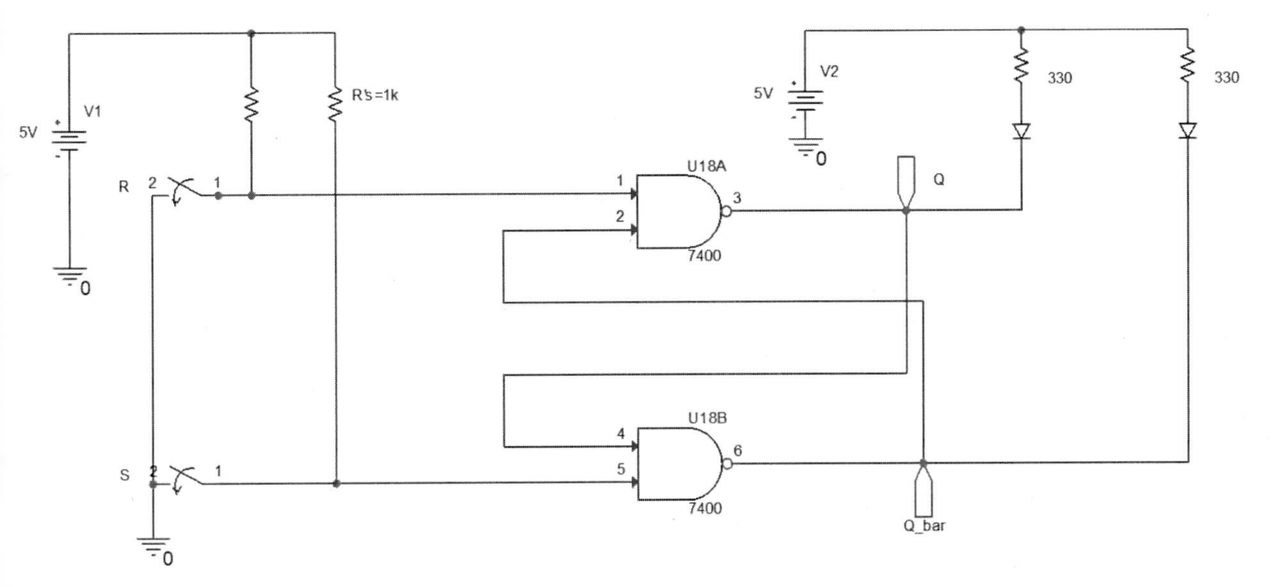

그림 28 R–S Latch(NAND 게이트 사용)

표 7 R–S Latch의 진리표

S	R	$Q(t+1)$	$\overline{Q(t+1)}$
0V	0V		
0V	5V		
5V	0V		
5V	5V		

(2) 그림 29의 R–S Latch(NOR 게이트 사용) 회로를 구성하라. 표 8의 특성표에서 2개의 입력 R, S에 대하여 LED 점멸 동작을 관찰하라. 출력 $Q, \overline{Q}$ 값을 오실로스코우프로 측정하고, 표 8에 기록하라. R–S Latch 동작을 확인하라.

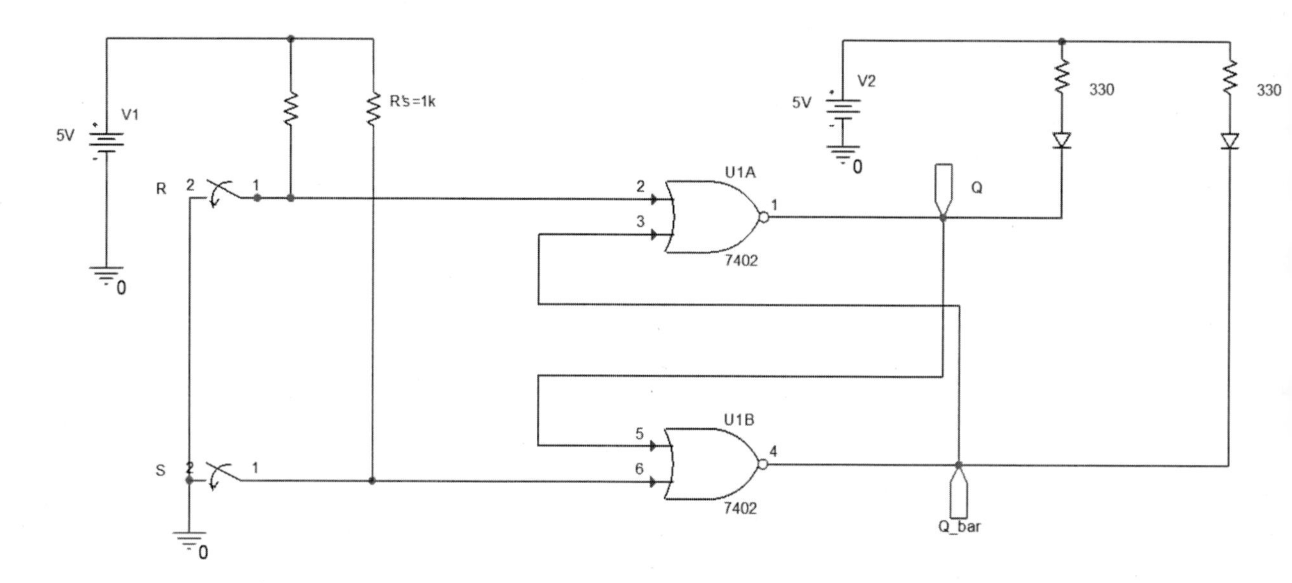

그림 29 R–S Latch(NOR 게이트 사용)

표 8 R–S Latch의 특성표

S	R	$Q(t+1)$	$\overline{Q(t+1)}$
0V	0V		
0V	5V		
5V	0V		
5V	5V		

(3) 그림 30의 NAND 게이트로 구성한 D 플립플롭회로를 구성하라. clock 공급원은 함수 발생기의 클럭 공급원 또는 그림 31의 555 timer 회로를 사용하라. 표 9의 진리표의 데이터 입력 D에 대하여 순차적인 clock 공급에 따라 LED 점멸 동작을 관찰하라. 출력 $Q, \overline{Q}$ 값을 오실로스코우프로 측정하고, 표 9에 기록하라. D 플립플롭 동작을 확인하라.

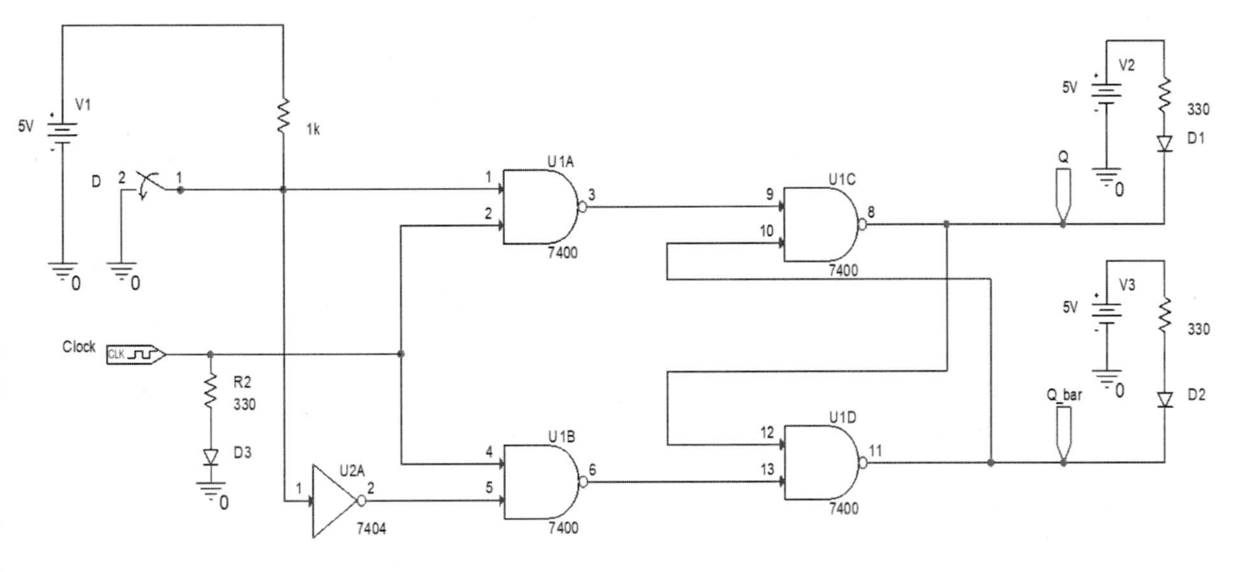

그림 30 NAND 게이트로 구성한 D 플립플롭회로

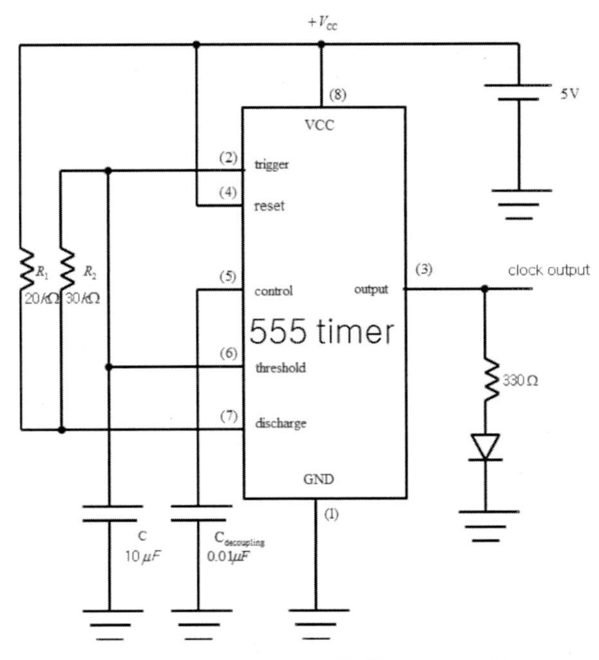

그림 31 555 timer 1.54 [Hz] clock 공급원

표 9 D 플립플롭회로의 특성표

Clock pulse	**D**	$Q(t+1)$	$\overline{Q(t+1)}$
$0V$	$0V$		
$0V$	$5V$		
↑	$0V$		
↑	$5V$		

(4) 그림 32의 IC7474로 구성한 D 플립플롭회로를 구성하라. clock 공급원은 함수 발생기의 클럭 공급원 또는 그림 31의 555 timer 회로를 사용하라. 5V 전원인가 후, clear SW를 ON시켜 출력을 0으로 초기화시킨 후 다시 clear SW를 OFF시켜라. 표 10의 진리표의 데이터 입력 D에 대하여 순차적인 clock 공급에 따라 LED 점멸 동작을 관찰하라. 출력 $Q, \overline{Q}$ 값을 오실로스코우프로 측정하고, 표 10에 기록하라. D 플립플롭 동작을 확인하라.

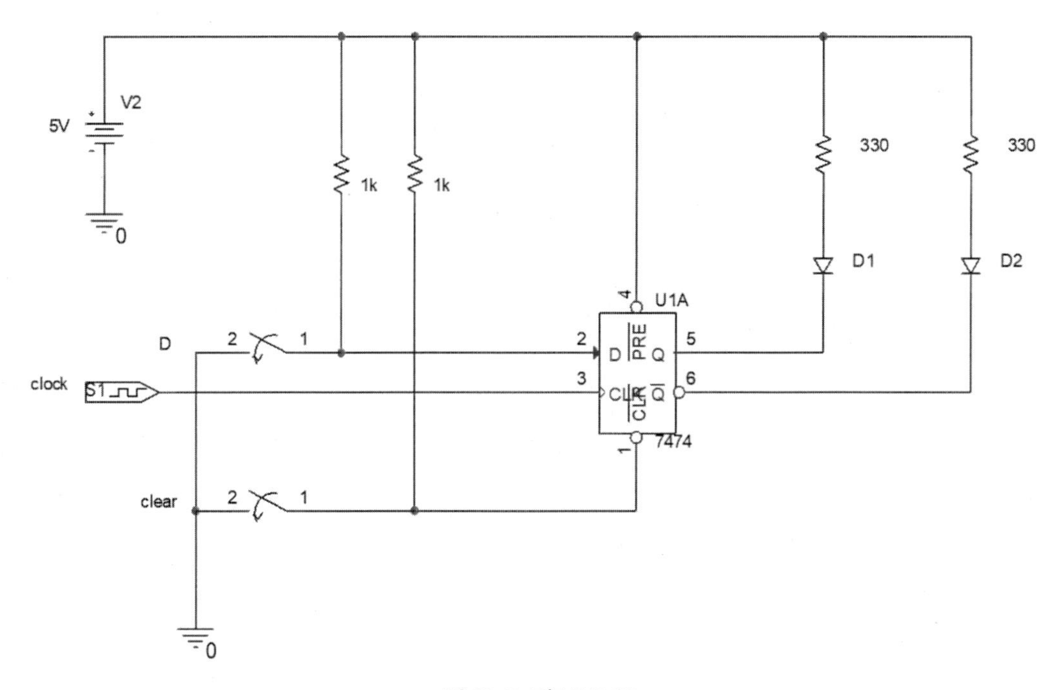

그림 32 D F/F 7474IC

표 10 D 플립플롭회로의 진리표

Clock pulse	D	$Q(t+1)$	$\overline{Q(t+1)}$
$0V$	$0V$		
$0V$	$5V$		
↑	$0V$		
↑	$5V$		

(4) 그림 33의 JK 플립플롭회로를 구성하라. clock 공급원은 함수 발생기의 클럭 공급원 또는 그림 31의 555 timer 회로를 사용하라. 5V 전원인가 후, clear SW를 ON시켜 출력을 0으로 초기화시킨 후 다시 clear SW를 OFF시켜라. 표 11의 JK 플립플롭의 $Q(t)$에 대한 특성표에서 입력 J, K에 대하여 순차적인 clock 공급에 따라 LED 점멸 동작을 관찰하라. 출력 $Q, \overline{Q}$ 값을 오실로스코우프로 측정하고, 표 11에 기록하라. JK 플립플롭 동작을 확인하라.

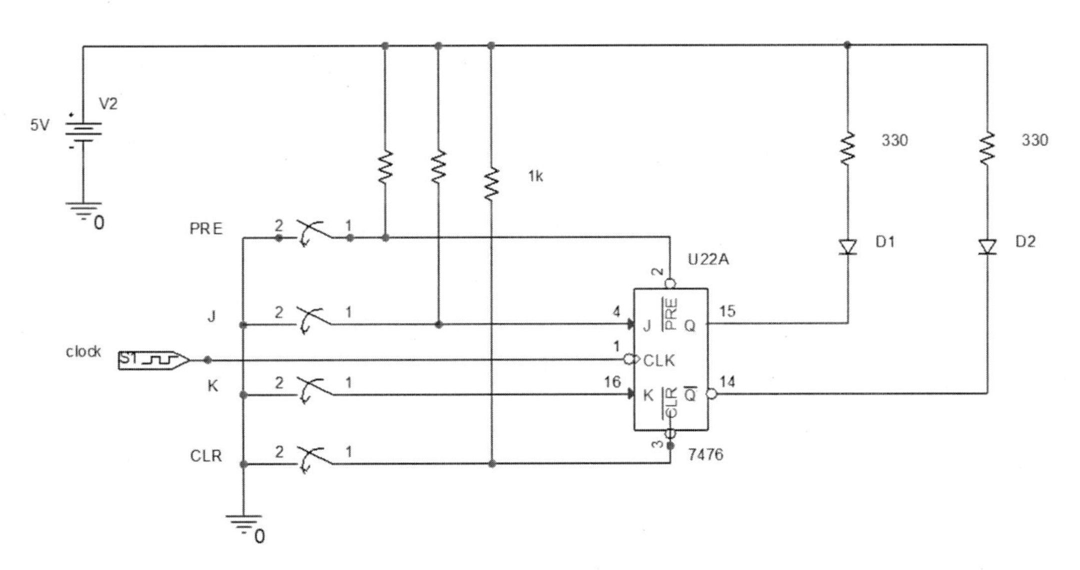

그림 33 JK 플립플롭회로

표 11 JK플립플롭의 $Q(t)$에 대한 특성표

PRE	CLR	J	K	CLK	$Q(t+1)$
0V	5V	0V	5V	x	
5V	0V	0V	5V	x	
5V	5V	5V	0V	↓	
5V	5V	0V	5V	↓	
5V	5V	0V	0V	↓	
5V	5V	5V	5V	↓	

(5) 그림 34의 T 플립플롭회로를 구성하라. clock 공급원은 함수 발생기의 클럭 공급원 또는 그림 31의 555 timer 회로를 사용하라. 5V 전원인가 후, clear SW를 ON시켜 출력을 0으로 초기화시킨 후 다시 clear SW를 OFF시켜라. 표 12의 T플립플롭의 $Q(t)$에 대한 특성표에서 입력 T에 대하여 순차적인 clock 공급에 따라 LED 점멸 동작을 관찰하라. 출력 Q, $\overline{Q}$ 값을 오실로스코우프로 측정하고, 표 12에 기록하라. T 플립플롭 동작을 확인하라.

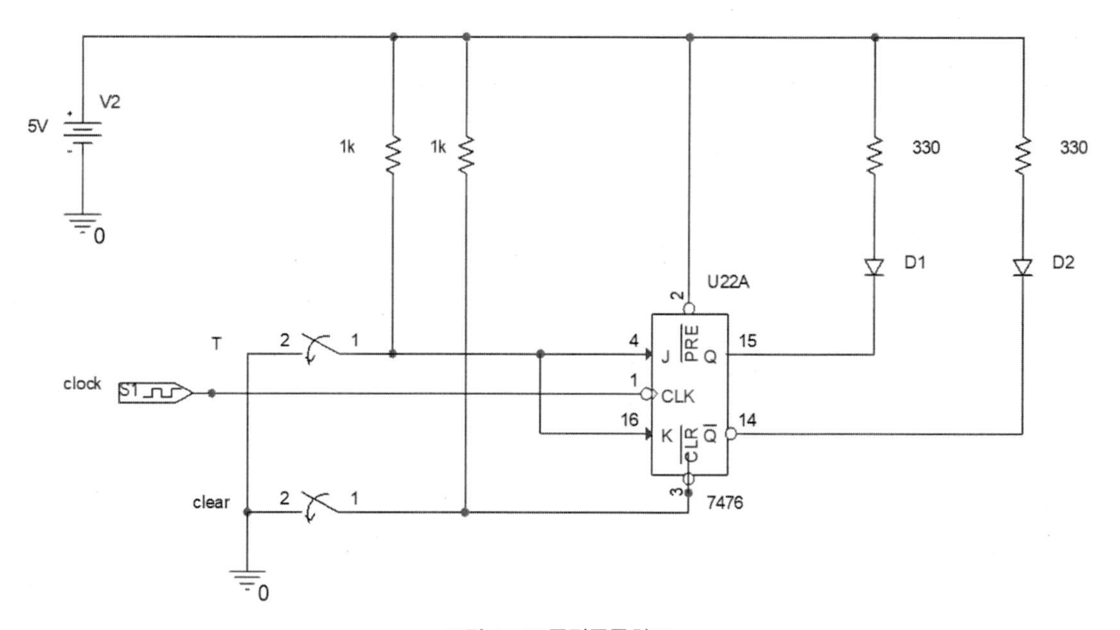

그림 34 T 플립플롭회로

표 12 T 플립플롭의 $Q(t)$에 대한 특성표

T	$Q(t)$	Clock pulse	$Q(t+1)$
0V	0V	↓	
0V	5V	↓	
5V	0V	↓	
5V	5V	↓	

(6) 그림 35의 4개의 T 플립플롭의 직렬 연결 회로를 구성하라. clock 공급원은 함수 발생기의 클럭 공급원 또는 그림 36의 729[Hz] 555 timer 회로를 사용하라. 5V 전원인가 후, clear SW를 ON시켜 출력을 0으로 초기화시킨 후 다시 clear SW를 OFF시켜라. 각각의 플립플롭 출력 Q_n, $\overline{Q_n}$ 값을 오실로스코우프로 측정하고, 그림 37에 파형을 그리고 주파수의 변화를 관찰하라. 주파수 분주기의 동작을 확인하라.

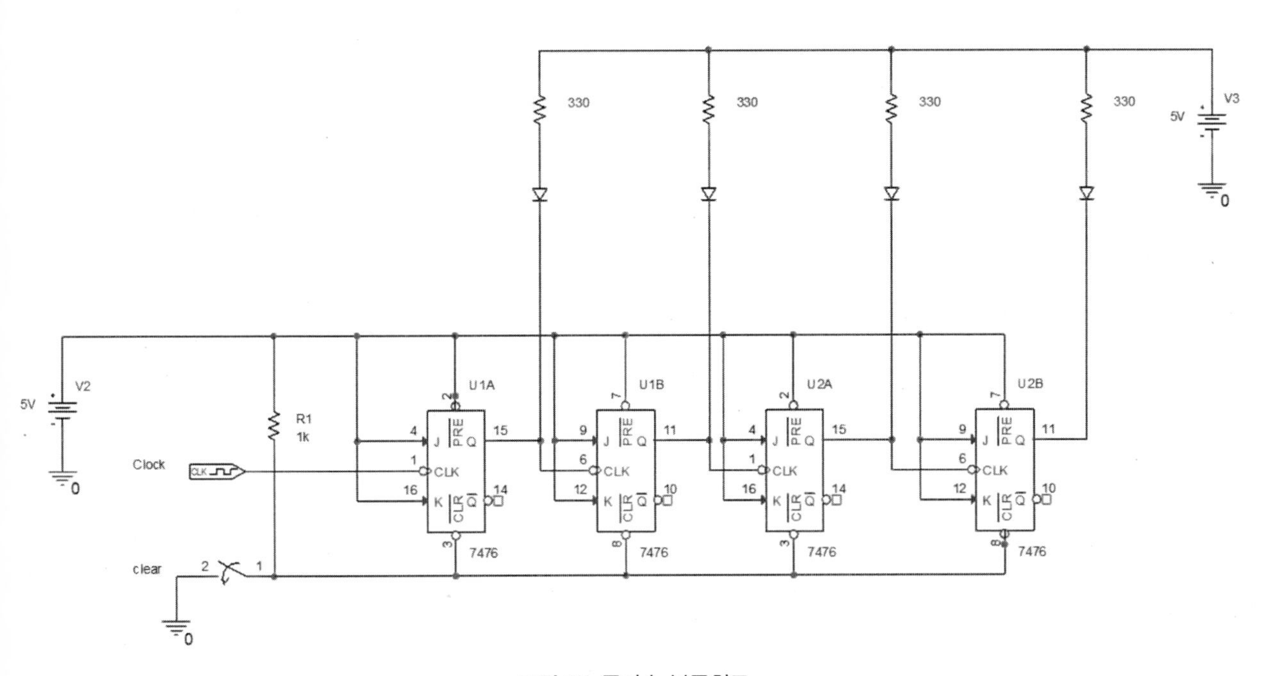

그림 35 주파수 분주회로

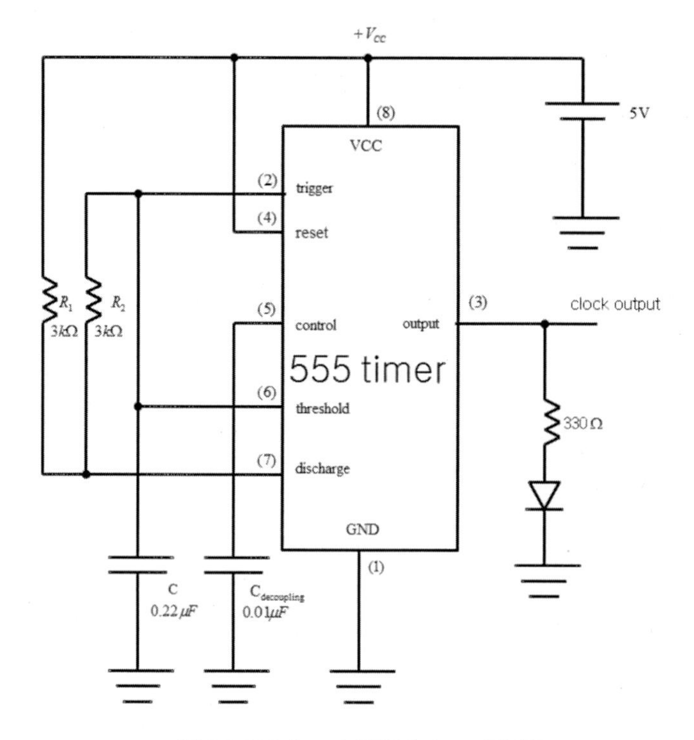

그림 36 555 timer 729[Hz] clock 공급원

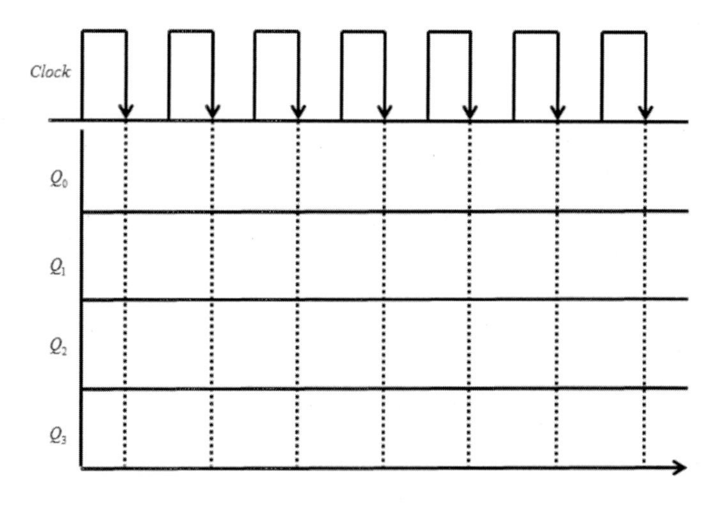

그림 37 주파수 분주기의 출력 파형

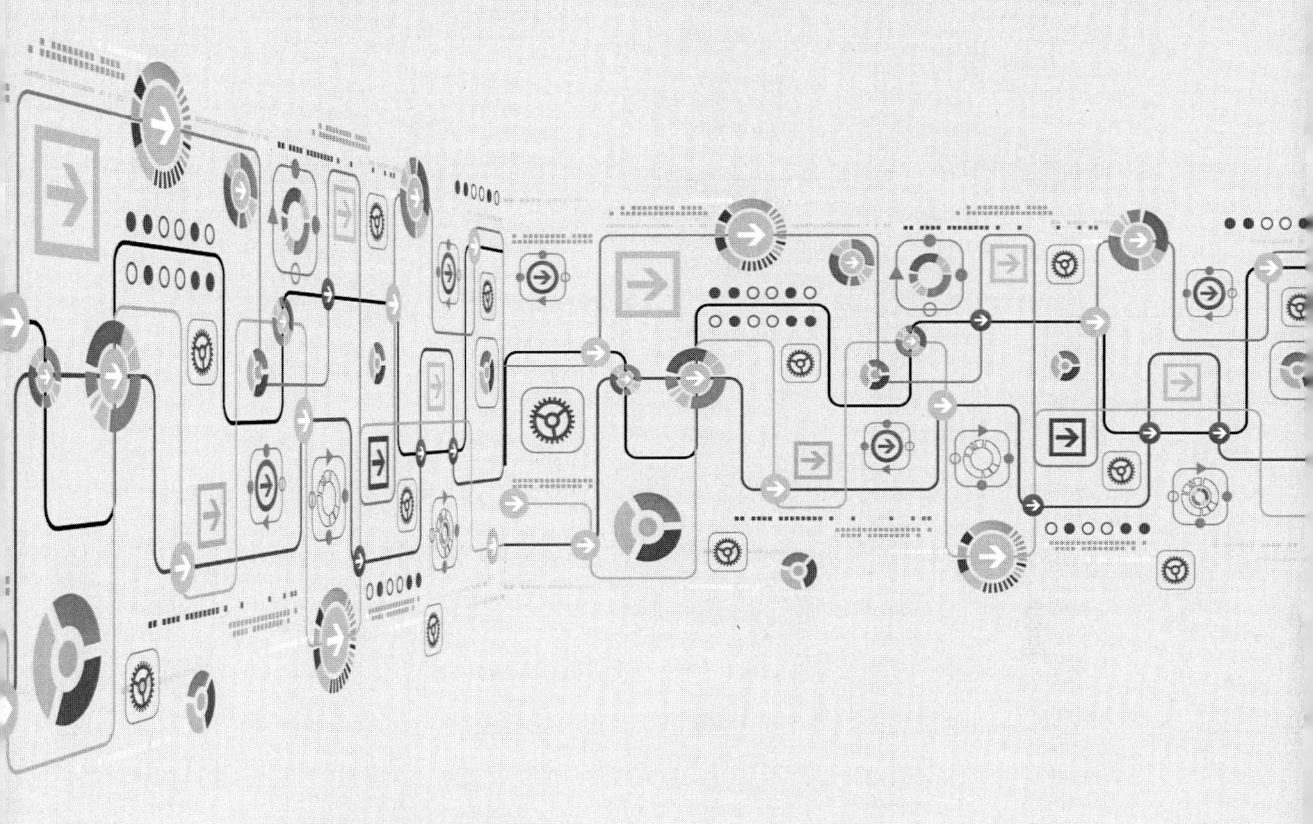

실험 13

비동기식 계수기

Asynchronous counter

1. 실험 목적
2. 기본 이론
   - 2.1 비동기 16진 계수기
   - 2.2 10진(BCD) 계수기
   - 2.3 IC 계수기 : 7490,7492,7493
3. 요약문제
4. 실험 기기 및 부품
5. 실험절차

1. 실험 목적

objective

(1) 비동기 16진 계수기의 동작을 이해한다.
(2) 비동기 BCD 계수기의 동작을 이해한다.
(3) IC7490,IC7492,IC7493 비동기 계수기의 동작을 이해한다.

2. 기본 이론

계수기는 입력 클럭 펄스의 인가에 따라 미리 정해진 상태 시퀀스를 돌아가는 레지스터를 지칭한다. 디지털 시계, 교통신호등 혹은 엘리베이터 등에서 널리 사용되고 있으며, clock과 동기방식에 따라 비동기 계수기와 동기계수기로 나눌 수 있다. 비동기 계수기는 1단의 플립플롭의 clock에만 clock 펄스가 입력되어 1단의 플립플롭 출력 Q_0가 2단 플립플롭의 clock에 clock 펄스로 인가된다. 동일한 방법으로 2단의 플립플롭 출력 Q_0가 3단 플립플롭의 clock에 clock 펄스로 인가된다. 비동기 계수기는 이처럼 물결모양과 같이 파급된다는 의미를 가지고 있어 리플 계수기라고도 부른다. 한편 비동기 계수기는 각 단을 거치면서 약간의 지연시간이 누적되는 단점을 가지므로 고속 계수기로는 부적합하다. 이와 반면에, 동기 계수기는 공통 clock 펄스에 의해 동시에 각 단의 플립플롭 출력이 동작되어 빠른 계수가 가능한 장점이 있으나 회로가 다소 복잡하다.

2.1 비동기 16진 계수기

16진 상향 계수기는 그림 1과 같이 0에서 시작하여 순차적으로 계수가 증가해 나가서 15까지 증가한 다음 0으로 환원(return)하는 동작을 수행한다. 표 1은 플립플롭 4개로 구성된 상향 16진 계수기의 상태표를 나타내며 clock의 하향 에지(falling edge)마다 4개의 출력 port $Q_3Q_2Q_1Q_0$의 결과가 0000에서 1111까지 순차적으로 하나씩 증가한다. Q_0는 최하위 비트(LSB, least significant bit)를 나타내고, Q_3는 최상위비트(MSB, most significant bit) 값에 해당한다.

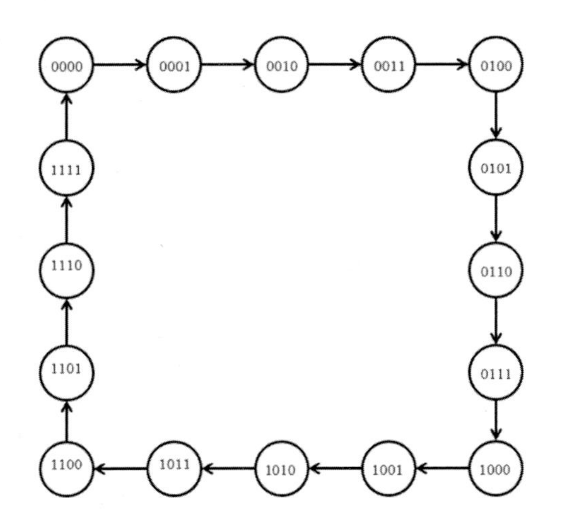

그림 1 16진 계수기의 상태 diagram

표 1 16진 계수기의 상태표

clock	Q_3	Q_2	Q_1	Q_0
↓	0	0	0	0
↓	0	0	0	1
↓	0	0	1	0
↓	0	0	1	1
↓	0	1	0	0
↓	0	1	0	1
↓	0	1	1	0
↓	0	1	1	1
↓	1	0	0	0
↓	1	0	0	1
↓	1	0	1	0
↓	1	0	1	1
↓	1	1	0	0
↓	1	1	0	1
↓	1	1	1	0
↓	1	1	1	1

그림 2는 4개의 JK 플립플롭을 사용한 비동기 16진 계수기의 회로를 나타내고 있다. 각 단의 JK 입력이 모두 $J=K=1$로 되어 각단의 출력 Q_i는 clock 하향 에지 순간 토글 동작한다. 1단의 플립플롭의 clock에 clock 펄스가 입력되어 1단의 플립플롭 출력 Q_0가 2단 플립플롭의 clock에 clock 펄스로 인가된다. 동일한 방법으로 전단의 플립플롭 출력 Q_{i-1}가 다음 단 플립플롭의 clock에 clock 펄스로 인가되고 다음 단 플립플롭출력 Q_i를 결정하게 된다.

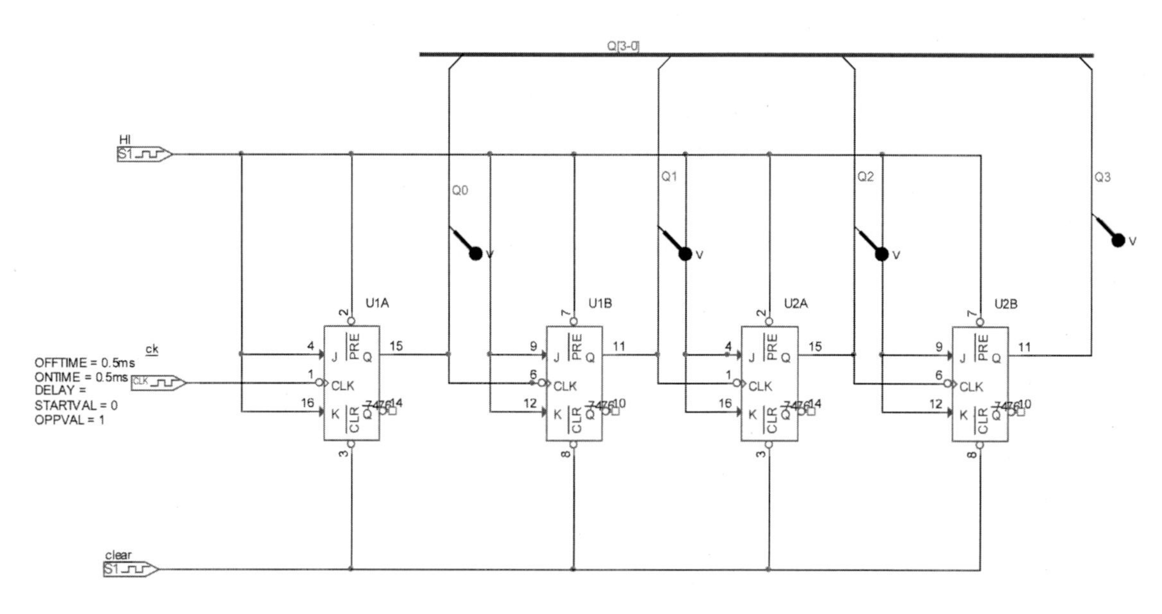

그림 2 비동기 16진 계수기

그림 3은 비동기 16진 계수기의 시뮬레이션 결과를 보여주고 있다. preset과 clear를 각각 1로 할 때, 정상적인 계수기 기능을 나타낼 수가 있으므로, preset는 HI 전원을 인가했고, clear에는 0.5ms부터 1로 인가하여 시뮬레이션을 수행하였다. 각 단의 플립플롭의 clock 펄스가 하향 에지 동작 순간 출력의 상태 변화(toggle)가 일어난다. clock의 하향 에지(falling edge)마다 $Q_3Q_2Q_1Q_0$의 출력값이 0000에서 시작하여 순차적으로 계수가 증가해 나가서 1111까지 증가한 다음 0000으로 환원(return)하는 동작을 반복적으로 수행한다. Q_0의 주파수는 clock의 주파수의 절반이며, 각 단을 거치면서 출력 Q_i의 주파수는 전단의 출력 Q_{i-1}의 주파수의 절반으로 각각 줄어들게 된다.

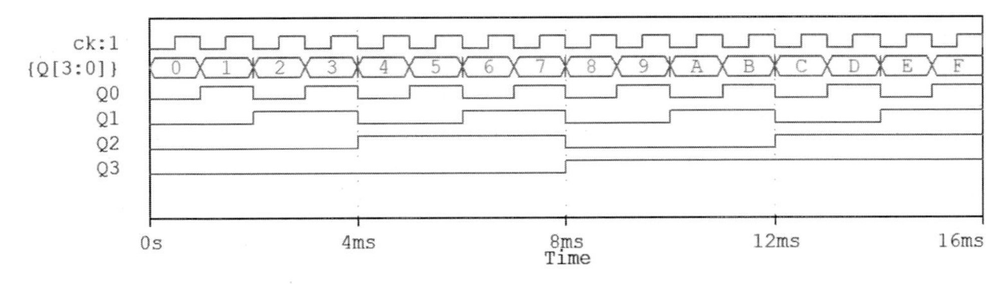

그림 3 비동기 16진 계수기의 시뮬레이션 결과

2.2 10진(BCD) 계수기

10진 상향 계수기는 그림 3과 같이 0에서 시작하여 순차적으로 계수가 증가해 나가서 9까지 증가한 다음 0으로 환원(return)하는 동작을 수행한다. 반대로, 10진 하향 계수기는 9에서 시작하여 순차적으로 계수가 감소해 나가서 0으로 환원(return)하는 동작을 수행한다.

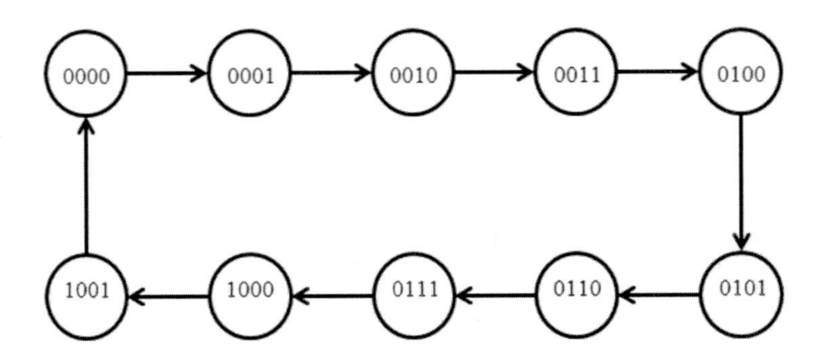

그림 4 BCD 계수기의 상태 diagram

표 2는 플립플롭 4개로 구성된 상향 10진 계수기의 상태표를 나타내며 clock의 하향 에지(falling edge)마다 4개의 출력 port $Q_3Q_2Q_1Q_0$의 결과가 0000에서 1001까지 순차적으로 하나씩 증가한다. Q_0는 최하위 비트(LSB, least significant bit)를 나타내고, Q_3는 최상위비트(MSB, most significant bit) 값에 해당한다.

표 2 10진 계수기의 상태표

clock	Q_3	Q_2	Q_1	Q_0
↓	0	0	0	0
↓	0	0	0	1
↓	0	0	1	0
↓	0	0	1	1
↓	0	1	0	0
↓	0	1	0	1
↓	0	1	1	0
↓	0	1	1	1
↓	1	0	0	0
↓	1	0	0	1

그림 5는 jk 플립플롭을 사용한 BCD 계수기를 보여주고 있다. 클럭은 1단 플립플롭에 공급되고, 1단 출력이 2단 클럭으로 인가되어 ripple 모양으로 전달되어 가는 형태를 나

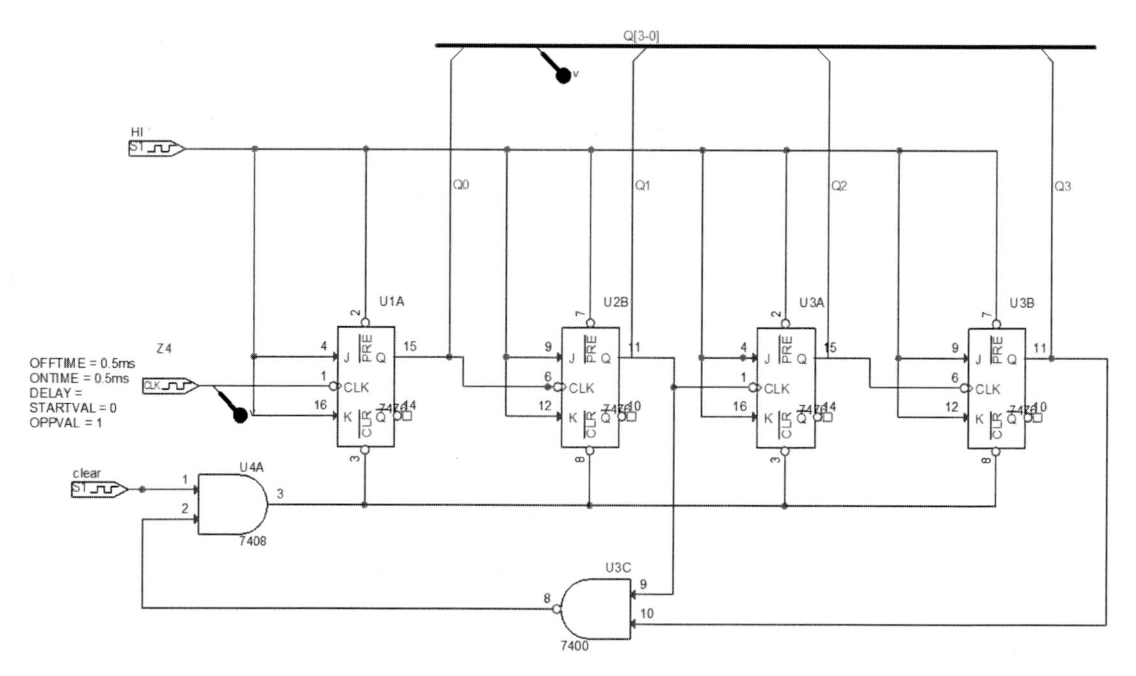

그림 5 BCD 계수기 회로

타내고 있다. $Q_1 Q_3$가 NAND 게이트에 연결되어 있어 $Q_1 Q_3$가 동시에 모두 1이 되는 순간 NAND 게이트 출력이 0이 되고, clear 단자를 0으로 만들어 강제 reset, 즉 각 단이 출력을 $Q_0 Q_1 Q_2 Q_3 = 0000$이 되게 한다.

그림 6은 비동기 10진 계수기의 시뮬레이션 결과를 보여주고 있다. 16진 계수기와 동일한 원리로 각 단의 플립플롭의 clock 펄스가 하향 에지 동작 순간 출력의 상태 변화(toggle)가 일어난다. $Q_3 Q_2 Q_1 Q_0$의 출력값이 0000에서 시작하여 순차적으로 계수가 증가해 나가서 1001까지 증가한 다음 0000으로 환원(return)하는 동작을 반복적으로 수행한다.

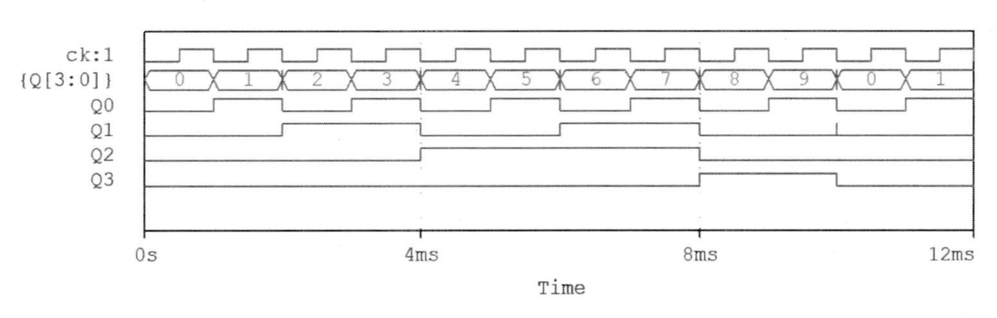

그림 6 비동기 10진 계수기의 시뮬레이션 결과

2.3 IC 계수기 : 7490,7492,7493

이번에는 4개의 JK 플립플롭을 종속 접속한 고속 4비트 리플(비동기) 10진 계수기 IC7490, 12진 계수기 IC7492 및 16진 계수기 IC7493를 각각 소개한다. 각각은 클럭이 HIGH에서 LOW로 천이하는 부에지(negative edge)에서 트리거된다.

(1) IC 7490

IC 7490는 비동기 10진 계수기와 5진 계수기 기능을 내장하고 있다. 그림 7과 표 3은 IC 7490 비동기 10진 계수기와 상태표를 각각 나타낸다. 6번과 7번 PIN은 preset 단자이고, 2번 PIN과 3번 PIN은 clear 단자이다. 10진 계수기 동작을 위하여 1번 PIN과 1단 출력 단자인 12번 PIN을 연결하였고, preset 단자는 Low(0)로 설정하여 preset 기능을 강제하지 않았고 clear 단자는 HI(1)로 설정하여 출력을 0으로 초기화한 후 다시 Low(0)로 설정하였다. 14번 PIN에 클럭을 공급하였다, 만약, 1번 PIN과 12번 PIN을 연결하지 않고, 1번 PIN에 클럭을 공급하면, 5진 계수기로 동작한다. 상세한 회로 구성 및 동작에 관한 내용은 부록의 데이터 시트를 참조하기 바란다.

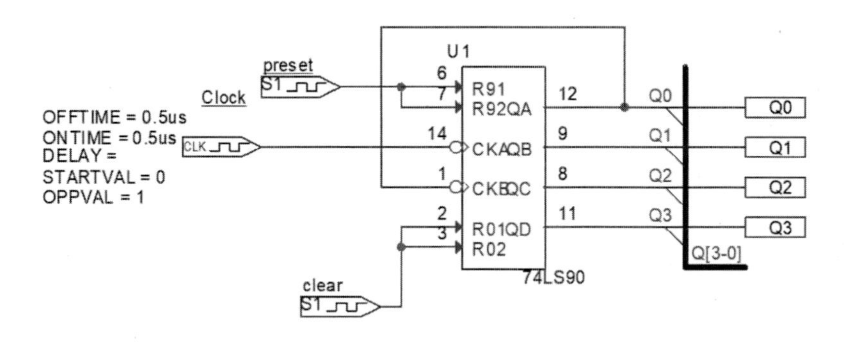

그림 7 IC 7490 10진 계수기

표 3 IC 7490 10진 계수기의 상태표

clock	Q_3	Q_2	Q_1	Q_0	십진수
↓	0	0	0	0	0
↓	0	0	0	1	1
↓	0	0	1	0	2
↓	0	0	1	1	3
↓	0	1	0	0	4
↓	0	1	0	1	5
↓	0	1	1	0	6
↓	0	1	1	1	7
↓	1	0	0	0	8
↓	1	0	0	1	9
↓	0	0	0	0	0

그림 8은 IC 7490 비동기 10진 계수기의 시뮬레이션 결과를 보여주고 있다. preset과 clear를 각각 0로 할 때, 정상적인 계수기 기능을 나타낼 수가 있으므로, preset과 clear는 LO 전원을 인가하여 시뮬레이션을 수행하였다. clock의 하향 에지(falling edge)마다 $Q_3 Q_2 Q_1 Q_0$의 출력값이 0000에서 시작하여 순차적으로 계수가 증가해 나가서 1001까지 증가한 다음 0000으로 환원(return) 하는 동작을 반복적으로 수행한다.

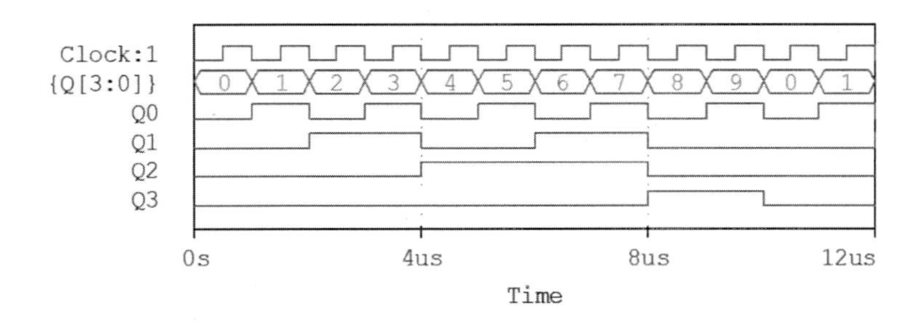

그림 8 IC 7490 비동기 12진 계수기의 시뮬레이션 결과

(2) IC 7492

IC 7492는 비동기 12진 및 6진 계수기 기능을 각각 내장하고 있다. 그림 9와 표 4는 IC 7492 비동기 12진 계수기와 상태표를 각각 나타낸다. 6번 PIN과 7번 PIN은 clear 단자이다. 12진 계수기 동작을 위하여 1번 PIN과 1단 출력 단자인 12번 PIN을 연결하였고, clear 단자는 HI(1)로 설정하여 출력을 0으로 초기화한 후 다시 Low(0)로 설정하였다. 14번 PIN에 클럭을 공급하였다, 만약, 1번 PIN과 12번 PIN을 연결하지 않고, 1번 PIN에 클럭을 공급하면, 6진 계수기로 동작한다. 상세한 회로 구성 및 동작에 관한 내용은 부록의 데이터 시트를 참조하기 바란다.

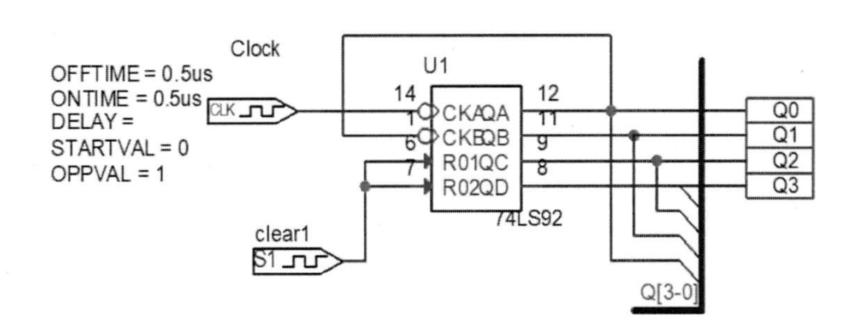

그림 9 IC 7492 비동기 12진 계수기

표 4 IC 7492의 상태표

clock	Q_3	Q_2	Q_1	Q_0	10진수
↓	0	0	0	0	0
↓	0	0	0	1	1
↓	0	0	1	0	2
↓	0	0	1	1	3
↓	0	1	0	0	4
↓	0	1	0	1	5
↓	1	0	0	0	8
↓	1	0	0	1	9
↓	1	0	1	0	10
↓	1	0	1	1	11
↓	1	1	0	0	12
↓	1	1	0	1	13
↓	0	0	0	0	0

그림 10은 IC 7492 비동기 12진 계수기의 시뮬레이션 결과를 보여주고 있다. clock의 하향 에지(falling edge)마다 표 4 IC 7492의 상태표 대로 $Q_3 Q_2 Q_1 Q_0$의 출력값이 0000에서 시작하여 일정한 패턴으로 계수가 증가해 나가서 1101까지 증가한 다음 0000으로 환원(return)하는 동작을 반복적으로 수행한다.

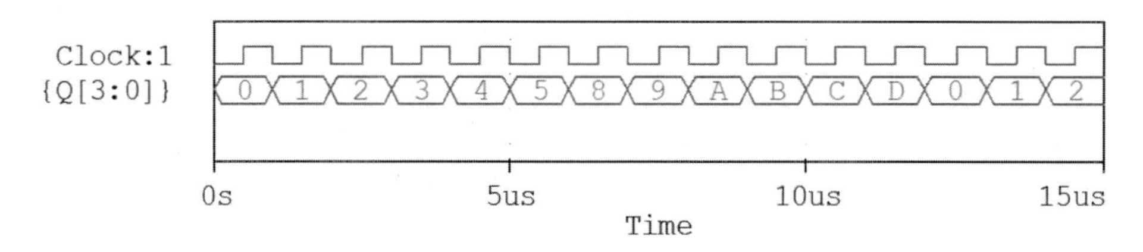

그림 10 IC 7492 비동기 12진 계수기의 시뮬레이션 결과

(3) IC 7493

IC 7493는 비동기 16진 계수기와 8진 계수기 기능을 각각 내장하고 있다. 그림 11과 표 5는 IC 7493 비동기 16진 계수기와 상태표를 각각 나타낸다. 2번 PIN과 3번 PIN은

clear 단자이다. 16진 계수기 동작을 위하여 1번 PIN과 1단 출력 단자인 12번 PIN을 연결하였고, clear 단자는 HI(1)로 설정하여 출력을 0으로 초기화한 후 다시 Low(0)로 설정하였다. 14번 PIN에 클럭을 공급하였다, 만약, 1번 PIN과 12번 PIN을 연결하지 않고, 1번 PIN에 클럭을 공급하면, 8진 계수기로 동작한다. 상세한 회로구성 및 동작에 관한 내용은 부록의 데이터 시트를 참조하기 바란다.

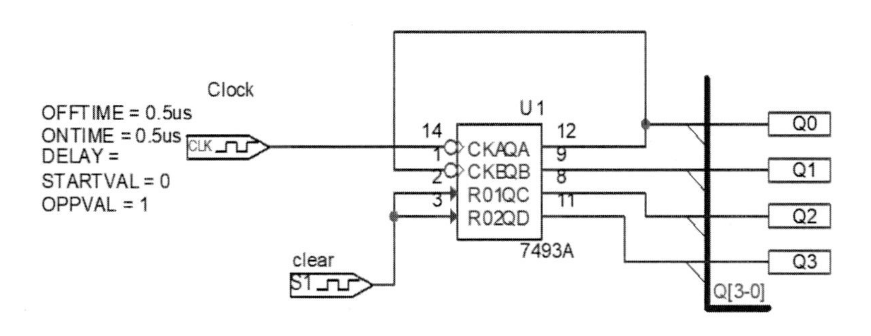

그림 11 IC 7493 비동기 16진 계수기

표 5 IC 7493의 상태표

clock	Q_3	Q_2	Q_1	Q_0	10진수
↓	0	0	0	0	0
↓	0	0	0	1	1
↓	0	0	1	0	2
↓	0	0	1	1	3
↓	0	1	0	0	4
↓	0	1	0	1	5
↓	0	1	1	0	6
↓	0	1	1	1	7
↓	1	0	0	0	8
↓	1	0	0	1	9
↓	1	0	1	0	10
↓	1	0	1	1	11
↓	1	1	0	0	12
↓	1	1	0	1	13
↓	1	1	1	0	14
↓	1	1	1	1	15

그림 12는 IC 7493 비동기 16진 계수기의 시뮬레이션 결과를 보여주고 있다. clock의 하향 에지(falling edge)마다 $Q_3 Q_2 Q_1 Q_0$의 출력값이 0000에서 시작하여 순차적으로 계수가 증가해 나가서 1111까지 증가한 다음 0000으로 환원(return)하는 동작을 반복적으로 수행한다.

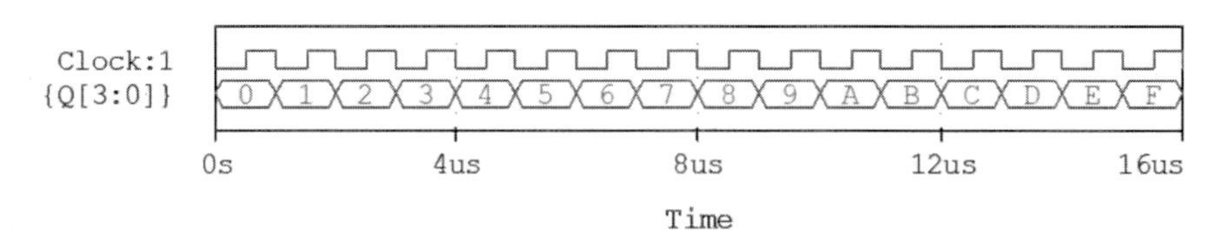

그림 12 IC 7493 비동기 16진 계수기의 시뮬레이션 결과

3. 요약문제

비동기식 카운터의 설명으로 틀린 것은? **2011년 1회 무선설비기사**

① 리플 카운터라고도 한다.

② 고속 카운팅에 주로 사용된다.

③ 전단의 출력이 다음 단의 트리거 입력이 된다.

④ 매우 높은 주파수에는 사용하지 않는다.

4. 실험 기기 및 부품

(1) NAND 게이트 : IC 7400 1개

(3) JK 플립플롭 : IC 7476 2개

(4) 16진 계수기 : IC 7490 1개

(5) 12진 계수기 : IC 7492 1개

(6) 10진 계수기 : IC 7493 1개

(7) 저항 : 1kΩ 4개, 330Ω 5개, 20kΩ 1개, 30kΩ 1개

(8) 콘덴서 : 0.1μF 1개, 10μF 1개,

(9) 디지털 오실로스코우프 1대

(10) 직류 전원 공급기 1대

(11) 적색 LED 5개

5. 실험절차

(1) 그림 13의 비동기 16진 계수기회로를 구성하라. clock 공급원은 함수 발생기의 클럭 공급원 또는 그림 14의 555 timer 회로를 사용하라. clock 인가에 따른 LED 점멸 동작을 관찰하고 표 6에 기록하라. 16진 계수기 동작을 확인하라.

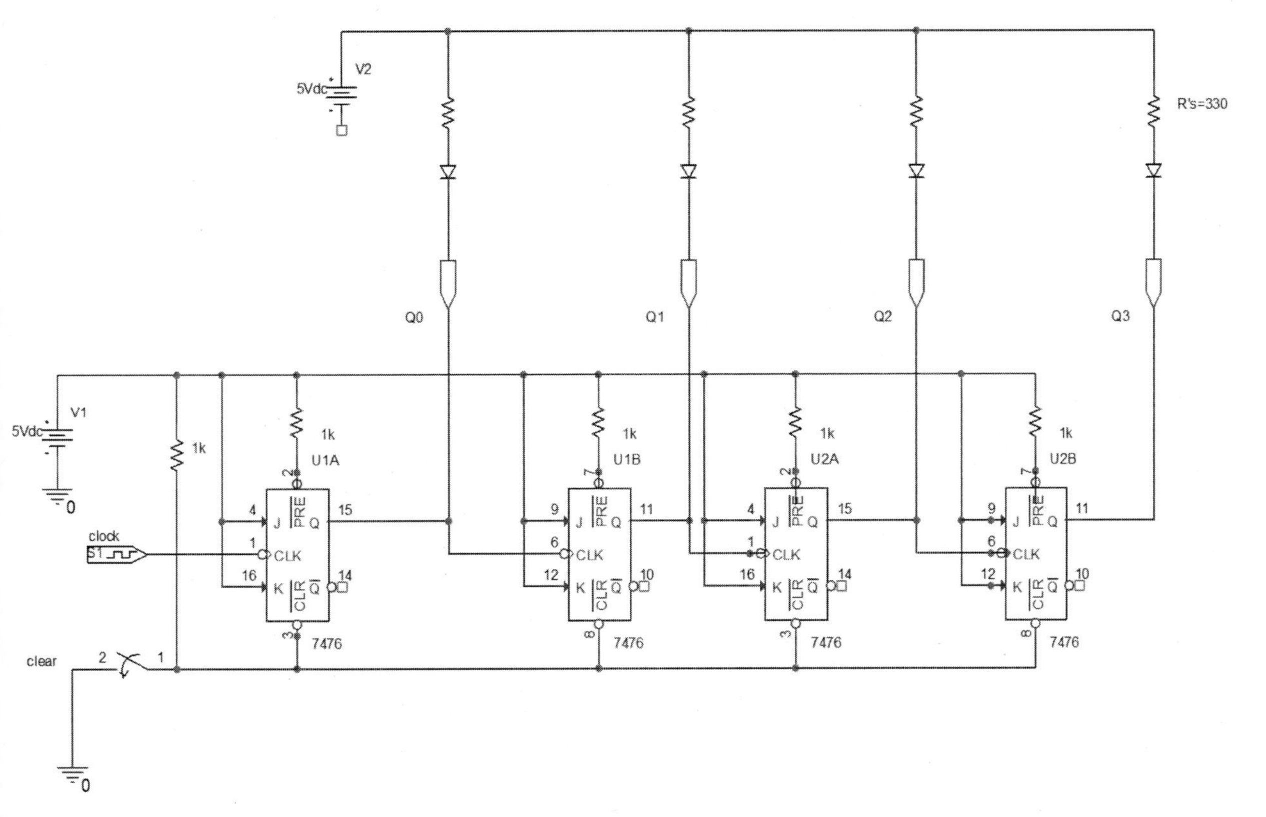

그림 13 4개의 플립플롭으로 구성한 비동기 16진 계수기

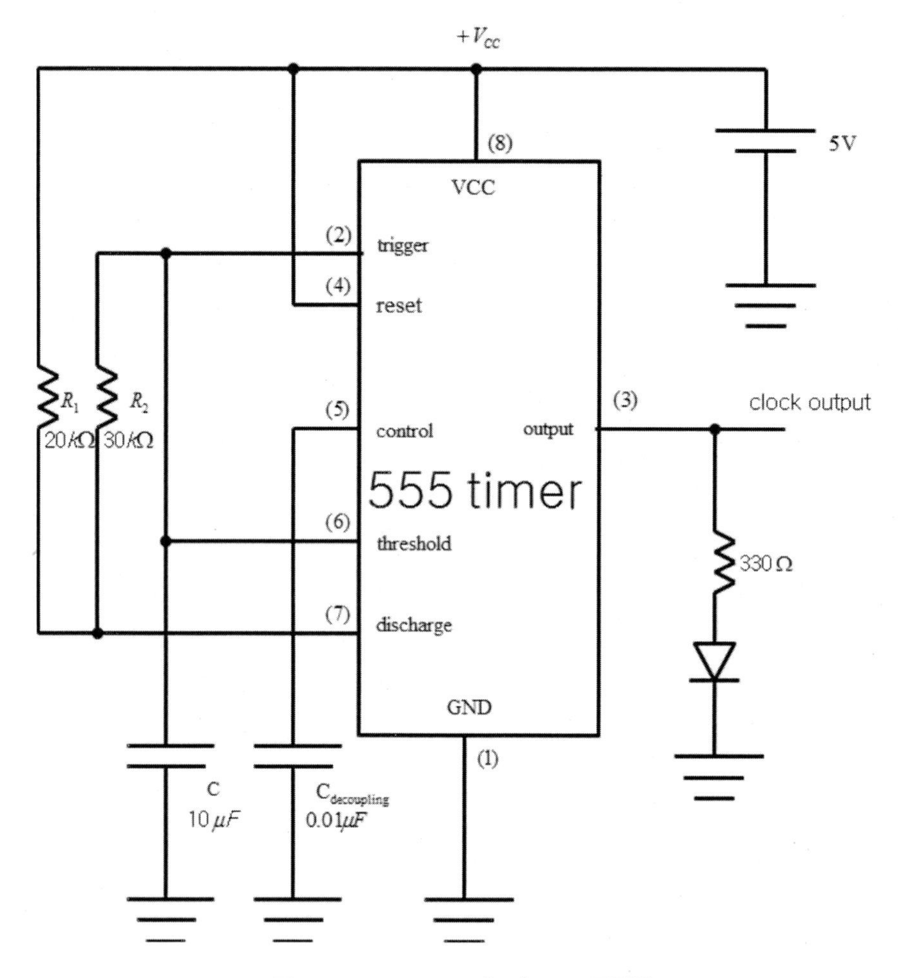

그림 14 555 timer 1.54 [Hz] clock 공급원

표 6 비동기 16진 계수기의 상태표

clock	Q_3	Q_2	Q_1	Q_0	10진수
↓	0V	0V	0V	0V	
↓					
↓					
↓					
↓					
↓					
↓					
↓					

clock	Q_3	Q_2	Q_1	Q_0	10진수
↓					
↓					
↓					
↓					
↓					
↓					
↓					
↓					

(2) 그림 15의 비동기 10진 계수기회로 구성하라. clock 공급원은 함수 발생기의 클럭 공급원 또는 그림 14의 555 timer 회로를 사용하라. clock 인가에 따른 LED 점멸 동작을 관찰하고 표 7에 기록하라. 10진 계수기 동작을 확인하라.

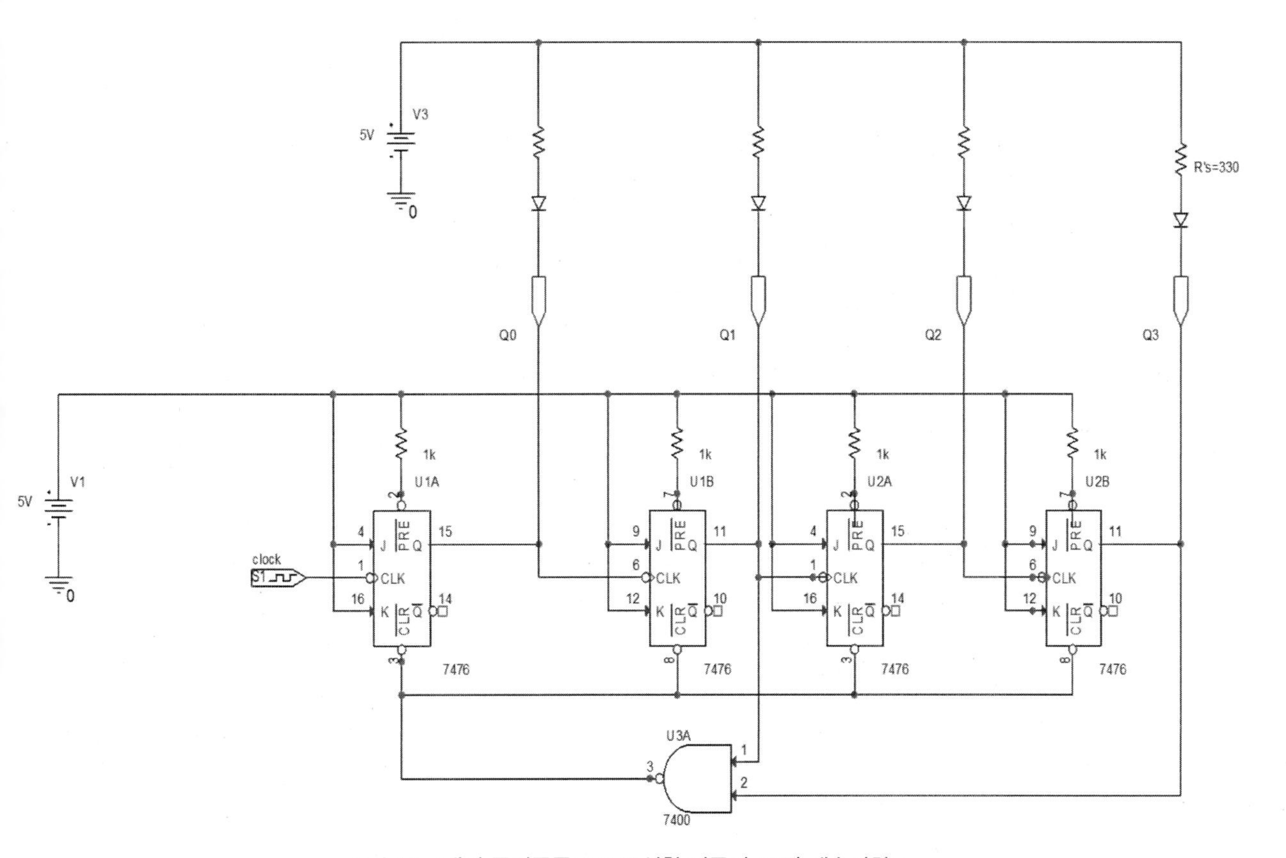

그림 15 4개의 플립플롭으로 구성한 비동기 10진 계수기회로

표 7 10진 계수기의 상태표

clock	Q_3	Q_2	Q_1	Q_0	십진수
↓	0V	0V	0V	0V	
↓					
↓					
↓					
↓					
↓					
↓					
↓					
↓					
↓					
↓					

(3) IC 7490를 사용하여 그림 16의 10진 계수기를 구성하라. clock 공급원은 함수 발생기의 클럭 공급원 또는 그림 14의 555 timer 회로를 사용하라. clock 인가에 따른 LED 점멸 동작을 관찰하고 표 8에 기록하라. 10진 계수기 동작을 확인하라.

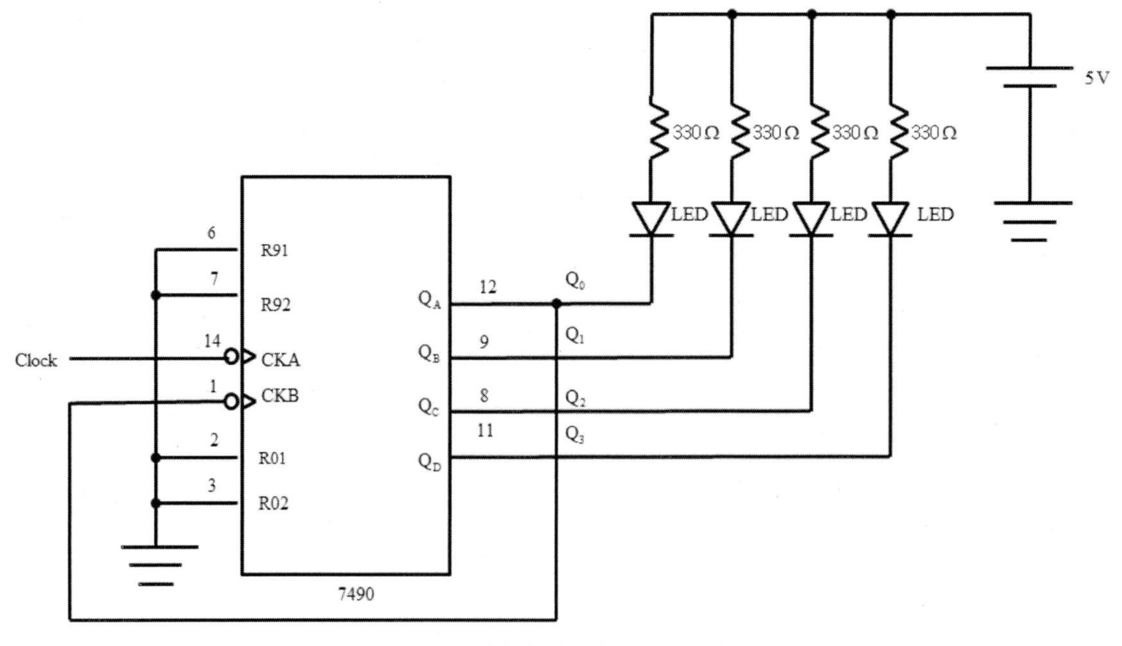

그림 16 IC 7490를 사용한 비동기 10진 계수기회로

표 8 IC 7490 10진 계수기의 상태표

clock	Q_3	Q_2	Q_1	Q_0	십진수
↓	0V	0V	0V	0V	
↓					
↓					
↓					
↓					
↓					
↓					
↓					
↓					
↓					
↓					

(4) IC 7492를 사용하여 그림 17의 12진 계수기를 구성하라. clock 공급원은 함수 발생기의 클럭 공급원 또는 그림 14의 555 timer 회로를 사용하라. clock 인가에 따른 LED 점멸 동작을 관찰하고 표 9에 기록하라. 12진 계수기 동작을 확인하라.

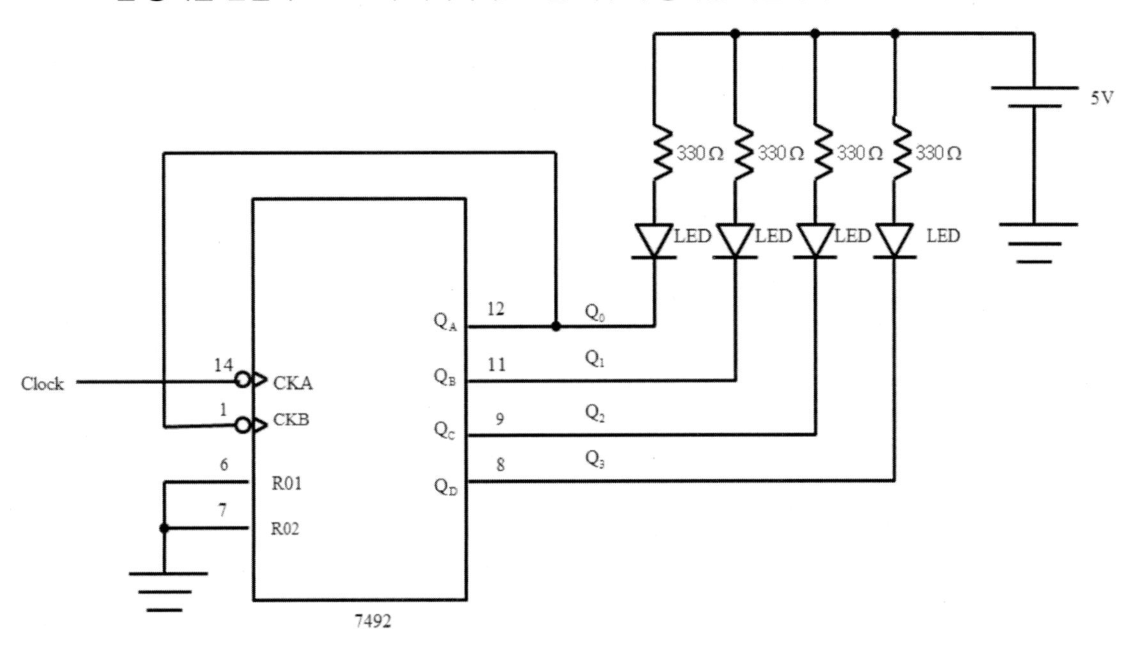

그림 17 IC 7492 비동기 12진 계수기

표 9 IC 7492의 상태표

clock	Q_3	Q_2	Q_1	Q_0	10진수
↓	0V	0V	0V	0V	0
↓					
↓					
↓					
↓					
↓					
↓					
↓					
↓					
↓					
↓					
↓					
↓					

(5) IC 7493를 사용하여 그림18의 16진 계수기를 구성하라. clock 공급원은 함수 발생기의 클럭 공급원 또는 그림14의 555 timer 회로를 사용하라. clock 인가에 따른 LED 점멸 동작을 관찰하고 표 10에 기록하라. 16진 계수기 동작을 확인하라.

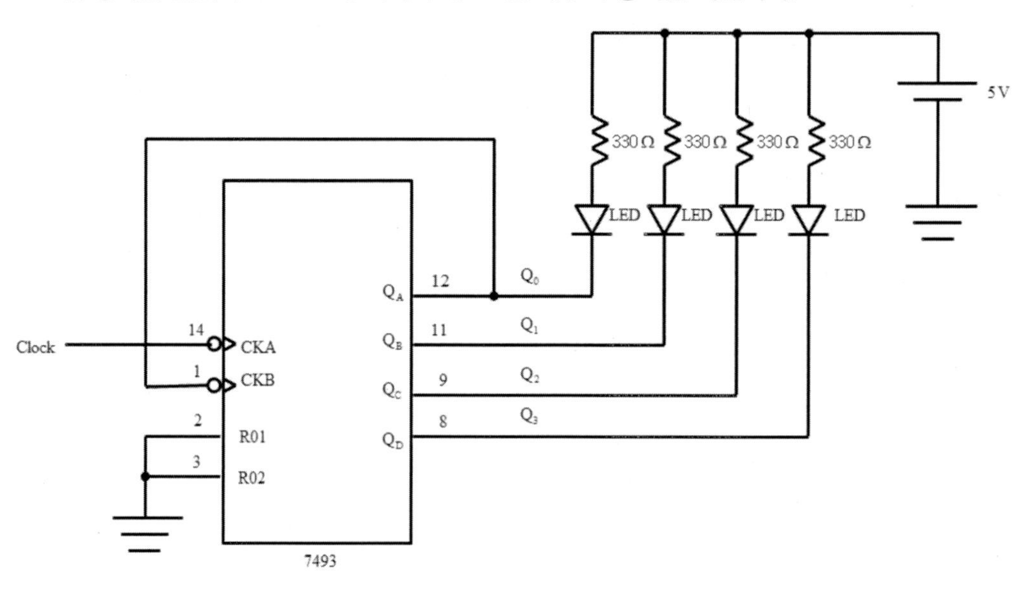

그림 18 IC 7493를 사용한 비동기 16진 계수기

표 10 IC 7493의 상태표

clock	Q_3	Q_2	Q_1	Q_0	10진수
↓	0V	0V	0V	0V	
↓					
↓					
↓					
↓					
↓					
↓					
↓					
↓					
↓					
↓					
↓					
↓					
↓					
↓					
↓					

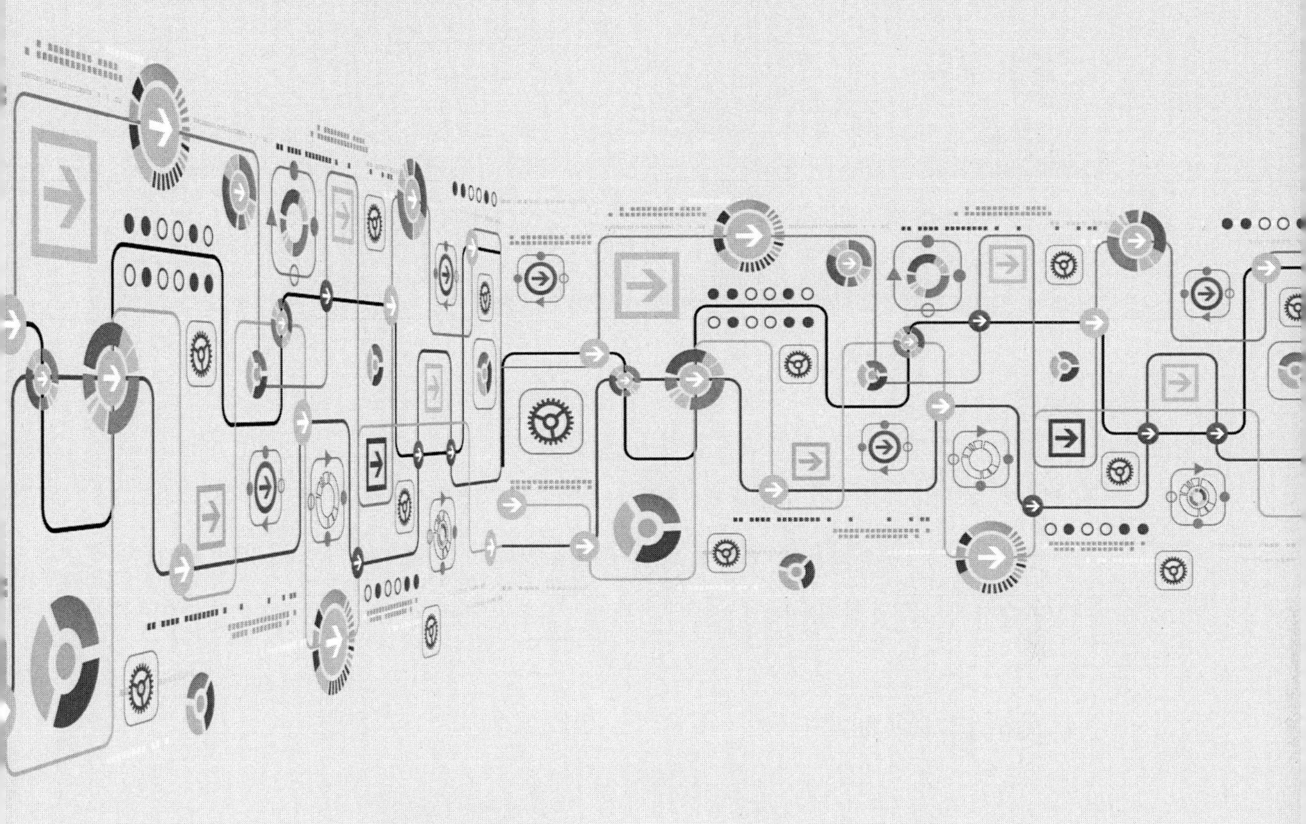

실험 14

동기식 계수기

Synchronous counter

1. 실험 목적

objective

(1) 동기식 16진 계수기의 동작을 이해한다.
(2) 동기식 BCD 계수기의 동작을 이해한다.
(3) IC7490,IC7492,IC7493 비동기 계수기의 동작을 이해한다.

2. 기본 이론

동기식 계수기는 리플계수기와 달리 클럭 펄스가 모든 플립플롭에 공통으로 입력된다. 공통 클럭은 모든 플립플롭을 동시에 트리거한다. 반면에, 리플카운터는 각각의 플립플롭마다 순차적으로 트리거된다.

2.1 16진 동기식 계수기

16진 동기식 계수기의 설계는 다음 단계들을 거쳐 최종 설계된다 :

① 현재 및 다음 상태에 대한 출력 상태 여기표(state excitation table)를 작성한다.
② 플립플롭 입력에 대한 입력 방정식을 K-map에 의해 간소화시킨다.
③ K-map에 의해 간소화된 입력방정식에 근거하여 논리회로를 설계한다.

J K 플립플롭을 가지고 동기식 계수기를 설계한다면, 먼저 출력에 대한 입력의 경우의 수를 사전에 설정하여야 한다. 즉,

$Q(t)=0$이고, $Q(t+1)=0$이면 $J=0,\ K=X$이다.
$Q(t)=1$이고, $Q(t+1)=1$이면 $J=X,\ K=0$이다.
$Q(t)=0$이고, $Q(t+1)=1$이면 $J=1,\ K=X$이다.
$Q(t)=1$이고, $Q(t+1)=0$이면 $J=X,\ K=1$이다.

X는 무정의(don't care) 조항이다. 즉 해당 입력이 K이라면, 0이든 1이든 관계없이 동작한다는 의미를 가진다. 다음 출력에 대한 입력의 경우의 수를 완성한 다음 여기표를 작성한다.

표 1 16진 계수기의 여기표(excitation table)

present state				next state				flip flop inputs							
Q_3	Q_2	Q_1	Q_0	Q_3	Q_2	Q_1	Q_0	J_3	K_3	J_2	K_2	J_1	K_1	J_0	K_0
0	0	0	0	0	0	0	1	0	x	0	x	0	x	1	x
0	0	0	1	0	0	1	0	0	x	0	x	1	x	x	1
0	0	1	0	0	0	1	1	0	x	0	x	x	0	1	x
0	0	1	1	0	1	0	0	0	x	1	x	x	1	x	1
0	1	0	0	0	1	0	1	0	x	x	0	0	x	1	x
0	1	0	1	0	1	1	0	0	x	x	0	1	x	x	1
0	1	1	0	0	1	1	1	0	x	x	0	x	0	1	x
0	1	1	1	1	0	0	0	1	x	x	1	x	1	x	1
1	0	0	0	1	0	0	1	x	0	0	x	0	x	1	x
1	0	0	1	1	0	1	0	x	0	0	x	1	x	x	1
1	0	1	0	1	0	1	1	x	0	0	x	x	0	1	x
1	0	1	1	1	1	0	0	x	0	1	x	x	1	x	1
1	1	0	0	1	1	0	1	x	0	x	0	0	x	1	x
1	1	0	1	1	1	1	0	x	0	x	0	1	x	x	1
1	1	1	0	1	1	1	1	x	0	x	0	x	0	1	x
1	1	1	1	0	0	0	0	x	1	x	1	x	1	x	1

다음, 표의 여기표를 토대로 각각의 플립플롭 입력 J_3, K_3, J_2, K_2, J_1, K_1, J_0, K_0에 대한 카노맵을 각각 작성한다.

$J_3 = Q_2Q_1Q_0$

	00	01	11	10
00				
01			1	
11	x	x	x	x
10	x	x	x	x

$K_3 = Q_2Q_1Q_0$

	00	01	11	10
00	x	x	x	x
01	x	x	x	x
11			1	
10				

$J_2 = Q_1Q_0$

	00	01	11	10
00			1	
01	x	x	x	x
11	x	x	x	x
10			1	

$K_2 = Q_1Q_0$

	00	01	11	10
00	x	x	x	x
01			1	
11			1	
10	x	x	x	x

$J_1 = Q_0$

	00	01	11	10
00		1	x	x
01		1	x	x
11		1	x	x
10		1	x	x

$K_1 = Q_0$

	00	01	11	10
00	x	x	1	
01	x	x	1	
11	x	x	1	
10	x	x	1	

$J_0 = 1$

	00	01	11	10
00	1	x	x	1
01	1	x	x	1
11	x	1	1	x
10	1	x	1	x

$K_0 = 1$

	00	01	11	10
00	x	1	1	x
01	x	1	1	x
11	x	1	1	x
10	x	1	1	x

그림 1 16진 계수기의 카노맵

마지막 단계로, 그림 1의 16진 계수기의 카노맵을 근거하여 16진 계수기는 그림 2와 같이 기본 논리게이트와 플립플롭을 가지고 설계를 하면 된다. AND 게이트 2개와 플립플롭 4개가 필요하고, 각 단의 JK 입력이 모두 $J = K = 1$로 되어 각 단의 출력 Q_i는 clock

하향 에지 순간 토글 동작한다. clock의 동작은 입력 clock 펄스에 의해 공통적으로 동시에 각 단의 clock이 에지 트리거(edge trigger) 동작된다.

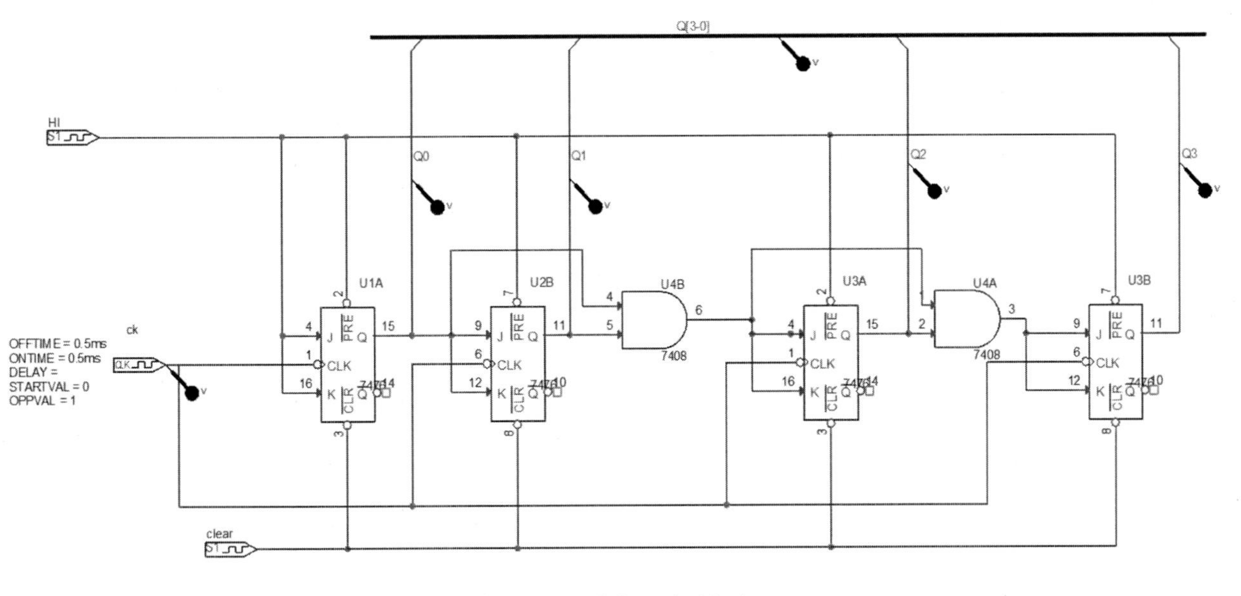

그림 2 동기식 16진 계수기

그림 3은 동기 16진 계수기의 시뮬레이션 결과를 보여주고 있다. preset과 clear를 각각 1로 할 때, 정상적인 계수기 기능을 나타낼 수가 있으므로, preset는 HI(1)을 인가했고, clear에는 0.5ms부터 1로 인가하여 시뮬레이션을 수행하였다. 각 단의 플립플롭의 clock 펄스가 하향 에지 순간 출력 Q_i의 상태 변화(toggle)가 일어난다. clock의 하향 에지마다 $Q_3Q_2Q_1Q_0$의 출력값이 0000에서 시작하여 순차적으로 계수가 증가해 나가서 1111까지 증가한 다음 0000으로 환원(return)하는 동작을 반복적으로 수행한다. Q_0의 주파수는 clock의 주파수의 절반이며, 각 단을 거치면서 출력 Q_i의 주파수는 전단의 출력 Q_{i-1}의 주파수의 절반으로 각각 줄어들게 된다.

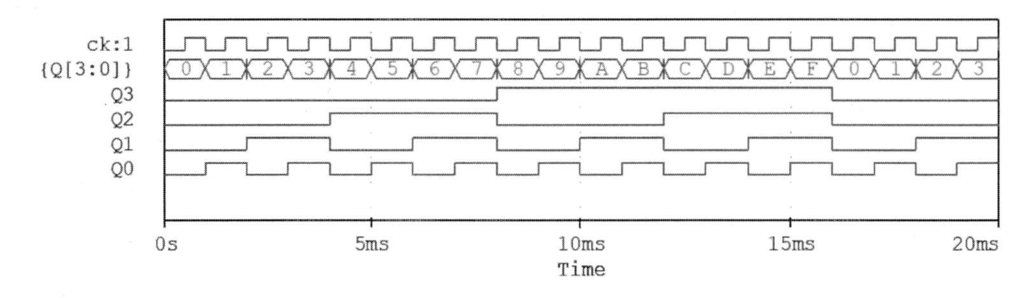

그림 3 동기식 16진 계수기의 시뮬레이션 결과

2.2 동기식 10진BCD 계수기

동기식 10진(BCD) 계수기의 경우에도 16진 계수기를 설계한 방법과 동일한 방법으로 설계를 하면 된다. 단, 미사용 입력(unused inputs) 6가지 경우(1010,1011,1100,1101, 1110,1111)는 무정의(don't care) 입력으로 사용하면 된다. 동기식 10진(BCD) 계수기의 상태 여기표는 표 2와 같이 된다.

표 2 동기식 10진(BCD) 계수기의 여기표(excitation table)

present state				next state				flip flop inputs							
Q_3	Q_2	Q_1	Q_0	Q_3	Q_2	Q_1	Q_0	J_3	K_3	J_2	K_2	J_1	K_1	J_0	K_0
0	0	0	0	0	0	0	1	0	x	0	x	0	x	1	x
0	0	0	1	0	0	1	0	0	x	0	x	1	x	x	1
0	0	1	0	0	0	1	1	0	x	0	x	x	0	1	x
0	0	1	1	0	1	0	0	0	x	1	x	x	1	x	1
0	1	0	0	0	1	0	1	0	x	x	0	0	x	1	x
0	1	0	1	0	1	1	0	0	x	x	0	1	x	x	1
0	1	1	0	0	1	1	1	0	x	x	0	x	0	1	x
0	1	1	1	1	0	0	0	1	x	x	1	x	1	x	1
1	0	0	0	1	0	0	1	x	0	0	x	0	x	1	x
1	0	0	1	0	0	0	0	x	1	0	x	0	x	x	1

두 번째, 표 2의 여기표를 토대로 J_0, K_0, J_1, K_1,J_2, K_2 J_3, K_3에 대한 카노맵을 작성한다.

$J_3 = Q_2Q_1Q_0$

	00	01	11	10
00	0	0	0	0
01	0	0	1	0
11	x	x	x	x
10	x	x	x	x

$K_A = Q_0$

	00	01	11	10
00	x	x	x	x
01	x	x	x	x
11	x	x	x	x
10	0	1	x	x

$J_2 = Q_1Q_0$

	00	01	11	10
00	0	0	1	0
01	x	x	x	x
11	x	x	x	x
10	0	0	x	x

$K_2 = Q_1Q_0$

	00	01	11	10
00	x	x	x	x
01	0	0	1	0
11	x	x	x	x
10	x	x	x	x

$J_1 = Q_0\overline{Q_3}$

	00	01	11	10
00	0	1	x	x
01	0	1	x	x
11	x	x	x	x
10	0	0	x	x

$K_1 = Q_0$

	00	01	11	10
00	x	x	1	0
01	x	x	1	0
11	x	x	x	x
10	x	x	x	x

$J_0 = 1$

	00	01	11	10
00	1	x	x	1
01	1	x	x	1
11	x	x	x	x
10	1	x	x	x

$K_0 = 1$

	00	01	11	10
00	x	1	1	x
01	x	1	1	x
11	x	x	x	x
10	x	1	x	x

그림 4 동기식 10진(BCD) 계수기의 카노맵

동기 10진 계수기는 그림 4의 완성된 카르노맵을 근거로 J_0, K_0, J_1, K_1,J_2, K_2 J_3, K_3 에 대한 입력 방정식을 논리게이트를 사용하여 그림과 같이 기본 논리게이트와 플립플롭을 가지고 설계를 하면 된다. AND 게이트 3개와 플립플롭 4개가 필요하고, 각 단의 JK

입력이 모두 $J=K=1$로 되어 각단의 출력 Q_i는 clock 하향 에지 순간 토글 동작한다. clock의 동작은 입력 clock 펄스에 의해 공통적으로 동시에 각 단의 clock이 에지 트리거(edge trigger) 동작된다.

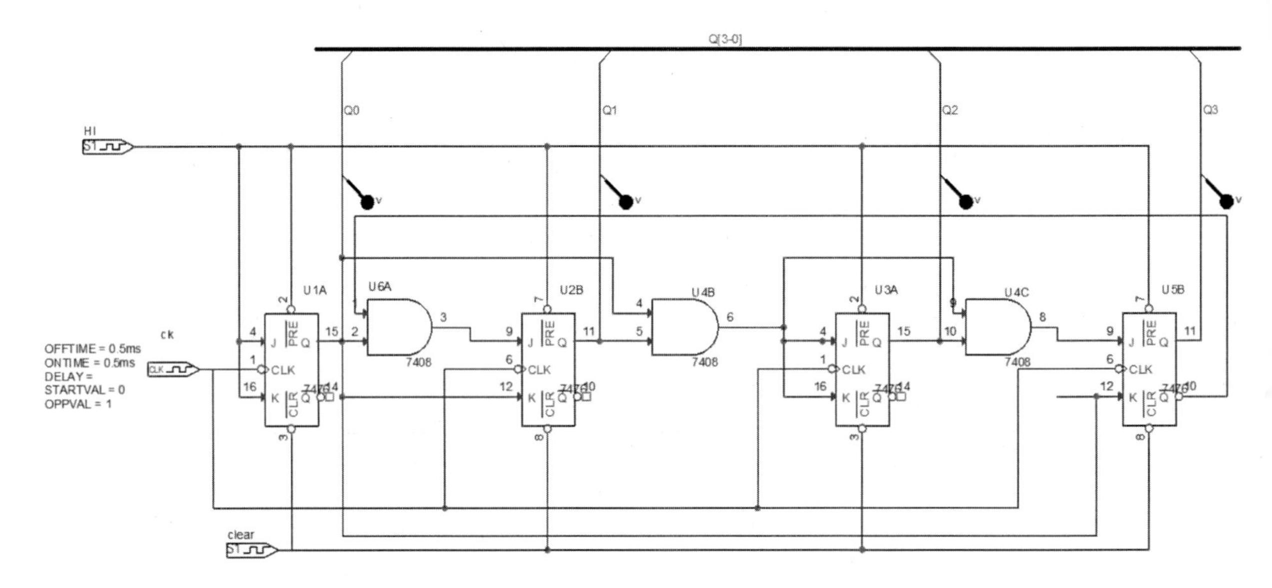

그림 5 동기식 10진 카운터

그림 6은 동기 10진 계수기의 시뮬레이션 결과를 보여주고 있다. preset는 HI 전원을 인가했고, clear에는 0.5ms부터 1로 인가하여 시뮬레이션을 수행하였다. 각단의 플립플롭의 clock 펄스가 하향 에지 순간 출력 Q_i의 상태 변화(toggle)가 일어난다. clock의 하향 에지마다 $Q_3Q_2Q_1Q_0$의 출력값이 0000에서 시작하여 순차적으로 계수가 증가해 나가서 1001까지 증가한 다음 0000으로 환원(return)하는 동작을 반복적으로 수행한다.

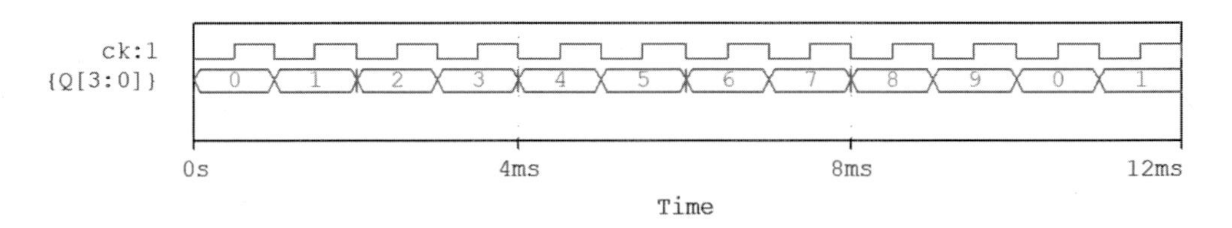

그림 6 동기식 10진 계수기의 시뮬레이션 결과

2.3 동기식 8진 counter

8진 counter에 대한 설계는 위에서 설명한 것과 동일한 절차를 거쳐 설계하면 먼저, 8진 counter의 여기표(excitation table)는 표 3과 같다.

표 3 여기표(excitation table)

present state			next state			flip flop inpu1ts					
Q_2	Q_1	Q_0	Q_2	Q_1	Q_0	J_2	K_2	J_1	K_1	J_0	K_0
0	0	0	0	0	1	0	x	0	x	1	x
0	0	1	0	1	0	0	x	1	x	x	1
0	1	0	0	1	1	0	x	x	0	1	x
0	1	1	1	0	0	1	x	x	1	x	1
1	0	0	1	0	1	x	0	0	x	1	x
1	0	1	1	1	0	x	0	1	x	x	1
1	1	0	1	1	1	x	0	x	0	1	x
1	1	1	0	0	0	x	1	x	1	x	1

두 번째, 표 3의 여기표를 토대로 J_0, K_0, J_1, K_1,J_2, K_2에 대한 카노맵을 작성한다.

$J_2 = Q_1Q_0$

Q_2 \ Q_1Q_0	00	01	11	10
0			1	
1	x	x	x	x

$K_2 = Q_1Q_0$

Q_2 \ Q_1Q_0	00	01	11	10
0	x	x	x	x
1			1	

$J_1 = Q_0$

Q_2 \ Q_1Q_0	00	01	11	10
0		1	x	x
1		1	x	x

$K_1 = Q_0$

Q_2 \ Q_1Q_0	00	01	11	10
0	x	x	1	
1	x	x	1	

$J_0 = 1$

Q_2 \ Q_1Q_0	**00**	**01**	**11**	**10**
0	1	x	x	1
1	1	x	x	1

$K_0 = 1$

Q_2 \ Q_1Q_0	**00**	**01**	**11**	**10**
0	x	1	1	x
1	x	1	1	x

그림 7 동기 8진 계수기의 카노맵

마지막 단계로 동기 8진 계수기는 완성된 그림 7 동기 8진 계수기의 카르노맵을 근거로 J_0, K_0, J_1, K_1,J_2, K_2에 대한 입력 방정식을 그림 8과 같이 AND 게이트 1개와 플립플롭 3개를 가지고 설계를 하면 된다. 각단의 JK입력이 모두 $J = K = 1$로 되어 각단의 출력 Q_i는 clock 하향 에지 순간 토글 동작한다. clock의 동작은 입력 clock 펄스에 의해 공통적으로 동시에 각 단의 clock이 에지 트리거(edge trigger) 동작된다.

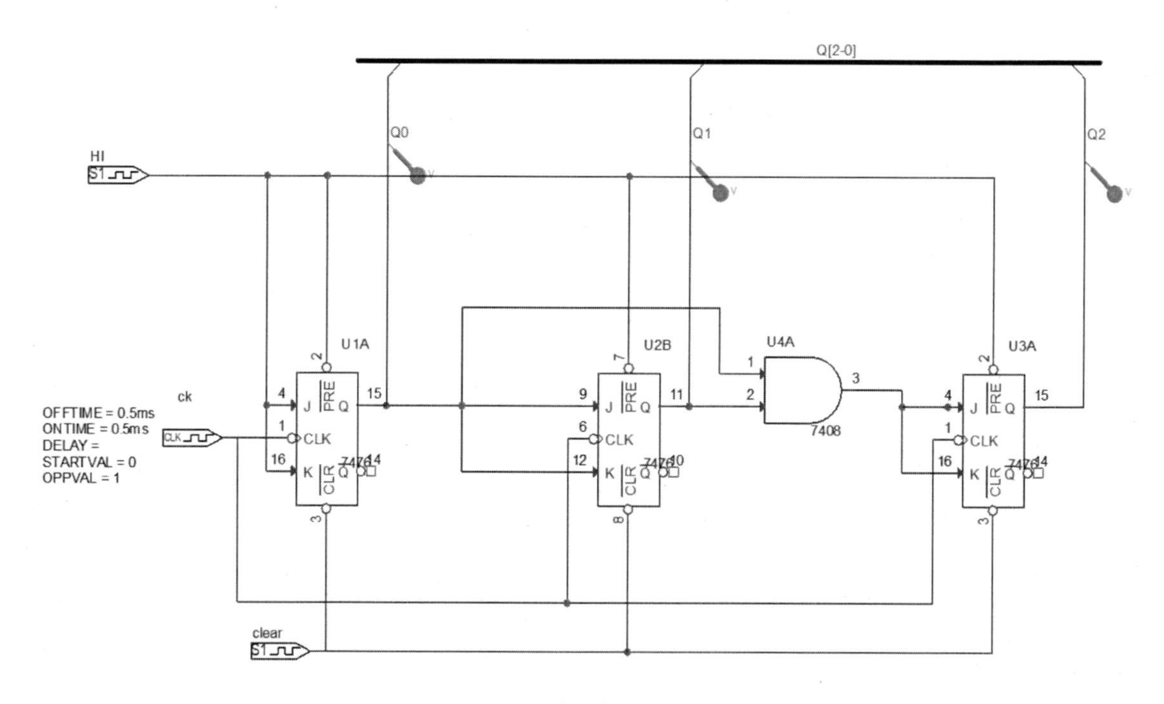

그림 8 동기 8진 counter

그림 9는 동기 8진 계수기의 시뮬레이션 결과를 보여주고 있다. 각 단의 플립플롭의 clock 펄스가 하향 에지 순간 출력 Q_i의 상태 변화(toggle)가 일어난다. clock의 하향 에

지마다 $Q_2Q_1Q_0$의 출력값이 000에서 시작하여 순차적으로 계수가 증가해 나가서 111까지 증가한 다음 0000으로 환원(return)하는 동작을 반복적으로 수행한다. Q_0의 주파수는 clock의 주파수의 절반이며, 각 단을 거치면서 출력 Q_i의 주파수는 전단의 출력 Q_{i-1}의 주파수의 절반으로 각각 줄어들게 된다.

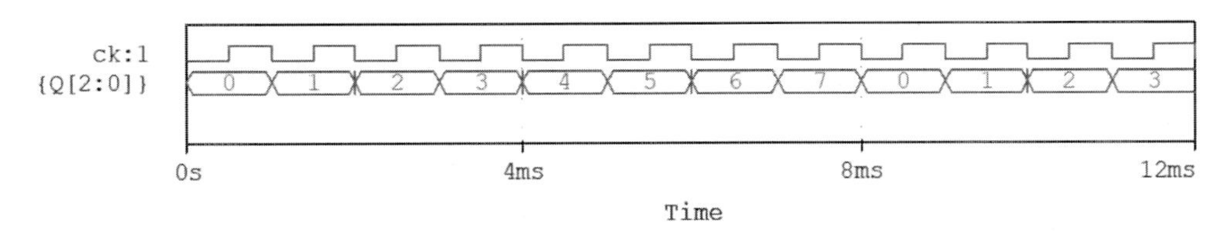

그림 9 3비트 8진 counter 시뮬레이션 결과

2.4 동기식 7진 counter

이번에는 7진 Counter를 설계해 보도록 하자. 여기표(excitation table)는 표 4와 같다.

표 4 동기식 7진 counter의 여기표(excitation table)

present state			next state			flip flop inpul ts					
Q_2	Q_1	Q_0	Q_2	Q_1	Q_0	J_2	K_2	J_1	K_1	J_0	K_0
0	0	0	0	0	1	0	x	0	x	1	x
0	0	1	0	1	0	0	x	1	x	x	1
0	1	0	0	1	1	0	x	x	0	1	x
0	1	1	1	0	0	1	x	x	1	x	1
1	0	0	1	0	1	x	0	0	x	1	x
1	0	1	1	1	0	x	0	1	x	x	1
1	1	0	0	0	0	x	1	x	1	0	x

두 번째, 표 3의 여기표를 토대로 J_0, K_0, J_1, K_1,J_2, K_2에 대한 카노맵을 작성한다.

$J_2 = Q_1 Q_0$

Q_2 \ $Q_1 Q_0$	00	01	11	10
0	0	0	1	0
1	x	x	x	x

$K_2 = Q_1$

Q_2 \ $Q_1 Q_0$	00	01	11	10
0	x	x	x	x
1	0	0	x	1

$J_1 = Q_0$

Q_2 \ $Q_1 Q_0$	00	01	11	10
0	0	1	x	x
1	0	1	x	x

$K_1 = Q_0 + Q_2$

Q_2 \ $Q_1 Q_0$	00	01	11	10
0	x	x	1	0
1	x	x	x	1

$J_0 = \overline{Q_1} + \overline{Q_2}$

Q_2 \ $Q_1 Q_0$	00	01	11	10
0	1	x	x	1
1	1	x	x	0

$K_0 = 1$

Q_2 \ $Q_1 Q_0$	00	01	11	10
0	x	1	1	x
1	x	1	x	x

그림 10 동기 7진 계수기의 카노맵

최종적으로, 동기 7진 계수기는 그림 8의 완성된 카노맵을 근거로 J_0, K_0, J_1, K_1,J_2, K_2에 대한 입력 방정식을 그림 9와 같이 AND 게이트 1개와 OR 게이트 1개 및 플립플롭 3개를 가지고 설계를 하면 된다. 각 단의 JK 입력이 모두 $J = K = 1$로 되어 각 단의 출력 Q_i는 clock 하향 에지 순간 토글 동작한다. clock의 동작은 입력 clock 펄스에 의해 공통적으로 동시에 각 단의 clock이 에지 트리거(edge trigger) 동작된다.

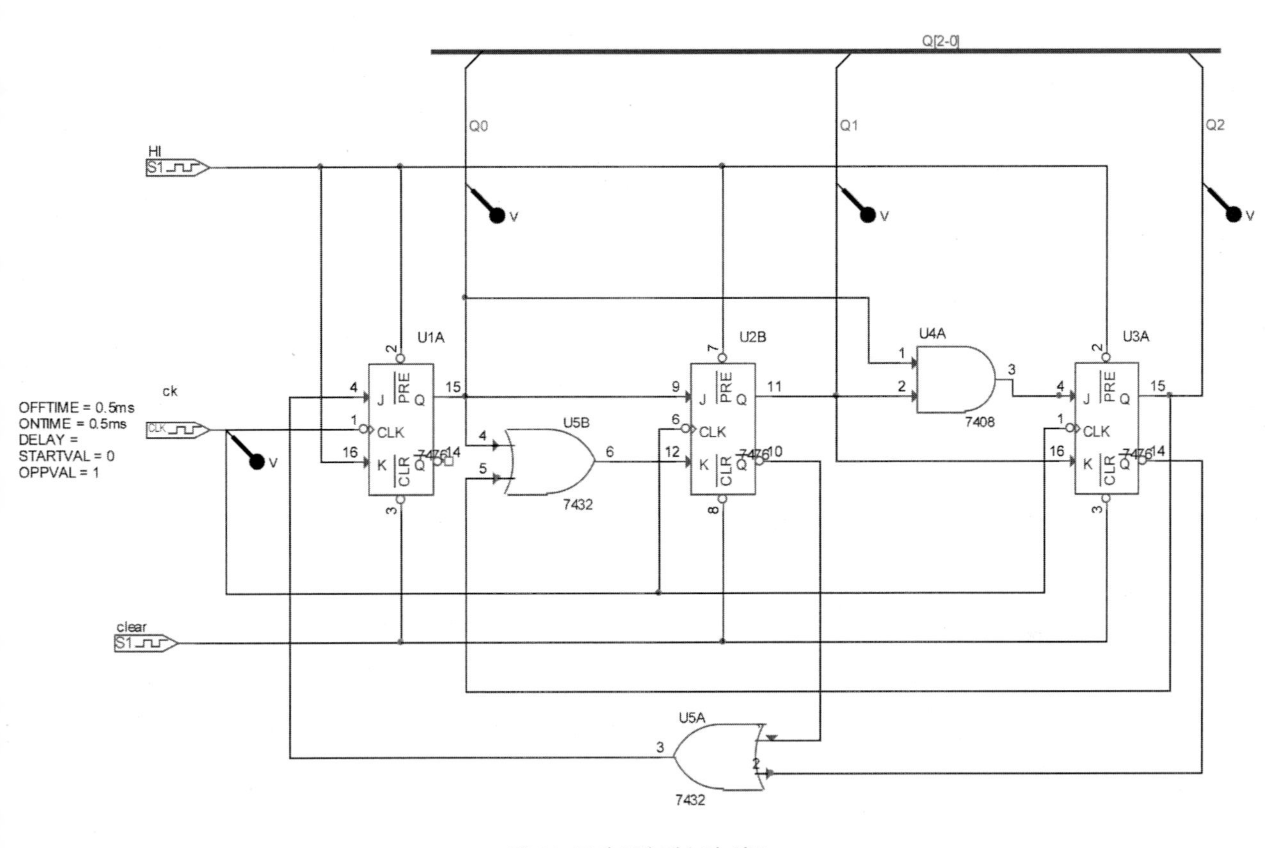

그림 11 동기 7진 계수기 회로

그림 12는 동기 7진 계수기의 시뮬레이션 결과를 보여주고 있다. 각 단의 플립플롭의 clock 펄스가 하향 에지 순간 출력 Q_i의 상태 변화(toggle)가 일어난다. clock의 하향 에지마다 $Q_2Q_1Q_0$의 출력값이 000에서 시작하여 순차적으로 계수가 증가해 나가서 110까지 증가한 다음 0000으로 환원(return)하는 동작을 반복적으로 수행한다.

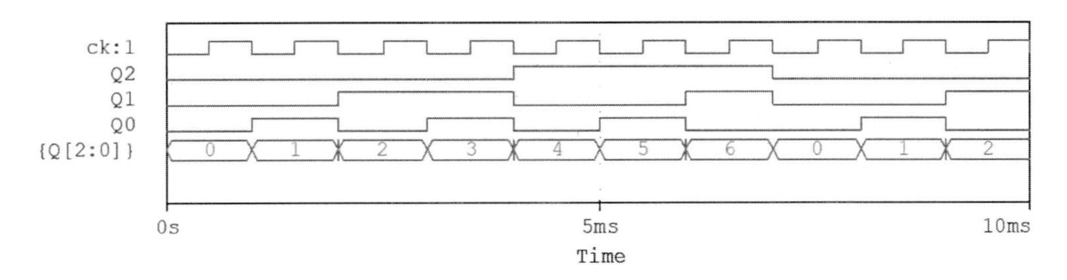

그림 12 동기 7진 계수기의 시뮬레이션

3. 요약문제

8MHz 구형파를 카운터의 입력으로 인가할 때 250kHz를 얻기 위해 필요한 카운터의 비트수는 얼마인가? **2011년 4회 무선설비기사**

① 2비트　　② 3비트
③ 5비트　　④ 4비트

4. 실험 기기 및 부품

(1) AND 게이트 : IC 7408 1개
(2) OR 게이트 : IC 7432 1개
(3) JK 플립플롭 : IC 7476 2개
(4) Push 스위치 : 1개
(5) 저항 : 1kΩ 1개, 330Ω 5개, 20kΩ 1개, 30kΩ 1개
(6) 콘덴서 : 0.1μF 1개, 10μF 1개,
(7) 디지털 오실로스코우프 1대
(8) 직류 전원 공급기 1대
(9) 적색 LED 5개

5. 실험절차

(1) 그림 13의 동기 16진 계수기회로를 구성하라. clock 공급원은 함수 발생기의 클럭 공급원 또는 그림 14의 555 timer 회로를 사용하라. 5V 전원인가 후, clear SW를 ON시켜 출력을 0으로 초기화시킨 후 다시 clear SW를 OFF시켜라. clock 인가에 따른 LED 점멸 동작을 관찰하고 표 5에 기록하라. 16진 계수기 동작을 확인하라.

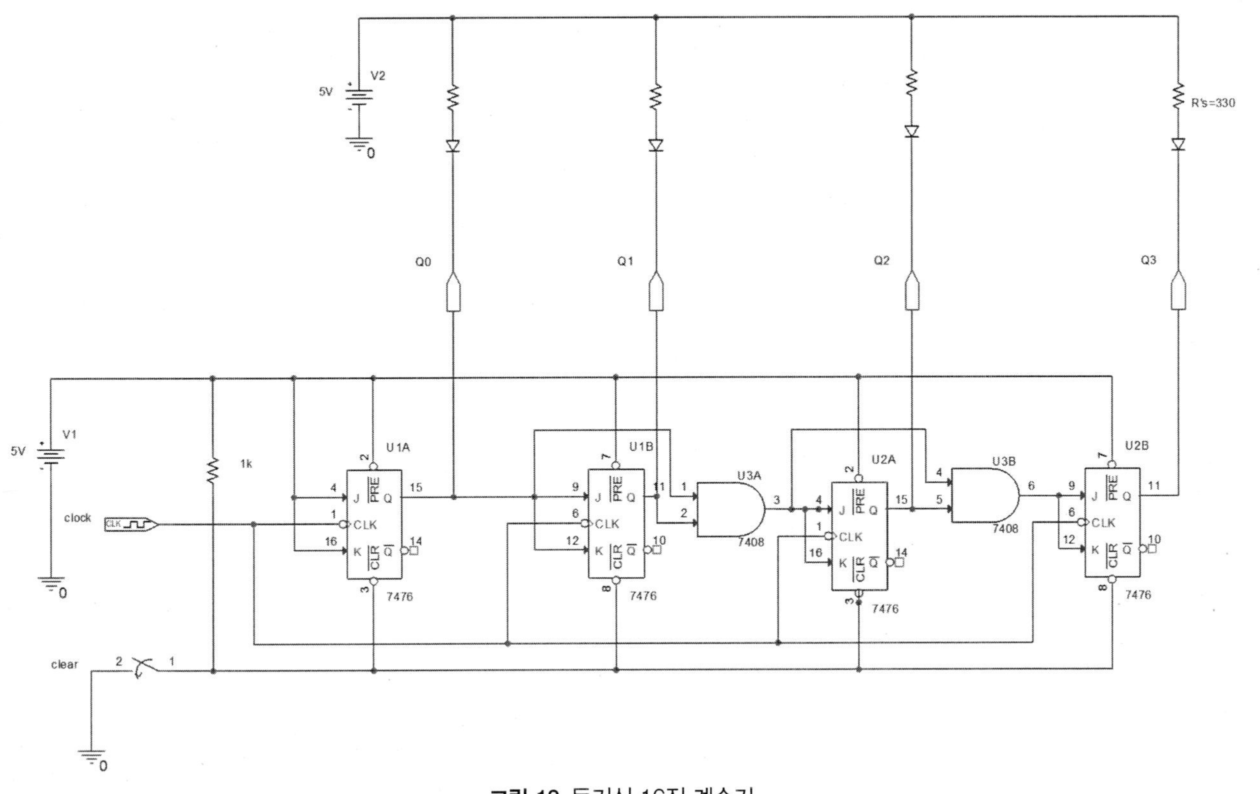

그림 13 동기식 16진 계수기

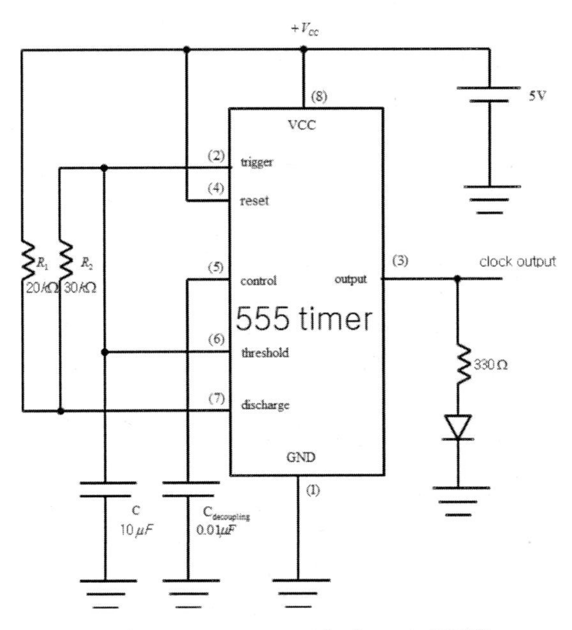

그림 14 555 timer 1.54 [Hz] clock 공급원

표 5 16진 카운터의 여기표

present state						next state				
clock	Q_3	Q_2	Q_1	Q_0	10진수	Q_3	Q_2	Q_1	Q_0	10진수
↓	0V	0V	0V	0V						
↓	0V	0V	0V	5V						
↓	0V	0V	5V	0V						
↓	0V	0V	5V	5V						
↓	0V	5V	0V	0V						
↓	0V	5V	0V	5V						
↓	0V	5V	5V	0V						
↓	0V	5V	5V	5V						
↓	5V	0V	0V	0V						
↓	5V	0V	0V	5V						
↓	5V	0V	5V	0V						
↓	5V	0V	5V	5V						
↓	5V	5V	0V	0V						
↓	5V	5V	0V	5V						
↓	5V	5V	5V	0V						
↓	5V	5V	5V	5V						

(2) 그림 15의 동기 10진 계수기회로를 구성하라. clock 공급원은 함수 발생기의 클럭 공급원 또는 그림 14의 555 timer 회로를 사용하라. 5V 전원인가 후, clear SW를 ON시켜 출력을 0으로 초기화시킨 후 다시 clear SW를 OFF시켜라. clock 인가에 따른 LED 점멸 동작을 관찰하고 표 6에 기록하라. 10진 계수기 동작을 확인하라.

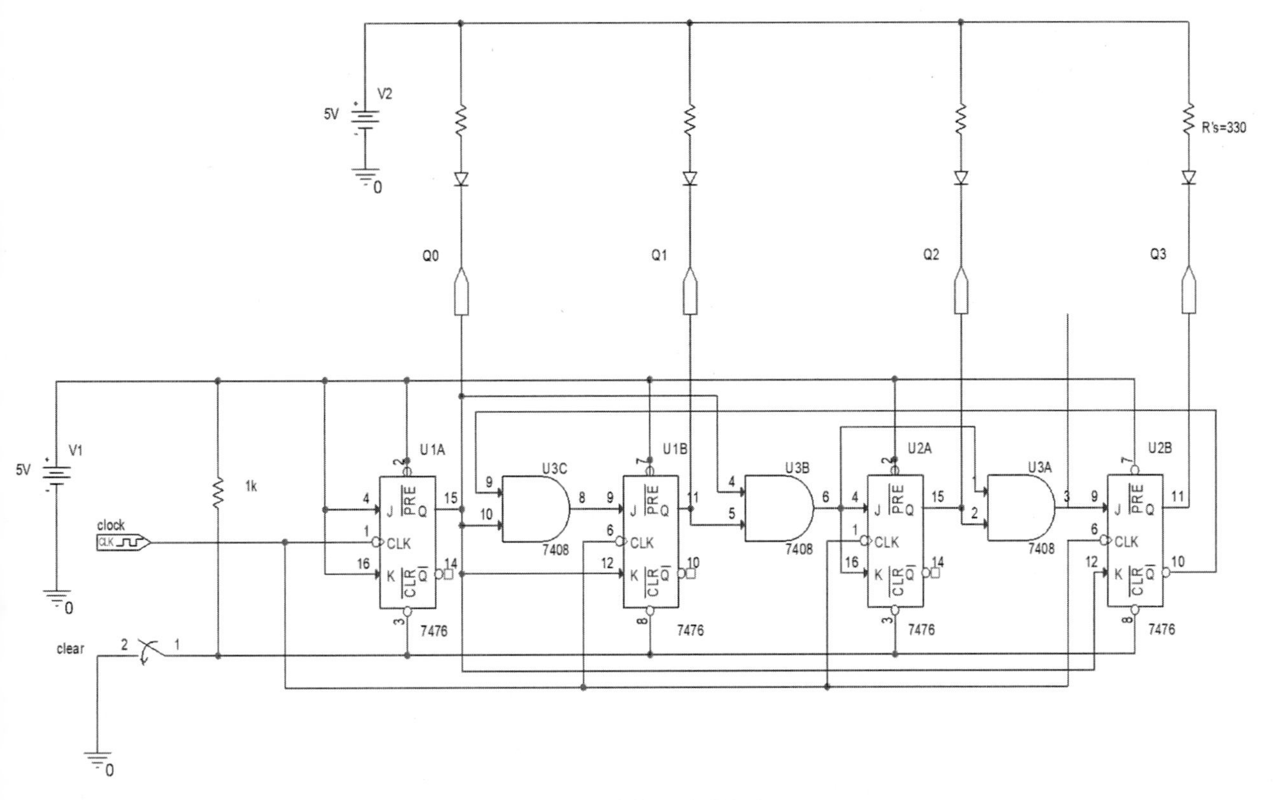

그림 15 동기식 10진 계수기

표 6 10진 카운터의 여기표

present state						next state				
clock	Q_3	Q_2	Q_1	Q_0	**10진수**	Q_3	Q_2	Q_1	Q_0	**10진수**
↓	0V	0V	0V	0V						
↓	0V	0V	0V	5V						
↓	0V	0V	5V	0V						
↓	0V	0V	5V	5V						
↓	0V	5V	0V	0V						
↓	0V	5V	0V	5V						
↓	0V	5V	5V	0V						
↓	0V	5V	5V	5V						
↓	5V	0V	0V	0V						
↓	5V	0V	0V	5V						

(3) 그림 16의 동기 8진 계수기회로를 구성하라. clock 공급원은 함수 발생기의 클럭 공급원 또는 그림 14의 555 timer 회로를 사용하라. 5V 전원인가 후, clear SW를 ON시켜 출력을 0으로 초기화시킨 후 다시 clear SW를 OFF시켜라. clock 인가에 따른 LED 점멸 동작을 관찰하고 표 7에 기록하라. 8진 계수기 동작을 확인하라.

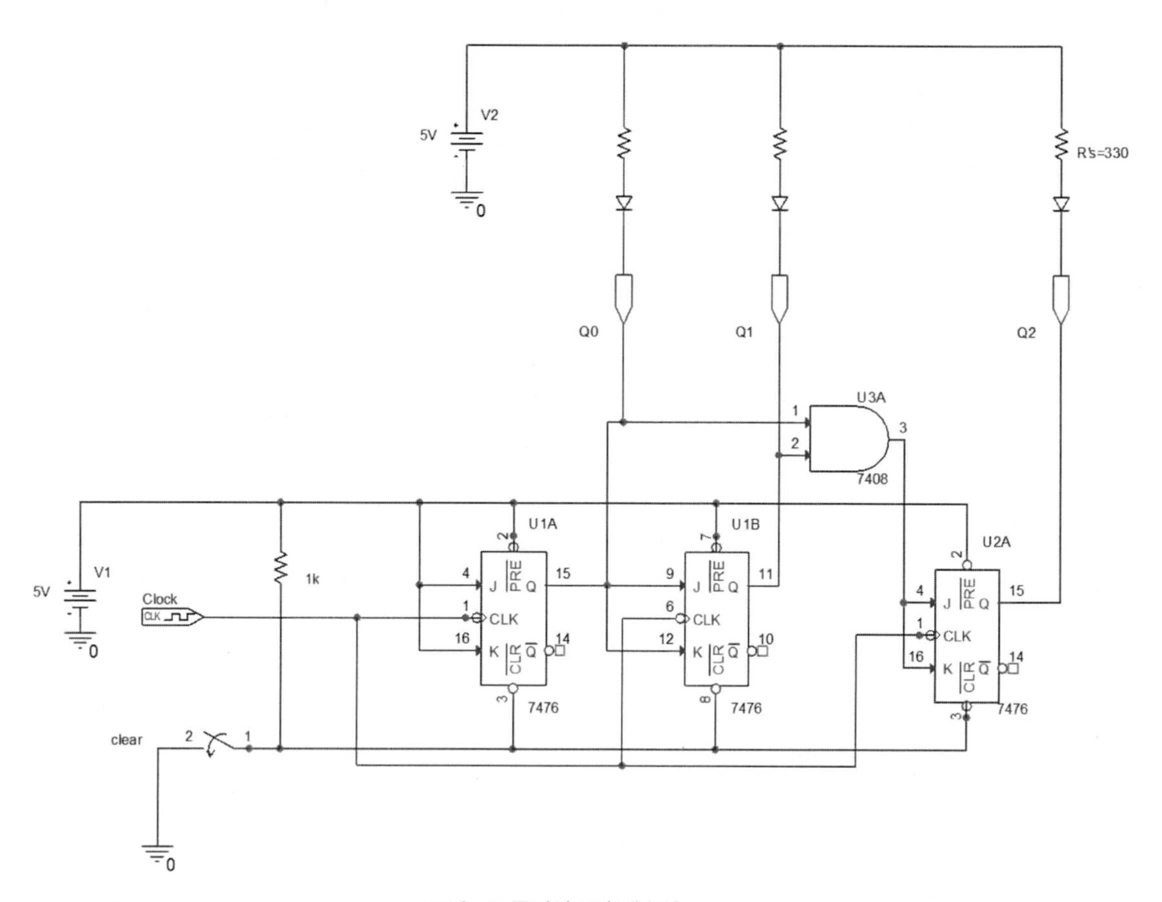

그림 16 동기식 8진 계수기

표 7 8진 카운터의 여기표

present state					next state			
clock	Q_2	Q_1	Q_0	10진수	Q_2	Q_1	Q_0	10진수
↓	0V	0V	0V					
↓	0V	0V	5V					
↓	0V	5V	0V					
↓	0V	5V	5V					
↓	5V	0V	0V					
↓	5V	0V	5V					
↓	5V	5V	0V					
↓	5V	5V	5V					

(4) 그림 17의 동기 7진 계수기회로를 구성하라. clock 공급원은 함수 발생기의 클럭 공급원 또는 그림 14의 555 timer 회로를 사용하라. 5V 전원인가 후, clear SW를 ON시켜 출력을 0으로 초기화시킨 후 다시 clear SW를 OFF시켜라. clock 인가에 따른 LED 점멸 동작을 관찰하고 표 8에 기록하라. 7진 계수기 동작을 확인하라.

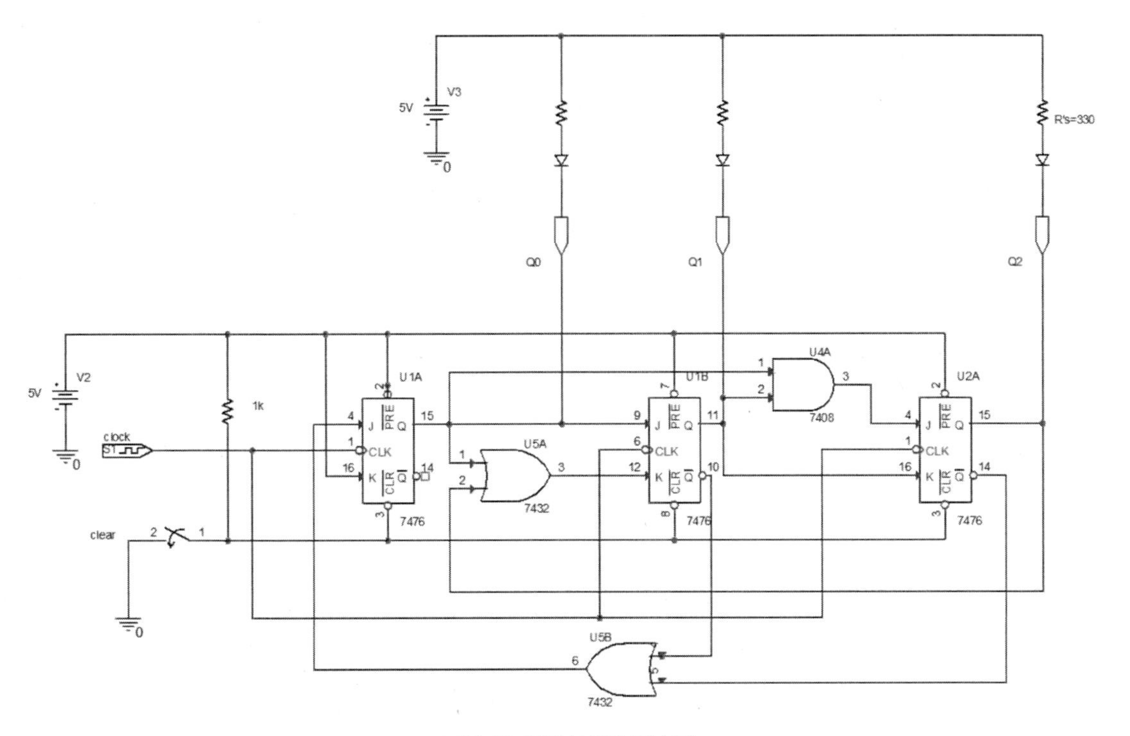

그림 17 동기식 7진 계수기

표 8 7진 카운터의 여기표

present state					next state			
clock	Q_2	Q_1	Q_0	10진수	Q_2	Q_1	Q_0	10진수
↓	0V	0V	0V					
↓	0V	0V	5V					
↓	0V	5V	0V					
↓	0V	5V	5V					
↓	5V	0V	0V					
↓	5V	0V	5V					
↓	5V	5V	0V					

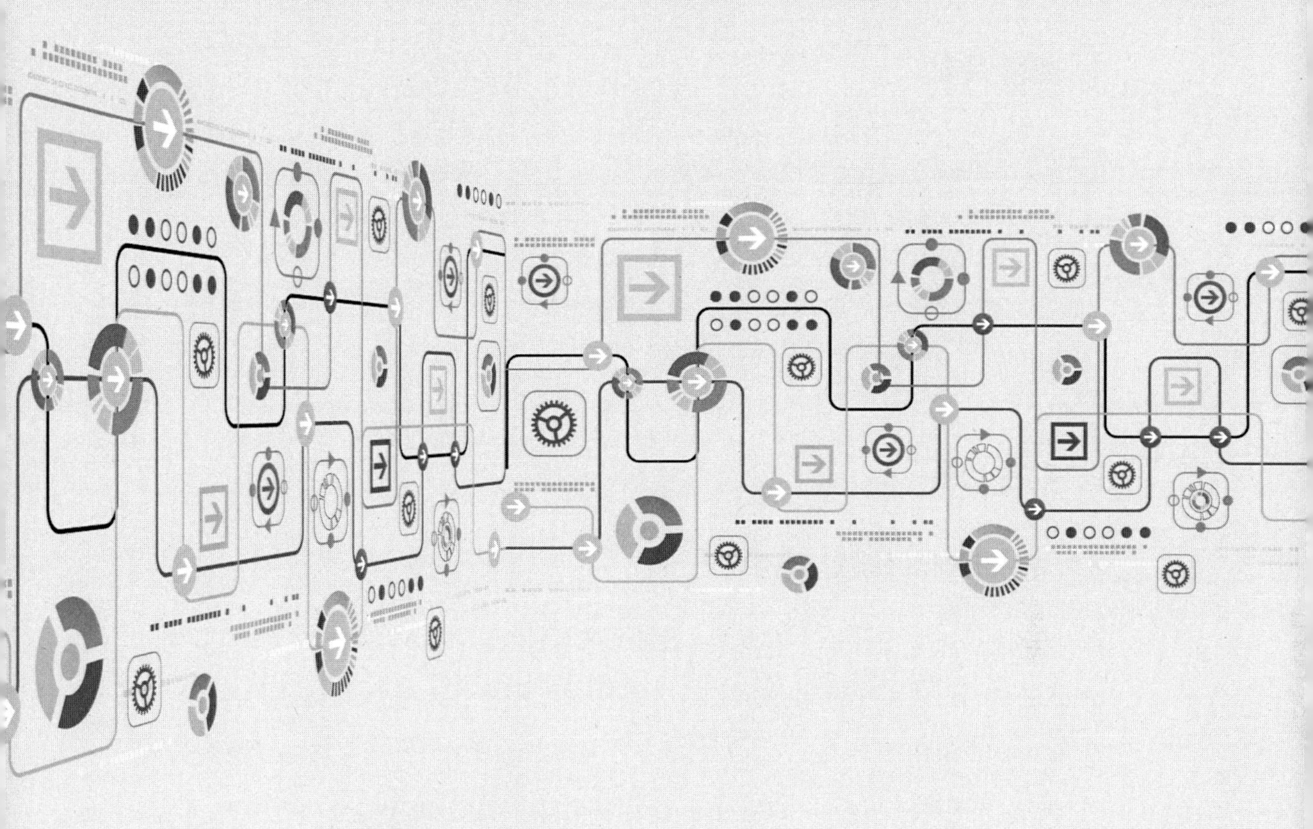

실험 15

SHIFT 레지스터

1. 실험 목적

objective

(1) D F/F를 사용한 4비트 시프트 레지스터의 동작을 이해한다.
(2) JK F/F를 사용한 4비트 시프트 레지스터의 동작을 이해한다.
(3) IC74164 SIPO 시프트 레지스터의 동작을 이해한다.
(4) IC74195 범용 시프트 레지스터의 동작을 이해한다.

2. 기본 이론

2.1 시프트 레지스터의 개념

레지스터는 1비트 저장 소자인 플립플롭을 n개 직렬연결하여 n비트를 저장하기도 하고 n비트를 순차적으로 직렬 전송하기도 n개를 한꺼번에 병렬로 전송하기도 할 수 있는 저장 소자이다. SHIFT 레지스터는 데이터가 순차적으로 천이되어 가는 것을 의미하는 레지스터를 지칭하는 말이다. 그림 1과 같이 데이터 입력이 1010이라 가정하면, 4개의 clock이 지나면 직렬 데이터 1010이 $Q_1 \rightarrow Q_2 \rightarrow Q_3 \rightarrow Q_4$으로 순차적으로 전달된다. 결과적으로, 4개의 clock 인가 후 각 단의 출력은 $Q_1 Q_2 Q_3 Q_4 = 0101$가 된다. 데이터를 직렬로 입력하여 최종단에서 하나씩 직렬로 출력을 얻는 방식을 직렬-직렬방식(SISO)이라고 한다. 반면에, 데이터를 직렬로 입력하여 각단에서 한꺼번에 병렬로 출력을 얻는 방식을 직렬-병렬방식(SIPO)이라고 한다. 위 예에서 직렬-직렬방식(SISO)에서는 직렬-병렬방식(SIPO)의 결과보다 이후 3개의 clock이 인가된 다음 직렬 데이터1010이 Q_4에 순차적으로 들어가게 되므로 직렬-직렬방식(SIPO)보다는 전송시간이 길어진다.

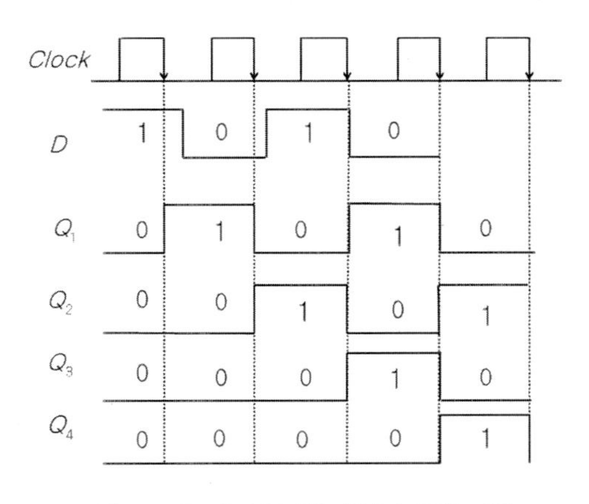

그림 1 shift 레지스터의 데이터 전달 과정

2.2 D F/F를 사용한 4비트 시프트 레지스터

D F/F은 클럭 펄스의 상승 에지 순간 $Q_0(t+1)=D$와 같이 현재 클럭 직전 데이터 D가 출력된다. 그림 1은 4개의 D F/F를 직렬로 연결하여 구현한 4비트 시프트 레지스터이다. 각 플립플롭을 트리거하기 위해 공통 클럭을 사용하며 각 플립플롭의 출력은 다음 플립플롭의 입력으로 공급된다. 1단의 출력은 $Q_1(t+1)=D$가 된다. 동일하게, 순차적으로 다음 단의 출력들은 $Q_i(t+1)=Q_i(t)$와 같이 현재 클럭 직전 데이터가 순차적으로 천이(shift)되어 출력된다. 그림 2는 그림 1의 시뮬레이션 결과이며, 직렬 데이터 D가 순차적으로 다음 단 Q_i으로 천이되어 출력됨을 확인할 수 있다.

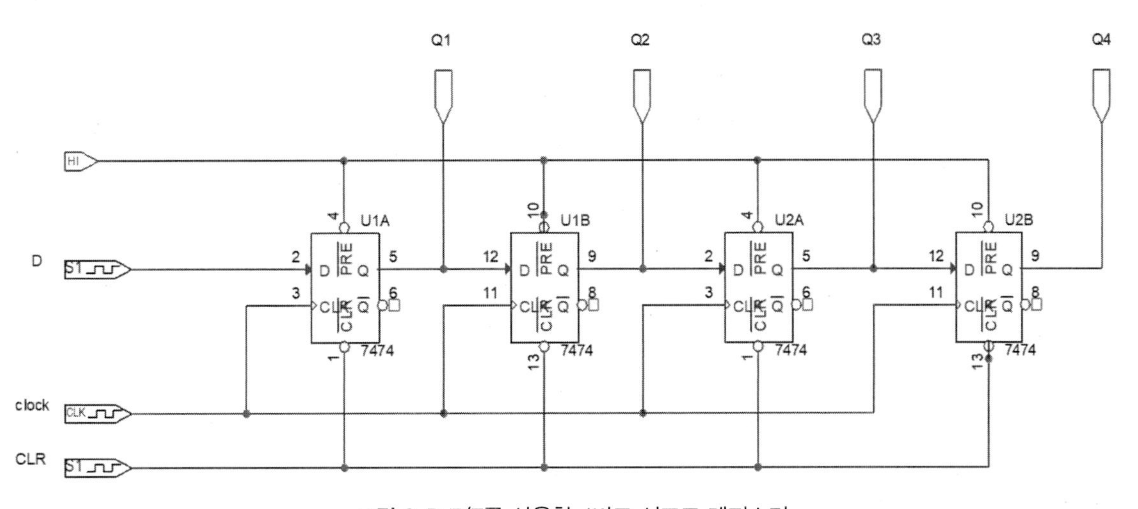

그림 2 D F/F를 사용한 4비트 시프트 레지스터

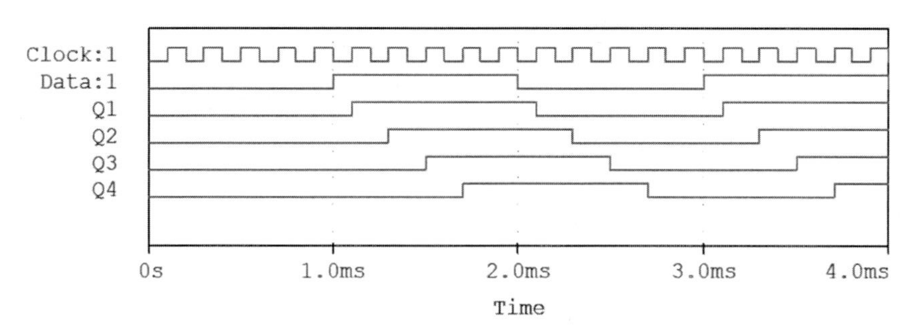

그림 3 D F/F를 사용한 4비트 시프트 레지스터의 시뮬레이션 결과

2.3 JK F/F를 사용한 4비트 시프트 레지스터

그림 4는 4개의 JK F/F를 직렬로 연결하여 구현한 4비트 시프트 레지스터이다. 1단의 출력을 살펴보면, JK 입력은 $J=1, K=0$와 $J=0, K=1$이므로 $J=1, K=0$일 경우 $Q_1(t+1)=D=1$가 된다. 한편, $J=0, K=1$일 경우에는 $Q_1(t+1)=D=0$가 된다. 동일하게, 순차적으로 다음 단의 출력들은 $Q_i(t+1)=Q_i(t)$와 같이 현재 클럭 직전 데이터가 순차적으로 천이(shift)되어 출력된다. 그림 4는 JK F/F를 사용한 4비트 시프트 레지스터의 시뮬레이션 결과이며, 직렬 데이터 D가 순차적으로 다음 단 Q_i으로 천이되어 출력됨을 확인할 수 있다.

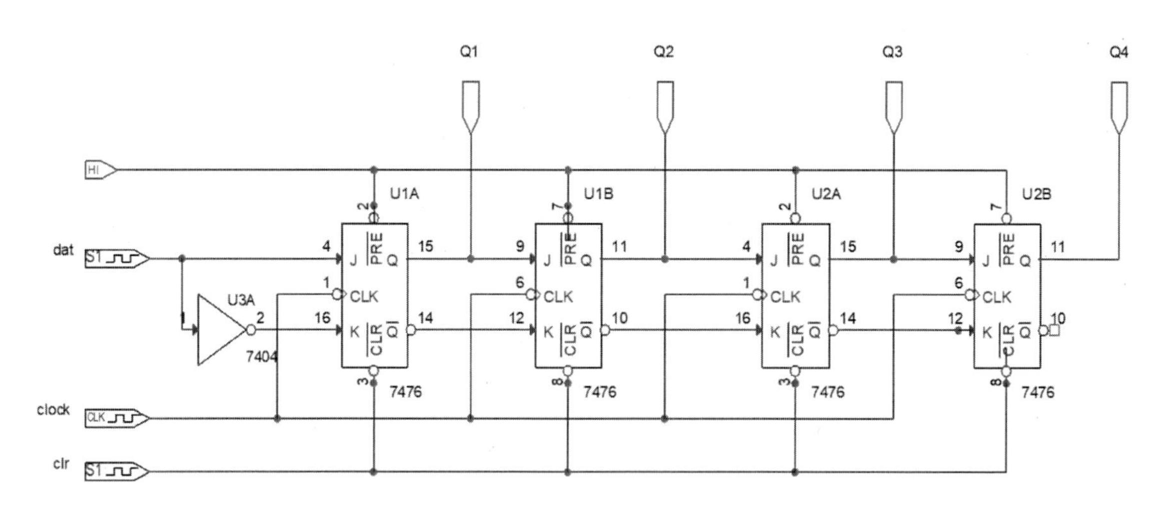

그림 4 JK F/F를 사용한 4비트 시프트 레지스터

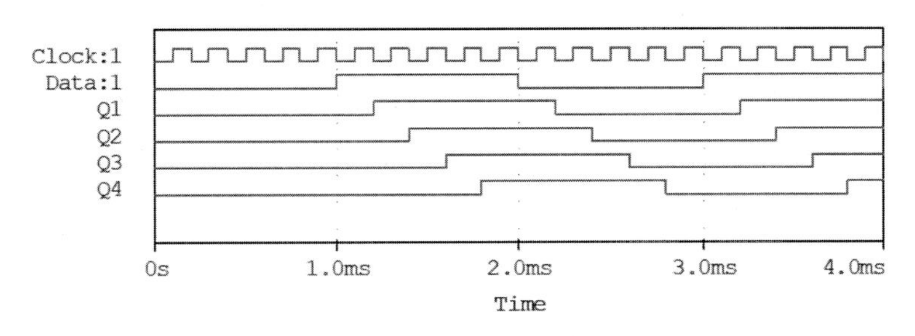

그림 5 JK F/F를 사용한 4비트 시프트 레지스터 시뮬레이션 결과

2.4 8비트 직렬 입력 병렬 출력(SIPO) 시프트 레지스터

IC74164는 클럭의 상승 에지 순간 동작하며 데이터가 직렬로 인가되어 각 단의 출력이 병렬로 출력되는 시프트 레지스터이다. CLR은 입력과 무관하게 출력 $Q_0 - Q_7$을 Low(0)으로 초기화시키는 모드로서 $CLR=0$가 초기화 동작모드이고, $CLR=1$은 시프트 레지스터 동작모드이다. 데이터는 A와 B 둘 중의 한 단자로 직렬로 입력된다. A와 B 둘 중 데이타 입력단자로 사용하지 않는 단자는 High(1)로 연결하여야 한다.

표 1 IC74164의 진리표

동작 모드	입력			각 단의 출력
	CLR	A	B	$Q_0(t+1)$
reset	L	X	X	L
shift	H	L	L	L
	H	L	H	L
	H	H	L	L
	H	H	H	H

그림 6은 직렬 입력 병렬 출력(SIPO) 시프트 레지스터 IC74164의 회로이며 A를 데이터 입력 단자로 하였다. 클럭 펄스의 상승 에지 순간 $Q_0(t+1)=D$와 같이 현재 클럭 직전 데이터 D가 출력된다. 동일하게, 순차적으로 다음 단의 출력들은 $Q_i(t+1)=Q_i(t)$와 같이 현재 클럭 직전 데이터가 순차적으로 천이(shift)되어 출력된다. 그림 7은 IC74164의 시뮬레이션 결과이며, 직렬 데이터 D가 순차적으로 다음 단 Q_i으로 천이되어 출력됨을 확인할 수 있다.

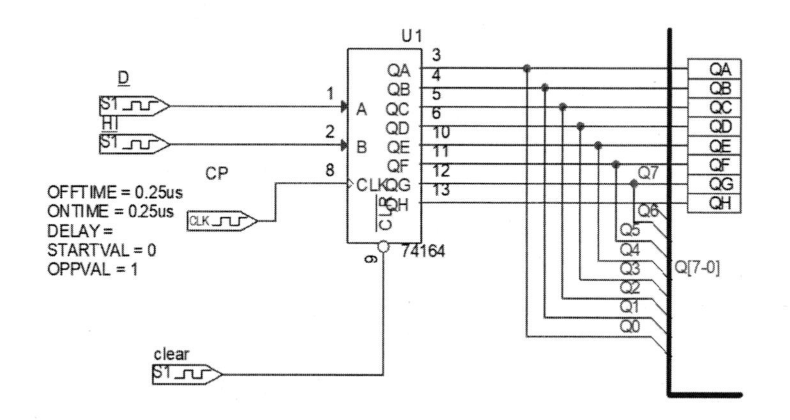

그림 6 IC74164 직렬 입력 병렬 출력(SIPO) 시프트 레지스터

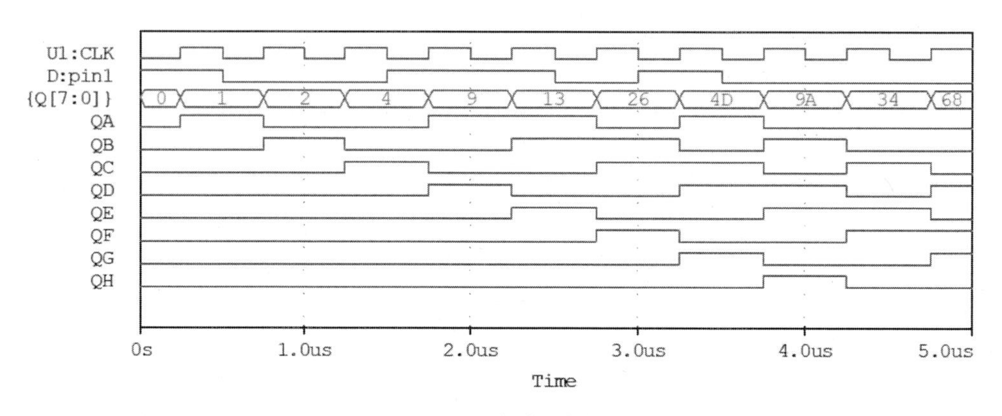

그림 7 IC74164의 시뮬레이션 결과

$D=10011010=9A$를 직렬 데이터로 입력하면 상승 에지 클럭에서 1비트씩 순차적으로 천이되어 8번째 클럭 인가된 후 $4\mu s$에서 병렬 데이터 $9A$를 얻을 수 있다.

2.5 범용 4비트 시프트 레지스터

IC 74LS195는 클럭의 상승 에지 순간 동작하며 직렬, 병렬, 입력 병렬 출력(SIPO) 및 병렬입력 직렬 출력(PISO)이 가능한 39MHz 천이 주파수 고속 4비트 시프트 레지스터이다. PE은 Parallel enable의 약어로 $\overline{PE}=1$일 때 클럭의 상승 에지 순간 $J\overline{K}$ 입력에 의해 직렬 데이터가 $Q_0 \rightarrow Q_1 \rightarrow Q_2 \rightarrow Q_3$으로 전달된다. 반대로, $\overline{PE}=0$일 때에는 병렬 입력 데이터 p_0, p_1, p_2, p_3가 Q_0, Q_1, Q_2, Q_3으로 각각 출력된다. MR은 초기화시키는 모드로서 $\overline{MR}=0$일 때, 모든 출력 Q_0, Q_1, Q_2, Q_3이 0로 초기화된다.

표 2 74LS195의 진리표

동작 모드	입력					출력				
	$\overline{MR}$	$\overline{PE}$	J	$\overline{K}$	p_n	Q_0	Q_1	Q_2	Q_3	$\overline{Q_3}$
비동기 reset	L	x	x	x	x	L	L	L	L	H
shift, 1단 set	H	h	h	h	x	H	q_0	q_1	q_2	$\overline{q_2}$
shift, 1단 reset	H	h	l	l	x	L	q_0	q_1	q_2	$\overline{q_2}$
shift, 1단 toggle	H	h	h	l	x	$\overline{q_0}$	q_0	q_1	q_2	$\overline{q_2}$
shift, 1단 retain	H	h	l	h	x	q_0	q_0	q_1	q_2	$\overline{q_2}$
병렬 load	H	l	x	x	p_n	p_0	p_1	p_2	p_3	$\overline{p_3}$

그림 8은 IC 74LS195를 PIPO 시프트 레지스터로 사용한 것이다. $\overline{PE}= SH/\overline{LD}= 0$으로 연결하여 병렬 전송 동작모드로 J, K 입력값과 무관하게 클럭의 상승 에지마다 병렬 입력 데이터 A, B, C, D가 Q_A, Q_B, Q_C, Q_D로 각각 출력된다. 그림 9는 IC74195 PIPO 시프트 레지스터 시뮬레이션 결과를 나타낸다. 클럭의 상승 에지 순간마다 병렬 입력 데이터 A, B, C, D가 Q_A, Q_B, Q_C, Q_D으로 각각 출력되었음을 확인할 수가 있다.

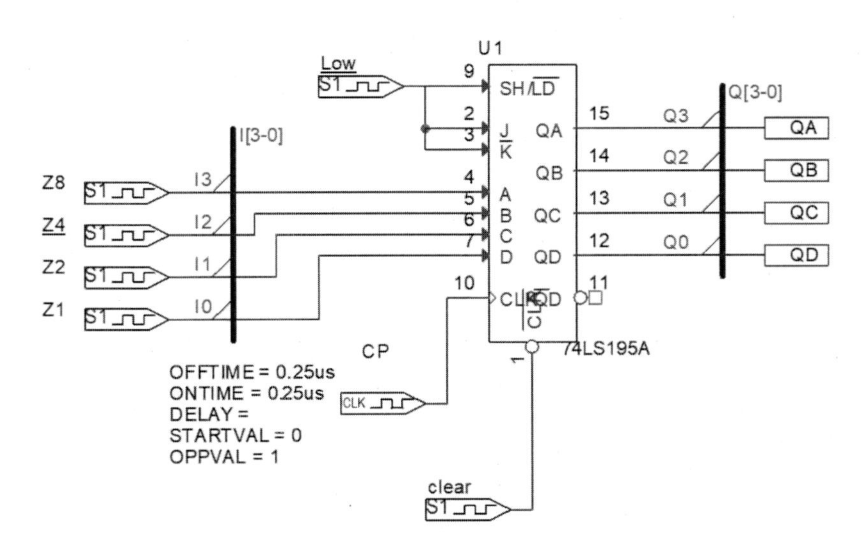

그림 8 IC74195 PIPO 시프트 레지스터

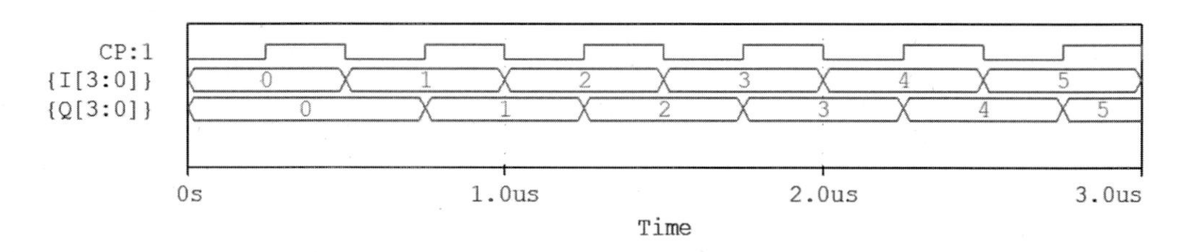

그림 9 IC74195 PIPO 시프트 레지스터 시뮬레이션 결과

그림 10은 IC 74LS195를 SIPO 시프트 레지스터로 사용한 것이다. $\overline{PE} = SH/\overline{LD} = 1$로 연결하여 직렬 Shift 동작모드로 J, K 입력값에 따라 클럭의 상승 에지마다 1단에서는 J, K 플립플롭 동작을 나타내고, 2단부터는 전단의 출력이 Shift되어 각각 출력된다. 그림 11은 IC74195 SIPO 시프트 레지스터 시뮬레이션 결과를 나타낸다. 1단의 출력은 $J = 1$, $\overline{K} = 0$이므로 클럭의 상승 에지 순간마다 toggle이 된다. 2단부터는 전단의 출력이 Shift되어 각각 출력되어 SIPO 레지스터로 동작한다.

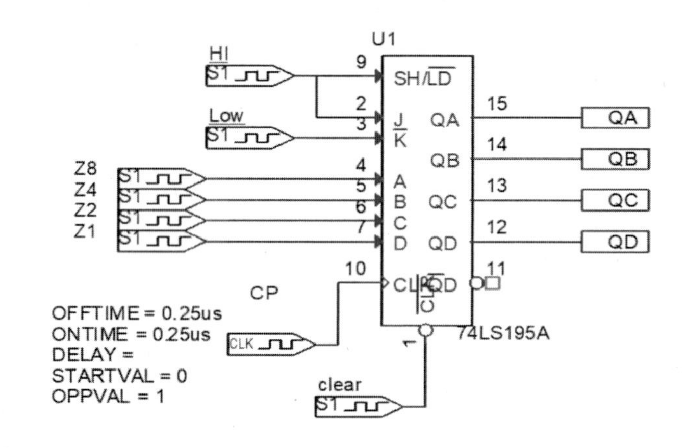

그림 10 IC74195 SIPO 시프트 레지스터

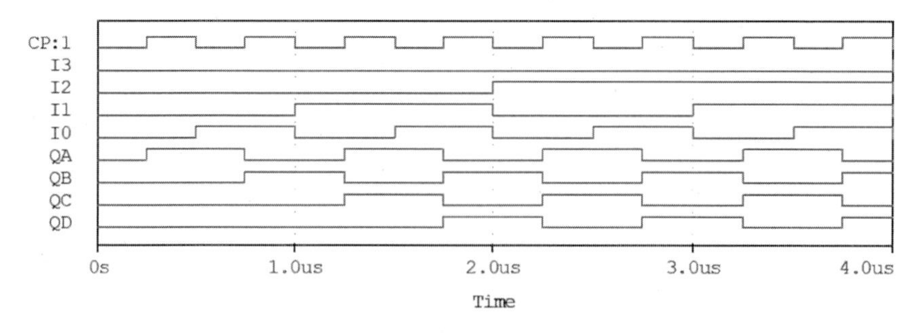

그림 11 IC74195 SIPO 시프트 레지스터 시뮬레이션 결과

1단의 출력 Q_A는 $J=1, \overline{K}=0$이므로 클럭의 상승 에지 순간마다 toggle이 된다. 2단부터는 전단의 출력이 Shift되어 각각 출력된다.

3. 요약문제

다음 중 플립플롭과 관계없는 것은? 2011년 4회 무선설비기사

① Decoder ② RAM

③ Counter ④ Register

4. 실험 기기 및 부품

(1) JK F/F : IC 7476 4개

(2) D F/F : IC 7474 4개

(3) 시프트 레지스터 : IC 74164, IC 74195 각 1개

(4) push switch : 2개

(5) 저항 : 1kΩ 4개, 330Ω 5개, 20kΩ 1개, 30kΩ 1개

(6) 콘덴서 : 0.1μF 1개, 10μF 1개,

(7) 디지털 오실로스코우프 1대

(8) 직류 전원 공급기 1대

(9) 적색 LED 5 개

5. 실험절차

(1) 그림 12의 D F/F을 사용한 4비트 시프트 레지스터 회로를 구성하라. clock 공급원은 함수 발생기의 클럭 공급원 또는 그림 13의 555 timer 회로를 사용하라. 5V 전원인가 후, clear SW를 ON시켜 출력을 0으로 초기화시킨 후 다시 clear SW를 OFF시켜라. 그림 14의 데이터 입력에 대하여 순차적인 clock 인가에 따라 LED 점멸 동작을 관찰하고 그림 14에 출력 상태를 0 또는 1로 기록하라. 직렬 입력 병렬 출력(SIPO) 시프트 레지스터 동작을 확인하라. 14번 PIN은 5V 전원에 연결하고, 7번 PIN은 접지(GND)에 연결하라.

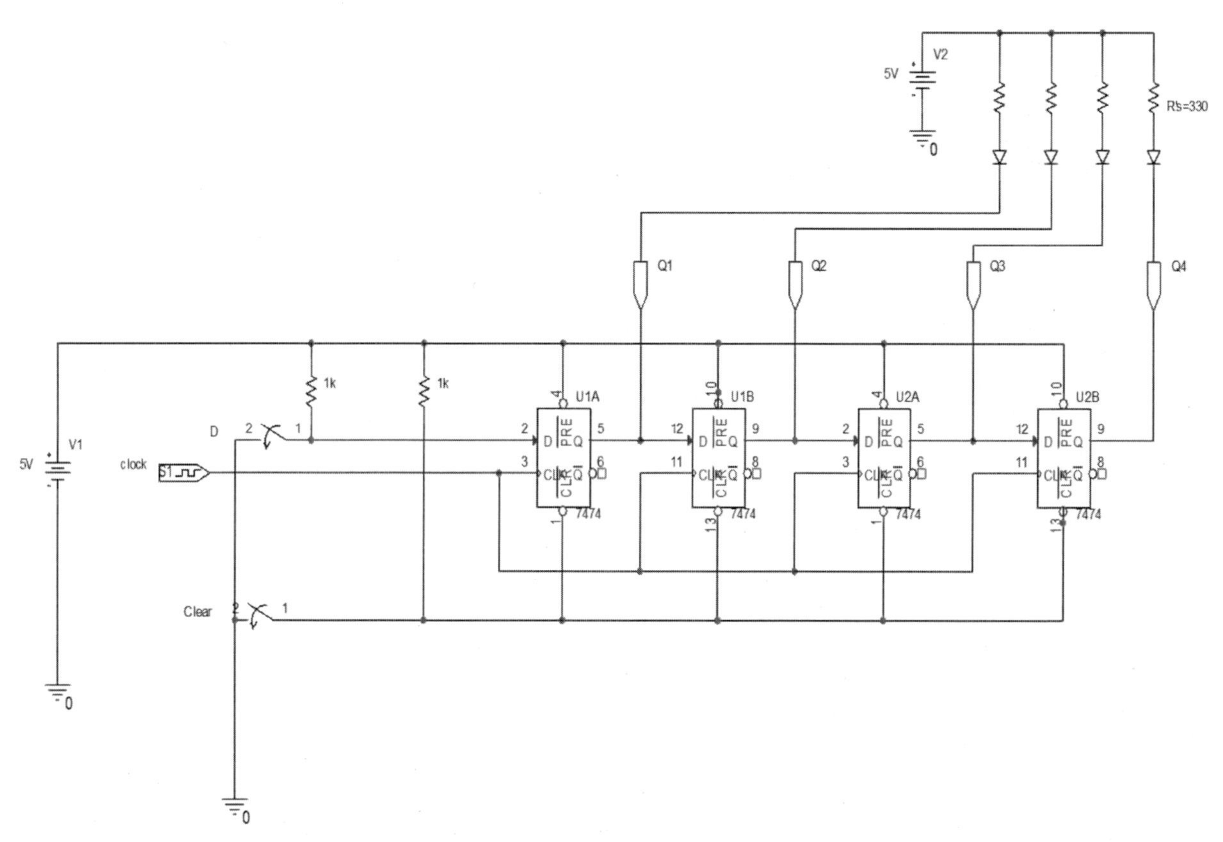

그림 12 D F/F을 사용한 4비트 시프트 레지스터

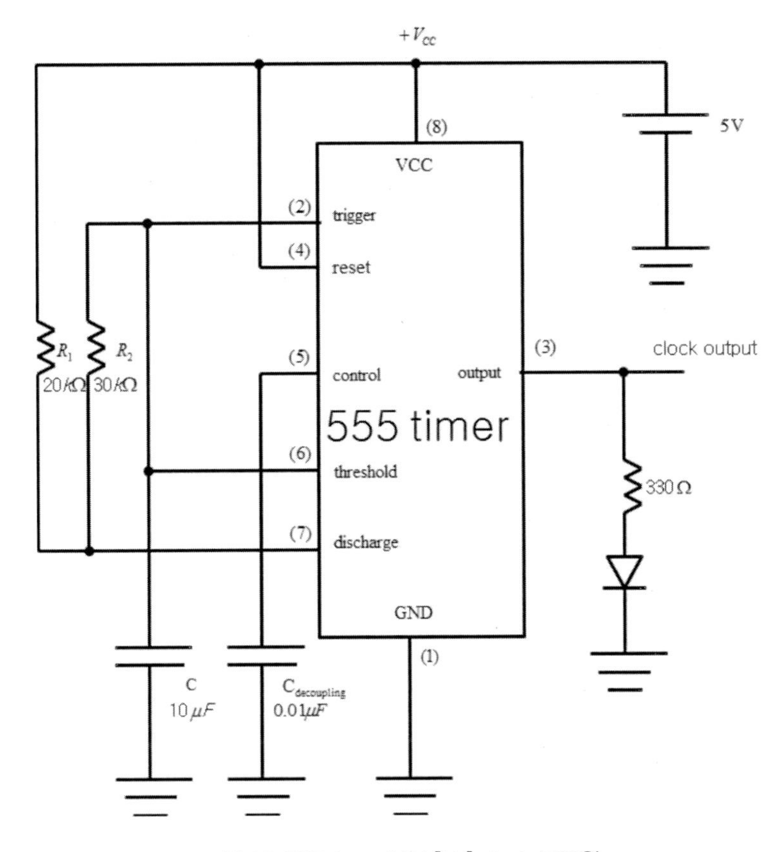

그림 13 555 timer 1.54 [Hz] clock 공급원

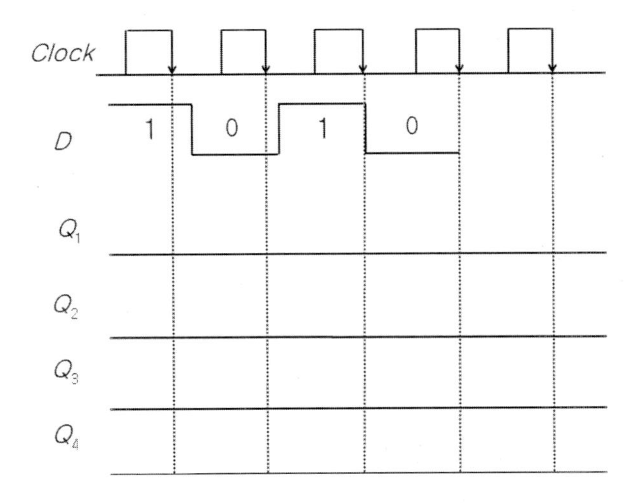

그림 14 D F/F을 사용한 4비트 시프트 레지스터 회로 동작

(2) 그림 15의 JK F/F을 사용한 4비트 시프트 레지스터 회로를 구성하라. clock 공급원은 함수 발생기의 클럭 공급원 또는 그림 13의 555 timer 회로를 사용하라. 5V 전원인가 후, clear SW를 ON시켜 출력을 0으로 초기화시킨 후 다시 clear SW를 OFF시켜라. 그림 16의 데이터 인가에 대하여 순차적인 clock 인가에 따라 LED 점멸 동작을 관찰하고 그림 16에 출력 상태를 0 또는 1로 기록하라. 직렬 입력 병렬 출력(SIPO) 시프트 레지스터 동작을 확인하라. 5번 PIN은 5V 전원에 연결하고, 13번 PIN은 접지(GND)에 연결하라.

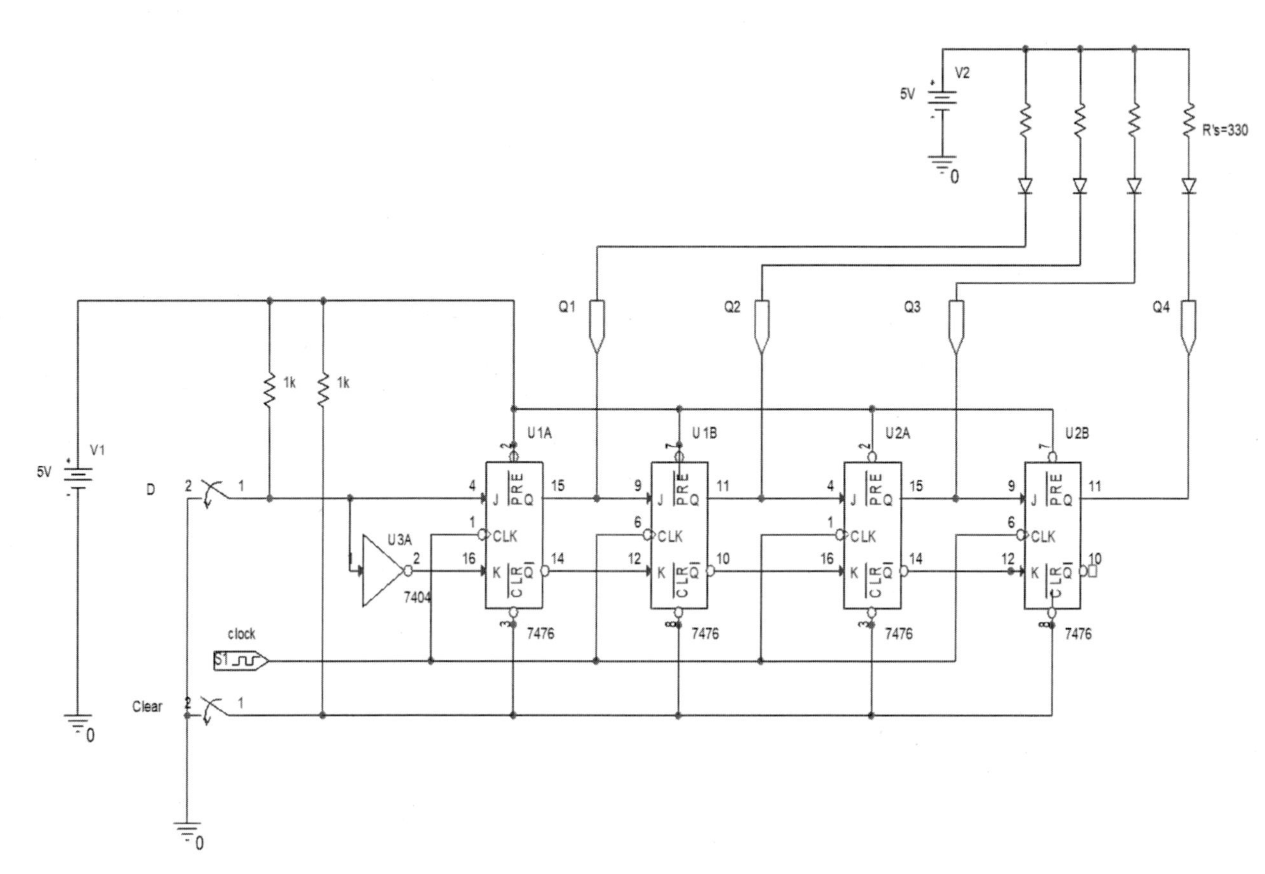

그림 15 JK F/F을 사용한 4비트 시프트 레지스터

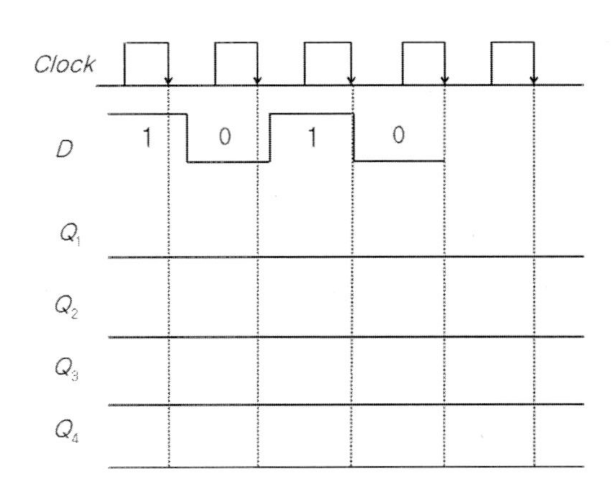

그림 16 JK F/F을 사용한 4비트 시프트 레지스터 회로 동작

(3) 그림 17의 IC 74164 직렬 입력 병렬 출력(SIPO) 시프트 레지스터회로를 구성하라. clock 공급원은 함수 발생기의 클럭 공급원 또는 그림 13의 555 timer 회로를 사용하라. 5V 전원인가 후, clear SW를 ON시켜 출력을 0으로 초기화시킨 후 다시 clear SW를 OFF시켜라. 표 3의 지시대로 순차적인 clock 인가에 따라 LED 점멸 동작을 관찰하고 표 3에 기록하라. 직렬 입력 병렬 출력(SIPO) 시프트 레지스터동작을 확인하라. 14번 PIN은 5V 전원에 연결하고, 7번 PIN은 접지(GND)에 연결하라.

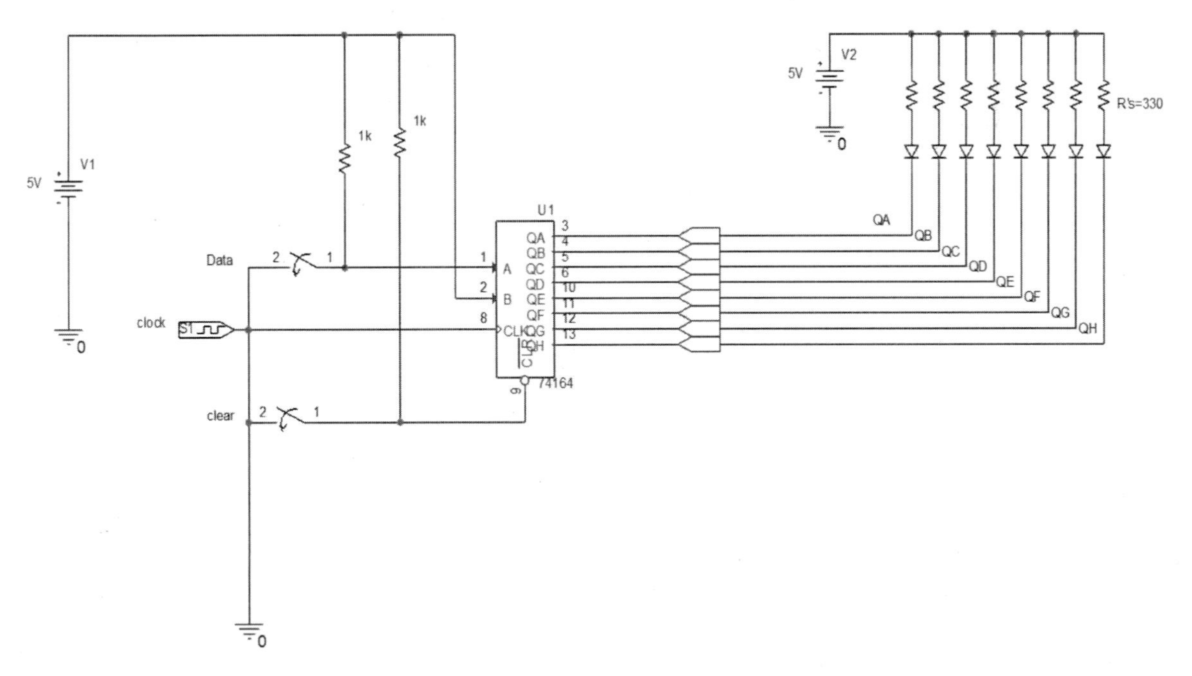

그림 17 직렬 입력 병렬 출력(SIPO) 시프트 레지스터

표 3 IC74164의 여기표

입력				출력							
Clock	**MR**	**A**	**B**	Q_0	Q_1	Q_2	Q_3	Q_4	Q_5	Q_6	Q_7
↑	0V	X	X								
↑	5V	5V	5V								
↑	5V	5V	5V								
↑	5V	5V	5V								
↑	5V	5V	5V								
↑	5V	5V	5V								
↑	5V	5V	5V								
↑	5V	5V	5V								
↑	5V	5V	5V								

(4) 그림 18의 IC 74195 직렬 입력 병렬 출력(PIPO) 시프트 레지스터회로를 구성하라. clock 공급원은 함수 발생기의 클럭 공급원 또는 그림 13의 555 timer 회로를 사용하라. 5V 전원인가 후 clear SW를 ON시켜 출력을 0으로 초기화시킨 후 다시 clear SW를 OFF시켜라. 표 4의 지시대로 순차적인 clock 인가에 따라 LED 점멸 동작을 관찰하고 표 4에 기록하라. 직렬 입력 병렬 출력(SIPO) 시프트 레지스터동작을 확인하라. 16번 PIN은 5V 전원에 연결하고, 8번 PIN은 접지(GND)에 연결하라.

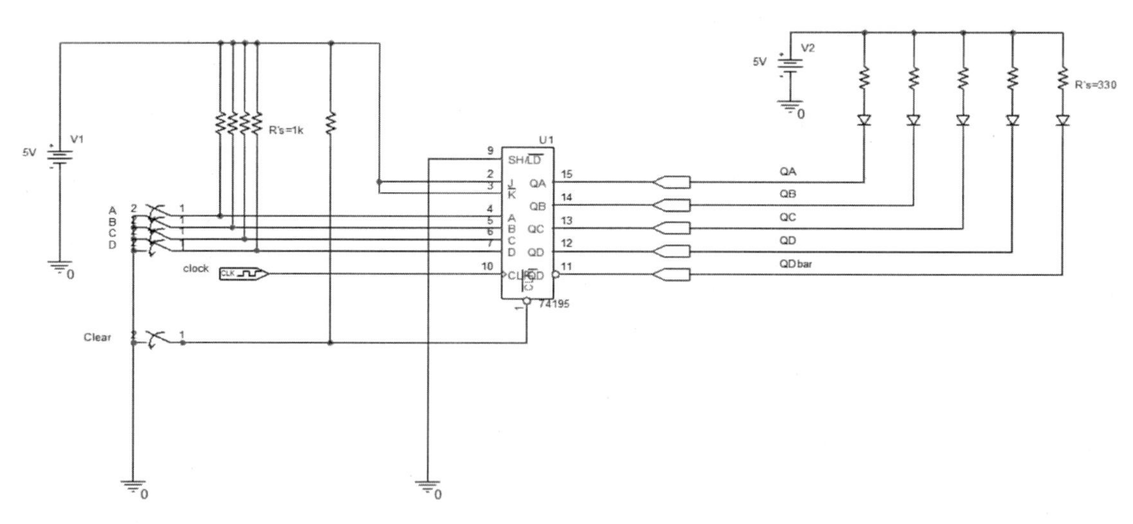

그림 18 IC 74195 병렬 입력 병렬 출력(PIPO) 시프트 레지스터

표 4 IC 74195의 여기표

입력								출력				
clock	$\overline{PE}$	J	$\overline{K}$	A	B	C	D	Q_0	Q_1	Q_2	Q_3	$\overline{Q_3}$
↑	0V	5V	5V	5V	5V	0V	0V					
↑	0V	5V	5V	5V	5V	0V	0V					
↑	0V	5V	5V	5V	5V	0V	0V					
↑	0V	5V	5V	5V	5V	0V	0V					
↑	0V	5V	5V	5V	5V	0V	0V					

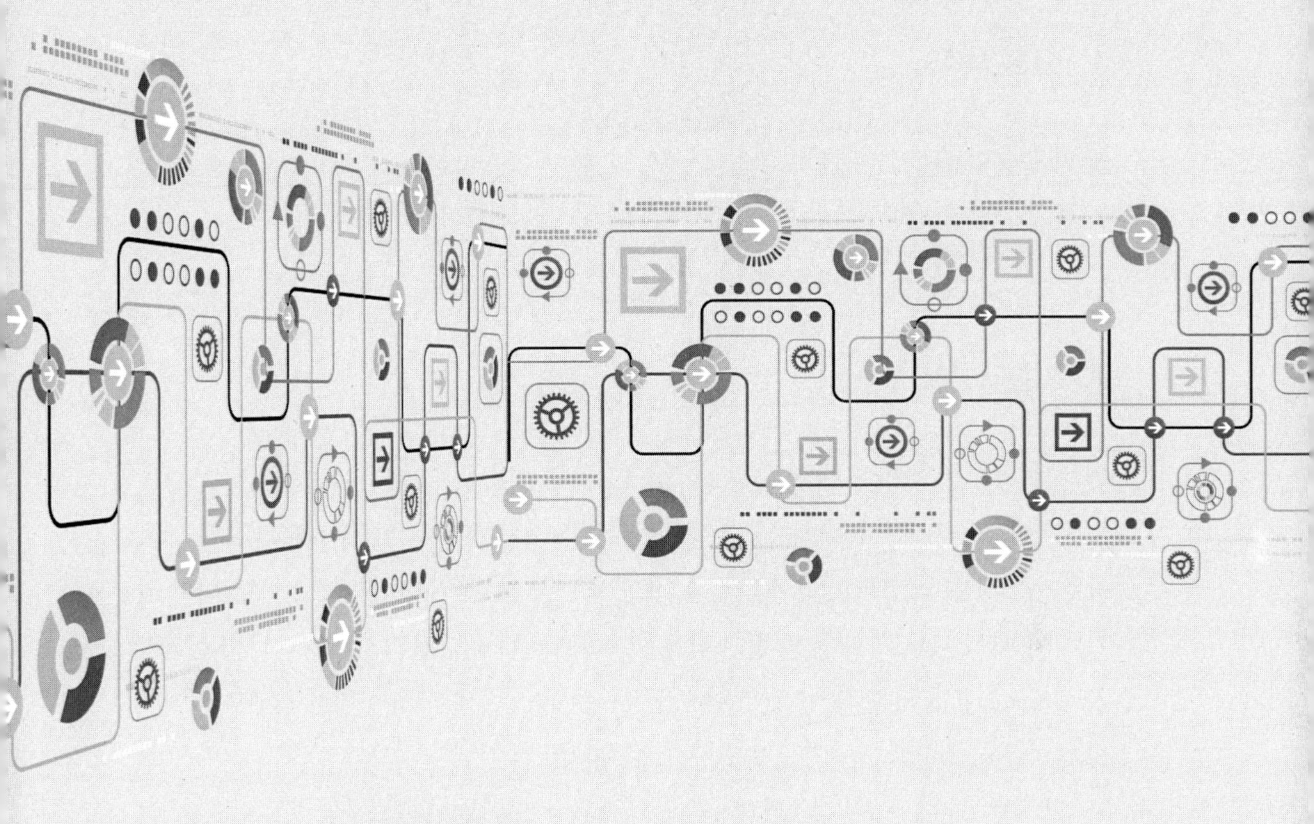

실험 16

타이머 응용 실험

1. 실험 목적
2. 기본 이론
   - 2.1 555 타이머
   - 2.2 단안정 멀티 바이브레이터
   - 2.3 비안정 멀티바이브레이터
3. 요약문제
4. 실험 기기 및 부품
5. 실험절차

1. 실험 목적

objective

(1) NE555 타이머를 이용한 단안정(monostable) 멀티바이브레이터의 동작을 이해한다.
(2) NE555 타이머를 이용한 비안정(astable) 멀티바이브레이터의 동작을 이해한다.

2. 기본 이론

2.1 555 타이머

555 타이머는 최대 500kHz 이상 동작하는 타이밍 회로이다. 그림 1에 나타난 대로 연산 증폭기를 사용한 비교기, RS 플립플롭, 트랜지스터, 저항과 콘덴서 등으로 구성되어 있으며 저항과 콘덴서의 충전 및 방전 작용을 통하여 하나의 안정한 상태와 하나의 준안정 상태(metastable state)를 가지는 단안정(monostable) 및 하나의 안정한 상태도 가지지 않는 비안정 멀티바이브레이터로 동작이 가능하다.

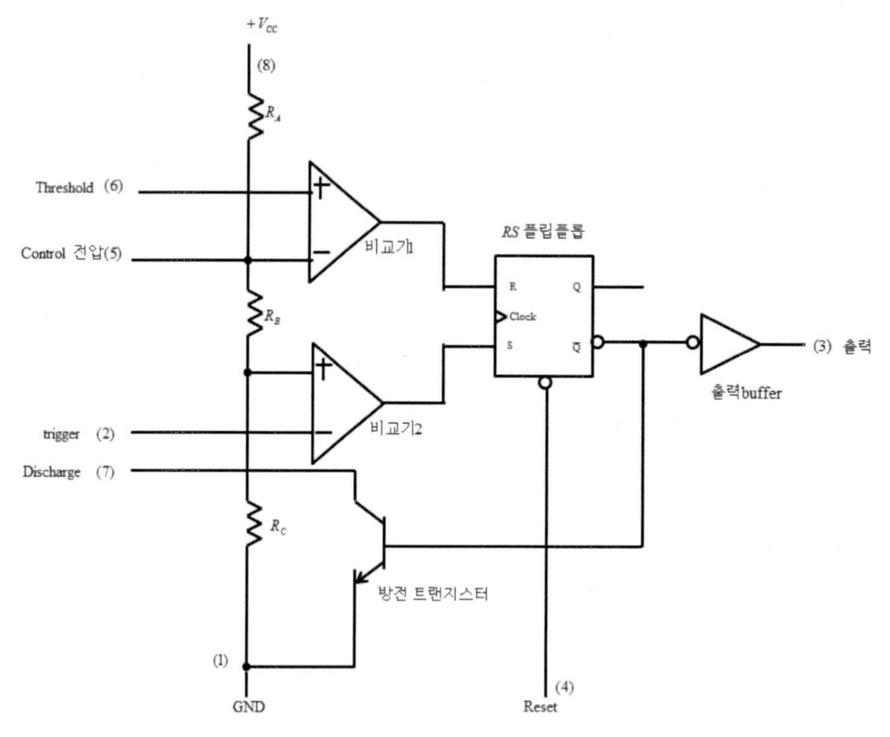

그림 1 555 타이머의 내부 논리회로 다이어그램

2.2 단안정 멀티 바이브레이터

555 타이머는 외부연결을 통하여 단안정 멀티바이브레이터로 동작할 수 있다. 그림 1의 555 타이머의 내부 논리회로 다이어그램으로부터 단안정 멀티바이브레이터의 동작을 살펴보도록 하자. 우선, 타이머의 출력 상태가 초기에는 안정 상태 Low 상태에 있다고 가정한다. 비교기1의 기준 전압은 $\frac{2}{3}V_{CC}$이고 비교기2의 기준 전압은 $\frac{1}{3}V_{CC}$ 이다. 초기 상태는 $v_c = 0, v_{trigger} > \frac{V_{CC}}{3}$ 이므로, $R = S = 0$이다. 즉, 초기상태에는 비교기1과 비교기2 모두 low 상태에 있으나, 트리거 단자에 $\frac{1}{3}V_{CC}$ 이상의 전압을 인가하다가 짧은 지속시간 동안 0[V]를 인가하면, 비교기2를 high 상태로 만들어 $R = 0, S = 1$가 되어 출력은 high (1)가 된다. 외부 콘덴서 C에는 R_1을 통해 전원 전압이 콘덴서 C에 충전되기 시작하고, 트리거 펄스의 지속시간이 종료되는 순간 비교기2가 low로 되어 $R = 0, S = 0$ 가되어, 출력의 상태 변화는 없다. 충전 전압이 $\frac{2}{3}V_{CC}$가 되는 시점에 $R = 1, S = 0$가 되어 비교기1을 High로 만들고, 출력은 low(0)가 된다.

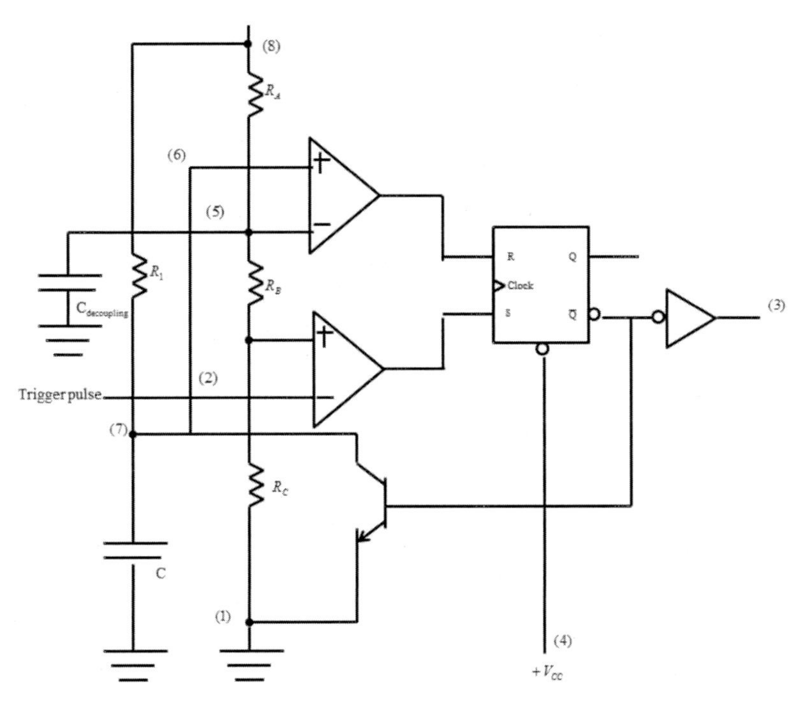

그림 2 555 TIMER의 단안정 멀티바이브레이터 동작

그림 3은 단안정 멀티바이브레이터의 실제 회로를 나타내고 있다. 그림 4(a)에 보인대로 트리거 입력단자의 전압은 5[V]를 유지하다가 0.1[ms]의 짧은 구간 동안 0[V]의 트리거 전압을 인가하면, 그림 4(c)에 보인대로 4[V]의 출력을 얻게 된다. 이 상태는 준안정 상태이며, 그림 4(b)에 보인대로 C의 충전 전압이 $\frac{2}{3}V_{CC}$될 때 안정상태 0[V]로 복귀한다.

펄스 폭 T를 구하는 과정은 다음과 같다 :

콘덴서의 충전 전압은 $v_c = V_{CC}(1-e^{-r/\tau})$이다. $\tau = R_1 C$는 시상수를 나타낸다.

$t = T$에서, $v_c = \frac{2}{3}V_{CC}$가 되므로 $\frac{2}{3}V_{CC} = V_{CC}(1-e^{-T/\tau})$가 되어 T를 구하면

$T = R_1 C \ln 3 \cong 1.1 R_1 C$가 된다.

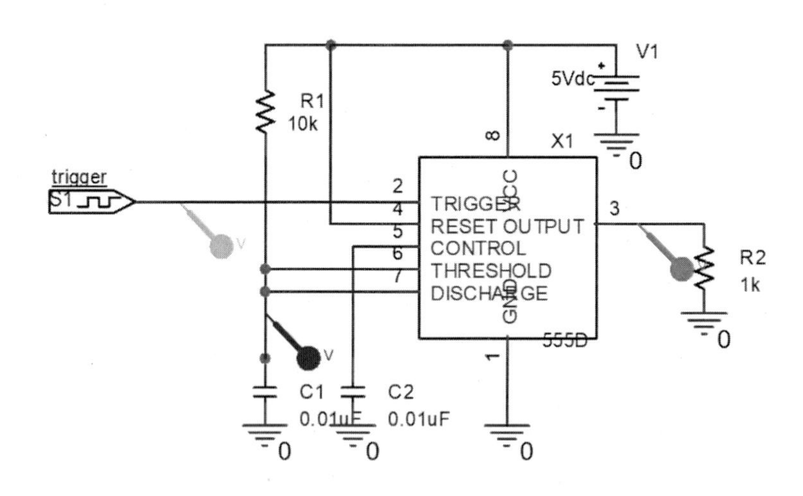

그림 3 단안정 멀티바이브레이터 회로

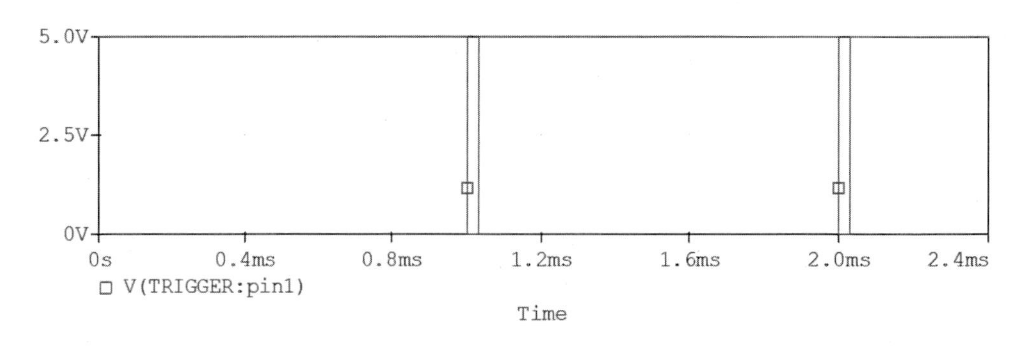

(a) 트리거 입력 전압

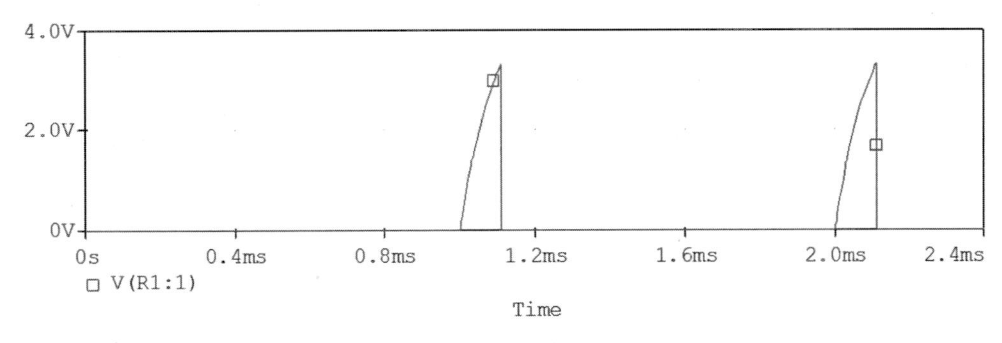

(b) 콘덴서의 충전 전압

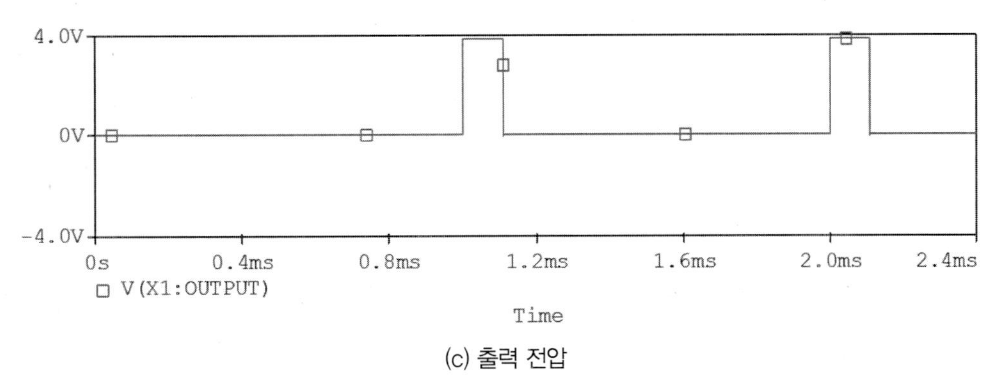

(c) 출력 전압

그림 4 단안정 멀티바이브레이터 회로 시뮬레이션 결과

2.3 비안정 멀티바이브레이터

555 타이머는 그림 5에 보인 대로 내부연결을 통하여 비안정 멀티바이브레이터(구형파 발진기)로 동작할 수 있다. 비안정 멀티바이브레이터의 동작 원리를 설명하면 다음과 같다 : 초기에, 전원을 ON시키면 $R_1 + R_2$를 통해서 커패시터 C에 충전되기 시작한다.

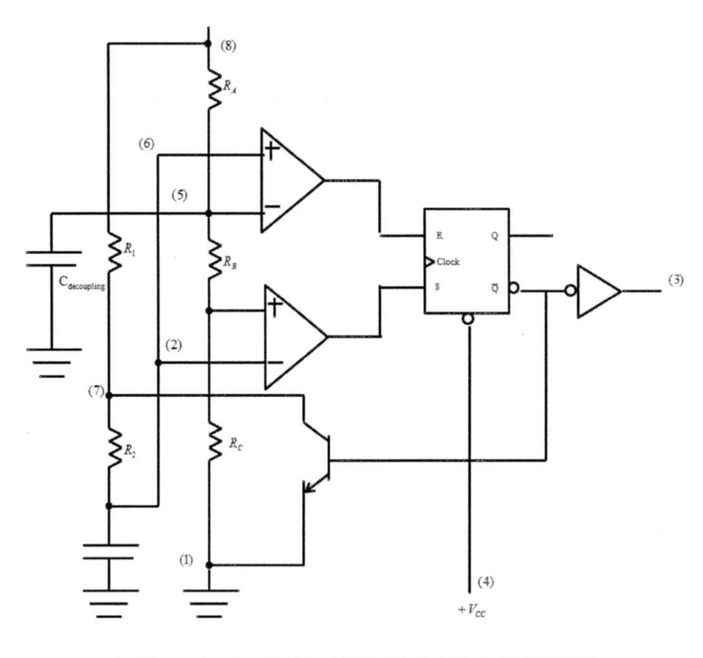

그림 5 555 TIMER의 비안정 멀티바이브레이터 동작

① 충전 시, 충전 전압이 $\frac{1}{3}V_{CC}$ 이 되는 순간 아래 비교기의 출력이 Low가 되고, 충전이 진행되어 충전 전압이 $\frac{2}{3}V_{CC}$ 이 되는 순간 위 비교기의 출력이 High가 되어 $R=1$, $S=0$ 입력 조건으로 RS 플립플롭을 reset(0)시켜 타이머 출력을 Low상태로 만듦과 동시에 트랜지스터를 ON시켜 커패시터 C는 R_2를 통해 방전이 시작된다. 이는 트랜지스터 포화동작 시 $v_{ce} \approx 0$가 되어 트랜지스터는 방전 통로가 되기 때문이다.

② 방전 시, 방전 전압이 $\frac{1}{3}V_{CC}$ 이 되는 순간 아래 비교기의 출력이 High가 되고, 위 비교기의 출력이 High가 되어 RS 플립플롭을 set(1)시켜 타이머 출력을 High 상태로 만듦과 동시에 트랜지스터를 OFF시켜 커패시터 C는 R_2를 통한 방전은 중단되고 R_1+R_2를 통해서 커패시터 C에 충전되는 사이클이 시작되고 전체 충전 방전 과정이 반복된다. 지금까지 충전 방전 사이클을 간략하게 정리하면 $t=t_1$에서 커패시터 C의 초기 전압을 $v_c(t_1)=\frac{1}{3}V_{CC}$ 라 하면 커패시터 C의 충전 전압은 다음과 같다 :

$$v_c = V_{CC} - \frac{2}{3}V_{CC}e^{-(t-t_1)/\tau_1}, \quad \tau_1 = (R_1+R_2)C$$

충전 전압이 $\frac{2}{3}V_{CC}$ 이 되는 순간, 다음 식이 성립한다 :

$$\frac{2}{3}V_{CC} = V_{CC} - \frac{2}{3}V_{CC}e^{-(t_{charge})/\tau_1}$$

$$1 = 2e^{-(t_{charge})/\tau_1}$$

$$t_{charge} = \ln 2\,\tau_1 = \ln 2\,(R_1 + R_2)C$$

$t = t_2$에서 커패시터는 방전을 시작하고, 초기 전압은 $v_c(t_2) = \frac{2}{3}V_{CC}$ 이므로, 커패시터의 방전 전압은 다음과 같다 :

$$v_c = \frac{2}{3}V_{CC}e^{-(t-t_2)/\tau_2},\ \tau_2 = R_2 C$$

방전 전압이 $\frac{1}{3}V_{CC}$ 이 되는 순간, 다음 식이 성립한다 :

$$v_c = \frac{2}{3}V_{CC}e^{-(t-t_2)/\tau_2} = \frac{1}{3}V_{CC}$$

$$2e^{-(t_{dischrage})/\tau_2} = 1 \quad t_{discharge} = \ln 2\,\tau_2 = \ln 2\,R_2 C$$

출력 파형의 주기는 충전 시간 t_{charge}과 $t_{discharge}$방전 시간의 합이다. 즉,

$$T = t_{charge} + t_{discharge} = \ln 2\,\tau_1 + \ln 2\,\tau_2 = \ln 2\,(R_1 + 2R_2)C$$

결과적으로, 진동 주파수는

$$f = \frac{1}{T} = \frac{1}{\ln 2\,(R_1 + 2R_2)C} = \frac{1.443}{(R_1 + 2R_2)C}$$

이며 듀티 사이클은

$$D = \frac{t_{discharge}}{T} = \frac{R_1 + R_2}{R_1 + 2R_2}$$

가 된다.

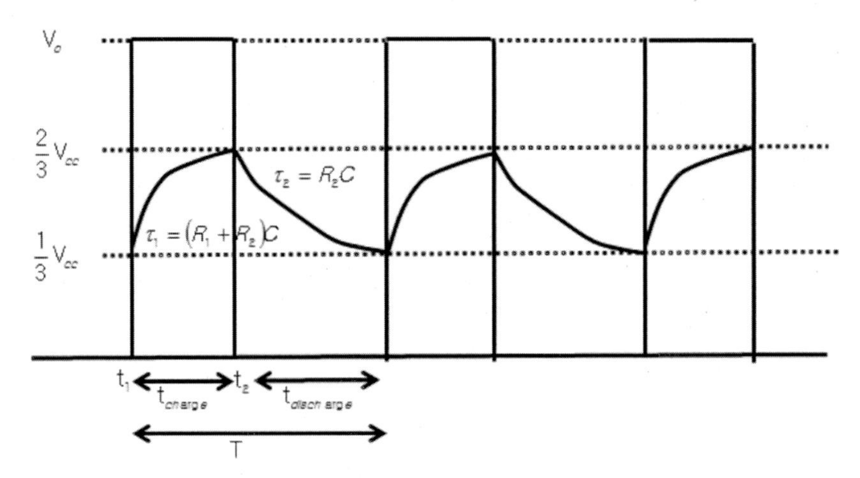

그림 6 비안정 멀티바이브레이터의 충전 방전 특성

그림 7은 NE555 IC를 사용한 비안정 멀티바이브레이터회로이며, 그림 8은 비안정 멀티바이브레이터의 시뮬레이션 결과이다. 진동 주파수는

$$f = \frac{1.443}{(R_1 + 2R_2)C} = \frac{1.443}{(3\times 10^3 + 2\times 3\times 10^3)(0.022\times 10^{-6})}$$
$$= \frac{1.443}{9\times 0.022\times 10^{-3}} \simeq 7.29\,kHz$$

이며 듀티 사이클은

$$D = \frac{t_{discharge}}{T} = \frac{R_1 + R_2}{R_1 + 2R_2} = \frac{2}{3}$$

이다.

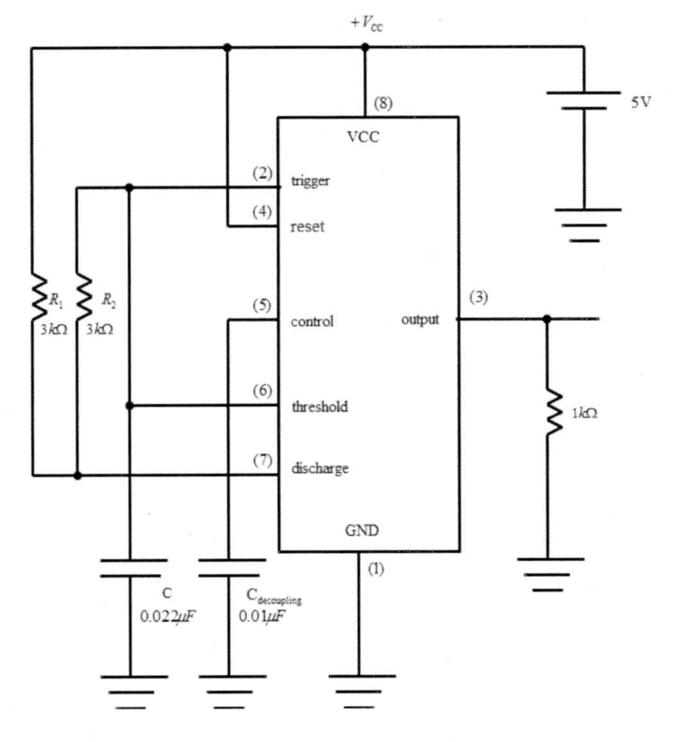

그림 7 비안정 멀티바이브레이터

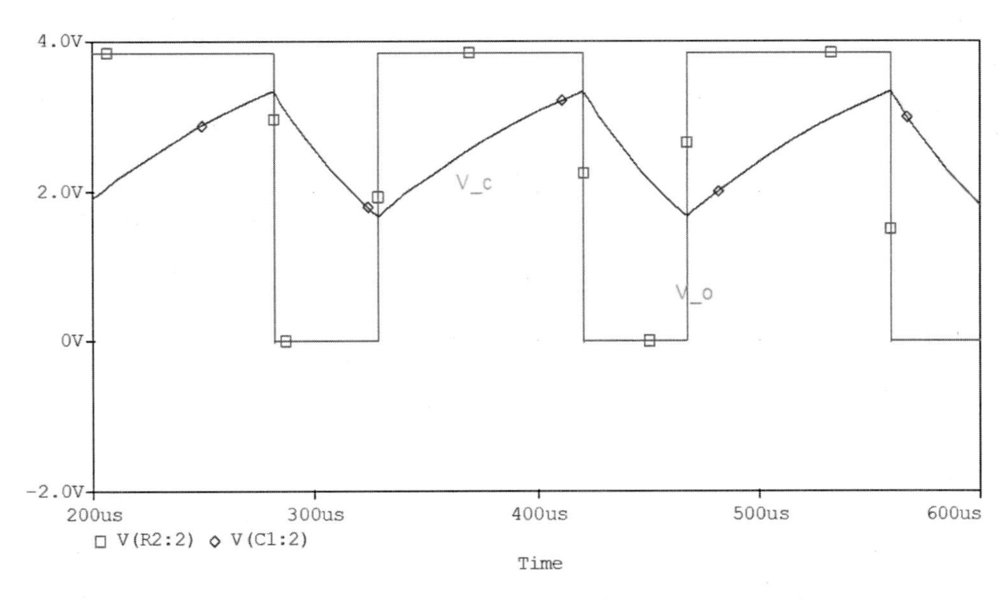

그림 8 비안정 멀티바이브레이터 시뮬레이션결과($C=0.022\mu F$)

콘덴서의 값을 $C=0.22\mu F$, $C=2.2\mu F$, $C=22\mu F$로 각각 변경하면 발진 주파수는 각각 다음과 같다 :

① $C=0.22\mu F$

$$f=\frac{1.443}{(R_1+2R_2)C}=\frac{1.443}{(3\times10^3+2\times3\times10^3)(0.22\times10^{-6})}$$
$$=\frac{1.443}{9\times0.22\times10^{-3}}\simeq 729\,Hz$$

② $C=2.2\mu F$

$$f=\frac{1.443}{(R_1+2R_2)C}=\frac{1.443}{(3\times10^3+2\times3\times10^3)(2.2\times10^{-6})}$$
$$=\frac{1.443}{9\times2.2\times10^{-3}}\simeq 72.9\,Hz$$

③ $C=22\mu F$

$$f=\frac{1.443}{(R_1+2R_2)C}=\frac{1.443}{(3\times10^3+2\times3\times10^3)(22\times10^{-6})}=\frac{1.443}{9\times0.022}\simeq 7.29\,Hz$$

3. 요약문제

멀티바이브레이터 회로의 외부에서 가해지는 트리거(trigger) 입력이 없이 스스로 반전하는 회로는? **2011년 4회 무선설비기사**

① 단안정 멀티바이브레이터　　② 비안정 멀티바이브레이터
③ 쌍안정 멀티바이브레이터　　④ 슈미터 트리거

4. 실험 기기 및 부품

(1) 타이머 : NE 555 1개

(2) 저항 : 330Ω 1개, 1$k\Omega$ 3개, 3$k\Omega$ 2개, 10$k\Omega$ 1개

(3) 콘덴서 : 2.2μF, 0.22μF, 2.2μF, 22μF, 0.01μF 각 1개

(4) 오실로스코우프 1대

(5) 직류 전원 공급기 1대

(6) LED 1개

(7) PUSH Switch 2개

5. 실험절차

(1) 그림 9의 회로를 구성하라. 트리거 펄스공급 장치를 인가하라. 트리거 펄스공급 장치가 없을 경우 초기에, 5[V]를 인가하라. 10여초의 시간이 지난 후 스위치를 이용하여 2초 정도 짧은 시간만 −5 [V]를 인가하라. 7번 PIN과 3번 PIN의 출력 파형을 오실로스코우프로 관찰하고, 그림 10에 파형을 그려라. 출력파형의 주기를 측정하라. NE555를 이용한 단안정 멀티바이브레이터의 동작을 확인하라.

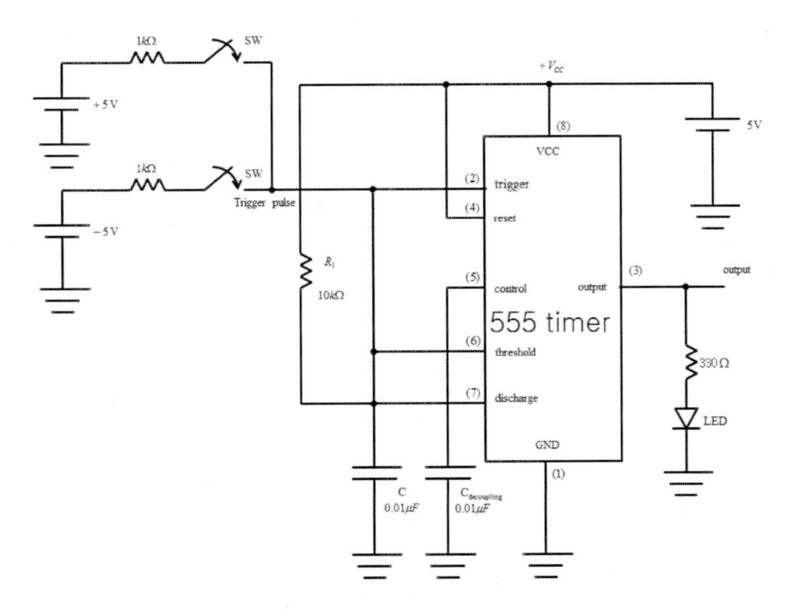

그림 9 단안정 멀티바이브레이터 회로

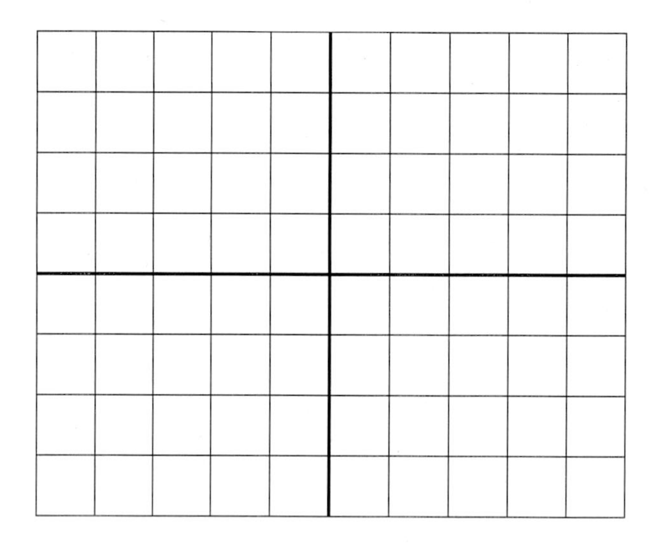

그림 10 $v_C(t)$와 $v_o(t)$의 파형

(2) 그림 11의 회로를 구성하라. 2번 PIN과 3번 PIN의 출력 파형을 오실로스코우프로 관찰하고, 그림 12에 파형을 그려라. 출력파형의 주기를 측정하고 구형파 발진 주파수 계산하라. NE555를 이용한 비안정 멀티바이브레이터의 동작을 확인하라.

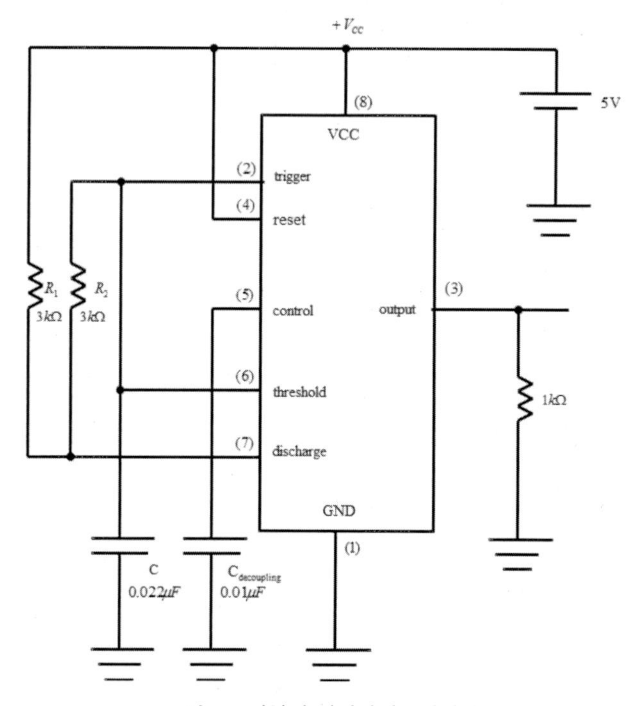

그림 11 비안정 멀티바이브레이터

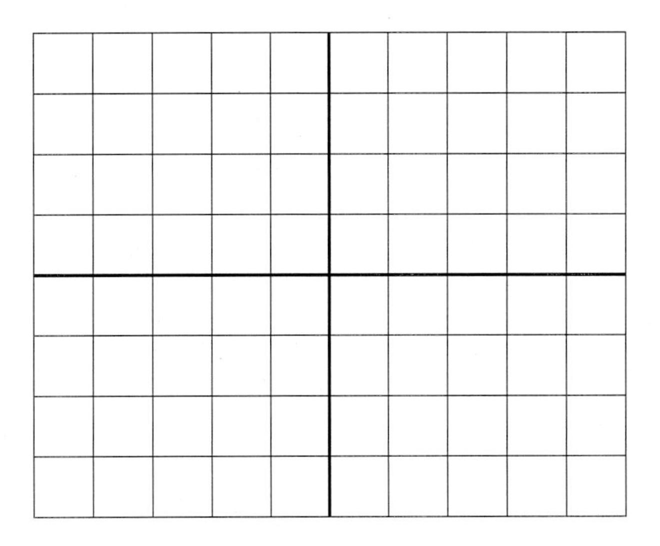

그림 12 $v_C(t)$와 $v_o(t)$의 파형

(3) 그림 11의 회로에서 $C=0.22\mu F$, $C=2.2\mu F$, $C=22\mu F$로 각각 변경하고 2번 PIN과 3번 PIN의 출력 파형을 오실로스코우프로 관찰하고, 그림 13, 그림 14, 그림 15에 파형을 각각 그려라. 출력 파형의 주기를 측정하고 구형파 발진 주파수 계산하라. NE555를 이용한 비안정 멀티바이브레이터의 동작을 확인하라.

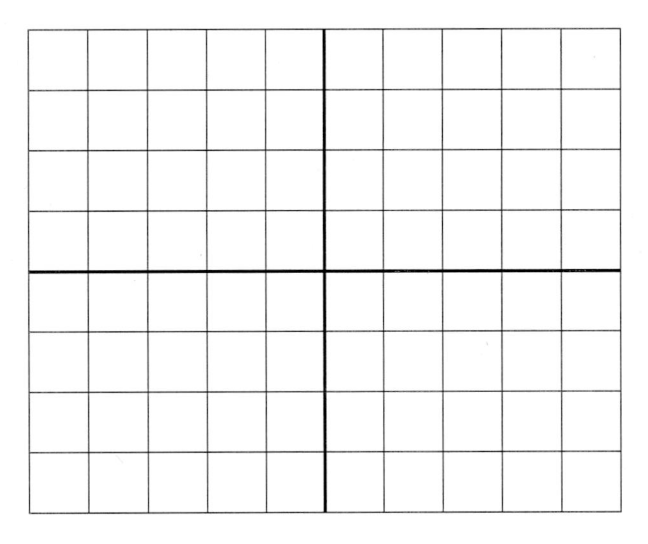

그림 13 $v_C(t)$와 $v_o(t)$의 파형 $C=0.22\mu F$

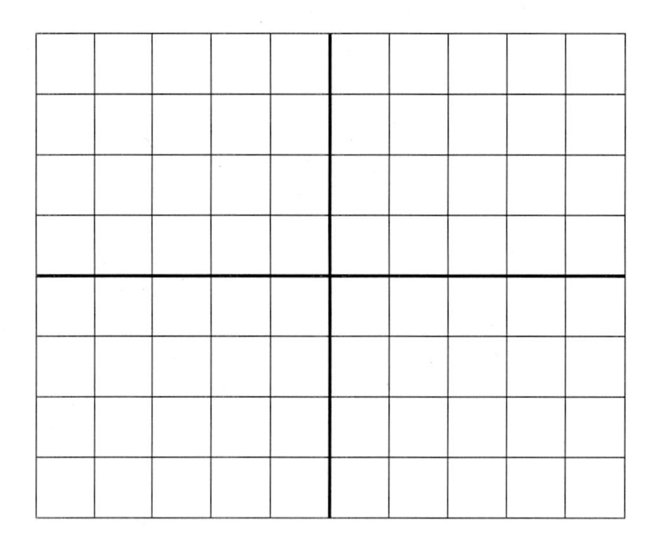

그림 14 $v_C(t)$와 $v_o(t)$의 파형 $C=2.2\mu F$

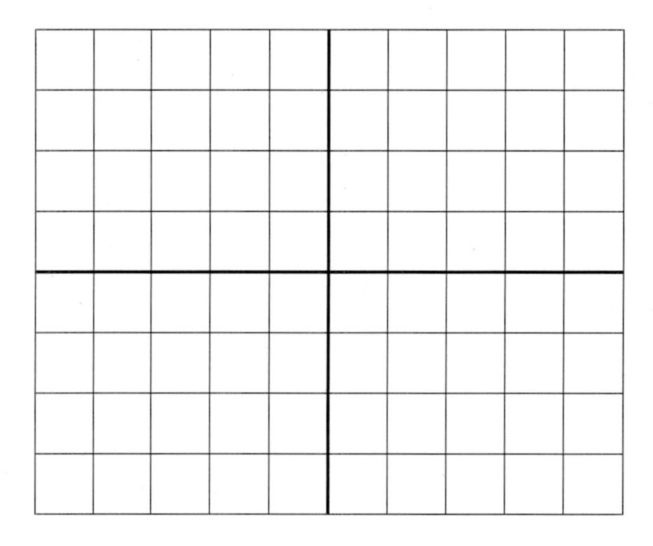

그림 15 $v_C(t)$와 $v_o(t)$의 파형($C=22\mu F$)

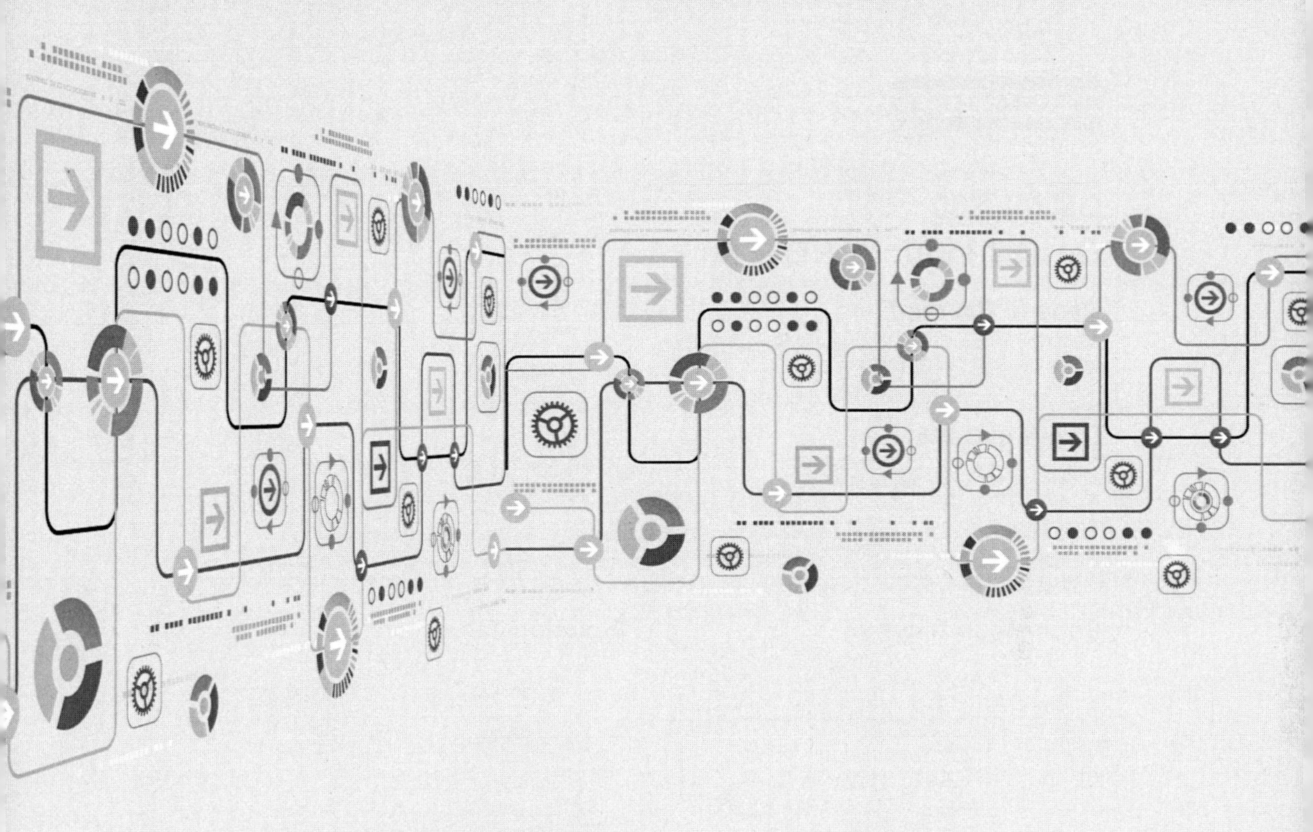

APPENDIX
데이터시트

August 1986
Revised March 2000

DM74LS00
Quad 2-Input NAND Gate

General Description

This device contains four independent gates each of which performs the logic NAND function.

Ordering Code:

Order Number	Package Number	Package Description
DM74LS00M	M14A	14-Lead Small Outline Integrated Circuit (SOIC), JEDEC MS-120, 0.150 Narrow
DM74LS00SJ	M14D	14-Lead Small Outline Package (SOP), EIAJ TYPE II, 5.3mm Wide
DM74LS00N	N14A	14-Lead Plastic Dual-In-Line Package (PDIP), JEDEC MS-001, 0.300 Wide

Devices also available in Tape and Reel. Specify by appending the suffix letter "X" to the ordering code.

Connection Diagram

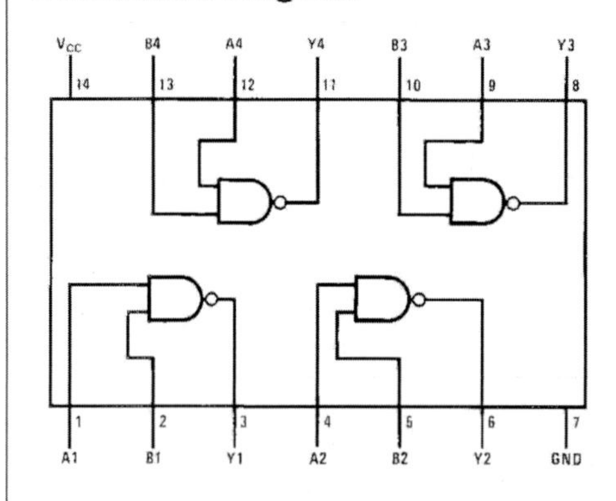

Function Table

$Y = \overline{AB}$

Inputs		Output
A	B	Y
L	L	H
L	H	H
H	L	H
H	H	L

H = HIGH Logic Level
L = LOW Logic Level

 DS006439 www.fairchildsemi.com

Absolute Maximum Ratings(Note 1)

Supply Voltage	7V
Input Voltage	7V
Operating Free Air Temperature Range	0°C to +70°C
Storage Temperature Range	−65°C to +150°C

Note 1: The "Absolute Maximum Ratings" are those values beyond which the safety of the device cannot be guaranteed. The device should not be operated at these limits. The parametric values defined in the Electrical Characteristics tables are not guaranteed at the absolute maximum ratings. The "Recommended Operating Conditions" table will define the conditions for actual device operation.

Recommended Operating Conditions

Symbol	Parameter	Min	Nom	Max	Units
V_{CC}	Supply Voltage	4.75	5	5.25	V
V_{IH}	HIGH Level Input Voltage	2			V
V_{IL}	LOW Level Input Voltage			0.8	V
I_{OH}	HIGH Level Output Current			−0.4	mA
I_{OL}	LOW Level Output Current			8	mA
T_A	Free Air Operating Temperature	0		70	°C

Electrical Characteristics

over recommended operating free air temperature range (unless otherwise noted)

Symbol	Parameter	Conditions	Min	Typ (Note 2)	Max	Units
V_I	Input Clamp Voltage	V_{CC} = Min, I_I = −18 mA			−1.5	V
V_{OH}	HIGH Level Output Voltage	V_{CC} = Min, I_{OH} = Max, V_{IL} = Max	2.7	3.4		V
V_{OL}	LOW Level Output Voltage	V_{CC} = Min, I_{OL} = Max, V_{IH} = Min		0.35	0.5	V
		I_{OL} = 4 mA, V_{CC} = Min		0.25	0.4	
I_I	Input Current @ Max Input Voltage	V_{CC} = Max, V_I = 7V			0.1	mA
I_{IH}	HIGH Level Input Current	V_{CC} = Max, V_I = 2.7V			20	μA
I_{IL}	LOW Level Input Current	V_{CC} = Max, V_I = 0.4V			−0.36	mA
I_{OS}	Short Circuit Output Current	V_{CC} = Max (Note 3)	−20		−100	mA
I_{CCH}	Supply Current with Outputs HIGH	V_{CC} = Max		0.8	1.6	mA
I_{CCL}	Supply Current with Outputs LOW	V_{CC} = Max		2.4	4.4	mA

Note 2: All typicals are at V_{CC} = 5V, T_A = 25°C.

Note 3: Not more than one output should be shorted at a time, and the duration should not exceed one second.

Switching Characteristics

at V_{CC} = 5V and T_A = 25°C

Symbol	Parameter	R_L = 2 kΩ				Units
		C_L = 15 pF		C_L = 50 pF		
		Min	Max	Min	Max	
t_{PLH}	Propagation Delay Time LOW-to-HIGH Level Output	3	10	4	15	ns
t_{PHL}	Propagation Delay Time HIGH-to-LOW Level Output	3	10	4	15	ns

Physical Dimensions inches (millimeters) unless otherwise noted

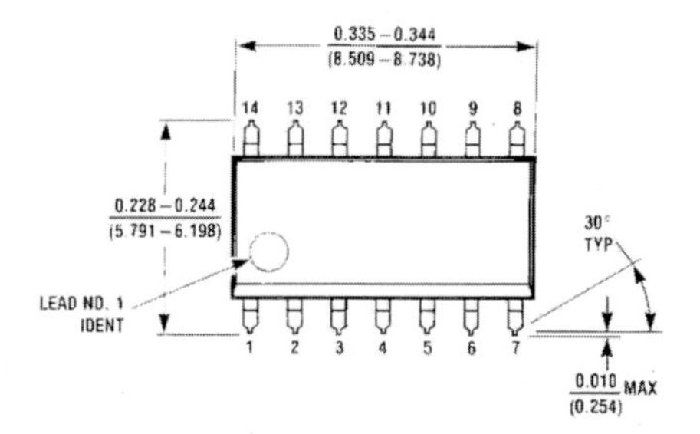

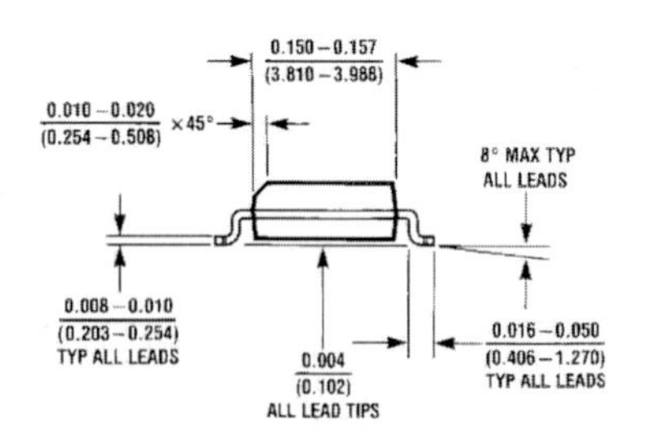

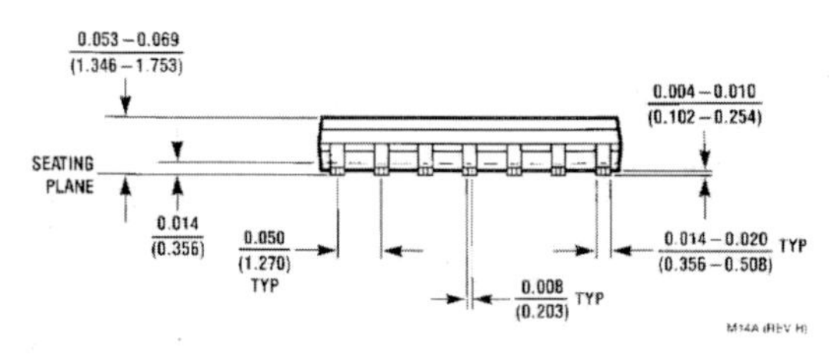

14-Lead Small Outline Integrated Circuit (SOIC), JEDEC MS-120, 0.150 Narrow Package Number M14A

Physical Dimensions inches (millimeters) unless otherwise noted (Continued)

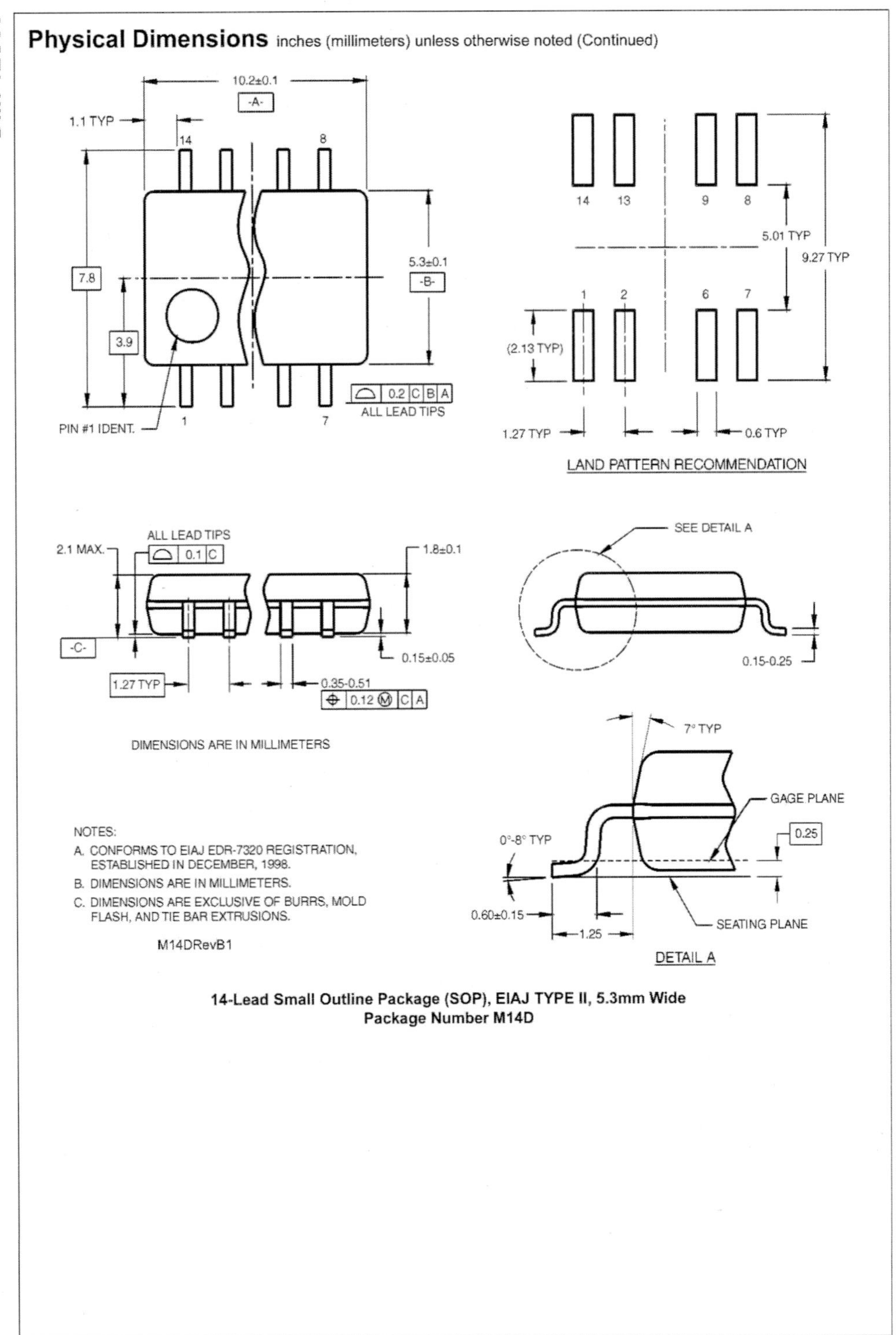

NOTES:

A. CONFORMS TO EIAJ EDR-7320 REGISTRATION, ESTABLISHED IN DECEMBER, 1998.

B. DIMENSIONS ARE IN MILLIMETERS.

C. DIMENSIONS ARE EXCLUSIVE OF BURRS, MOLD FLASH, AND TIE BAR EXTRUSIONS.

M14DRevB1

14-Lead Small Outline Package (SOP), EIAJ TYPE II, 5.3mm Wide
Package Number M14D

Physical Dimensions inches (millimeters) unless otherwise noted (Continued)

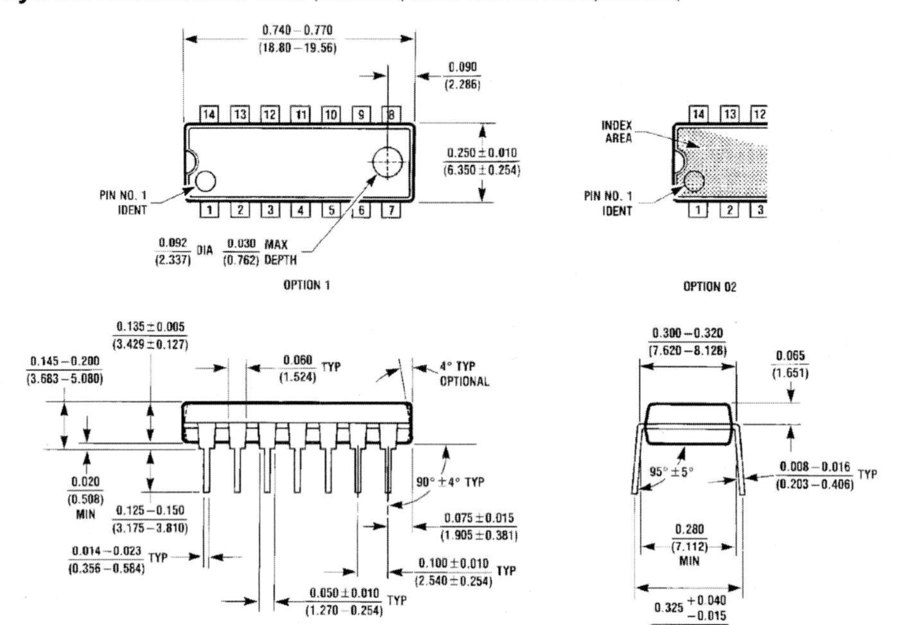

14-Lead Plastic Dual-In-Line Package (PDIP), JEDEC MS-001, 0.300 Wide
Package Number N14A

May 1986
Revised March 2000

DM74LS02
Quad 2-Input NOR Gate

General Description

This device contains four independent gates each of which performs the logic NOR function.

Ordering Code:

Order Number	Package Number	Package Description
DM74LS02M	M14A	14-Lead Small Outline Integrated Circuit (SOIC), JEDEC MS-120, 0.150 Narrow
DM74LS02SJ	M14D	14-Lead Small Outline Package (SOP), EIAJ TYPE II, 5.3mm Wide
DM74LS02N	N14A	14-Lead Plastic Dual-In-Line Package (PDIP), JEDEC MS-001, 0.300 Wide

Devices also available in Tape and Reel. Specify by appending the suffix letter "X" to the ordering code.

Connection Diagram

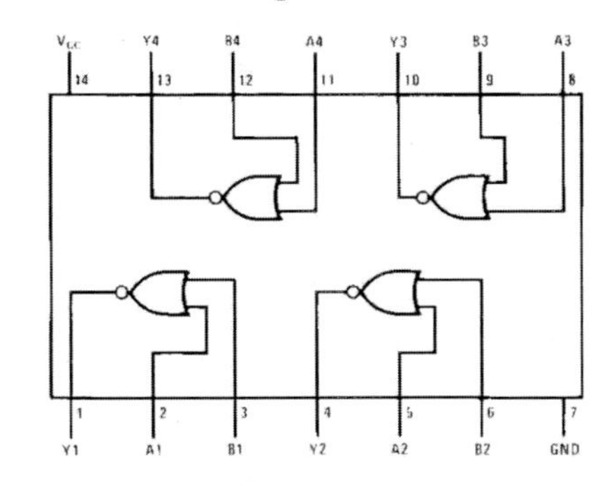

Function Table

$$Y = \overline{A + B}$$

Inputs		Output
A	B	Y
L	L	H
L	H	L
H	L	L
H	H	L

H = HIGH Logic Level
L = LOW Logic Level

Absolute Maximum Ratings(Note 1)

Supply Voltage	7V
Input Voltage	7V
Operating Free Air Temperature Range	0°C to +70°C
Storage Temperature Range	−65°C to +150°C

Note 1: The "Absolute Maximum Ratings" are those values beyond which the safety of the device cannot be guaranteed. The device should not be operated at these limits. The parametric values defined in the Electrical Characteristics tables are not guaranteed at the absolute maximum ratings. The "Recommended Operating Conditions" table will define the conditions for actual device operation.

Recommended Operating Conditions

Symbol	Parameter	Min	Nom	Max	Units
V_{CC}	Supply Voltage	4.75	5	5.25	V
V_{IH}	HIGH Level Input Voltage	2			V
V_{IL}	LOW Level Input Voltage			0.8	V
I_{OH}	HIGH Level Output Current			−0.4	mA
I_{OL}	LOW Level Output Current			8	mA
T_A	Free Air Operating Temperature	0		70	°C

Electrical Characteristics

over recommended operating free air temperature range (unless otherwise noted)

Symbol	Parameter	Conditions	Min	Typ (Note 2)	Max	Units
V_I	Input Clamp Voltage	V_{CC} = Min, I_I = −18 mA			−1.5	V
V_{OH}	HIGH Level Output Voltage	V_{CC} = Min, I_{OH} = Max, V_{IL} = Max	2.7	3.4		V
V_{OL}	LOW Level Output Voltage	V_{CC} = Min, I_{OL} = Max, V_{IH} = Min		0.35	0.5	V
		I_{OL} = 4 mA, V_{CC} = Min		0.25	0.4	
I_I	Input Current @ Max Input Voltage	V_{CC} = Max, V_I = 7V			0.1	mA
I_{IH}	HIGH Level Input Current	V_{CC} = Max, V_I = 2.7V			20	μA
I_{IL}	LOW Level Input Current	V_{CC} = Max, V_I = 0.4V			−0.40	mA
I_{OS}	Short Circuit Output Current	V_{CC} = Max (Note 3)	−20		−100	mA
I_{CCH}	Supply Current with Outputs HIGH	V_{CC} = Max		1.6	3.2	mA
I_{CCL}	Supply Current with Outputs LOW	V_{CC} = Max		2.8	5.4	mA

Note 2: All typicals are at V_{CC} = 5V, T_A = 25°C.

Note 3: Not more than one output should be shorted at a time, and the duration should not exceed one second.

Switching Characteristics

at V_{CC} = 5V and T_A = 25°C

Symbol	Parameter	R_L = 2 kΩ				Units
		C_L = 15 pF		C_L = 50 pF		
		Min	Max	Min	Max	
t_{PLH}	Propagation Delay Time LOW-to-HIGH Level Output		13		18	ns
t_{PHL}	Propagation Delay Time HIGH-to-LOW Level Output		10		15	ns

Physical Dimensions inches (millimeters) unless otherwise noted

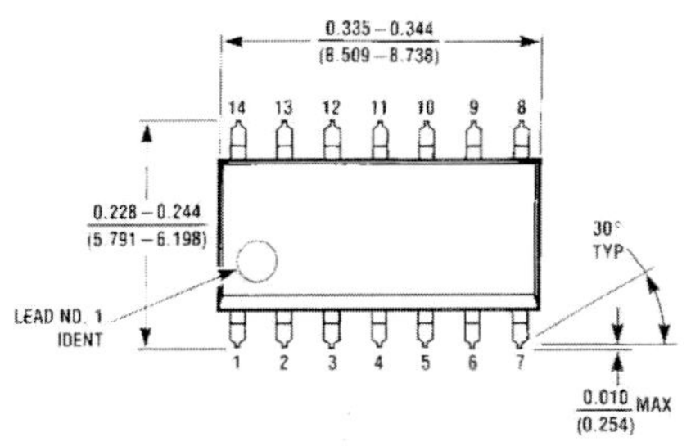

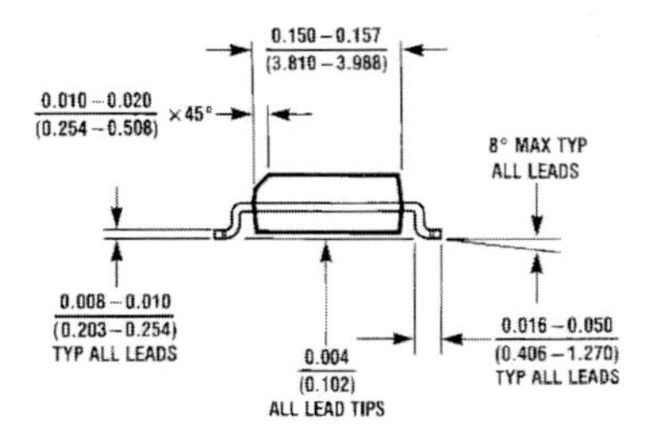

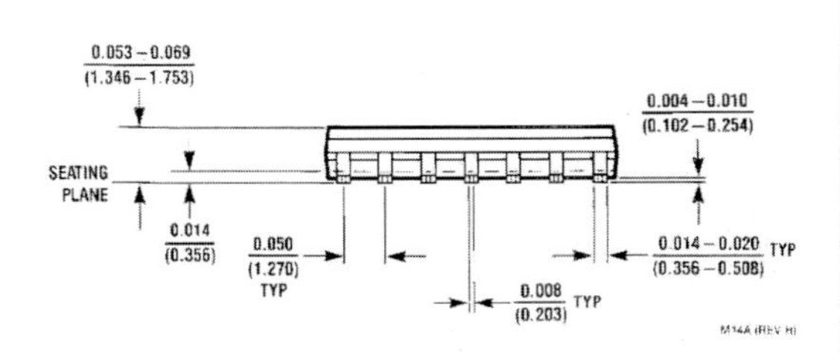

14-Lead Small Outline Integrated Circuit (SOIC), JEDEC MS-120, 0.150 Narrow Package Number M14A

Physical Dimensions inches (millimeters) unless otherwise noted (Continued)

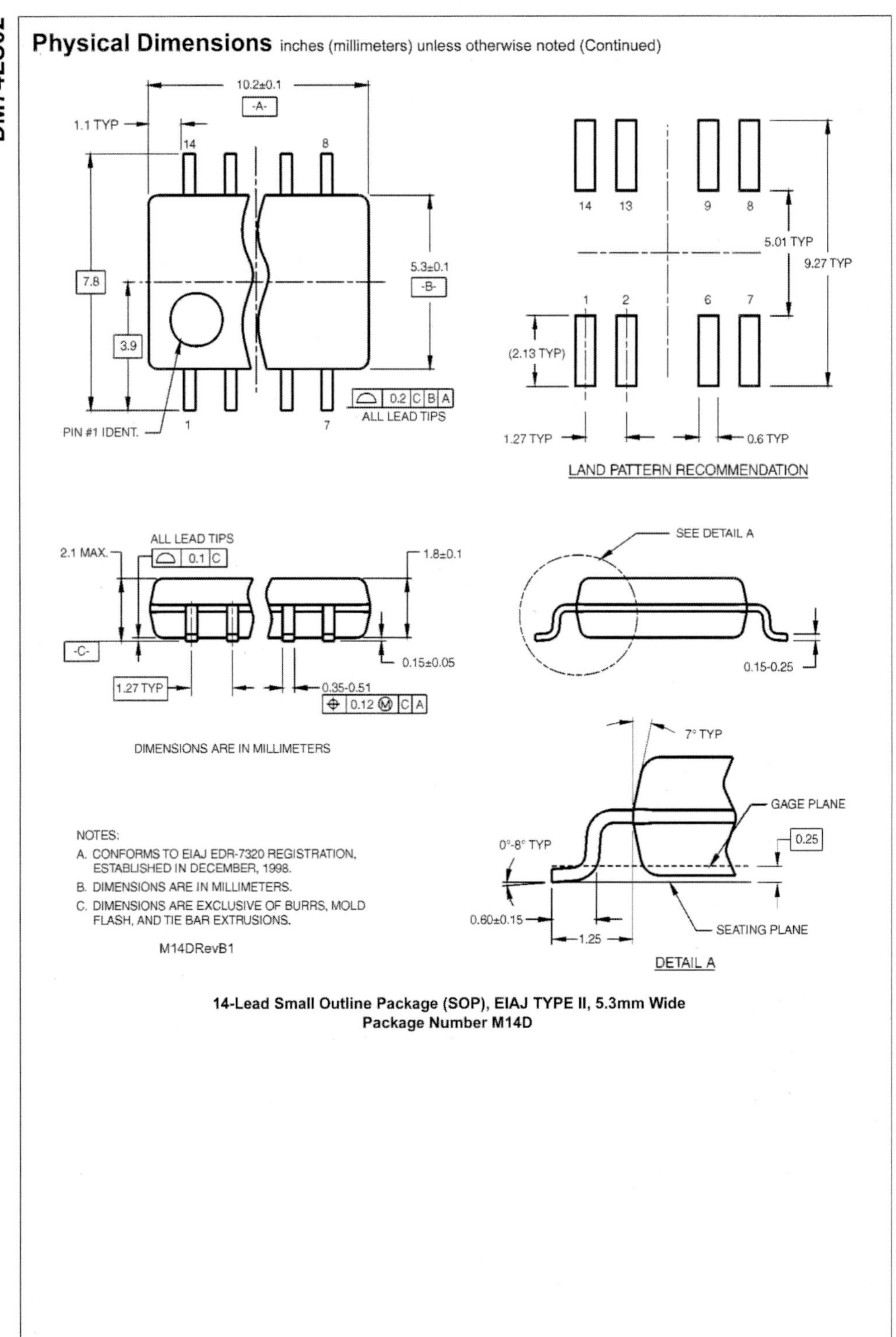

14-Lead Small Outline Package (SOP), EIAJ TYPE II, 5.3mm Wide
Package Number M14D

Physical Dimensions inches (millimeters) unless otherwise noted (Continued)

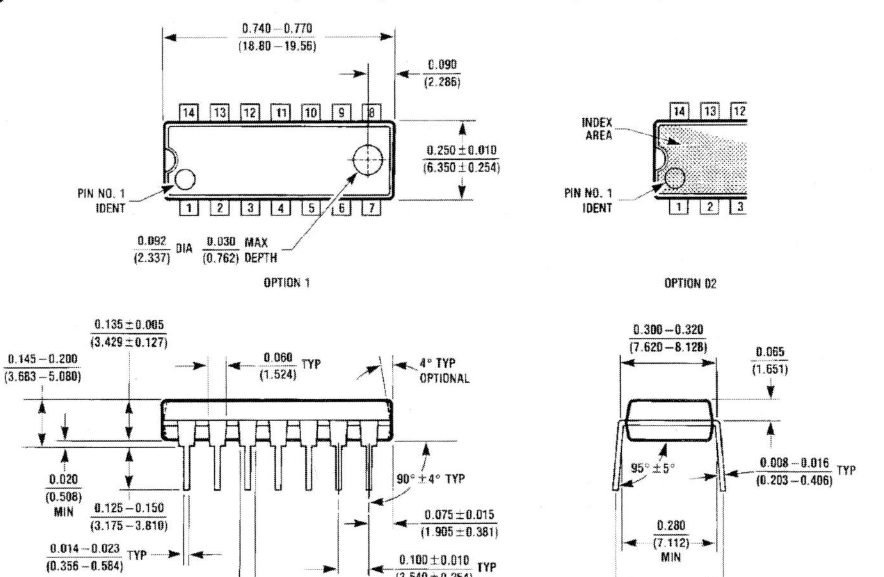

14-Lead Plastic Dual-In-Line Package (PDIP), JEDEC MS-001, 0.300 Wide
Package Number N14A

HEX INVERTER

SN54/74LS04

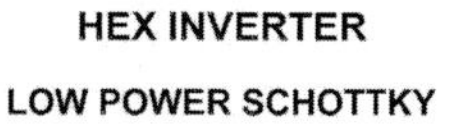

HEX INVERTER

LOW POWER SCHOTTKY

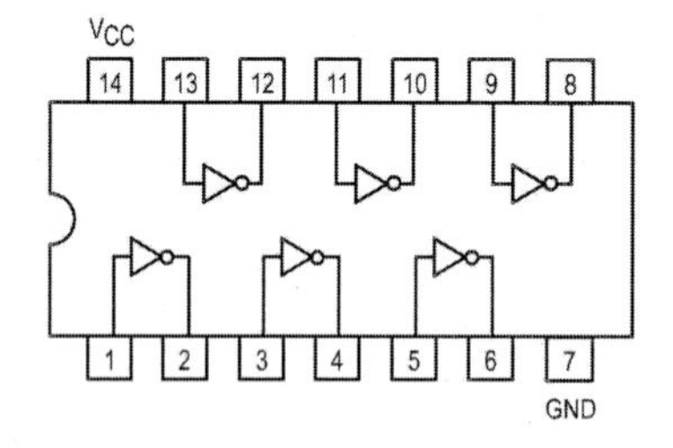

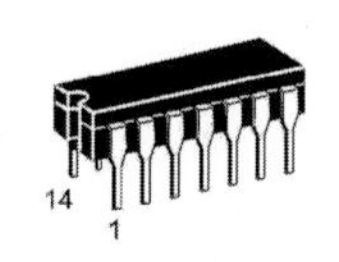

J SUFFIX
CERAMIC
CASE 632-08

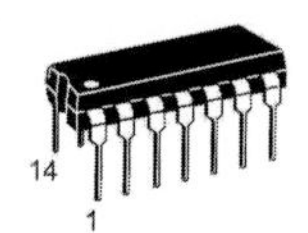

N SUFFIX
PLASTIC
CASE 646-06

D SUFFIX
SOIC
CASE 751A-02

ORDERING INFORMATION

SN54LSXXJ	Ceramic
SN74LSXXN	Plastic
SN74LSXXD	SOIC

GUARANTEED OPERATING RANGES

Symbol	Parameter		Min	Typ	Max	Unit
V_{CC}	Supply Voltage	54 74	4.5 4.75	5.0 5.0	5.5 5.25	V
T_A	Operating Ambient Temperature Range	54 74	−55 0	25 25	125 70	°C
I_{OH}	Output Current — High	54, 74			−0.4	mA
I_{OL}	Output Current — Low	54 74			4.0 8.0	mA

SN54/74LS04

DC CHARACTERISTICS OVER OPERATING TEMPERATURE RANGE (unless otherwise specified)

Symbol	Parameter		Limits Min	Typ	Max	Unit	Test Conditions	
V_{IH}	Input HIGH Voltage		2.0			V	Guaranteed Input HIGH Voltage for All Inputs	
V_{IL}	Input LOW Voltage	54			0.7	V	Guaranteed Input LOW Voltage for All Inputs	
		74			0.8			
V_{IK}	Input Clamp Diode Voltage			−0.65	−1.5	V	V_{CC} = MIN, I_{IN} = −18 mA	
V_{OH}	Output HIGH Voltage	54	2.5	3.5		V	V_{CC} = MIN, I_{OH} = MAX, V_{IN} = V_{IH} or V_{IL} per Truth Table	
		74	2.7	3.5		V		
V_{OL}	Output LOW Voltage	54, 74		0.25	0.4	V	I_{OL} = 4.0 mA	V_{CC} = V_{CC} MIN, V_{IN} = V_{IL} or V_{IH} per Truth Table
		74		0.35	0.5	V	I_{OL} = 8.0 mA	
I_{IH}	Input HIGH Current				20	µA	V_{CC} = MAX, V_{IN} = 2.7 V	
					0.1	mA	V_{CC} = MAX, V_{IN} = 7.0 V	
I_{IL}	Input LOW Current				−0.4	mA	V_{CC} = MAX, V_{IN} = 0.4 V	
I_{OS}	Short Circuit Current (Note 1)		−20		−100	mA	V_{CC} = MAX	
I_{CC}	Power Supply Current Total, Output HIGH				2.4	mA	V_{CC} = MAX	
	Total, Output LOW				6.6			

Note 1: Not more than one output should be shorted at a time, nor for more than 1 second.

AC CHARACTERISTICS (T_A = 25°C)

Symbol	Parameter	Limits Min	Typ	Max	Unit	Test Conditions
t_{PLH}	Turn-Off Delay, Input to Output		9.0	15	ns	V_{CC} = 5.0 V C_L = 15 pF
t_{PHL}	Turn-On Delay, Input to Output		10	15	ns	

DM74LS08
Quad 2-Input AND Gates

General Description

This device contains four independent gates each of which performs the logic AND function.

Ordering Code:

Order Number	Package Number	Package Description
DM74LS08M	M14A	14-Lead Small Outline Integrated Circuit (SOIC), JEDEC MS-120, 0.150 Narrow
DM74LS08SJ	M14D	14-Lead Small Outline Package (SOP), EIAJ TYPE II, 5.3mm Wide
DM74LS08N	N14A	14-Lead Plastic Dual-In-Line Package (PDIP), JEDEC MS-001, 0.300 Wide

Devices also available in Tape and Reel. Specify by appending the suffix letter "X" to the ordering code.

Connection Diagram

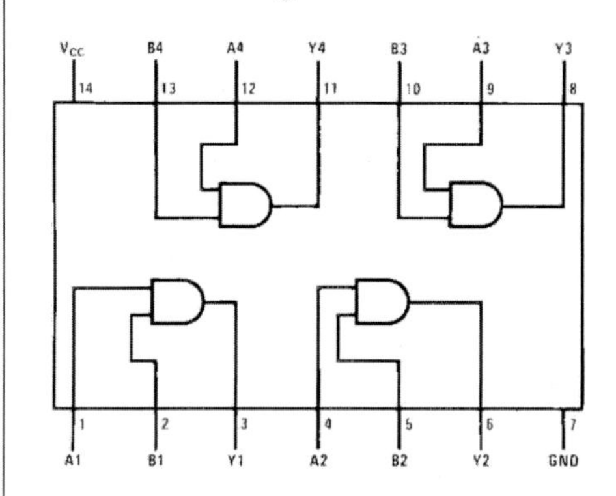

Function Table

Y = AB

Inputs		Output
A	B	Y
L	L	L
L	H	L
H	L	L
H	H	H

H = HIGH Logic Level
L = LOW Logic Level

Absolute Maximum Ratings(Note 1)

Supply Voltage	7V
Input Voltage	7V
Operating Free Air Temperature Range	0°C to +70°C
Storage Temperature Range	−65°C to +150°C

Note 1: The "Absolute Maximum Ratings" are those values beyond which the safety of the device cannot be guaranteed. The device should not be operated at these limits. The parametric values defined in the Electrical Characteristics tables are not guaranteed at the absolute maximum ratings. The "Recommended Operating Conditions" table will define the conditions for actual device operation.

Recommended Operating Conditions

Symbol	Parameter	Min	Nom	Max	Units
V_{CC}	Supply Voltage	4.75	5	5.25	V
V_{IH}	HIGH Level Input Voltage	2			V
V_{IL}	LOW Level Input Voltage			0.8	V
I_{OH}	HIGH Level Output Current			−0.4	mA
I_{OL}	LOW Level Output Current			8	mA
T_A	Free Air Operating Temperature	0		70	°C

Electrical Characteristics

over recommended operating free air temperature range (unless otherwise noted)

Symbol	Parameter	Conditions	Min	Typ (Note 2)	Max	Units
V_I	Input Clamp Voltage	V_{CC} = Min, I_I = −18 mA			−1.5	V
V_{OH}	HIGH Level Output Voltage	V_{CC} = Min, I_{OH} = Max, V_{IH} = Min	2.7	3.4		V
V_{OL}	LOW Level Output Voltage	V_{CC} = Min, I_{OL} = Max, V_{IL} = Max		0.35	0.5	V
		I_{OL} = 4 mA, V_{CC} = Min		0.25	0.4	
I_I	Input Current @ Max Input Voltage	V_{CC} = Max, V_I = 7V			0.1	mA
I_{IH}	HIGH Level Input Current	V_{CC} = Max, V_I = 2.7V			20	μA
I_{IL}	LOW Level Input Current	V_{CC} = Max, V_I = 0.4V			−0.36	mA
I_{OS}	Short Circuit Output Current	V_{CC} = Max (Note 3)	−20		−100	mA
I_{CCH}	Supply Current with Outputs HIGH	V_{CC} = Max		2.4	4.8	mA
I_{CCL}	Supply Current with Outputs LOW	V_{CC} = Max		4.4	8.8	mA

Switching Characteristics

at V_{CC} = 5V and T_A = 25°C

Symbol	Parameter	R_L = 2 kΩ				Units
		C_L = 15 pF		C_L = 50 pF		
		Min	Max	Min	Max	
t_{PLH}	Propagation Delay Time LOW-to-HIGH Level Output	4	13	6	18	ns
t_{PHL}	Propagation Delay Time HIGH-to-LOW Level Output	3	11	5	18	ns

Note 2: All typicals are at V_{CC} = 5V, T_A = 25°C.

Note 3: Not more than one output should be shorted at a time, and the duration should not exceed one second.

Physical Dimensions inches (millimeters) unless otherwise noted

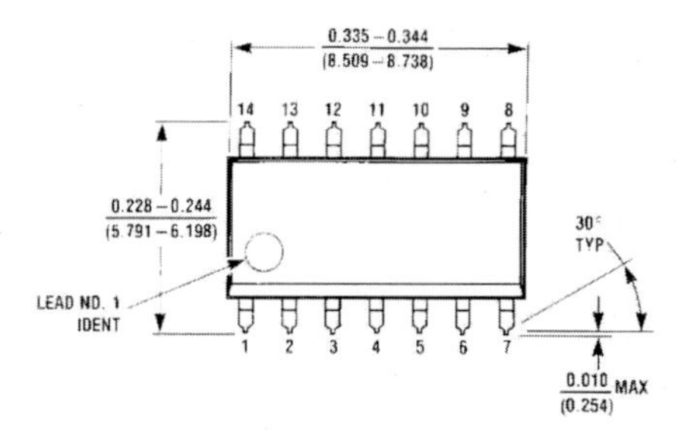

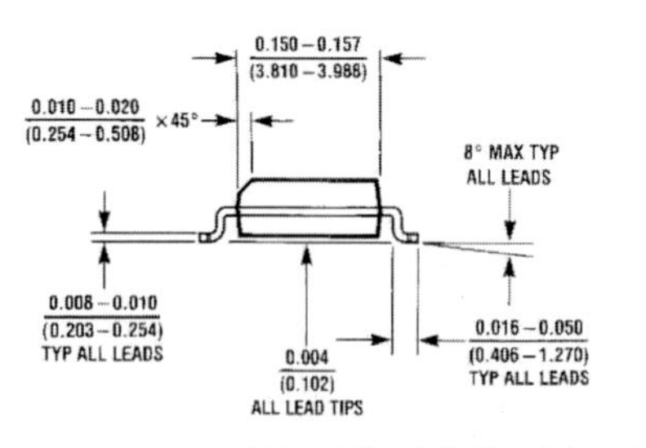

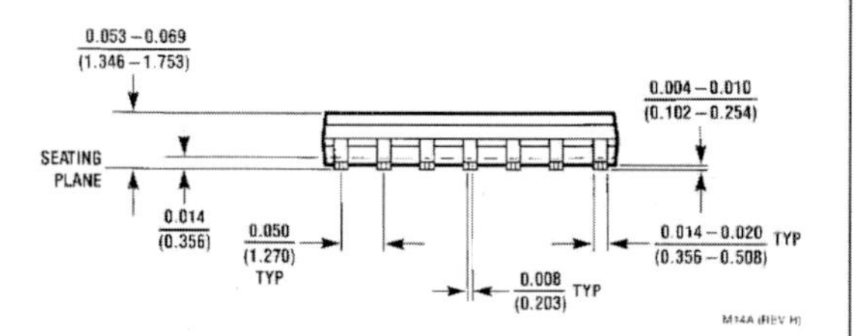

14-Lead Small Outline Integrated Circuit (SOIC), JEDEC MS-120, 0.150 Narrow Package Number M14A

Physical Dimensions inches (millimeters) unless otherwise noted (Continued)

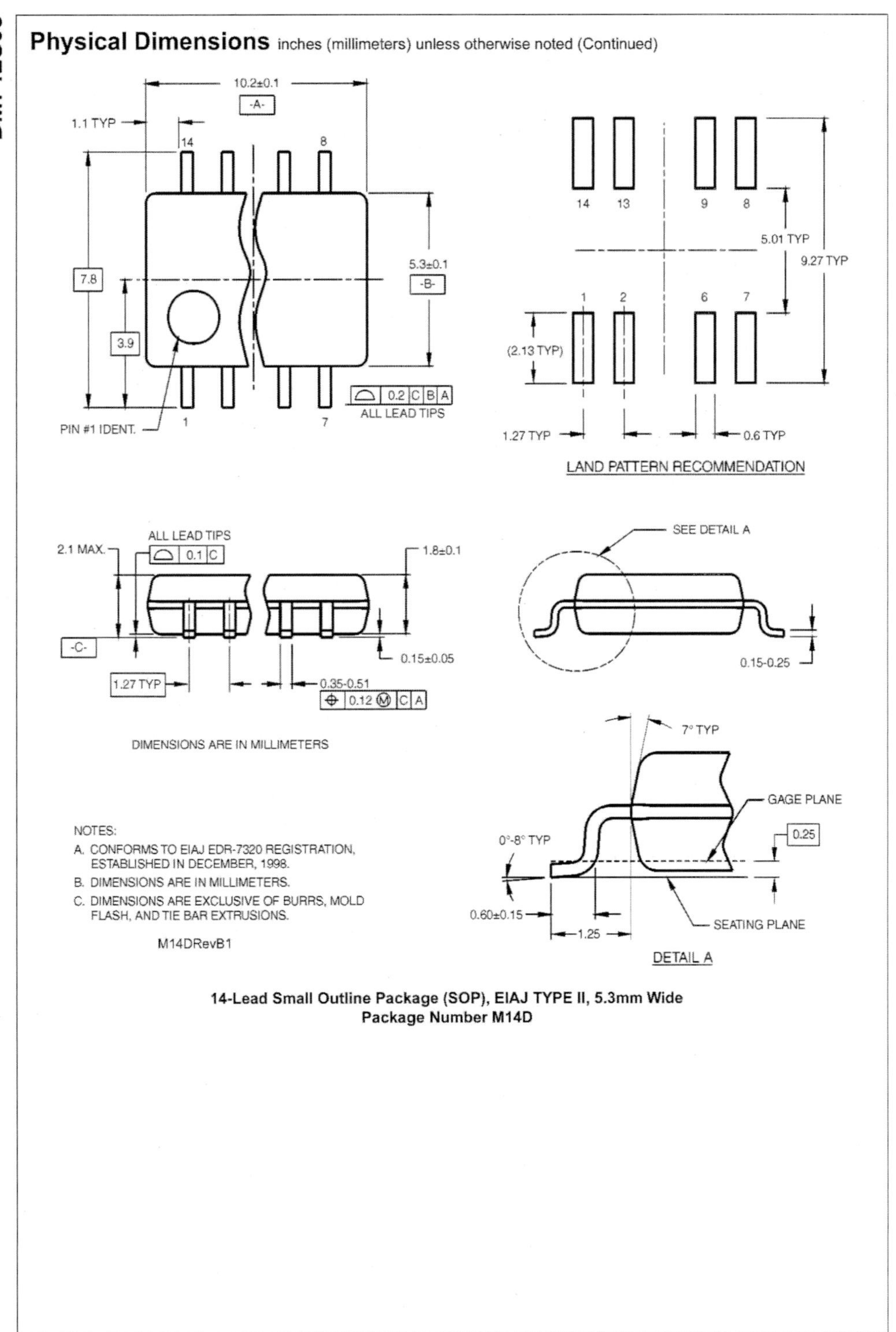

14-Lead Small Outline Package (SOP), EIAJ TYPE II, 5.3mm Wide
Package Number M14D

Physical Dimensions inches (millimeters) unless otherwise noted (Continued)

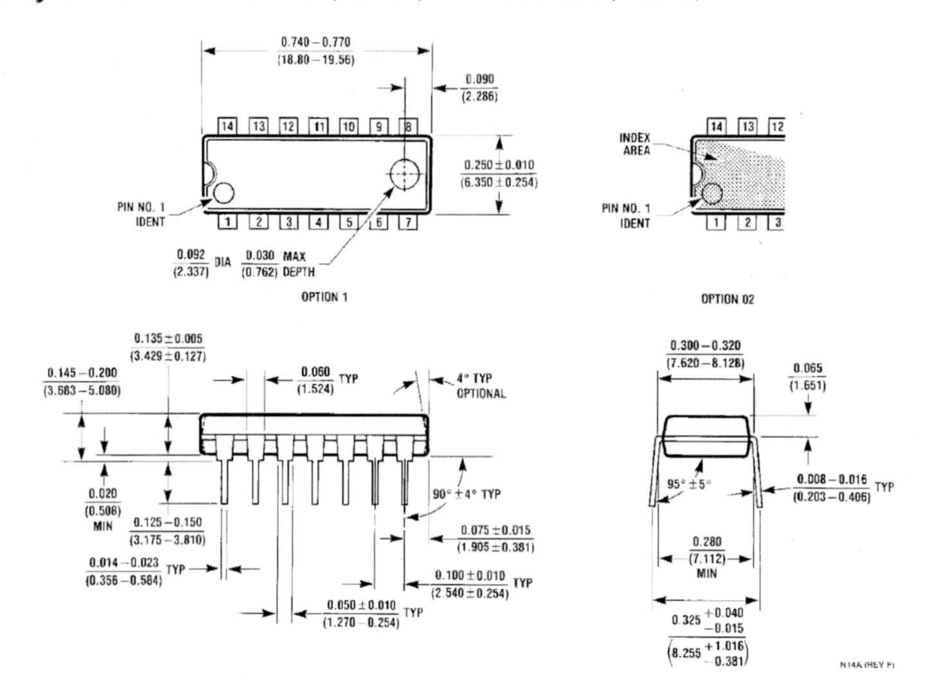

14-Lead Plastic Dual-In-Line Package (PDIP), JEDEC MS-001, 0.300 Wide
Package Number N14A

Fairchild does not assume any responsibility for use of any circuitry described, no circuit patent licenses are implied and Fairchild reserves the right at any time without notice to change said circuitry and specifications.

LIFE SUPPORT POLICY

FAIRCHILD'S PRODUCTS ARE NOT AUTHORIZED FOR USE AS CRITICAL COMPONENTS IN LIFE SUPPORT DEVICES OR SYSTEMS WITHOUT THE EXPRESS WRITTEN APPROVAL OF THE PRESIDENT OF FAIRCHILD SEMICONDUCTOR CORPORATION. As used herein:

1. Life support devices or systems are devices or systems which, (a) are intended for surgical implant into the body, or (b) support or sustain life, and (c) whose failure to perform when properly used in accordance with instructions for use provided in the labeling, can be reasonably expected to result in a significant injury to the user.
2. A critical component in any component of a life support device or system whose failure to perform can be reasonably expected to cause the failure of the life support device or system, or to affect its safety or effectiveness.

www.fairchildsemi.com

TRIPLE 3-INPUT NOR GATE

SN54/74LS27

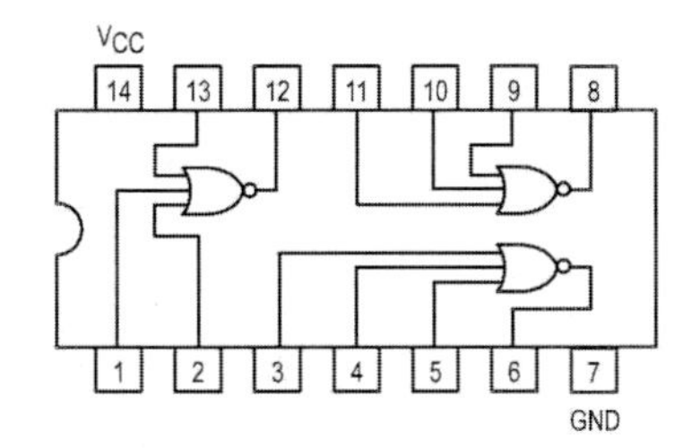

TRIPLE 3-INPUT NOR GATE

LOW POWER SCHOTTKY

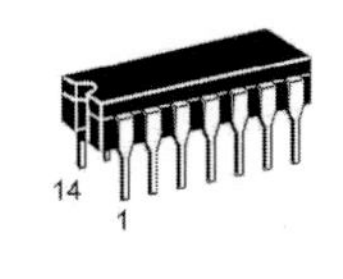

J SUFFIX
CERAMIC
CASE 632-08

N SUFFIX
PLASTIC
CASE 646-06

D SUFFIX
SOIC
CASE 751A-02

ORDERING INFORMATION

SN54LSXXJ Ceramic
SN74LSXXN Plastic
SN74LSXXD SOIC

GUARANTEED OPERATING RANGES

Symbol	Parameter		Min	Typ	Max	Unit
V_{CC}	Supply Voltage	54 74	4.5 4.75	5.0 5.0	5.5 5.25	V
T_A	Operating Ambient Temperature Range	54 74	−55 0	25 25	125 70	°C
I_{OH}	Output Current — High	54, 74			−0.4	mA
I_{OL}	Output Current — Low	54 74			4.0 8.0	mA

SN54/74LS27

DC CHARACTERISTICS OVER OPERATING TEMPERATURE RANGE (unless otherwise specified)

Symbol	Parameter		Limits Min	Typ	Max	Unit	Test Conditions
V_{IH}	Input HIGH Voltage		2.0			V	Guaranteed Input HIGH Voltage for All Inputs
V_{IL}	Input LOW Voltage	54			0.7	V	Guaranteed Input LOW Voltage for All Inputs
		74			0.8		
V_{IK}	Input Clamp Diode Voltage			−0.65	−1.5	V	V_{CC} = MIN, I_{IN} = −18 mA
V_{OH}	Output HIGH Voltage	54	2.5	3.5		V	V_{CC} = MIN, I_{OH} = MAX, V_{IN} = V_{IH} or V_{IL} per Truth Table
		74	2.7	3.5		V	
V_{OL}	Output LOW Voltage	54, 74		0.25	0.4	V	I_{OL} = 4.0 mA; V_{CC} = V_{CC} MIN, V_{IN} = V_{IL} or V_{IH} per Truth Table
		74		0.35	0.5	V	I_{OL} = 8.0 mA
I_{IH}	Input HIGH Current				20	µA	V_{CC} = MAX, V_{IN} = 2.7 V
					0.1	mA	V_{CC} = MAX, V_{IN} = 7.0 V
I_{IL}	Input LOW Current				−0.4	mA	V_{CC} = MAX, V_{IN} = 0.4 V
I_{OS}	Short Circuit Current (Note 1)		−20		−100	mA	V_{CC} = MAX
I_{CC}	Power Supply Current Total, Output HIGH				4.0	mA	V_{CC} = MAX
	Total, Output LOW				6.8		

Note 1: Not more than one output should be shorted at a time, nor for more than 1 second.

AC CHARACTERISTICS (T_A = 25°C)

Symbol	Parameter	Limits Min	Typ	Max	Unit	Test Conditions
t_{PLH}	Turn-Off Delay, Input to Output		10	15	ns	V_{CC} = 5.0 V C_L = 15 pF
t_{PHL}	Turn-On Delay, Input to Output		10	15	ns	

QUAD 2-INPUT OR GATE

SN54/74LS32

QUAD 2-INPUT OR GATE

LOW POWER SCHOTTKY

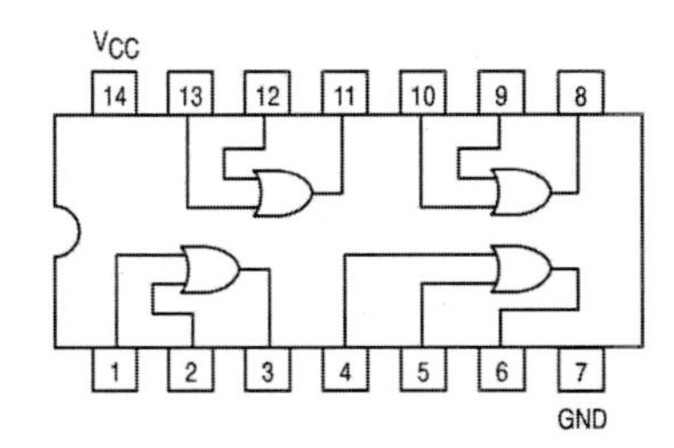

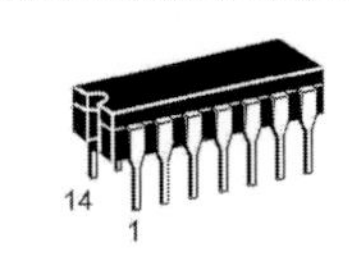

J SUFFIX
CERAMIC
CASE 632-08

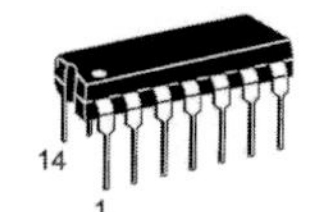

N SUFFIX
PLASTIC
CASE 646-06

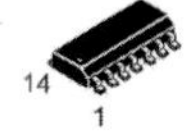

D SUFFIX
SOIC
CASE 751A-02

ORDERING INFORMATION

SN54LSXXJ Ceramic
SN74LSXXN Plastic
SN74LSXXD SOIC

GUARANTEED OPERATING RANGES

Symbol	Parameter		Min	Typ	Max	Unit
V_{CC}	Supply Voltage	54 74	4.5 4.75	5.0 5.0	5.5 5.25	V
T_A	Operating Ambient Temperature Range	54 74	−55 0	25 25	125 70	°C
I_{OH}	Output Current — High	54, 74			−0.4	mA
I_{OL}	Output Current — Low	54 74			4.0 8.0	mA

SN54/74LS32

DC CHARACTERISTICS OVER OPERATING TEMPERATURE RANGE (unless otherwise specified)

Symbol	Parameter		Limits			Unit	Test Conditions
			Min	Typ	Max		
V_{IH}	Input HIGH Voltage		2.0			V	Guaranteed Input HIGH Voltage for All Inputs
V_{IL}	Input LOW Voltage	54			0.7	V	Guaranteed Input LOW Voltage for All Inputs
		74			0.8		
V_{IK}	Input Clamp Diode Voltage			−0.65	−1.5	V	V_{CC} = MIN, I_{IN} = −18 mA
V_{OH}	Output HIGH Voltage	54	2.5	3.5		V	V_{CC} = MIN, I_{OH} = MAX, V_{IN} = V_{IH} or V_{IL} per Truth Table
		74	2.7	3.5		V	
V_{OL}	Output LOW Voltage	54, 74		0.25	0.4	V	I_{OL} = 4.0 mA; V_{CC} = V_{CC} MIN, V_{IN} = V_{IL} or V_{IH} per Truth Table
		74		0.35	0.5	V	I_{OL} = 8.0 mA
I_{IH}	Input HIGH Current				20	µA	V_{CC} = MAX, V_{IN} = 2.7 V
					0.1	mA	V_{CC} = MAX, V_{IN} = 7.0 V
I_{IL}	Input LOW Current				−0.4	mA	V_{CC} = MAX, V_{IN} = 0.4 V
I_{OS}	Short Circuit Current (Note 1)		−20		−100	mA	V_{CC} = MAX
I_{CC}	Power Supply Current Total, Output HIGH				6.2	mA	V_{CC} = MAX
	Total, Output LOW				9.8		

Note 1: Not more than one output should be shorted at a time, nor for more than 1 second.

AC CHARACTERISTICS (T_A = 25°C)

Symbol	Parameter	Limits			Unit	Test Conditions
		Min	Typ	Max		
t_{PLH}	Turn-Off Delay, Input to Output		14	22	ns	V_{CC} = 5.0 V C_L = 15 pF
t_{PHL}	Turn-On Delay, Input to Output		14	22	ns	

Case 751A-02 D Suffix
14-Pin Plastic
SO-14

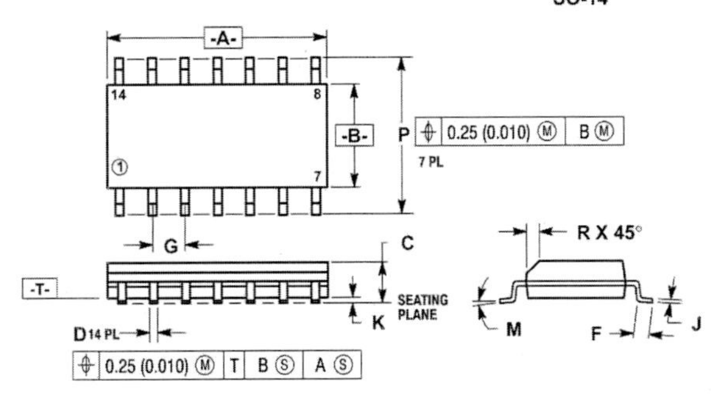

NOTES:
1. DIMENSIONS "A" AND "B" ARE DATUMS AND "T" IS A DATUM SURFACE.
2. DIMENSIONING AND TOLERANCING PER ANSI Y14.5M, 1982.
3. CONTROLLING DIMENSION: MILLIMETER.
4. DIMENSION A AND B DO NOT INCLUDE MOLD PROTRUSION.
5. MAXIMUM MOLD PROTRUSION 0.15 (0.006) PER SIDE.
6. 751A-01 IS OBSOLETE, NEW STANDARD 751A-02.

	MILLIMETERS		INCHES	
DIM	MIN	MAX	MIN	MAX
A	8.55	8.75	0.337	0.344
B	3.80	4.00	0.150	0.157
C	1.35	1.75	0.054	0.068
D	0.35	0.49	0.014	0.019
F	0.40	1.25	0.016	0.049
G	1.27 BSC		0.050 BSC	
J	0.19	0.25	0.008	0.009
K	0.10	0.25	0.004	0.009
M	0°	7°	0°	7°
P	5.80	6.20	0.229	0.244
R	0.25	0.50	0.010	0.019

Case 632-08 J Suffix
14-Pin Ceramic Dual In-Line

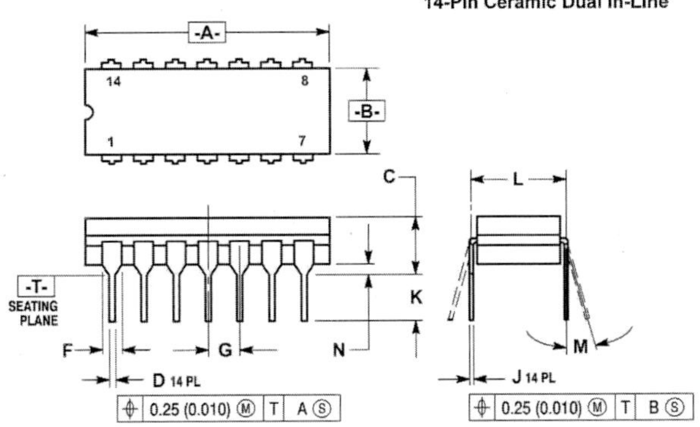

NOTES:
1. DIMENSIONING AND TOLERANCING PER ANSI Y14.5M, 1982.
2. CONTROLLING DIMENSION: INCH.
3. DIMENSION L TO CENTER OF LEAD WHEN FORMED PARALLEL.
4. DIM F MAY NARROW TO 0.76 (0.030) WHERE THE LEAD ENTERS THE CERAMIC BODY.
5. 632-01 THRU -07 OBSOLETE, NEW STANDARD 632-08.

	MILLIMETERS		INCHES	
DIM	MIN	MAX	MIN	MAX
A	19.05	19.94	0.750	0.785
B	6.23	7.11	0.245	0.280
C	3.94	5.08	0.155	0.200
D	0.39	0.50	0.015	0.020
F	1.40	1.65	0.055	0.065
G	2.54 BSC		0.100 BSC	
J	0.21	0.38	0.008	0.015
K	3.18	4.31	0.125	0.170
L	7.62 BSC		0.300 BSC	
M	0°	15°	0°	15°
N	0.51	1.01	0.020	0.040

Case 646-06 N Suffix
14-Pin Plastic

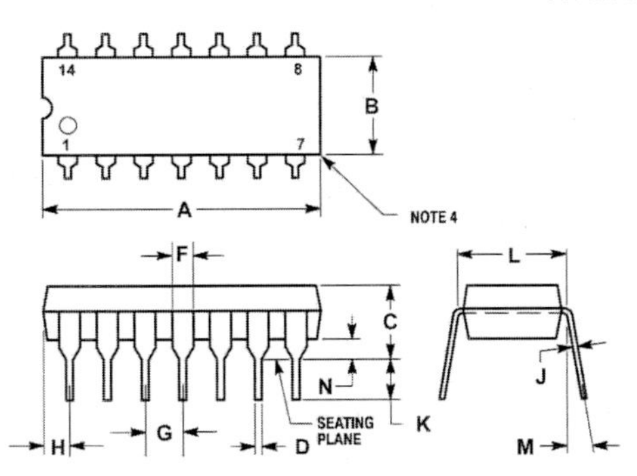

NOTES:
1. LEADS WITHIN 0.13 mm (0.005) RADIUS OF TRUE POSITION AT SEATING PLANE AT MAXIMUM MATERIAL CONDITION.
2. DIMENSION "L" TO CENTER OF LEADS WHEN FORMED PARALLEL.
3. DIMENSION "B" DOES NOT INCLUDE MOLD FLASH.
4. ROUNDED CORNERS OPTIONAL.
5. 646-05 OBSOLETE, NEW STANDARD 646-06.

	MILLIMETERS		INCHES	
DIM	MIN	MAX	MIN	MAX
A	18.16	19.56	0.715	0.770
B	6.10	6.60	0.240	0.260
C	3.69	4.69	0.145	0.185
D	0.38	0.53	0.015	0.021
F	1.02	1.78	0.040	0.070
G	2.54 BSC		0.100 BSC	
H	1.32	2.41	0.052	0.095
J	0.20	0.38	0.008	0.015
K	2.92	3.43	0.115	0.135
L	7.62 BSC		0.300 BSC	
M	0°	10°	0°	10°
N	0.39	1.01	0.015	0.039

ONE-OF-TEN DECODER

The LSTTL/MSI SN54/74LS42 is a Multipurpose Decoder designed to accept four BCD inputs and provide ten mutually exclusive outputs. The LS42 is fabricated with the Schottky barrier diode process for high speed and is completely compatible with all Motorola TTL families.

- Multifunction Capability
- Mutually Exclusive Outputs
- Demultiplexing Capability
- Input Clamp Diodes Limit High Speed Termination Effects

CONNECTION DIAGRAM DIP (TOP VIEW)

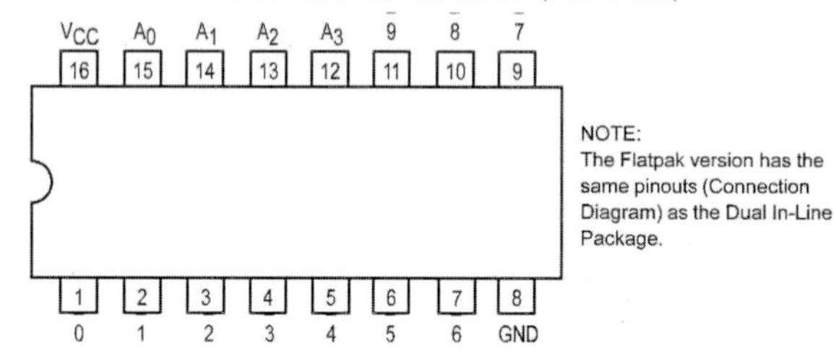

NOTE:
The Flatpak version has the same pinouts (Connection Diagram) as the Dual In-Line Package.

PIN NAMES

		LOADING (Note a)	
		HIGH	LOW
$\overline{A_0}$–A_3	Address Inputs	0.5 U.L.	0.25 U.L.
0 to 9	Outputs, Active LOW (Note b)	10 U.L.	5(2.5) U.L.

NOTES:
a) 1 TTL Unit Load (U.L.) = 40 μA HIGH/1.6 mA LOW.
b) The Output LOW drive factor is 2.5 U.L. for Military (54) and 5 U.L. for Commercial (74) Temperature Ranges.

LOGIC DIAGRAM

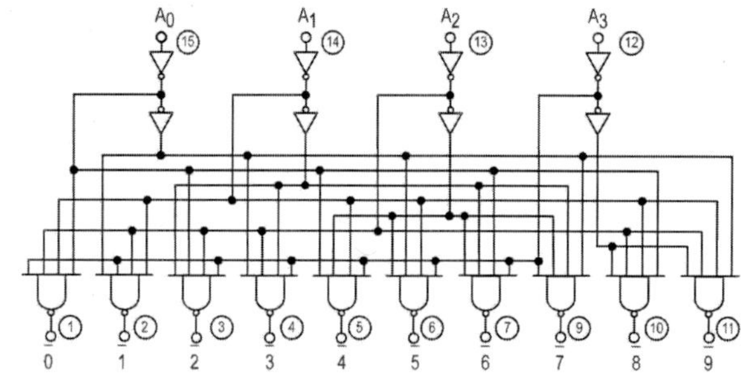

V_{CC} = PIN 16
GND = PIN 8
○ = PIN NUMBERS

SN54/74LS42

ONE-OF-TEN DECODER

LOW POWER SCHOTTKY

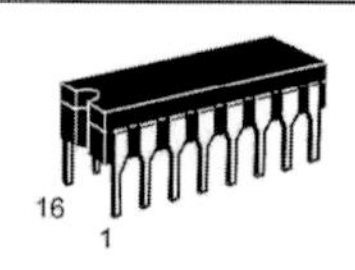

J SUFFIX
CERAMIC
CASE 620-09

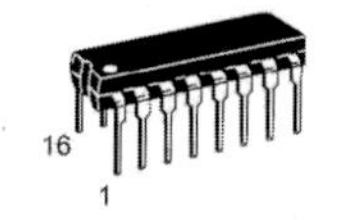

N SUFFIX
PLASTIC
CASE 648-08

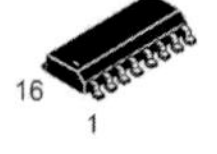

D SUFFIX
SOIC
CASE 751B-03

ORDERING INFORMATION

SN54LSXXJ	Ceramic
SN74LSXXN	Plastic
SN74LSXXD	SOIC

LOGIC SYMBOL

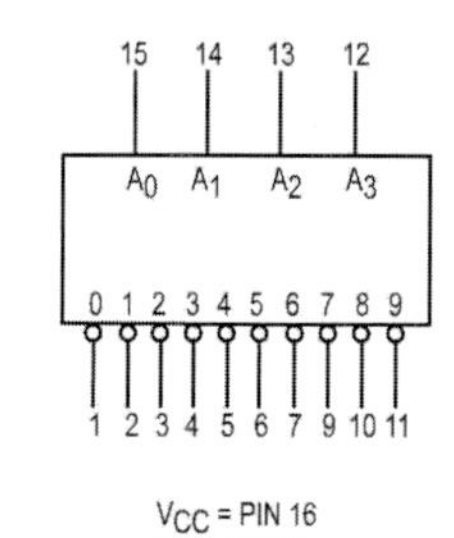

V_{CC} = PIN 16
GND = PIN 8

SN54/74LS42

FUNCTIONAL DESCRIPTION

The LS42 decoder accepts four active HIGH BCD inputs and provides ten mutually exclusive active LOW outputs, as shown by logic symbol or diagram. The active LOW outputs facilitate addressing other MSI units with LOW input enables.

The logic design of the LS42 ensures that all outputs are HIGH when binary codes greater than nine are applied to the inputs.

The most significant input A_3 produces a useful inhibit function when the LS42 is used as a one-of-eight decoder. The A_3 input can also be used as the Data input in an 8-output demultiplexer application.

TRUTH TABLE

A_0	A_1	A_2	A_3	$\overline{0}$	$\overline{1}$	$\overline{2}$	$\overline{3}$	$\overline{4}$	$\overline{5}$	$\overline{6}$	$\overline{7}$	$\overline{8}$	$\overline{9}$
L	L	L	L	L	H	H	H	H	H	H	H	H	H
H	L	L	L	H	L	H	H	H	H	H	H	H	H
L	H	L	L	H	H	L	H	H	H	H	H	H	H
H	H	L	L	H	H	H	L	H	H	H	H	H	H
L	L	H	L	H	H	H	H	L	H	H	H	H	H
H	L	H	L	H	H	H	H	H	L	H	H	H	H
L	H	H	L	H	H	H	H	H	H	L	H	H	H
H	H	H	L	H	H	H	H	H	H	H	L	H	H
L	L	L	H	H	H	H	H	H	H	H	H	L	H
H	L	L	H	H	H	H	H	H	H	H	H	H	L
L	H	L	H	H	H	H	H	H	H	H	H	H	H
H	H	L	H	H	H	H	H	H	H	H	H	H	H
L	L	H	H	H	H	H	H	H	H	H	H	H	H
H	L	H	H	H	H	H	H	H	H	H	H	H	H
L	H	H	H	H	H	H	H	H	H	H	H	H	H
H	H	H	H	H	H	H	H	H	H	H	H	H	H

H = HIGH Voltage Level
L = LOW Voltage Level

GUARANTEED OPERATING RANGES

Symbol	Parameter		Min	Typ	Max	Unit
V_{CC}	Supply Voltage	54 74	4.5 4.75	5.0 5.0	5.5 5.25	V
T_A	Operating Ambient Temperature Range	54 74	−55 0	25 25	125 70	°C
I_{OH}	Output Current — High	54, 74			−0.4	mA
I_{OL}	Output Current — Low	54 74			4.0 8.0	mA

SN54/74LS42

DC CHARACTERISTICS OVER OPERATING TEMPERATURE RANGE (unless otherwise specified)

Symbol	Parameter		Limits			Unit	Test Conditions
			Min	Typ	Max		
V_{IH}	Input HIGH Voltage		2.0			V	Guaranteed Input HIGH Voltage for All Inputs
V_{IL}	Input LOW Voltage	54			0.7	V	Guaranteed Input LOW Voltage for All Inputs
		74			0.8		
V_{IK}	Input Clamp Diode Voltage			−0.65	−1.5	V	V_{CC} = MIN, I_{IN} = −18 mA
V_{OH}	Output HIGH Voltage	54	2.5	3.5		V	V_{CC} = MIN, I_{OH} = MAX, V_{IN} = V_{IH} or V_{IL} per Truth Table
		74	2.7	3.5		V	
V_{OL}	Output LOW Voltage	54, 74		0.25	0.4	V	I_{OL} = 4.0 mA; V_{CC} = V_{CC} MIN, V_{IN} = V_{IL} or V_{IH} per Truth Table
		74		0.35	0.5	V	I_{OL} = 8.0 mA
I_{IH}	Input HIGH Current				20	µA	V_{CC} = MAX, V_{IN} = 2.7 V
					0.1	mA	V_{CC} = MAX, V_{IN} = 7.0 V
I_{IL}	Input LOW Current				−0.4	mA	V_{CC} = MAX, V_{IN} = 0.4 V
I_{OS}	Short Circuit Current (Note 1)		−20		−100	mA	V_{CC} = MAX
I_{CC}	Power Supply Current				13	mA	V_{CC} = MAX

Note 1: Not more than one output should be shorted at a time, nor for more than 1 second.

AC CHARACTERISTICS (T_A = 25°C)

Symbol	Parameter	Limits			Unit	Test Conditions	
		Min	Typ	Max			
t_{PLH} t_{PHL}	Propagation Delay (2 Levels)		15 15	25 25	ns	Figure 2	V_{CC} = 5.0 V C_L = 15 pF
t_{PLH} t_{PHL}	Propagation Delay (3 Levels)		20 20	30 30	ns	Figure 1	

AC WAVEFORMS

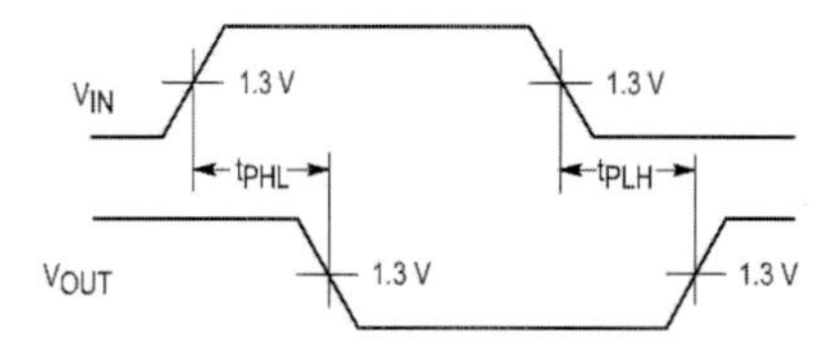

Figure 1

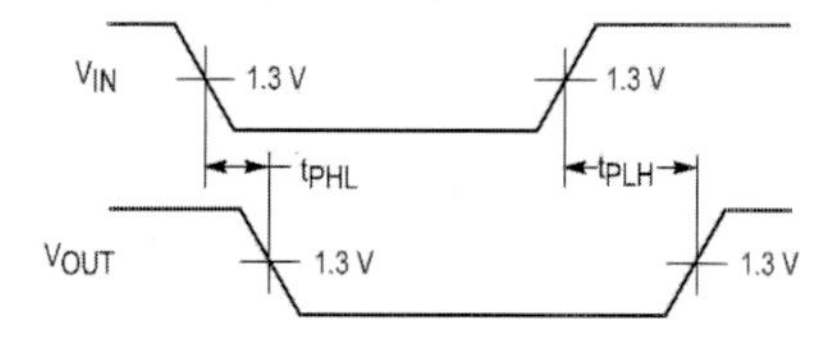

Figure 2

SN74LS47

BCD to 7-Segment Decoder/Driver

ON Semiconductor

Formerly a Division of Motorola

http://onsemi.com

LOW POWER SCHOTTKY

The SN74LS47 are Low Power Schottky BCD to 7-Segment Decoder/Drivers consisting of NAND gates, input buffers and seven AND-OR-INVERT gates. They offer active LOW, high sink current outputs for driving indicators directly. Seven NAND gates and one driver are connected in pairs to make BCD data and its complement available to the seven decoding AND-OR-INVERT gates. The remaining NAND gate and three input buffers provide lamp test, blanking input/ripple-blanking output and ripple-blanking input.

The circuits accept 4-bit binary-coded-decimal (BCD) and, depending on the state of the auxiliary inputs, decodes this data to drive a 7-segment display indicator. The relative positive-logic output levels, as well as conditions required at the auxiliary inputs, are shown in the truth tables. Output configurations of the SN74LS47 are designed to withstand the relatively high voltages required for 7-segment indicators.

These outputs will withstand 15 V with a maximum reverse current of 250 μA. Indicator segments requiring up to 24 mA of current may be driven directly from the SN74LS47 high performance output transistors. Display patterns for BCD input counts above nine are unique symbols to authenticate input conditions.

The SN74LS47 incorporates automatic leading and/or trailing-edge zero-blanking control (RBI and RBO). Lamp test (LT) may be performed at any time which the BI/RBO node is a HIGH level. This device also contains an overriding blanking input (BI) which can be used to control the lamp intensity by varying the frequency and duty cycle of the BI input signal or to inhibit the outputs.

- Lamp Intensity Modulation Capability (BI/RBO)
- Open Collector Outputs
- Lamp Test Provision
- Leading/Trailing Zero Suppression
- Input Clamp Diodes Limit High-Speed Termination Effects

PLASTIC
N SUFFIX
CASE 648

SOIC
D SUFFIX
CASE 751B

GUARANTEED OPERATING RANGES

Symbol	Parameter	Min	Typ	Max	Unit
V_{CC}	Supply Voltage	4.75	5.0	5.25	V
T_A	Operating Ambient Temperature Range	0	25	70	°C
I_{OH}	Output Current – High $\overline{BI/RBO}$			−50	μA
I_{OL}	Output Current – Low $\overline{BI/RBO}$ $\overline{BI/RBO}$			3.2	mA
$V_{O(off)}$	Off–State Output Voltage a to g			15	V
$I_{O(on)}$	On–State Output Current a to g			24	mA

ORDERING INFORMATION

Device	Package	Shipping
SN74LS47N	16 Pin DIP	2000 Units/Box
SN74LS47D	16 Pin	2500/Tape & Reel

December, 1999 – Rev. 6

Publication Order Number:
SN74LS47/D

SN74LS47

CONNECTION DIAGRAM DIP (TOP VIEW)

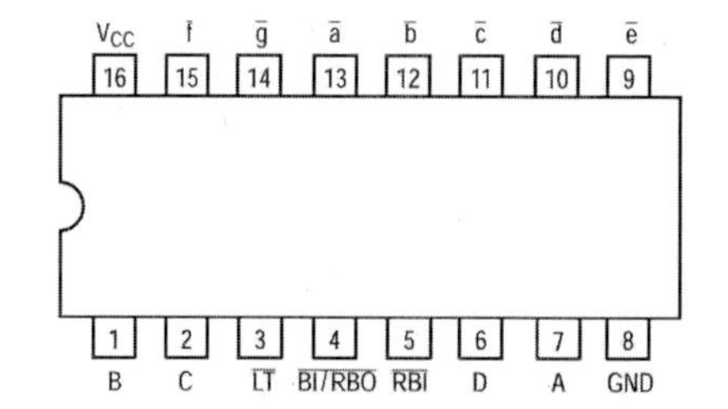

PIN NAMES		LOADING (Note a) HIGH	LOW
A, B, C, D	BCD Inputs	0.5 U.L.	0.25 U.L.
$\overline{RBI}$	Ripple–Blanking Input	0.5 U.L.	0.25 U.L.
$\overline{LT}$	Lamp–Test Input	0.5 U.L.	0.25 U.L.
$\overline{BI}/\overline{RBO}$	Blanking Input or	0.5 U.L.	0.75 U.L.
	Ripple–Blanking Output	1.2 U.L.	2.0 U.L.
$\overline{a}$, to $\overline{g}$	Outputs	Open–Collector	15 U.L.

NOTES:
a) 1 Unit Load (U.L.) = 40 μA HIGH, 1.6 mA LOW.
b) Output current measured at V_{OUT} = 0.5 V
The Output LOW drive factor is 15 U.L. for Commercial (74) Temperature Ranges.

LOGIC SYMBOL

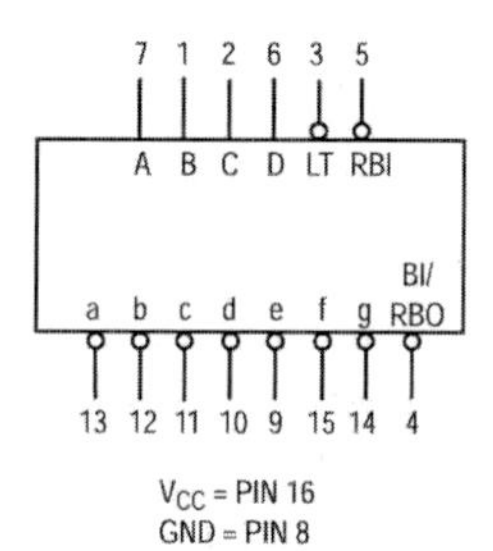

V_{CC} = PIN 16
GND = PIN 8

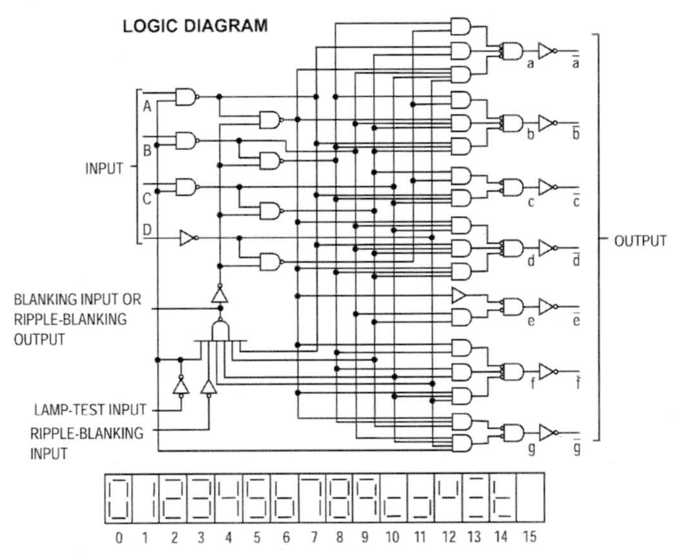

NUMERICAL DESIGNATIONS — RESULTANT DISPLAYS

TRUTH TABLE

DECIMAL OR FUNCTION	INPUTS $\overline{LT}$	$\overline{RBI}$	D	C	B	A	$\overline{BI/RBO}$	OUTPUTS $\overline{a}$	$\overline{b}$	$\overline{c}$	$\overline{d}$	$\overline{e}$	$\overline{f}$	$\overline{g}$	NOTE
0	H	H	L	L	L	L	H	L	L	L	L	L	L	H	A
1	H	X	L	L	L	H	H	H	L	L	H	H	H	H	A
2	H	X	L	L	H	L	H	L	L	H	L	L	H	L	
3	H	X	L	L	H	H	H	L	L	L	L	H	H	L	
4	H	X	L	H	L	L	H	H	L	L	H	H	L	L	
5	H	X	L	H	L	H	H	L	H	L	L	H	L	L	
6	H	X	L	H	H	L	H	H	H	L	L	L	L	L	
7	H	X	L	H	H	H	H	L	L	L	H	H	H	H	
8	H	X	H	L	L	L	H	L	L	L	L	L	L	L	
9	H	X	H	L	L	H	H	L	L	L	H	H	L	L	
10	H	X	H	L	H	L	H	H	H	H	L	L	H	L	
11	H	X	H	L	H	H	H	H	H	L	L	H	H	L	
12	H	X	H	H	L	L	H	H	L	H	H	H	L	L	
13	H	X	H	H	L	H	H	L	H	H	L	H	L	L	
14	H	X	H	H	H	L	H	H	H	H	L	L	L	L	
15	H	X	H	H	H	H	H	H	H	H	H	H	H	H	
$\overline{BI}$	X	X	X	X	X	X	L	H	H	H	H	H	H	H	B
$\overline{RBI}$	H	L	L	L	L	L	L	H	H	H	H	H	H	H	C
$\overline{LT}$	L	X	X	X	X	X	H	L	L	L	L	L	L	L	D

H = HIGH Voltage Level
L = LOW Voltage Level
X = Immaterial

NOTES:

(A) $\overline{BI/RBO}$ is wire-AND logic serving as blanking Input (BI) and/or ripple-blanking output ($\overline{RBO}$). The blanking out (BI) must be open or held at a HIGH level when output functions 0 through 15 are desired, and ripple-blanking input ($\overline{RBI}$) must be open or at a HIGH level if blanking of a decimal 0 is not desired. X = input may be HIGH or LOW.

(B) When a LOW level is applied to the blanking input (forced condition) all segment outputs go to a LOW level regardless of the state of any other input condition.

(C) When ripple-blanking input ($\overline{RBI}$) and inputs A, B, C, and D are at LOW level, with the lamp test input at HIGH level, all segment outputs go to a HIGH level and the ripple-blanking output (RBO) goes to a LOW level (response condition).

(D) When the blanking input/ripple-blanking output ($\overline{BI/RBO}$) is open or held at a HIGH level, and a LOW level is applied to lamp test input, all segment outputs go to a LOW level.

DC CHARACTERISTICS OVER OPERATING TEMPERATURE RANGE (unless otherwise specified)

Symbol	Parameter	Limits Min	Typ	Max	Unit	Test Conditions	
V_{IH}	Input HIGH Voltage	2.0			V	Guaranteed Input HIGH Theshold Voltage for All Inputs	
V_{IL}	Input LOW Voltage			0.8	V	Guaranteed Input LOW Threshold Voltage for All Inputs	
V_{IK}	Input Clamp Diode Voltage		−0.65	−1.5	V	V_{CC} = MIN, I_{IN} = −18 mA	
V_{OH}	Output HIGH Voltage, $\overline{BI}/\overline{RBO}$	2.4	4.2		V	V_{CC} = MIN, I_{OH} = −50 μA, V_{IN} = V_{IN} or V_{IL} per Truth Table	
V_{OL}	Output LOW Voltage		0.25	0.4	V	I_{OL} = 1.6 mA	V_{CC} = MIN, V_{IN} = V_{IN} or V_{IL} per Truth Table
	$\overline{BI}/\overline{RBO}$		0.35	0.5	V	I_{OL} = 3.2 mA	
$I_{O\ (off)}$	Off-State Output Current $\overline{a}$ thru $\overline{g}$			250	μA	V_{CC} = MAX, V_{IN} = V_{IN} or V_{IL} per Truth Table, $V_{O\ (off)}$ = 15 V	
$V_{O\ (on)}$	On-State Output Voltage		0.25	0.4	V	$I_{O\ (on)}$ = 12 mA	V_{CC} = MAX, V_{IN} = V_{IH} or V_{IL} per Truth Table
	$\overline{a}$ thru $\overline{g}$		0.35	0.5	V	$I_{O\ (on)}$ = 24 mA	
I_{IH}	Input HIGH Current			20	μA	V_{CC} = MAX, V_{IN} = 2.7 V	
				0.1	mA	V_{CC} = MAX, V_{IN} = 7.0 V	
I_{IL}	Input LOW Current $\overline{BI}/\overline{RBO}$ Any Input except $\overline{BI}/\overline{RBO}$			−1.2 −0.4	mA	V_{CC} = MAX, V_{IN} = 0.4 V	
I_{OS} $\overline{BI}/\overline{RBO}$	Output Short Circuit Current (Note 1)	−0.3		−2.0	mA	V_{CC} = MAX, V_{OUT} = 0 V	
I_{CC}	Power Supply Current		7.0	13	mA	V_{CC} = MAX	

Note 1: Not more than one output should be shorted at a time, nor for more than 1 second.

AC CHARACTERISTICS (T_A = 25°C)

Symbol	Parameter	Limits Min	Typ	Max	Unit	Test Conditions
t_{PHL} t_{PLH}	Propagation Delay, Address Input to Segment Output			100 100	ns ns	V_{CC} = 5.0 V C_L = 15 pF
t_{PHL} t_{PLH}	Propagation Delay, $\overline{RBI}$ Input To Segment Output			100 100	ns ns	

AC WAVEFORMS

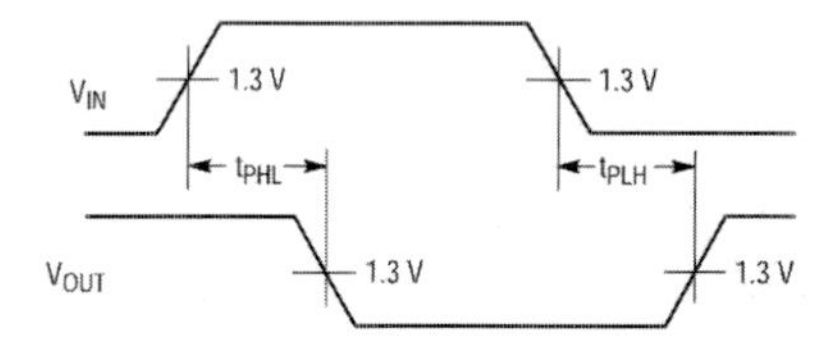

Figure 1.

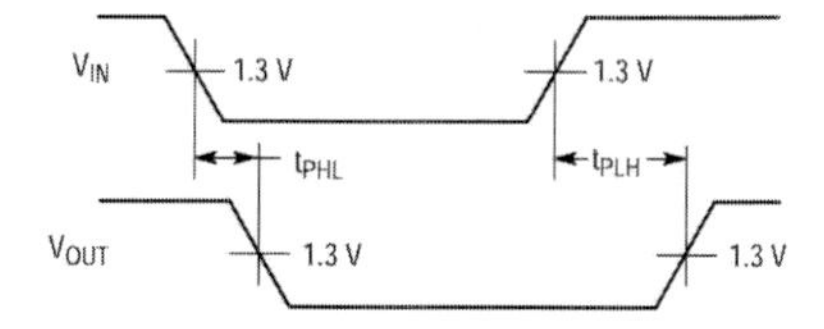

Figure 2.

SN54/74LS74A

DUAL D-TYPE POSITIVE EDGE-TRIGGERED FLIP-FLOP

DUAL D-TYPE POSITIVE EDGE-TRIGGERED FLIP-FLOP

LOW POWER SCHOTTKY

The SN54/74LS74A dual edge-triggered flip-flop utilizes Schottky TTL circuitry to produce high speed D-type flip-flops. Each flip-flop has individual clear and set inputs, and also complementary Q and $\overline{Q}$ outputs.

Information at input D is transferred to the Q output on the positive-going edge of the clock pulse. Clock triggering occurs at a voltage level of the clock pulse and is not directly related to the transition time of the positive-going pulse. When the clock input is at either the HIGH or the LOW level, the D input signal has no effect.

LOGIC DIAGRAM (Each Flip-Flop)

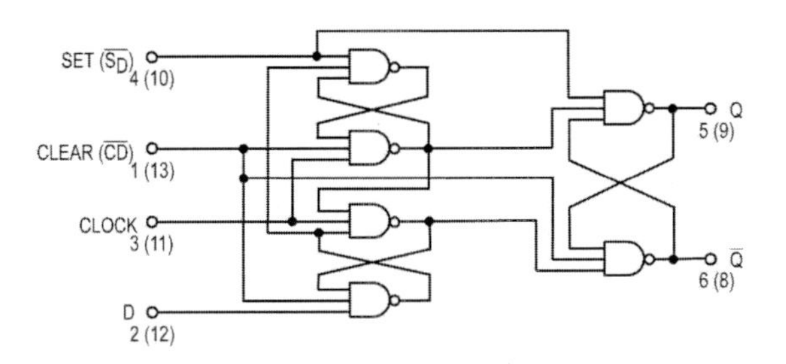

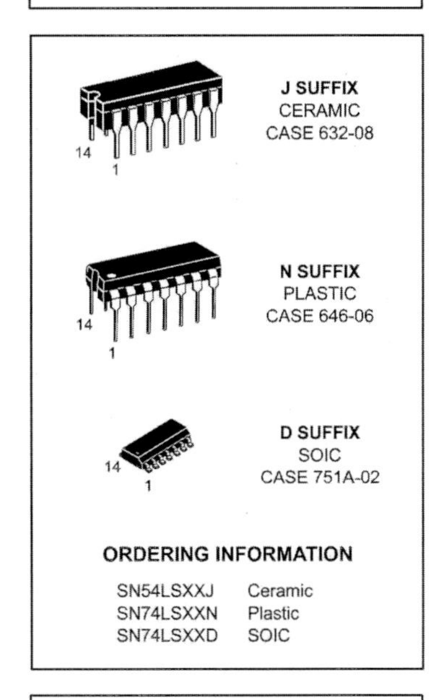

ORDERING INFORMATION

SN54LSXXJ	Ceramic
SN74LSXXN	Plastic
SN74LSXXD	SOIC

MODE SELECT — TRUTH TABLE

OPERATING MODE	INPUTS			OUTPUTS	
	$\overline{S_D}$	$\overline{S_D}$	D	Q	$\overline{Q}$
Set	L	H	X	H	L
Reset (Clear)	H	L	X	L	H
*Undetermined	L	L	X	H	H
Load "1" (Set)	H	H	h	H	L
Load "0" (Reset)	H	H	l	L	H

* Both outputs will be HIGH while both S_D and C_D are LOW, but the output states are unpredictable if S_D and C_D go HIGH simultaneously. If the levels at the set and clear are near V_{IL} maximum then we cannot guarantee to meet the minimum level for V_{OH}.

H, h = HIGH Voltage Level
L, l = LOW Voltage Level
X = Don't Care
l, h (q) = Lower case letters indicate the state of the referenced input (or output) one set-up time prior to the HIGH to LOW clock transition.

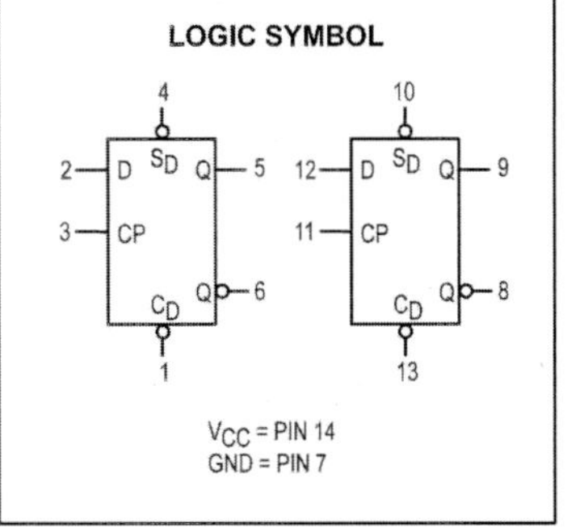

SN54/74LS74A

GUARANTEED OPERATING RANGES

Symbol	Parameter		Min	Typ	Max	Unit
V_{CC}	Supply Voltage	54 74	4.5 4.75	5.0 5.0	5.5 5.25	V
T_A	Operating Ambient Temperature Range	54 74	−55 0	25 25	125 70	°C
I_{OH}	Output Current — High	54, 74			−0.4	mA
I_{OL}	Output Current — Low	54 74			4.0 8.0	mA

DC CHARACTERISTICS OVER OPERATING TEMPERATURE RANGE (unless otherwise specified)

Symbol	Parameter		Limits Min	Limits Typ	Limits Max	Unit	Test Conditions	
V_{IH}	Input HIGH Voltage		2.0			V	Guaranteed Input HIGH Voltage for All Inputs	
V_{IL}	Input LOW Voltage	54			0.7	V	Guaranteed Input LOW Voltage for All Inputs	
		74			0.8			
V_{IK}	Input Clamp Diode Voltage			−0.65	−1.5	V	V_{CC} = MIN, I_{IN} = −18 mA	
V_{OH}	Output HIGH Voltage	54	2.5	3.5		V	V_{CC} = MIN, I_{OH} = MAX, V_{IN} = V_{IH} or V_{IL} per Truth Table	
		74	2.7	3.5		V		
V_{OL}	Output LOW Voltage	54, 74		0.25	0.4	V	I_{OL} = 4.0 mA	V_{CC} = V_{CC} MIN, V_{IN} = V_{IL} or V_{IH} per Truth Table
		74		0.35	0.5	V	I_{OL} = 8.0 mA	
I_{IH}	Input High Current Data, Clock Set, Clear				20 40	µA	V_{CC} = MAX, V_{IN} = 2.7 V	
	Data, Clock Set, Clear				0.1 0.2	mA	V_{CC} = MAX, V_{IN} = 7.0 V	
I_{IL}	Input LOW Current Data, Clock Set, Clear				−0.4 −0.8	mA	V_{CC} = MAX, V_{IN} = 0.4 V	
I_{OS}	Output Short Circuit Current (Note 1)		−20		−100	mA	V_{CC} = MAX	
I_{CC}	Power Supply Current				8.0	mA	V_{CC} = MAX	

Note 1: Not more than one output should be shorted at a time, nor for more than 1 second.

AC CHARACTERISTICS (T_A = 25°C, V_{CC} = 5.0 V)

Symbol	Parameter	Limits Min	Limits Typ	Limits Max	Unit	Test Conditions	
f_{MAX}	Maximum Clock Frequency	25	33		MHz	Figure 1	V_{CC} = 5.0 V C_L = 15 pF
t_{PLH}	Clock, Clear, Set to Output		13	25	ns	Figure 1	
t_{PHL}			25	40	ns		

AC SETUP REQUIREMENTS (T_A = 25°C)

Symbol	Parameter	Limits Min	Limits Typ	Limits Max	Unit	Test Conditions	
$t_{W(H)}$	Clock	25			ns	Figure 1	V_{CC} = 5.0 V
$t_{W(L)}$	Clear, Set	25			ns	Figure 2	
t_s	Data Setup Time — HIGH	20			ns	Figure 1	
	LOW	20			ns		
t_h	Hold Time	5.0			ns	Figure 1	

AC WAVEFORMS

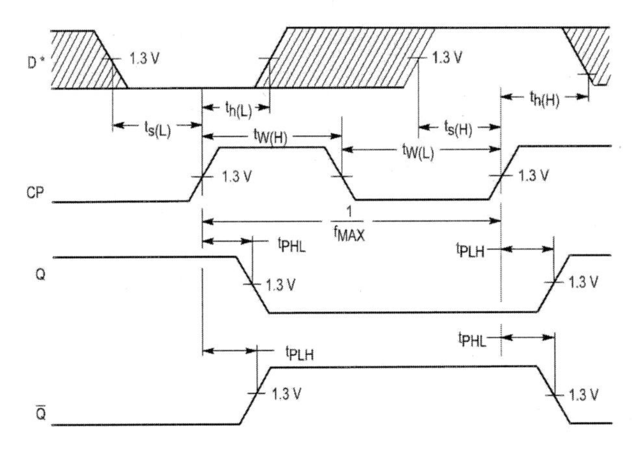

*The shaded areas indicate when the input is permitted to change for predictable output performance.

Figure 1. Clock to Output Delays, Data Set-Up and Hold Times, Clock Pulse Width

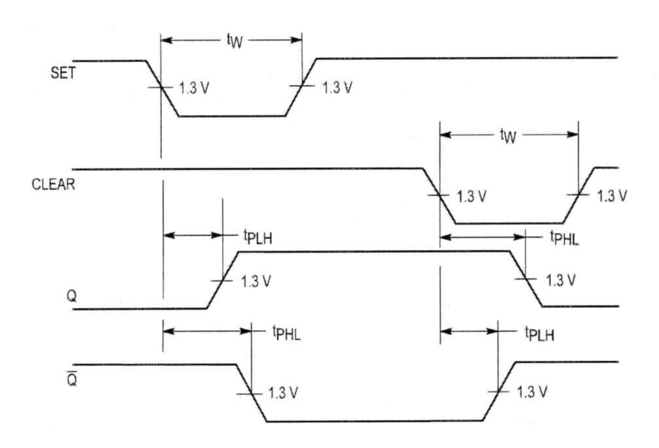

Figure 2. Set and Clear to Output Delays, Set and Clear Pulse Widths

SN54/74LS76A

DUAL JK FLIP-FLOP WITH SET AND CLEAR

The SN54/74LS76A offers individual J, K, Clock Pulse, Direct Set and Direct Clear inputs. These dual flip-flops are designed so that when the clock goes HIGH, the inputs are enabled and data will be accepted. The Logic Level of the J and K inputs will perform according to the Truth Table as long as minimum set-up times are observed. Input data is transferred to the outputs on the HIGH-to-LOW clock transitions.

DUAL JK FLIP-FLOP
WITH SET AND CLEAR

LOW POWER SCHOTTKY

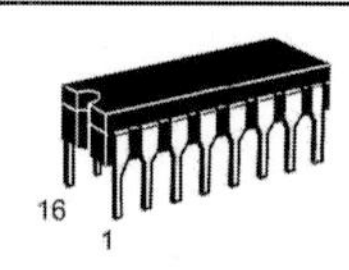

J SUFFIX
CERAMIC
CASE 620-09

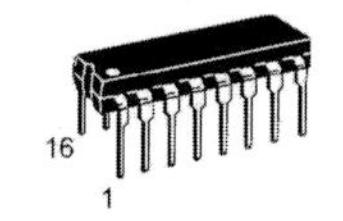

N SUFFIX
PLASTIC
CASE 648-08

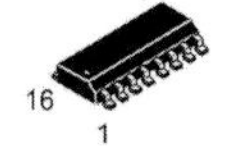

D SUFFIX
SOIC
CASE 751B-03

ORDERING INFORMATION

SN54LSXXJ Ceramic
SN74LSXXN Plastic
SN74LSXXD SOIC

MODE SELECT — TRUTH TABLE

OPERATING MODE	INPUTS				OUTPUTS	
	$\overline{S}_D$	$\overline{C}_D$	J	K	Q	$\overline{Q}$
Set	L	H	X	X	H	L
Reset (Clear)	H	L	X	X	L	H
*Undetermined	L	L	X	X	H	H
Toggle	H	H	h	h	$\overline{q}$	q
Load "0" (Reset)	H	H	l	h	L	H
Load "1" (Set)	H	H	h	l	H	L
Hold	H	H	l	l	q	$\overline{q}$

*Both outputs will be HIGH while both S_D and C_D are LOW, but the output states are unpredictable if S_D and C_D go HIGH simultaneously.

H,h = HIGH Voltage Level
L,l = LOW Voltage Level
X = Immaterial
l, h (q) = Lower case letters indicate the state of the referenced input (or output) one setup time prior to the HIGH-to-LOW clock transition

LOGIC DIAGRAM

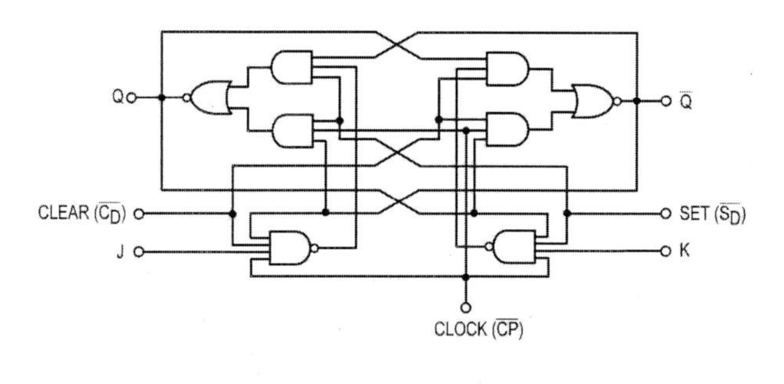

LOGIC SYMBOL

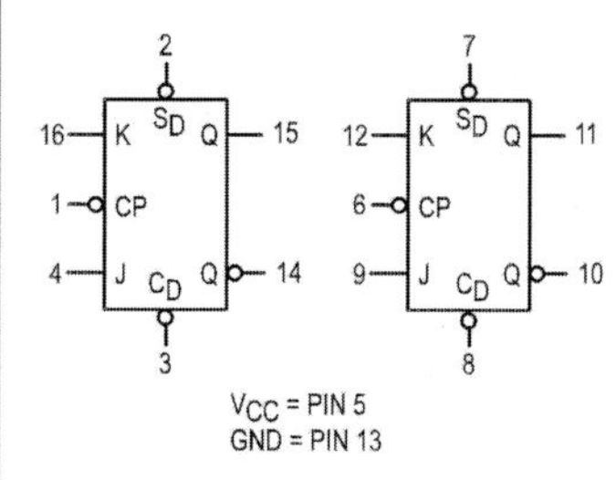

SN54/74LS76A

GUARANTEED OPERATING RANGES

Symbol	Parameter		Min	Typ	Max	Unit
V_{CC}	Supply Voltage	54 74	4.5 4.75	5.0 5.0	5.5 5.25	V
T_A	Operating Ambient Temperature Range	54 74	−55 0	25 25	125 70	°C
I_{OH}	Output Current — High	54, 74			−0.4	mA
I_{OL}	Output Current — Low	54 74			4.0 8.0	mA

DC CHARACTERISTICS OVER OPERATING TEMPERATURE RANGE (unless otherwise specified)

Symbol	Parameter		Limits Min	Limits Typ	Limits Max	Unit	Test Conditions	
V_{IH}	Input HIGH Voltage		2.0			V	Guaranteed Input HIGH Voltage for All Inputs	
V_{IL}	Input LOW Voltage	54			0.7	V	Guaranteed Input LOW Voltage for All Inputs	
		74			0.8			
V_{IK}	Input Clamp Diode Voltage			−0.65	−1.5	V	V_{CC} = MIN, I_{IN} = −18 mA	
V_{OH}	Output HIGH Voltage	54	2.5	3.5		V	V_{CC} = MIN, I_{OH} = MAX, V_{IN} = V_{IH} or V_{IL} per Truth Table	
		74	2.7	3.5		V		
V_{OL}	Output LOW Voltage	54, 74		0.25	0.4	V	I_{OL} = 4.0 mA	V_{CC} = V_{CC} MIN, V_{IN} = V_{IL} or V_{IH} per Truth Table
		74		0.35	0.5	V	I_{OL} = 8.0 mA	
I_{IH}	Input HIGH Current	J, K Clear Clock			20 60 80	µA	V_{CC} = MAX, V_{IN} = 2.7 V	
		J, K Clear Clock			0.1 0.3 0.4	mA	V_{CC} = MAX, V_{IN} = 7.0 V	
I_{IL}	Input LOW Current	J, K Clear, Clock			−0.4 −0.8	mA	V_{CC} = MAX, V_{IN} = 0.4 V	
I_{OS}	Short Circuit Current (Note 1)		−20		−100	mA	V_{CC} = MAX	
I_{CC}	Power Supply Current				6.0	mA	V_{CC} = MAX	

Note 1: Not more than one output should be shorted at a time, nor for more than 1 second.

AC CHARACTERISTICS (T_A = 25°C, V_{CC} = 5.0 V)

Symbol	Parameter	Limits Min	Limits Typ	Limits Max	Unit	Test Conditions
f_{MAX}	Maximum Clock Frequency	30	45		MHz	V_{CC} = 5.0 V C_L = 15 pF
t_{PLH}	Clock, Clear, Set to Output		15	20	ns	
t_{PHL}			15	20	ns	

AC SETUP REQUIREMENTS (T_A = 25°C)

Symbol	Parameter	Limits Min	Limits Typ	Limits Max	Unit	Test Conditions
t_W	Clock Pulse Width High	20			ns	V_{CC} = 5.0 V
t_W	Clear Set Pulse Width	25			ns	
t_s	Setup Time	20			ns	
t_h	Hold Time	0			ns	

4-BIT D LATCH

SN54/74LS75
SN54/74LS77

4-BIT D LATCH

LOW POWER SCHOTTKY

The TTL/MSI SN54/74LS75 and SN54/74LS77 are latches used as temporary storage for binary information between processing units and input/output or indicator units. Information present at a data (D) input is transferred to the Q output when the Enable is HIGH and the Q output will follow the data input as long as the Enable remains HIGH. When the Enable goes LOW, the information (that was present at the data input at the time the transition occurred) is retained at the Q output until the Enable is permitted to go HIGH.

The SN54 / 74LS75 features complementary Q and $\overline{Q}$ output from a 4-bit latch and is available in the 16-pin packages. For higher component density applications the SN54 / 74LS77 4-bit latch is available in the 14-pin package with $\overline{Q}$ outputs omitted.

CONNECTION DIAGRAMS DIP (TOP VIEW)

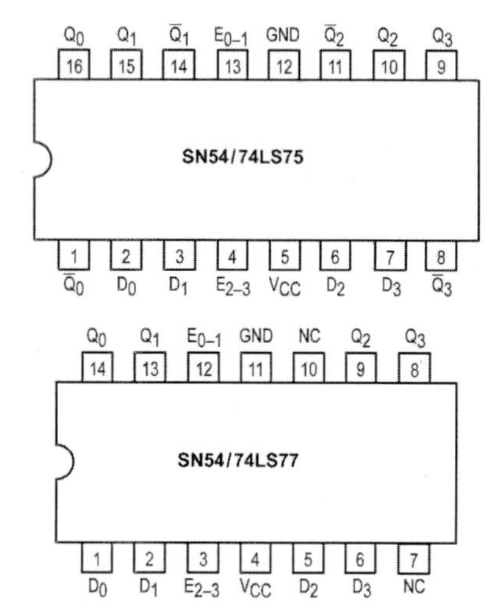

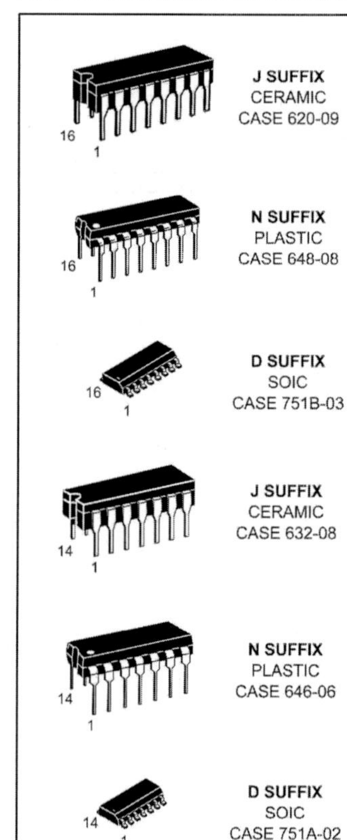

ORDERING INFORMATION

SN54LSXXJ	Ceramic
SN74LSXXN	Plastic
SN74LSXXD	SOIC

PIN NAMES

		LOADING (Note a) HIGH	LOW
D_1–D_4	Data Inputs	0.5 U.L.	0.25 U.L.
E_{0-1}	Enable Input Latches 0, 1	2.0 U.L.	1.0 U.L.
E_{2-3}	Enable Input Latches 2, 3	2.0 U.L.	1.0 U.L.
Q_1–Q_4	Latch Outputs (Note b)	10 U.L.	5 (2.5) U.L.
$\overline{Q_1}$–$\overline{Q_4}$	Complimentary Latch Outputs (Note b)	10 U.L.	5 (2.5) U.L.

NOTES:
a) 1 Unit Load (U.L.) = 40 μA HIGH.
b) The Output LOW drive factor is 2.5 U.L. for Military (54) and 5 U.L. for Commercial (74) Temperature Ranges.

TRUTH TABLE
(Each latch)

t_n	t_{n+1}
D	Q
H	H
L	L

NOTES:
t_n = bit time before enable negative-going transition
t_{n+1} = bit time after enable negative-going transition

SN54/74LS75

LOGIC SYMBOLS

SN54/74LS75

2 3 6 7

D_0 D_1 D_2 D_3

13 — E_{0-1}

4 — E_{2-3}

Q_0 $\overline{Q}_0$ Q_1 $\overline{Q}_1$ Q_2 $\overline{Q}_2$ Q_3 $\overline{Q}_3$

16 1 15 14 10 11 9 8

V_{CC} = PIN 5
GND = PIN 12

SN54/74LS77

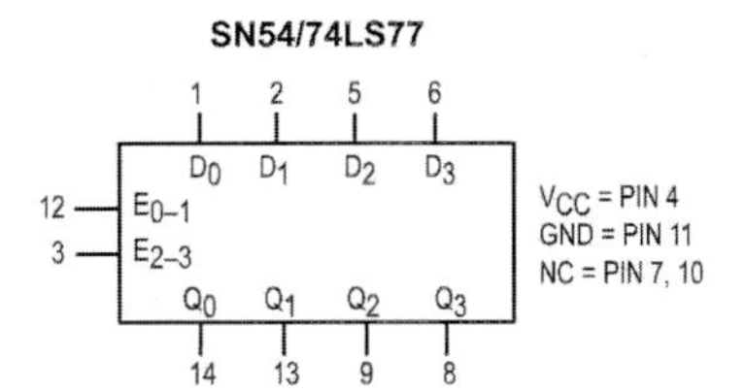

DC CHARACTERISTICS OVER OPERATING TEMPERATURE RANGE (unless otherwise specified)

Symbol	Parameter		Limits Min	Typ	Max	Unit	Test Conditions
V_{IH}	Input HIGH Voltage		2.0			V	Guaranteed Input HIGH Voltage for All Inputs
V_{IL}	Input LOW Voltage	54			0.7	V	Guaranteed Input LOW Voltage for All Inputs
		74			0.8		
V_{IK}	Input Clamp Diode Voltage			−0.65	−1.5	V	V_{CC} = MIN, I_{IN} = −18 mA
V_{OH}	Output HIGH Voltage	54	2.5	3.5		V	V_{CC} = MIN, I_{OH} = MAX, V_{IN} = V_{IH} or V_{IL} per Truth Table
		74	2.7	3.5		V	
V_{OL}	Output LOW Voltage	54, 74		0.25	0.4	V	I_{OL} = 4.0 mA; V_{CC} = V_{CC} MIN, V_{IN} = V_{IL} or V_{IH} per Truth Table
		74		0.35	0.5	V	I_{OL} = 8.0 mA
I_{IH}	Input HIGH Current	D Input E Input			20 80	µA	V_{CC} = MAX, V_{IN} = 2.7 V
		D Input E Input			0.1 0.4	mA	V_{CC} = MAX, V_{IN} = 7.0 V
I_{IL}	Input LOW Current	D Input E Input			−0.4 −1.6	mA	V_{CC} = MAX, V_{IN} = 0.4 V
I_{OS}	Short Circuit Current (Note 1)		−20		−100	mA	V_{CC} = MAX
I_{CC}	Power Supply Current				12	mA	V_{CC} = MAX

Note 1: Not more than one output should be shorted at a time, nor for more than 1 second.

AC CHARACTERISTICS (T_A = 25°C, V_{CC} = 5.0 V)

Symbol	Parameter	Limits Min	Typ	Max	Unit	Test Conditions
t_{PLH} t_{PHL}	Propagation Delay, Data to Q		15 9.0	27 17	ns	V_{CC} = 5.0 V C_L = 15 pF
t_{PLH} t_{PHL}	Propagation Delay, Data to $\overline{Q}$		12 7.0	20 15	ns	
t_{PLH} t_{PHL}	Propagation Delay, Enable to Q		15 14	27 25	ns	
t_{PLH} t_{PHL}	Propagation Delay, Enable to $\overline{Q}$		16 7.0	30 15	ns	

SN54/74LS77

DC CHARACTERISTICS OVER OPERATING TEMPERATURE RANGE (unless otherwise specified)

Symbol	Parameter		Limits Min	Limits Typ	Limits Max	Unit	Test Conditions	
V_{IH}	Input HIGH Voltage		2.0			V	Guaranteed Input HIGH Voltage for All Inputs	
V_{IL}	Input LOW Voltage	54			0.7	V	Guaranteed Input LOW Voltage for All Inputs	
		74			0.8			
V_{IK}	Input Clamp Diode Voltage			−0.65	−1.5	V	V_{CC} = MIN, I_{IN} = −18 mA	
V_{OH}	Output HIGH Voltage	54	2.5	3.5		V	V_{CC} = MIN, I_{OH} = MAX, V_{IN} = V_{IH} or V_{IL} per Truth Table	
		74	2.7	3.5		V		
V_{OL}	Output LOW Voltage	54, 74		0.25	0.4	V	I_{OL} = 4.0 mA	V_{CC} = V_{CC} MIN, V_{IN} = V_{IL} or V_{IH} per Truth Table
		74		0.35	0.5	V	I_{OL} = 8.0 mA	
I_{IH}	Input HIGH Current	D Input E Input			20 80	µA	V_{CC} = MAX, V_{IN} = 2.7 V	
		D Input E Input			0.1 0.4	mA	V_{CC} = MAX, V_{IN} = 7.0 V	
I_{IL}	Input LOW Current	D Input E Input			−0.4 −1.6	mA	V_{CC} = MAX, V_{IN} = 0.4 V	
I_{OS}	Short Circuit Current (Note 1)		−20		−100	mA	V_{CC} = MAX	
I_{CC}	Power Supply Current				13	mA	V_{CC} = MAX	

Note 1: Not more than one output should be shorted at a time, nor for more than 1 second.

AC CHARACTERISTICS (T_A = 25°C, V_{CC} = 5.0 V)

Symbol	Parameter	Limits Min	Limits Typ	Limits Max	Unit	Test Conditions
t_{PLH} t_{PHL}	Propagation Delay, Data to Q		11 9.0	19 17	ns	V_{CC} = 5.0 V C_L = 15 pF
t_{PLH} t_{PHL}	Propagation Delay, Enable to Q		10 10	18 18	ns	

LOGIC DIAGRAM

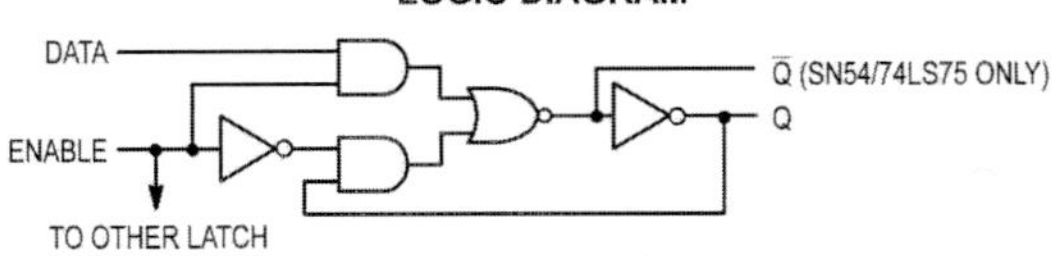

GUARANTEED OPERATING RANGES

Symbol	Parameter		Min	Typ	Max	Unit
V_{CC}	Supply Voltage	54 74	4.5 4.75	5.0 5.0	5.5 5.25	V
T_A	Operating Ambient Temperature Range	54 74	−55 0	25 25	125 70	°C
I_{OH}	Output Current — High	54, 74			−0.4	mA
I_{OL}	Output Current — Low	54 74			4.0 8.0	mA

AC SETUP REQUIREMENTS (T_A = 25°C, V_{CC} = 5.0 V)

Symbol	Parameter	Limits			Unit	Test Conditions
		Min	Typ	Max		
t_W	Enable Pulse Width High	20			ns	V_{CC} = 5.0 V
t_s	Setup Time	20			ns	
t_h	Hold Time	0			ns	

AC WAVEFORMS

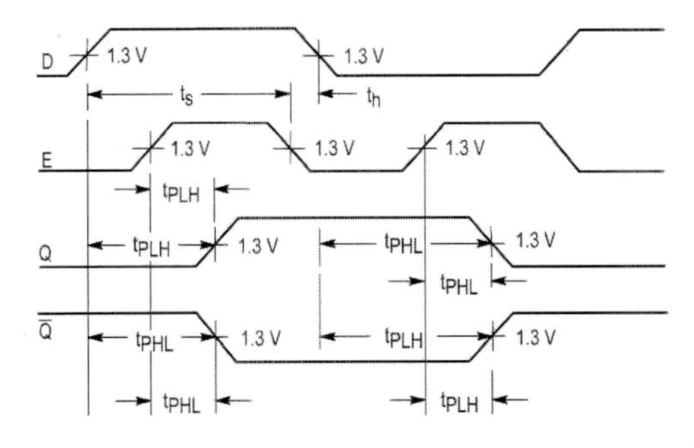

DEFINITION OF TERMS

SETUP TIME (t_s) — is defined as the minimum time required for the correct logic level to be present at the logic input prior to the clock transition from HIGH-to-LOW in order to be recognized and transferred to the outputs.

HOLD TIME (t_h) — is defined as the minimum time following the clock transition from HIGH-to-LOW that the logic level must be maintained at the input in order to ensure continued recognition. A negative HOLD TIME indicates that the correct logic level may be released prior to the clock transition from HIGH-to-LOW and still be recognized.

SN54/74LS83A

4-BIT BINARY FULL ADDER WITH FAST CARRY

The SN54/74LS83A is a high-speed 4-Bit binary Full Adder with internal carry lookahead. It accepts two 4-bit binary words (A_1-A_4, B_1-B_4) and a Carry Input (C_0). It generates the binary Sum outputs $\Sigma_1-\Sigma_4$) and the Carry Output (C_4) from the most significant bit. The LS83A operates with either active HIGH or active LOW operands (positive or negative logic). The SN54/74LS283 is recommended for new designs since it is identical in function with this device and features standard corner power pins.

4-BIT BINARY FULL ADDER WITH FAST CARRY

LOW POWER SCHOTTKY

CONNECTION DIAGRAM DIP (TOP VIEW)

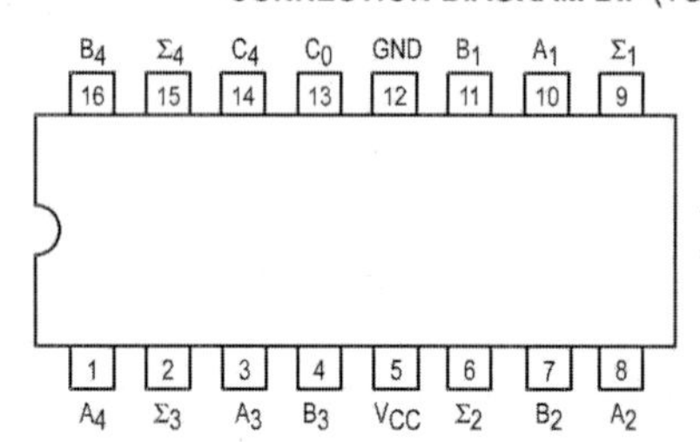

NOTE:
The Flatpak version has the same pinouts (Connection Diagram) as the Dual In-Line Package.

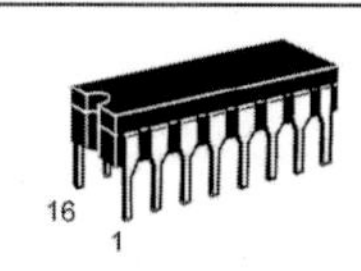

J SUFFIX
CERAMIC
CASE 620-09

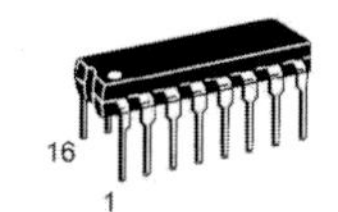

N SUFFIX
PLASTIC
CASE 648-08

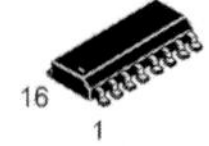

D SUFFIX
SOIC
CASE 751B-03

PIN NAMES

		LOADING (Note a)	
		HIGH	LOW
A_1-A_4	Operand A Inputs	1.0 U.L.	0.5 U.L.
B_1-B_4	Operand B Inputs	1.0 U.L.	0.5 U.L.
C_0	Carry Input	0.5 U.L.	0.25 U.L.
$\Sigma_1-\Sigma_4$	Sum Outputs (Note b)	10 U.L.	5 (2.5) U.L.
C_4	Carry Output (Note b)	10 U.L.	5 (2.5) U.L.

NOTES:
a) 1 TTL Unit Load (U.L.) = 40 μA HIGH/1.6 mA LOW.
b) The Output LOW drive factor is 2.5 U.L. for Military (54) and 5 U.L. for Commercial (74) Temperature Ranges.

ORDERING INFORMATION

SN54LSXXJ	Ceramic
SN74LSXXN	Plastic
SN74LSXXD	SOIC

LOGIC DIAGRAM

C_0 A_1 B_1 A_2 B_2 A_3 B_3 A_4 B_4

V_{CC} = PIN 5
GND = PIN 12
○ = PIN NUMBERS

C_1 C_2 C_3

Σ_1 Σ_2 Σ_3 Σ_4 C_4

LOGIC SYMBOL

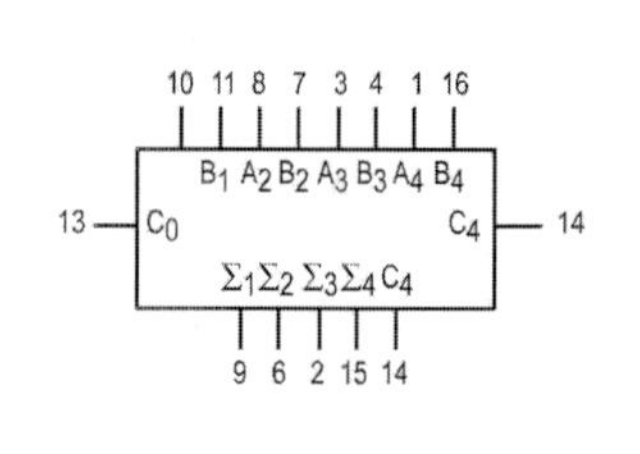

SN54/74LS83A

FUNCTIONAL DESCRIPTION

The LS83A adds two 4-bit binary words (A plus B) plus the incoming carry. The binary sum appears on the sum outputs ($\Sigma_1 - \Sigma_4$) and outgoing carry (C_4) outputs.

$C_0 + (A_1+B_1)+2(A_2+B_2)+4(A_3+B_3)+8(A_4+B_4) = \Sigma_1+2\Sigma_2+4\Sigma_3+8\Sigma_4+16C_4$

Where: (+) = plus

Due to the symmetry of the binary add function the LS83A can be used with either all inputs and outputs active HIGH (positive logic) or with all inputs and outputs active LOW (negative logic). Note that with active HIGH Inputs, Carry Input can not be left open, but must be held LOW when no carry in is intended.

Example:

	C_0	A_1	A_2	A_3	A_4	B_1	B_2	B_3	B_4	Σ_1	Σ_2	Σ_3	Σ_4	C_4	
Logic Levels	L	L	H	L	H	H	L	L	H	H	H	L	L	H	
Active HIGH	0	0	1	0	1	1	0	0	1	1	1	0	0	1	(10+9 = 19)
Active LOW	1	1	0	1	0	0	1	1	0	0	0	1	1	0	(carry+5+6 = 12)

Interchanging inputs of equal weight does not affect the operation, thus C_0, A_1, B_1, can be arbitrarily assigned to pins 10, 11, 13, etc.

FUNCTIONAL TRUTH TABLE

C (n–1)	A_n	B_n	Σ_n	C_n
L	L	L	L	L
L	L	H	H	L
L	H	L	H	L
L	H	H	L	H
H	L	L	H	L
H	L	H	L	H
H	H	L	L	H
H	H	H	H	H

C_1 — C_3 are generated internally
C_0 — is an external input
C_4 — is an output generated internally

GUARANTEED OPERATING RANGES

Symbol	Parameter		Min	Typ	Max	Unit
V_{CC}	Supply Voltage	54 74	4.5 4.75	5.0 5.0	5.5 5.25	V
T_A	Operating Ambient Temperature Range	54 74	−55 0	25 25	125 70	°C
I_{OH}	Output Current — High	54, 74			−0.4	mA
I_{OL}	Output Current — Low	54 74			4.0 8.0	mA

DC CHARACTERISTICS OVER OPERATING TEMPERATURE RANGE (unless otherwise specified)

Symbol	Parameter		Limits Min	Typ	Max	Unit	Test Conditions	
V_{IH}	Input HIGH Voltage		2.0			V	Guaranteed Input HIGH Voltage for All Inputs	
V_{IL}	Input LOW Voltage	54			0.7	V	Guaranteed Input LOW Voltage for All Inputs	
		74			0.8			
V_{IK}	Input Clamp Diode Voltage			−0.65	−1.5	V	V_{CC} = MIN, I_{IN} = −18 mA	
V_{OH}	Output HIGH Voltage	54	2.5	3.5		V	V_{CC} = MIN, I_{OH} = MAX, V_{IN} = V_{IH} per Truth Table	
		74	2.7	3.5		V		
V_{OL}	Output LOW Voltage	54, 74		0.25	0.4	V	I_{OL} = 4.0 mA	V_{CC} = V_{CC} MIN, V_{IN} = V_{IL} or V_{IH} per Truth Table
		74		0.35	0.5	V	I_{OL} = 8.0 mA	
I_{IH}	Input HIGH Current C_0 A or B				20 40	µA	V_{CC} = MAX, V_{IN} = 2.7 V	
	C_0 A or B				0.1 0.2	mA	V_{CC} = MAX, V_{IN} = 7.0 V	
I_{IL}	Input LOW Current C_0 A or B				−0.4 −0.8	mA	V_{CC} = MAX, V_{IN} = 0.4 V	
I_{OS}	Output Short Circuit Current (Note 1)		−20		−100	mA	V_{CC} = MAX	
I_{CC}	Power Supply Current All Inputs Grounded All Inputs at 4.5 V, Except B All Inputs at 4.5 V				 39 34 34	mA	V_{CC} = MAX	

Note 1: Not more than one output should be shorted at a time, nor for more than 1 second.

AC CHARACTERISTICS (T_A = 25°C)

Symbol	Parameter	Limits Min	Typ	Max	Unit	Test Conditions
t_{PLH} t_{PHL}	Propagation Delay, C_0 Input to any Σ Output		16 15	24 24	ns	V_{CC} = 5.0 V C_L = 15 pF Figures 1 and 2
t_{PLH} t_{PHL}	Propagation Delay, Any A or B Input to Σ Outputs		15 15	24 24	ns	
t_{PLH} t_{PHL}	Propagation Delay, C_0 Input to C_4 Output		11 15	17 22	ns	
t_{PLH} t_{PHL}	Propagation Delay, Any A or B Input to C_4 Output		11 12	17 17	ns	

AC WAVEFORMS

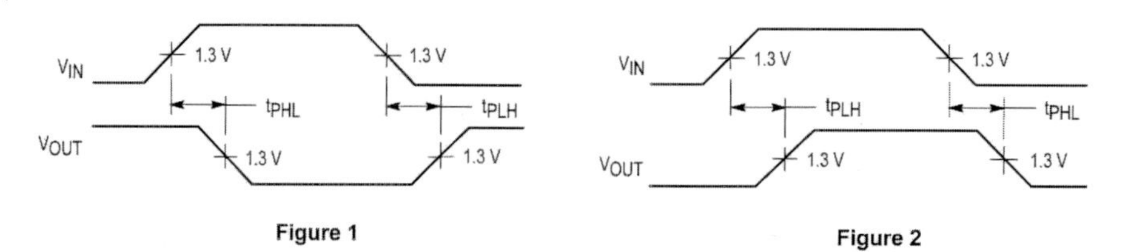

Figure 1

Figure 2

4-BIT MAGNITUDE COMPARATOR

SN54/74LS85

The SN54/74LS85 is a 4-Bit Magnitude Camparator which compares two 4-bit words (A, B), each word having four Parallel Inputs (A_0-A_3, B_0-B_3); A_3, B_3 being the most significant inputs. Operation is not restricted to binary codes, the device will work with any monotonic code. Three Outputs are provided: "A greater than B" ($O_{A>B}$), "A less than B" ($O_{A<B}$), "A equal to B" ($O_{A=B}$). Three Expander Inputs, $I_{A>B}$, $I_{A<B}$, $I_{A=B}$, allow cascading without external gates. For proper compare operation, the Expander Inputs to the least significant position must be connected as follows: $I_{A<B} = I_{A>B} = L$, $I_{A=B} = H$. For serial (ripple) expansion, the $O_{A>B}$, $O_{A<B}$ and $O_{A=B}$ Outputs are connected respectively to the $I_{A>B}$, $I_{A<B}$, and $I_{A=B}$ Inputs of the next most significant comparator, as shown in Figure 1. Refer to Applications section of data sheet for high speed method of comparing large words.

The Truth Table on the following page describes the operation of the SN54/74LS85 under all possible logic conditions. The upper 11 lines describe the normal operation under all conditions that will occur in a single device or in a series expansion scheme. The lower five lines describe the operation under abnormal conditions on the cascading inputs. These conditions occur when the parallel expansion technique is used.

- Easily Expandable
- Binary or BCD Comparison
- $O_{A>B}$, $O_{A<B}$, and $O_{A=B}$ Outputs Available

4-BIT MAGNITUDE COMPARATOR

LOW POWER SCHOTTKY

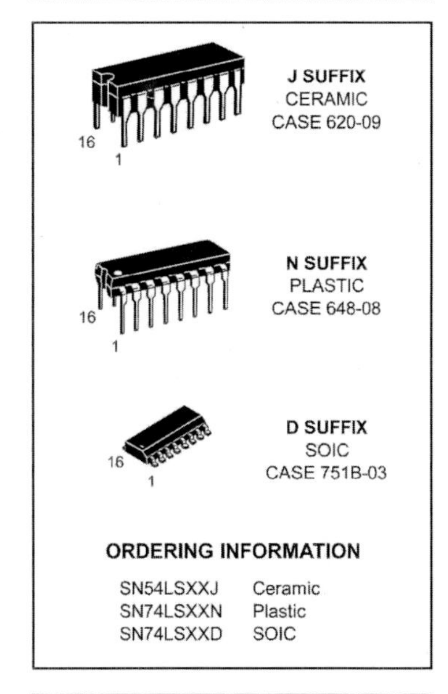

ORDERING INFORMATION

SN54LSXXJ	Ceramic
SN74LSXXN	Plastic
SN74LSXXD	SOIC

CONNECTION DIAGRAM DIP (TOP VIEW)

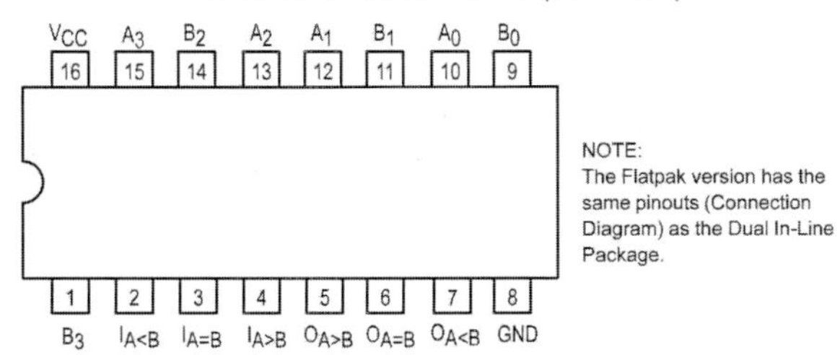

NOTE:
The Flatpak version has the same pinouts (Connection Diagram) as the Dual In-Line Package.

LOGIC SYMBOL

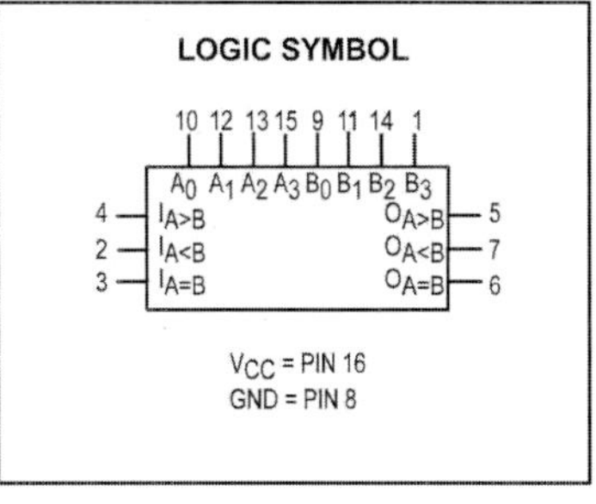

PIN NAMES

		LOADING (Note a) HIGH	LOW
A_0-A_3, B_0-B_3	Parallel Inputs	1.5 U.L.	0.75 U.L.
$I_{A=B}$	A = B Expander Inputs	1.5 U.L.	0.75 U.L.
$I_{A<B}$, $I_{A>B}$	A < B, A > B, Expander Inputs	0.5 U.L.	0.25 U.L.
$O_{A>B}$	A Greater Than B Output (Note b)	10 U.L.	5 (2.5) U.L.
$O_{A<B}$	B Greater Than A Output (Note b)	10 U.L.	5 (2.5) U.L.
$O_{A=B}$	A Equal to B Output (Note b)	10 U.L.	5 (2.5) U.L.

NOTES:
a) 1 TTL Unit Load (U.L.) = 40 μA HIGH/1.6 mA LOW.
b) The Output LOW drive factor is 2.5 U.L. for Military (54) and 5 U.L. for Commercial (74) Temperature Ranges.

SN54/74LS85

LOGIC DIAGRAM

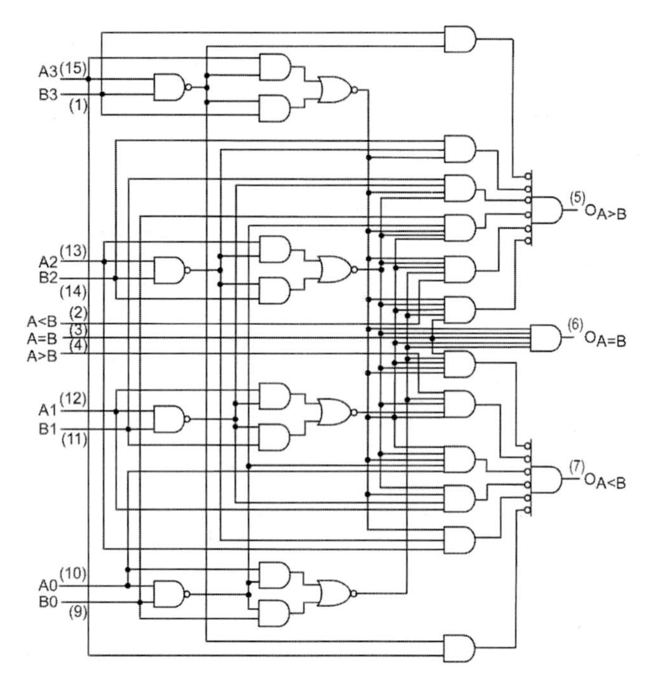

TRUTH TABLE

COMPARING INPUTS				CASCADING INPUTS			OUTPUTS		
A_3,B_3	A_2,B_2	A_1,B_1	A_0,B_0	$I_{A>B}$	$I_{A<B}$	$I_{A=B}$	$O_{A>B}$	$O_{A<B}$	$O_{A=B}$
$A_3>B_3$	X	X	X	X	X	X	H	L	L
$A_3<B_3$	X	X	X	X	X	X	L	H	L
$A_3=B_3$	$A_2>B_2$	X	X	X	X	X	H	L	L
$A_3=B_3$	$A_2<B_2$	X	X	X	X	X	L	H	L
$A_3=B_3$	$A_2=B_2$	$A_1>B_1$	X	X	X	X	H	L	L
$A_3=B_3$	$A_2=B_2$	$A_1<B_1$	X	X	X	X	L	H	L
$A_3=B_3$	$A_2=B_2$	A_1=B1	$A_0>B_0$	X	X	X	H	L	L
$A_3=B_3$	$A_2=B_2$	$A_1=B_1$	$A_0<B_0$	X	X	X	L	H	L
$A_3=B_3$	$A_2=B_2$	$A_1=B_1$	$A_0=B_0$	H	L	L	H	L	L
$A_3=B_3$	$A_2=B_2$	$A_1=B_1$	$A_0=B_0$	L	H	L	L	H	L
$A_3=B_3$	$A_2=B_2$	$A_1=B_1$	$A_0=B_0$	X	X	H	L	L	H
$A_3=B_3$	$A_2=B_2$	$A_1=B_1$	$A_0=B_0$	H	H	L	L	L	L
$A_3=B_3$	$A_2=B_2$	$A_1=B_1$	$A_0=B_0$	L	L	L	H	H	L

H = HIGH Level
L = LOW Level
X = IMMATERIAL

GUARANTEED OPERATING RANGES

Symbol	Parameter		Min	Typ	Max	Unit
V_{CC}	Supply Voltage	54 74	4.5 4.75	5.0 5.0	5.5 5.25	V
T_A	Operating Ambient Temperature Range	54 74	−55 0	25 25	125 70	°C
I_{OH}	Output Current — High	54, 74			−0.4	mA
I_{OL}	Output Current — Low	54 74			4.0 8.0	mA

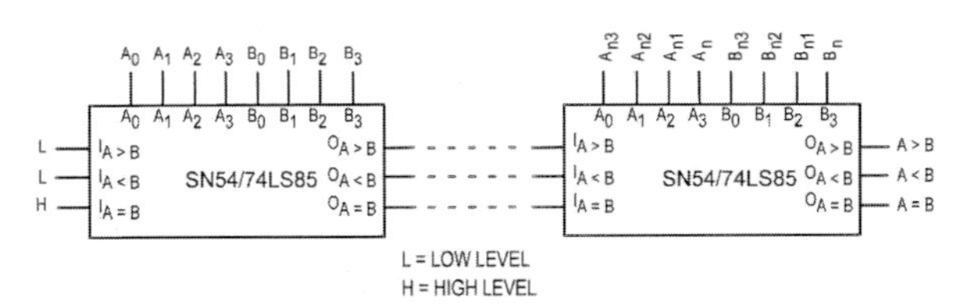

Figure 1. Comparing Two n-Bit Words

APPLICATIONS

Figure 2 shows a high speed method of comparing two 24-bit words with only two levels of device delay. With the technique shown in Figure 1, six levels of device delay result when comparing two 24-bit words. The parallel technique can be expanded to any number of bits, see Table 1.

Table 1

WORD LENGTH	NUMBER OF PKGS.
1–4 Bits	1
5–24 Bits	2–6
25–120 Bits	8–31

NOTE:
The SN54/74LS85 can be used as a 5-bit comparator only when the outputs are used to drive the A_0–A_3 and B_0–B_3 inputs of another SN54/74LS85 as shown in Figure 2 in positions #1, 2, 3, and 4.

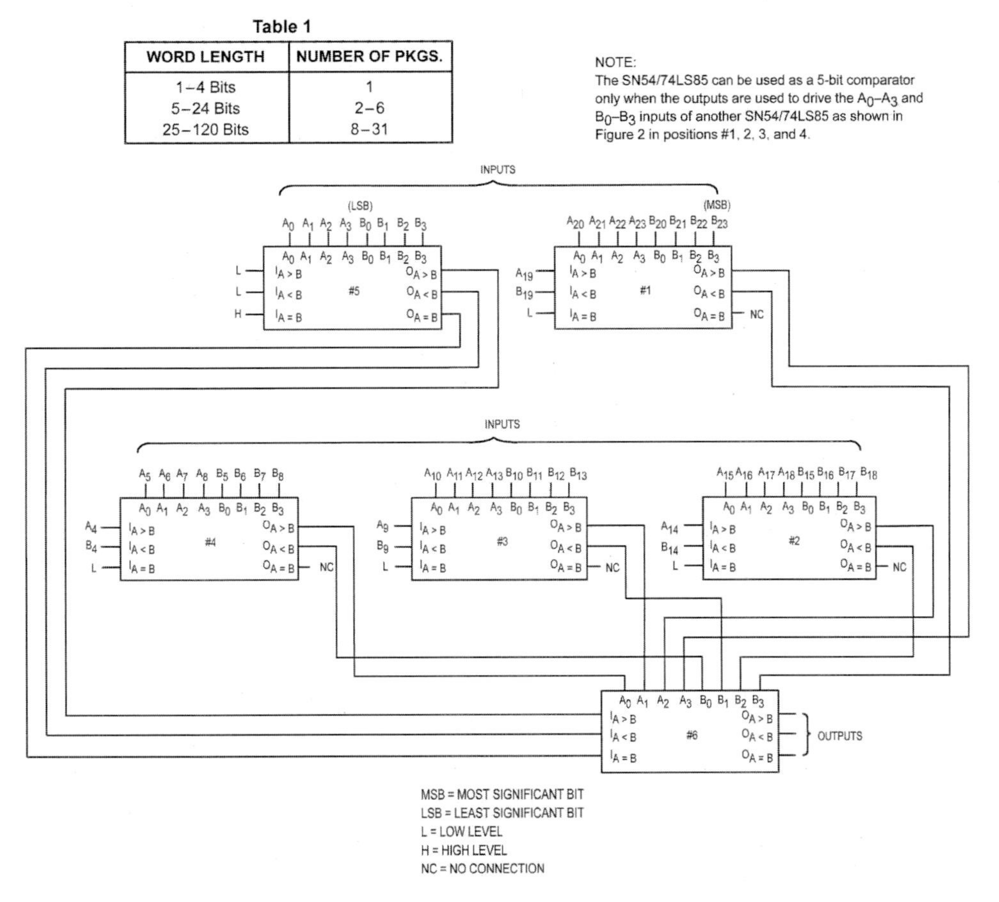

Figure 2. Comparison of Two 24-Bit Words

SN54/74LS85

DC CHARACTERISTICS OVER OPERATING TEMPERATURE RANGE (unless otherwise specified)

Symbol	Parameter		Limits Min	Typ	Max	Unit	Test Conditions
V_{IH}	Input HIGH Voltage		2.0			V	Guaranteed Input HIGH Voltage for All Inputs
V_{IL}	Input LOW Voltage	54			0.7	V	Guaranteed Input LOW Voltage for All Inputs
		74			0.8		
V_{IK}	Input Clamp Diode Voltage			−0.65	−1.5	V	V_{CC} = MIN, I_{IN} = −18 mA
V_{OH}	Output HIGH Voltage	54	2.5	3.5		V	V_{CC} = MIN, I_{OH} = MAX, V_{IN} = V_{IH} or V_{IL} per Truth Table
		74	2.7	3.5		V	
V_{OL}	Output LOW Voltage	54, 74		0.25	0.4	V	I_{OL} = 4.0 mA; V_{CC} = V_{CC} MIN, V_{IN} = V_{IL} or V_{IH} per Truth Table
		74		0.35	0.5	V	I_{OL} = 8.0 mA
I_{IH}	Input HIGH Current A < B, A > B Other Inputs				20 60	µA	V_{CC} = MAX, V_{IN} = 2.7 V
	A < B, A > B Other Inputs				0.1 0.3	mA	V_{CC} = MAX, V_{IN} = 7.0 V
I_{IL}	Input LOW Current A < B, A > B Other Inputs				−0.4 −1.2	mA	V_{CC} = MAX, V_{IN} = 0.4 V
I_{OS}	Output Short Circuit Current (Note 1)		−20		−100	mA	V_{CC} = MAX
I_{CC}	Power Supply Current				20	mA	V_{CC} = MAX

Note 1: Not more than one output should be shorted at a time, nor for more than 1 second.

AC CHARACTERISTICS (T_A = 25°C, V_{CC} = 5.0 V)

Symbol	Parameter	Limits Min	Typ	Max	Unit	Test Conditions
t_{PLH} t_{PHL}	Any A or B to A < B, A > B		24 20	36 30	ns	V_{CC} = 5.0 V C_L = 15 pF
t_{PLH} t_{PHL}	Any A or B to A = B		27 23	45 45	ns	
t_{PLH} t_{PHL}	A < B or A = B to A > B		14 11	22 17	ns	
t_{PLH} t_{PHL}	A = B to A = B		13 13	20 26	ns	
t_{PLH} t_{PHL}	A > B or A = B to A < B		14 11	22 17	ns	

AC WAVEFORMS

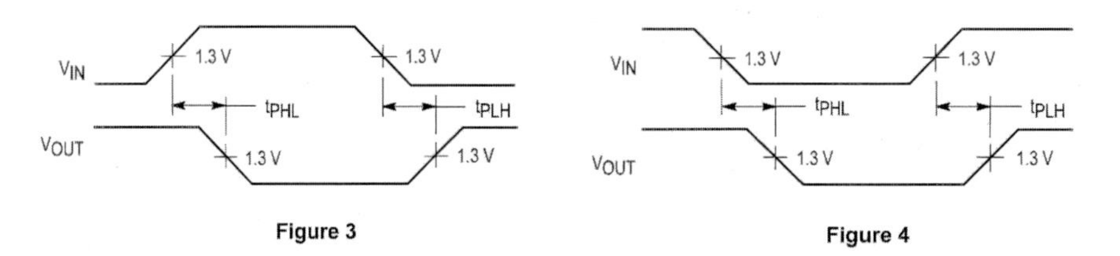

Figure 3

Figure 4

SN54/74LS86

QUAD 2-INPUT EXCLUSIVE OR GATE

QUAD 2-INPUT EXCLUSIVE OR GATE

LOW POWER SCHOTTKY

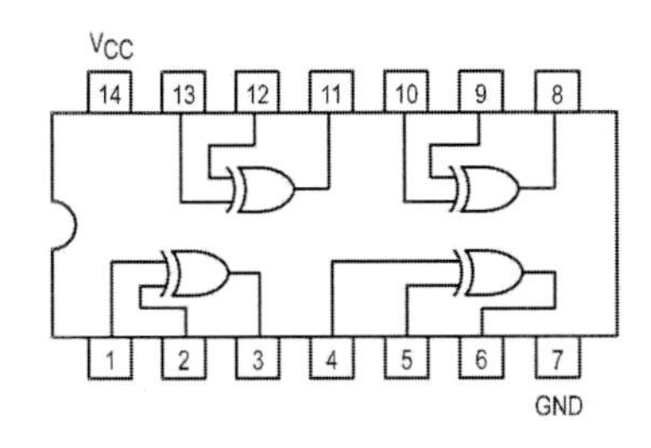

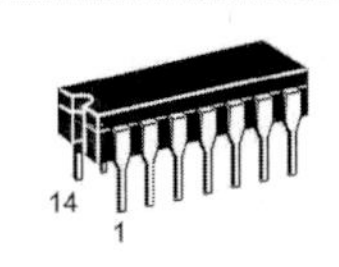

J SUFFIX
CERAMIC
CASE 632-08

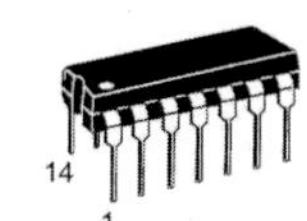

N SUFFIX
PLASTIC
CASE 646-06

D SUFFIX
SOIC
CASE 751A-02

TRUTH TABLE

IN		OUT
A	B	Z
L	L	L
L	H	H
H	L	H
H	H	L

ORDERING INFORMATION

SN54LSXXJ	Ceramic
SN74LSXXN	Plastic
SN74LSXXD	SOIC

GUARANTEED OPERATING RANGES

Symbol	Parameter		Min	Typ	Max	Unit
V_{CC}	Supply Voltage	54 74	4.5 4.75	5.0 5.0	5.5 5.25	V
T_A	Operating Ambient Temperature Range	54 74	−55 0	25 25	125 70	°C
I_{OH}	Output Current — High	54, 74			−0.4	mA
I_{OL}	Output Current — Low	54 74			4.0 8.0	mA

SN54/74LS86

DC CHARACTERISTICS OVER OPERATING TEMPERATURE RANGE (unless otherwise specified)

Symbol	Parameter		Limits			Unit	Test Conditions	
			Min	Typ	Max			
V_{IH}	Input HIGH Voltage		2.0			V	Guaranteed Input HIGH Voltage for All Inputs	
V_{IL}	Input LOW Voltage	54			0.7	V	Guaranteed Input LOW Voltage for All Inputs	
		74			0.8			
V_{IK}	Input Clamp Diode Voltage			−0.65	−1.5	V	V_{CC} = MIN, I_{IN} = −18 mA	
V_{OH}	Output HIGH Voltage	54	2.5	3.5		V	V_{CC} = MIN, I_{OH} = MAX, V_{IN} = V_{IH} or V_{IL} per Truth Table	
		74	2.7	3.5		V		
V_{OL}	Output LOW Voltage	54, 74		0.25	0.4	V	I_{OL} = 4.0 mA	V_{CC} = V_{CC} MIN, V_{IN} = V_{IL} or V_{IH} per Truth Table
		74		0.35	0.5	V	I_{OL} = 8.0 mA	
I_{IH}	Input HIGH Current				40	μA	V_{CC} = MAX, V_{IN} = 2.7 V	
					0.2	mA	V_{CC} = MAX, V_{IN} = 7.0 V	
I_{IL}	Input LOW Current				−0.8	mA	V_{CC} = MAX, V_{IN} = 0.4 V	
I_{OS}	Short Circuit Current (Note 1)		−20		−100	mA	V_{CC} = MAX	
I_{CC}	Power Supply Current				10	mA	V_{CC} = MAX	

Note 1: Not more than one output should be shorted at a time, nor for more than 1 second.

AC CHARACTERISTICS (T_A = 25°C)

Symbol	Parameter	Limits			Unit	Test Conditions
		Min	Typ	Max		
t_{PLH} t_{PHL}	Propagation Delay, Other Input LOW		12 10	23 17	ns	V_{CC} = 5.0 V C_L = 15 pF
t_{PLH} t_{PHL}	Propagation Delay, Other Input HIGH		20 13	30 22	ns	

DECADE COUNTER; DIVIDE-BY-TWELVE COUNTER; 4-BIT BINARY COUNTER

SN54/74LS90
SN54/74LS92
SN54/74LS93

DECADE COUNTER;
DIVIDE-BY-TWELVE COUNTER;
4-BIT BINARY COUNTER

LOW POWER SCHOTTKY

The SN54/74LS90, SN54/74LS92 and SN54/74LS93 are high-speed 4-bit ripple type counters partitioned into two sections. Each counter has a divide-by-two section and either a divide-by-five (LS90), divide-by-six (LS92) or divide-by-eight (LS93) section which are triggered by a HIGH-to-LOW transition on the clock inputs. Each section can be used separately or tied together (Q to $\overline{CP}$) to form BCD, bi-quinary, modulo-12, or modulo-16 counters. All of the counters have a 2-input gated Master Reset (Clear), and the LS90 also has a 2-input gated Master Set (Preset 9).

- Low Power Consumption . . . Typically 45 mW
- High Count Rates . . . Typically 42 MHz
- Choice of Counting Modes . . . BCD, Bi-Quinary, Divide-by-Twelve, Binary
- Input Clamp Diodes Limit High Speed Termination Effects

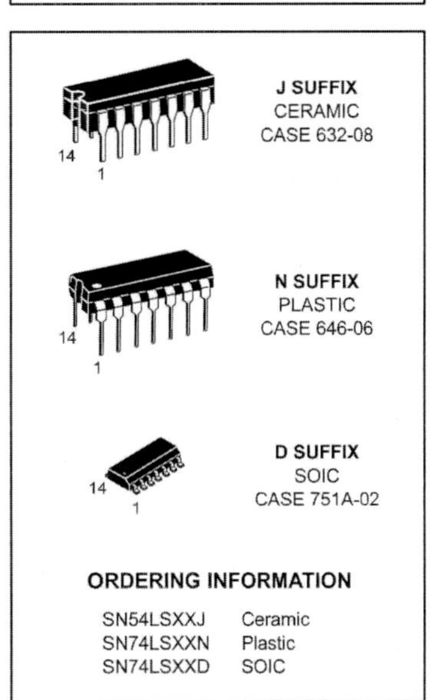

ORDERING INFORMATION

SN54LSXXJ	Ceramic
SN74LSXXN	Plastic
SN74LSXXD	SOIC

PIN NAMES

PIN NAMES		LOADING (Note a) HIGH	LOW
$\overline{CP}_0$	Clock (Active LOW going edge) Input to ÷2 Section	0.5 U.L.	1.5 U.L.
$\overline{CP}_1$	Clock (Active LOW going edge) Input to ÷5 Section (LS90), ÷6 Section (LS92)	0.5 U.L.	2.0 U.L.
$\overline{CP}_1$	Clock (Active LOW going edge) Input to ÷8 Section (LS93)	0.5 U.L.	1.0 U.L.
MR_1, MR_2	Master Reset (Clear) Inputs	0.5 U.L.	0.25 U.L.
MS_1, MS_2	Master Set (Preset-9, LS90) Inputs	0.5 U.L.	0.25 U.L.
Q_0	Output from ÷2 Section (Notes b & c)	10 U.L.	5 (2.5) U.L.
Q_1, Q_2, Q_3	Outputs from ÷5 (LS90), ÷6 (LS92), ÷8 (LS93) Sections (Note b)	10 U.L.	5 (2.5) U.L.

NOTES:
a. 1 TTL Unit Load (U.L.) = 40 μA HIGH/1.6 mA LOW.
b. The Output LOW drive factor is 2.5 U.L. for Military, (54) and 5 U.L. for commercial (74) Temperature Ranges.
c. The Q_0 Outputs are guaranteed to drive the full fan-out plus the $\overline{CP}_1$ input of the device.
d. To insure proper operation the rise (t_r) and fall time (t_f) of the clock must be less than 100 ns.

LOGIC SYMBOL

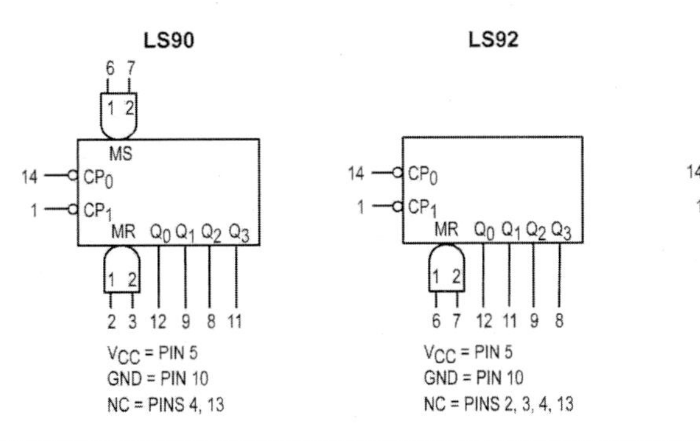

LS93

14 — CP_0
1 — CP_1
MR Q_0 Q_1 Q_2 Q_3
1 2
2 3 12 9 8 11
V_{CC} = PIN 5
GND = PIN 10
NC = PIN 4, 6, 7, 13

SN54/74LS90 • SN54/74LS92 • SN54/74LS93

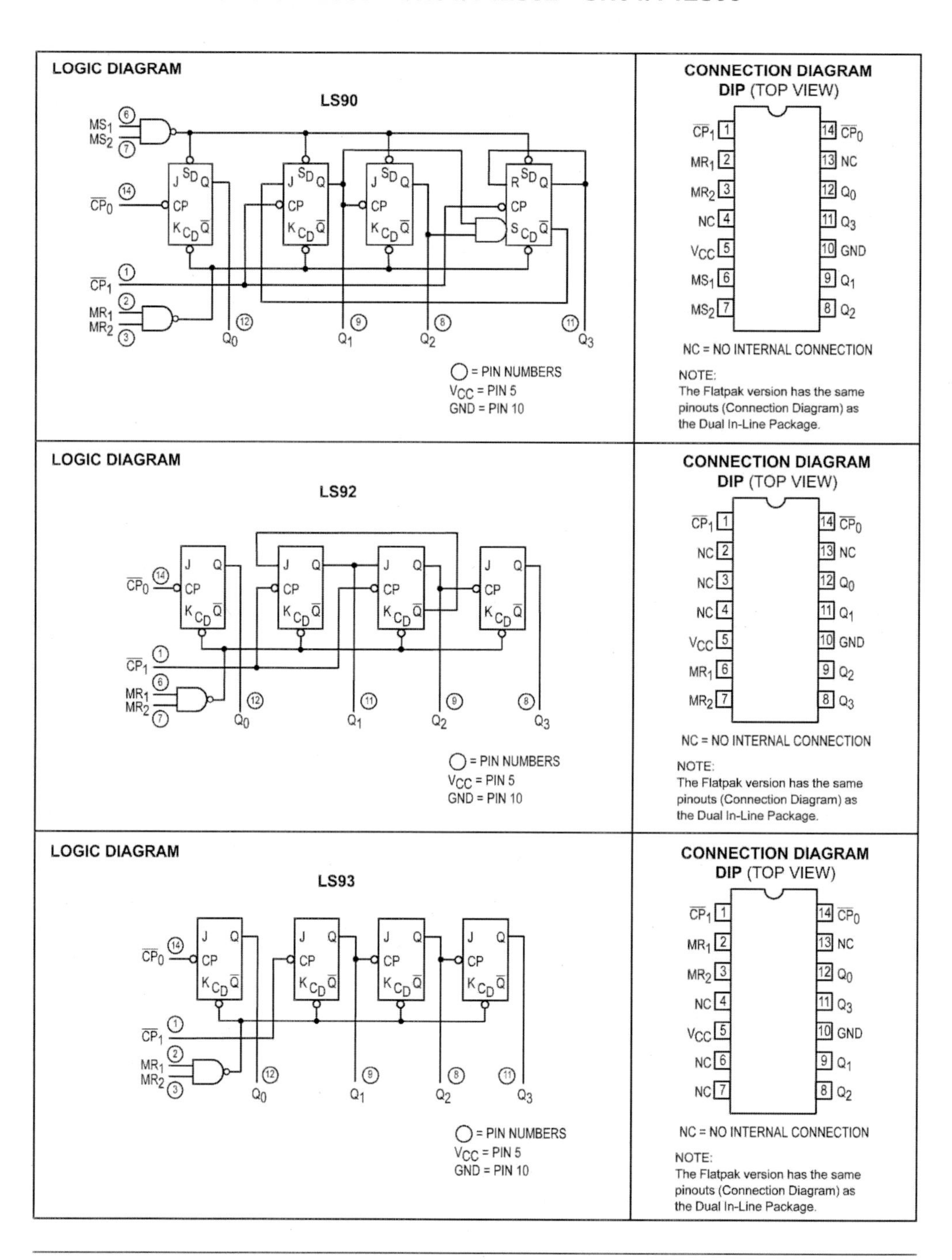

FUNCTIONAL DESCRIPTION

The LS90, LS92, and LS93 are 4-bit ripple type Decade, Divide-By-Twelve, and Binary Counters respectively. Each device consists of four master/slave flip-flops which are internally connected to provide a divide-by-two section and a divide-by-five (LS90), divide-by-six (LS92), or divide-by-eight (LS93) section. Each section has a separate clock input which initiates state changes of the counter on the HIGH-to-LOW clock transition. State changes of the Q outputs do not occur simultaneously because of internal ripple delays. Therefore, decoded output signals are subject to decoding spikes and should not be used for clocks or strobes. The Q_0 output of each device is designed and specified to drive the rated fan-out plus the $\overline{CP}_1$ input of the device.

A gated AND asynchronous Master Reset (MR_1 • MR_2) is provided on all counters which overrides and clocks and resets (clears) all the flip-flops. A gated AND asynchronous Master Set (MS_1 • MS_2) is provided on the LS90 which overrides the clocks and the MR inputs and sets the outputs to nine (HLLH).

Since the output from the divide-by-two section is not internally connected to the succeeding stages, the devices may be operated in various counting modes.

LS90

A. BCD Decade (8421) Counter — The $\overline{CP}_1$ input must be externally connected to the Q_0 output. The $\overline{CP}_0$ input receives the incoming count and a BCD count sequence is produced.

B. Symmetrical Bi-quinary Divide-By-Ten Counter — The Q_3 output must be externally connected to the $\overline{CP}_0$ input. The input count is then applied to the $\overline{CP}_1$ input and a divide-by-ten square wave is obtained at output Q_0.

C. Divide-By-Two and Divide-By-Five Counter — No external interconnections are required. The first flip-flop is used as a binary element for the divide-by-two function ($\overline{CP}_0$ as the input and Q_0 as the output). The $\overline{CP}_1$ input is used to obtain binary divide-by-five operation at the Q_3 output.

LS92

A. Modulo 12, Divide-By-Twelve Counter — The $\overline{CP}_1$ input must be externally connected to the Q_0 output. The $\overline{CP}_0$ input receives the incoming count and Q_3 produces a symmetrical divide-by-twelve square wave output.

B. Divide-By-Two and Divide-By-Six Counter —No external interconnections are required. The first flip-flop is used as a binary element for the divide-by-two function. The $\overline{CP}_1$ input is used to obtain divide-by-three operation at the Q_1 and Q_2 outputs and divide-by-six operation at the Q_3 output.

LS93

A. 4-Bit Ripple Counter — The output Q_0 must be externally connected to input $\overline{CP}_1$. The input count pulses are applied to input $\overline{CP}_0$. Simultaneous divisions of 2, 4, 8, and 16 are performed at the Q_0, Q_1, Q_2, and Q_3 outputs as shown in the truth table.

B. 3-Bit Ripple Counter— The input count pulses are applied to input $\overline{CP}_1$. Simultaneous frequency divisions of 2, 4, and 8 are available at the Q_1, Q_2, and Q_3 outputs. Independent use of the first flip-flop is available if the reset function coincides with reset of the 3-bit ripple-through counter.

LS90
MODE SELECTION

RESET/SET INPUTS				OUTPUTS			
MR_1	MR_2	MS_1	MS_2	Q_0	Q_1	Q_2	Q_3
H	H	L	X	L	L	L	L
H	H	X	L	L	L	L	L
X	X	H	H	H	L	L	H
L	X	L	X	Count			
X	L	X	L	Count			
L	X	X	L	Count			
X	L	L	X	Count			

H = HIGH Voltage Level
L = LOW Voltage Level
X = Don't Care

LS92 AND LS93
MODE SELECTION

RESET INPUTS		OUTPUTS			
MR_1	MR_2	Q_0	Q_1	Q_2	Q_3
H	H	L	L	L	L
L	H	Count			
H	L	Count			
L	L	Count			

H = HIGH Voltage Level
L = LOW Voltage Level
X = Don't Care

LS90
BCD COUNT SEQUENCE

COUNT	OUTPUT			
	Q_0	Q_1	Q_2	Q_3
0	L	L	L	L
1	H	L	L	L
2	L	H	L	L
3	H	H	L	L
4	L	L	H	L
5	H	L	H	L
6	L	H	H	L
7	H	H	H	L
8	L	L	L	H
9	H	L	L	H

NOTE: Output Q_0 is connected to Input CP_1 for BCD count.

LS92
TRUTH TABLE

COUNT	OUTPUT			
	Q_0	Q_1	Q_2	Q_3
0	L	L	L	L
1	H	L	L	L
2	L	H	L	L
3	H	H	L	L
4	L	L	H	L
5	H	L	H	L
6	L	L	L	H
7	H	L	L	H
8	L	H	L	H
9	H	H	L	H
10	L	L	H	H
11	H	L	H	H

NOTE: Output Q_0 is connected to Input CP_1.

LS93
TRUTH TABLE

COUNT	OUTPUT			
	Q_0	Q_1	Q_2	Q_3
0	L	L	L	L
1	H	L	L	L
2	L	H	L	L
3	H	H	L	L
4	L	L	H	L
5	H	L	H	L
6	L	H	H	L
7	H	H	H	L
8	L	L	L	H
9	H	L	L	H
10	L	H	L	H
11	H	H	L	H
12	L	L	H	H
13	H	L	H	H
14	L	H	H	H
15	H	H	H	H

NOTE: Output Q_0 is connected to Input CP_1.

SN54/74LS90 • SN54/74LS92 • SN54/74LS93

GUARANTEED OPERATING RANGES

Symbol	Parameter		Min	Typ	Max	Unit
V_{CC}	Supply Voltage	54 74	4.5 4.75	5.0 5.0	5.5 5.25	V
T_A	Operating Ambient Temperature Range	54 74	−55 0	25 25	125 70	°C
I_{OH}	Output Current — High	54, 74			−0.4	mA
I_{OL}	Output Current — Low	54 74			4.0 8.0	mA

DC CHARACTERISTICS OVER OPERATING TEMPERATURE RANGE (unless otherwise specified)

Symbol	Parameter		Limits Min	Typ	Max	Unit	Test Conditions	
V_{IH}	Input HIGH Voltage		2.0			V	Guaranteed Input HIGH Voltage for All Inputs	
V_{IL}	Input LOW Voltage	54			0.7	V	Guaranteed Input LOW Voltage for All Inputs	
		74			0.8			
V_{IK}	Input Clamp Diode Voltage			−0.65	−1.5	V	V_{CC} = MIN, I_{IN} = −18 mA	
V_{OH}	Output HIGH Voltage	54	2.5	3.5		V	V_{CC} = MIN, I_{OH} = MAX, V_{IN} = V_{IH} or V_{IL} per Truth Table	
		74	2.7	3.5		V		
V_{OL}	Output LOW Voltage	54, 74		0.25	0.4	V	I_{OL} = 4.0 mA	V_{CC} = V_{CC} MIN, V_{IN} = V_{IL} or V_{IH} per Truth Table
		74		0.35	0.5	V	I_{OL} = 8.0 mA	
I_{IH}	Input HIGH Current				20	µA	V_{CC} = MAX, V_{IN} = 2.7 V	
					0.1	mA	V_{CC} = MAX, V_{IN} = 7.0 V	
I_{IL}	Input LOW Current MS, MR $\overline{CP}_0$ $\overline{CP}_1$ (LS90, LS92) $\overline{CP}_1$ (LS93)				 −0.4 −2.4 −3.2 −1.6	mA	V_{CC} = MAX, V_{IN} = 0.4 V	
I_{OS}	Short Circuit Current (Note 1)		−20		−100	mA	V_{CC} = MAX	
I_{CC}	Power Supply Current				15	mA	V_{CC} = MAX	

Note 1: Not more than one output should be shorted at a time, nor for more than 1 second.

AC CHARACTERISTICS (T_A = 25°C, V_{CC} = 5.0 V, C_L = 15 pF)

		Limits									
		LS90			LS92			LS93			
Symbol	Parameter	Min	Typ	Max	Min	Typ	Max	Min	Typ	Max	Unit
f_{MAX}	$\overline{CP}_0$ Input Clock Frequency	32			32			32			MHz
f_{MAX}	$\overline{CP}_1$ Input Clock Frequency	16			16			16			MHz
t_{PLH} t_{PHL}	Propagation Delay, $\overline{CP}_0$ Input to Q_0 Output		10 12	16 18		10 12	16 18		10 12	16 18	ns
t_{PLH} t_{PHL}	$\overline{CP}_0$ Input to Q_3 Output		32 34	48 50		32 34	48 50		46 46	70 70	ns
t_{PLH} t_{PHL}	$\overline{CP}_1$ Input to Q_1 Output		10 14	16 21		10 14	16 21		10 14	16 21	ns
t_{PLH} t_{PHL}	$\overline{CP}_1$ Input to Q_2 Output		21 23	32 35		10 14	16 21		21 23	32 35	ns
t_{PLH} t_{PHL}	$\overline{CP}_1$ Input to Q_3 Output		21 23	32 35		21 23	32 35		34 34	51 51	ns
t_{PLH}	MS Input to Q_0 and Q_3 Outputs		20	30							ns
t_{PHL}	MS Input to Q_1 and Q_2 Outputs		26	40							ns
t_{PHL}	MR Input to Any Output		26	40		26	40		26	40	ns

AC SETUP REQUIREMENTS (T_A = 25°C, V_{CC} = 5.0 V)

		Limits						
		LS90		LS92		LS93		
Symbol	Parameter	Min	Max	Min	Max	Min	Max	Unit
t_W	$\overline{CP}_0$ Pulse Width	15		15		15		ns
t_W	$\overline{CP}_1$ Pulse Width	30		30		30		ns
t_W	MS Pulse Width	15						ns
t_W	MR Pulse Width	15		15		15		ns
t_{rec}	Recovery Time MR to $\overline{CP}$	25		25		25		ns

RECOVERY TIME (t_{rec}) is defined as the minimum time required between the end of the reset pulse and the clock transition from HIGH-to-LOW in order to recognize and transfer HIGH data to the Q outputs

AC WAVEFORMS

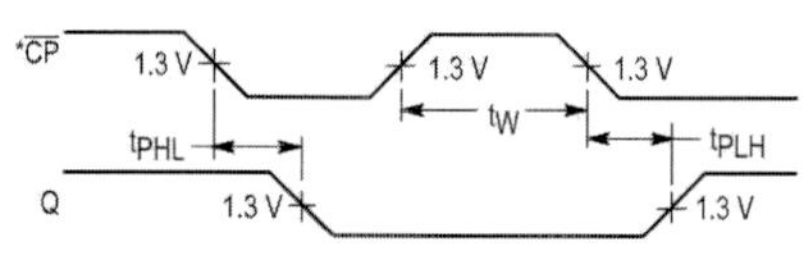

Figure 1

*The number of Clock Pulses required between the t_{PHL} and t_{PLH} measurements can be determined from the appropriate Truth Tables.

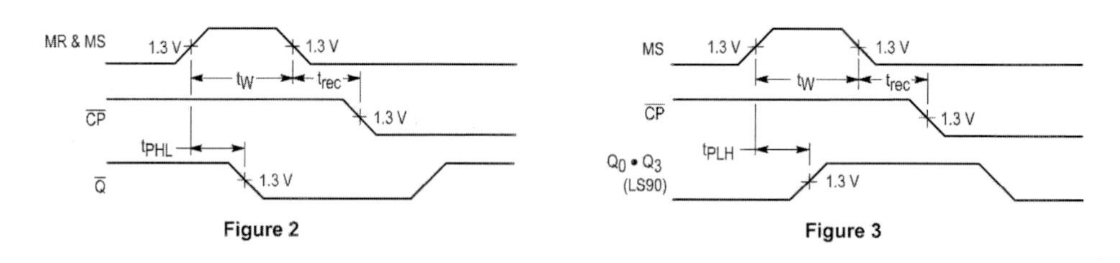

Figure 2 **Figure 3**

1-OF-8 DECODER/ DEMULTIPLEXER

The LSTTL/MSI SN54/74LS138 is a high speed 1-of-8 Decoder/ Demultiplexer. This device is ideally suited for high speed bipolar memory chip select address decoding. The multiple input enables allow parallel expansion to a 1-of-24 decoder using just three LS138 devices or to a 1-of-32 decoder using four LS138s and one inverter. The LS138 is fabricated with the Schottky barrier diode process for high speed and is completely compatible with all Motorola TTL families.

- Demultiplexing Capability
- Multiple Input Enable for Easy Expansion
- Typical Power Dissipation of 32 mW
- Active Low Mutually Exclusive Outputs
- Input Clamp Diodes Limit High Speed Termination Effects

CONNECTION DIAGRAM DIP (TOP VIEW)

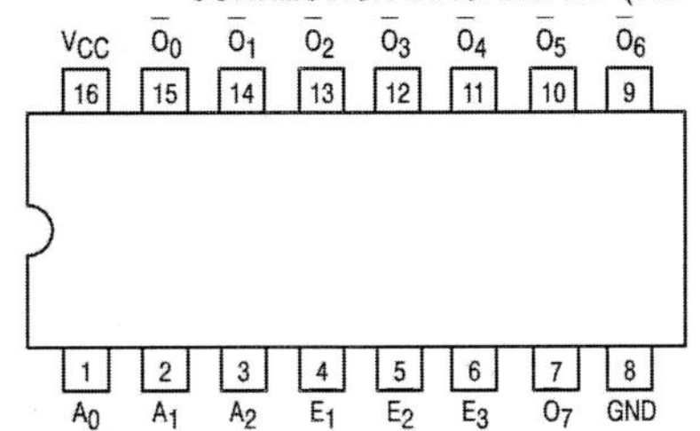

NOTE:
The Flatpak version has the same pinouts (Connection Diagram) as the Dual In-Line Package.

PIN NAMES

		LOADING (Note a) HIGH	LOW
A_0–A_2	Address Inputs	0.5 U.L.	0.25 U.L.
$\overline{E}_1$, $\overline{E}_2$	Enable (Active LOW) Inputs	0.5 U.L.	0.25 U.L.
E_3	Enable (Active HIGH) Input	0.5 U.L.	0.25 U.L.
$\overline{O}_0$–$\overline{O}_7$	Active LOW Outputs (Note b)	10 U.L.	5 (2.5) U.L.

NOTES:
a) 1 TTL Unit Load (U.L.) = 40 μA HIGH/1.6 mA LOW.
b) The Output LOW drive factor is 2.5 U.L. for Military (54) and 5 U.L. for Commercial (74) Temperature Ranges.

LOGIC DIAGRAM

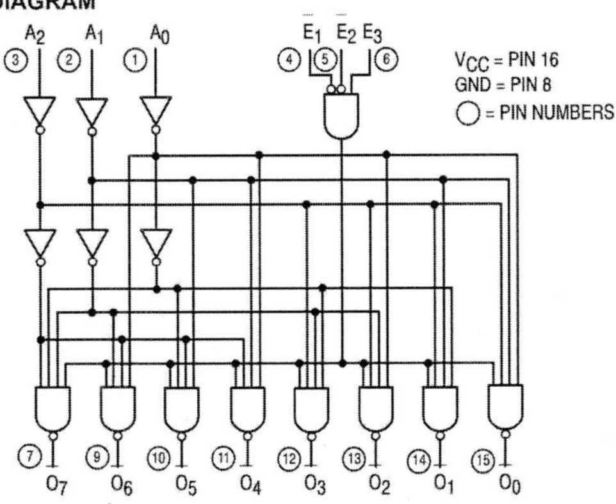

SN54/74LS138

1-OF-8 DECODER/ DEMULTIPLEXER

LOW POWER SCHOTTKY

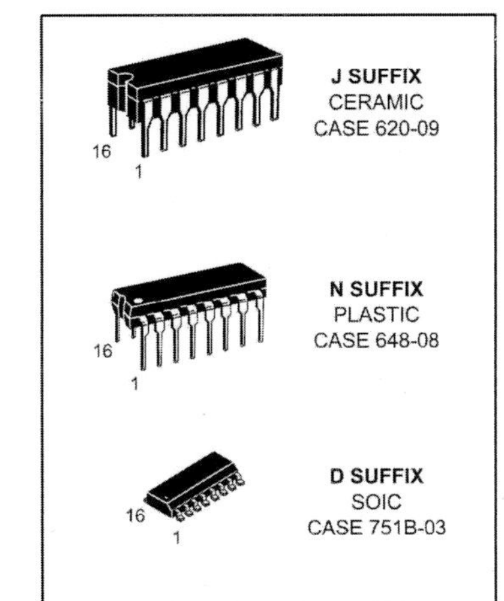

J SUFFIX
CERAMIC
CASE 620-09

N SUFFIX
PLASTIC
CASE 648-08

D SUFFIX
SOIC
CASE 751B-03

ORDERING INFORMATION

SN54LSXXXJ Ceramic
SN74LSXXXN Plastic
SN74LSXXXD SOIC

LOGIC SYMBOL

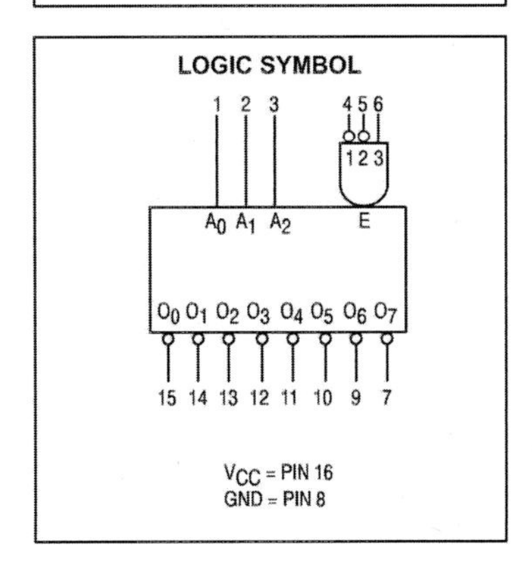

FUNCTIONAL DESCRIPTION

The LS138 is a high speed 1-of-8 Decoder/Demultiplexer fabricated with the low power Schottky barrier diode process. The decoder accepts three binary weighted inputs (A_0, A_1, A_2) and when enabled provides eight mutually exclusive active LOW Outputs ($\overline{O}_0$–$\overline{O}_7$). The LS138 features three Enable inputs, two active LOW ($\overline{E}_1$, $\overline{E}_2$) and one active HIGH (E_3). All outputs will be HIGH unless $\overline{E}_1$ and $\overline{E}_2$ are LOW and E_3 is HIGH. This multiple enable function allows easy parallel expansion of the device to a 1-of-32 (5 lines to 32 lines) decoder with just four LS138s and one inverter. (See Figure a.)

The LS138 can be used as an 8-output demultiplexer by using one of the active LOW Enable inputs as the data input and the other Enable inputs as strobes. The Enable inputs which are not used must be permanently tied to their appropriate active HIGH or active LOW state.

TRUTH TABLE

INPUTS						OUTPUTS							
$\overline{E}_1$	$\overline{E}_2$	E_3	A_0	A_1	A_2	$\overline{O}_0$	$\overline{O}_1$	$\overline{O}_2$	$\overline{O}_3$	$\overline{O}_4$	$\overline{O}_5$	$\overline{O}_6$	$\overline{O}_7$
H	X	X	X	X	X	H	H	H	H	H	H	H	H
X	H	X	X	X	X	H	H	H	H	H	H	H	H
X	X	L	X	X	X	H	H	H	H	H	H	H	H
L	L	H	L	L	L	L	H	H	H	H	H	H	H
L	L	H	H	L	L	H	L	H	H	H	H	H	H
L	L	H	L	H	L	H	H	L	H	H	H	H	H
L	L	H	H	H	L	H	H	H	L	H	H	H	H
L	L	H	L	L	H	H	H	H	H	L	H	H	H
L	L	H	H	L	H	H	H	H	H	H	L	H	H
L	L	H	L	H	H	H	H	H	H	H	H	L	H
L	L	H	H	H	H	H	H	H	H	H	H	H	L

H = HIGH Voltage Level
L = LOW Voltage Level
X = Don't Care

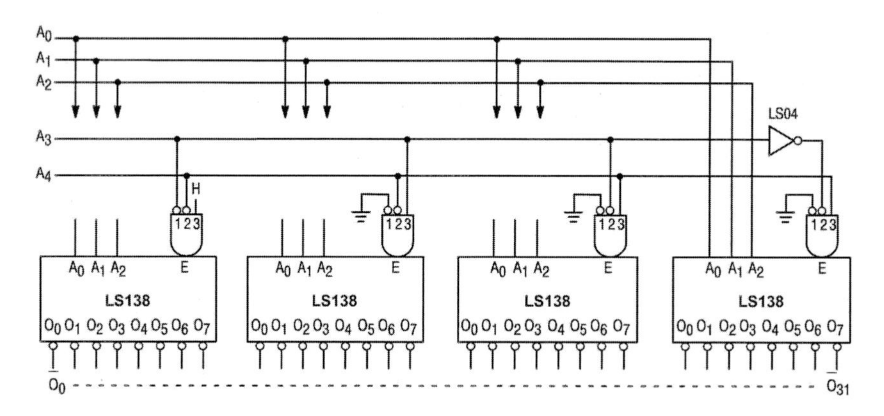

Figure a

SN54/74LS138

GUARANTEED OPERATING RANGES

Symbol	Parameter		Min	Typ	Max	Unit
V_{CC}	Supply Voltage	54 74	4.5 4.75	5.0 5.0	5.5 5.25	V
T_A	Operating Ambient Temperature Range	54 74	−55 0	25 25	125 70	°C
I_{OH}	Output Current — High	54, 74			−0.4	mA
I_{OL}	Output Current — Low	54 74			4.0 8.0	mA

DC CHARACTERISTICS OVER OPERATING TEMPERATURE RANGE (unless otherwise specified)

Symbol	Parameter		Limits			Unit	Test Conditions	
			Min	Typ	Max			
V_{IH}	Input HIGH Voltage		2.0			V	Guaranteed Input HIGH Voltage for All Inputs	
V_{IL}	Input LOW Voltage	54			0.7	V	Guaranteed Input LOW Voltage for All Inputs	
		74			0.8			
V_{IK}	Input Clamp Diode Voltage			−0.65	−1.5	V	V_{CC} = MIN, I_{IN} = −18 mA	
V_{OH}	Output HIGH Voltage	54	2.5	3.5		V	V_{CC} = MIN, I_{OH} = MAX, V_{IN} = V_{IH} or V_{IL} per Truth Table	
		74	2.7	3.5		V		
V_{OL}	Output LOW Voltage	54, 74		0.25	0.4	V	I_{OL} = 4.0 mA	V_{CC} = V_{CC} MIN, V_{IN} = V_{IL} or V_{IH} per Truth Table
		74		0.35	0.5	V	I_{OL} = 8.0 mA	
I_{IH}	Input HIGH Current				20	µA	V_{CC} = MAX, V_{IN} = 2.7 V	
					0.1	mA	V_{CC} = MAX, V_{IN} = 7.0 V	
I_{IL}	Input LOW Current				−0.4	mA	V_{CC} = MAX, V_{IN} = 0.4 V	
I_{OS}	Short Circuit Current (Note 1)		−20		−100	mA	V_{CC} = MAX	
I_{CC}	Power Supply Current				10	mA	V_{CC} = MAX	

Note 1: Not more than one output should be shorted at a time, nor for more than 1 second.

AC CHARACTERISTICS (T_A = 25°C)

Symbol	Parameter	Levels of Delay	Limits			Unit	Test Conditions
			Min	Typ	Max		
t_{PLH} t_{PHL}	Propagation Delay Address to Output	2 2		13 27	20 41	ns	V_{CC} = 5.0 V C_L = 15 pF
t_{PLH} t_{PHL}	Propagation Delay Address to Output	3 3		18 26	27 39	ns	
t_{PLH} t_{PHL}	Propagation Delay $\overline{E_1}$ or $\overline{E_2}$ Enable to Output	2 2		12 21	18 32	ns	
t_{PLH} t_{PHL}	Propagation Delay E_3 Enable to Output	3 3		17 25	26 38	ns	

AC WAVEFORMS

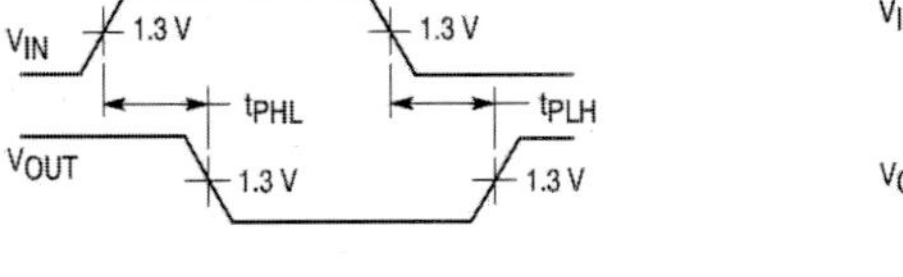

Figure 1

VIN
1.3 V
1.3 V
tPHL
tPLH
VOUT
1.3 V
1.3 V

Figure 2

Case 751B-03 D Suffix
16-Pin Plastic
SO-16

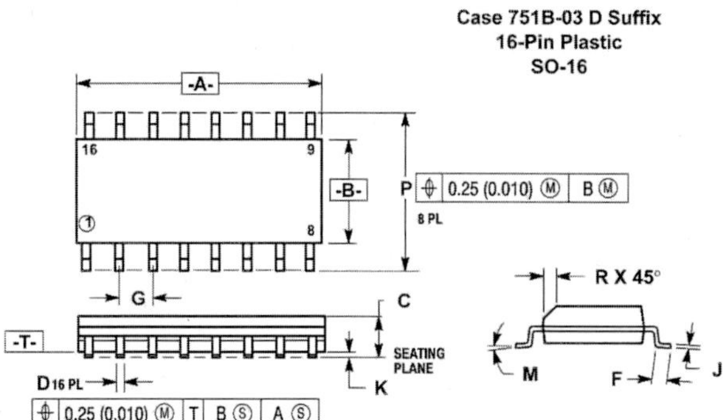
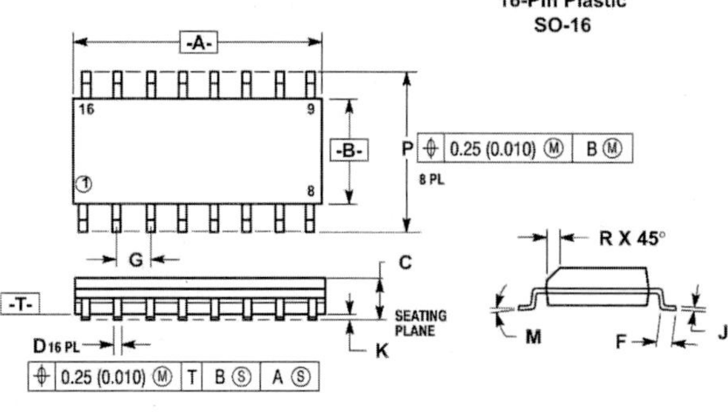

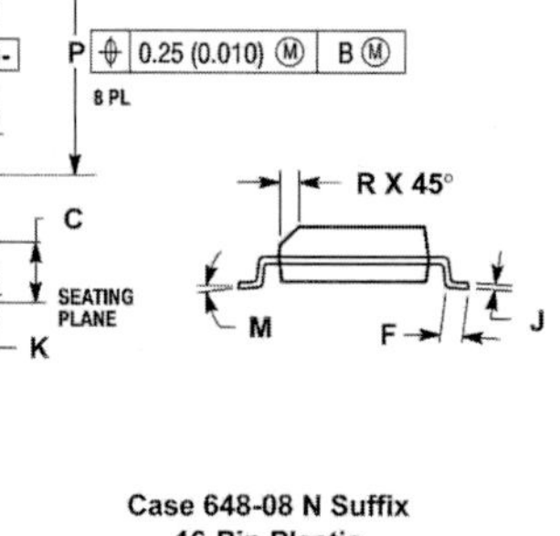

NOTES:
1. DIMENSIONING AND TOLERANCING PER ANSI Y14.5M, 1982.
2. CONTROLLING DIMENSION: MILLIMETER.
3. DIMENSION A AND B DO NOT INCLUDE MOLD PROTRUSION.
4. MAXIMUM MOLD PROTRUSION 0.15 (0.006) PER SIDE.
5. 751B-01 IS OBSOLETE, NEW STANDARD 751B-03.

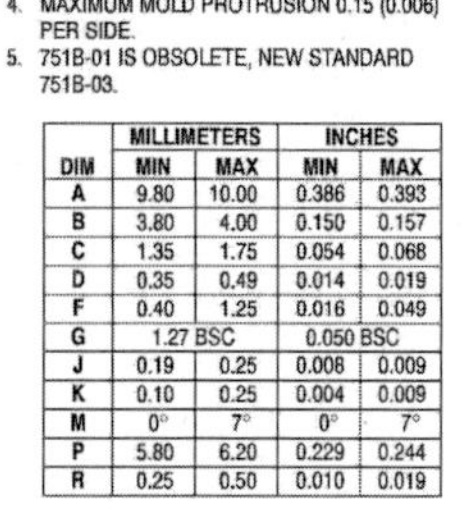

	MILLIMETERS		INCHES	
DIM	MIN	MAX	MIN	MAX
A	9.80	10.00	0.386	0.393
B	3.80	4.00	0.150	0.157
C	1.35	1.75	0.054	0.068
D	0.35	0.49	0.014	0.019
F	0.40	1.25	0.016	0.049
G	1.27 BSC		0.050 BSC	
J	0.19	0.25	0.008	0.009
K	0.10	0.25	0.004	0.009
M	0°	7°	0°	7°
P	5.80	6.20	0.229	0.244
R	0.25	0.50	0.010	0.019

Case 648-08 N Suffix
16-Pin Plastic

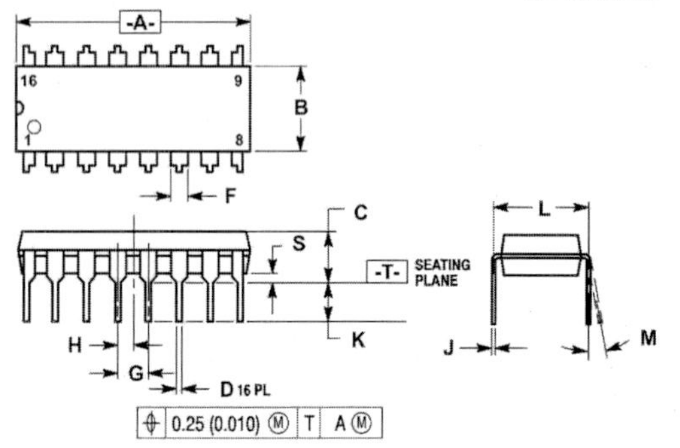

NOTES:
1. DIMENSIONING AND TOLERANCING PER ANSI Y14.5M, 1982.
2. CONTROLLING DIMENSION: INCH.
3. DIMENSION "L" TO CENTER OF LEADS WHEN FORMED PARALLEL.
4. DIMENSION "B" DOES NOT INCLUDE MOLD FLASH.
5. ROUNDED CORNERS OPTIONAL.
6. 648-01 THRU -07 OBSOLETE, NEW STANDARD 648-08.

	MILLIMETERS		INCHES	
DIM	MIN	MAX	MIN	MAX
A	18.80	19.55	0.740	0.770
B	6.35	6.85	0.250	0.270
C	3.69	4.44	0.145	0.175
D	0.39	0.53	0.015	0.021
F	1.02	1.77	0.040	0.070
G	2.54 BSC		0.100 BSC	
H	1.27 BSC		0.050 BSC	
J	0.21	0.38	0.008	0.015
K	2.80	3.30	0.110	0.130
L	7.50	7.74	0.295	0.305
M	0°	10°	0°	10°
S	0.51	1.01	0.020	0.040

Case 620-09 J Suffix
16-Pin Ceramic Dual In-Line

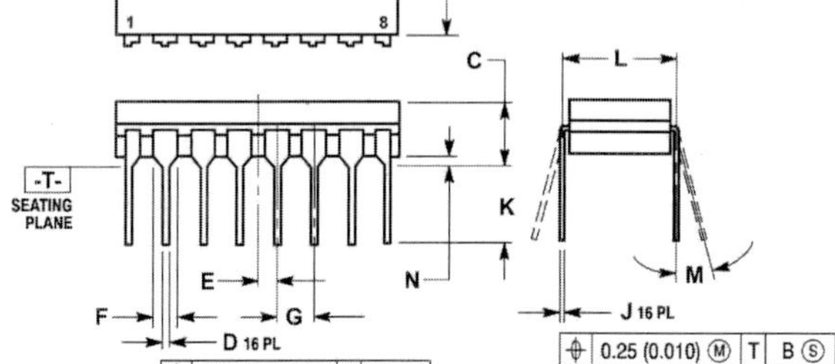

NOTES:
1. DIMENSIONING AND TOLERANCING PER ANSI Y14.5M, 1982.
2. CONTROLLING DIMENSION: INCH.
3. DIMENSION L TO CENTER OF LEAD WHEN FORMED PARALLEL.
4. DIM F MAY NARROW TO 0.76 (0.030) WHERE THE LEAD ENTERS THE CERAMIC BODY.
5. 620-01 THRU -08 OBSOLETE, NEW STANDARD 620-09.

	MILLIMETERS		INCHES	
DIM	MIN	MAX	MIN	MAX
A	19.05	19.55	0.750	0.770
B	6.10	7.36	0.240	0.290
C	—	4.19	—	0.165
D	0.39	0.53	0.015	0.021
E	1.27 BSC		0.050 BSC	
F	1.40	1.77	0.055	0.070
G	2.54 BSC		0.100 BSC	
J	0.23	0.27	0.009	0.011
K	—	5.08	—	0.200
L	7.62 BSC		0.300 BSC	
M	0°	15°	0°	15°
N	0.39	0.88	0.015	0.035

'147, 'LS147

- Encode 10-Line Decimal to 4-Line BCD
- Applications Include:
  - Keyboard Encoding
  - Range Selection

'148, 'LS148

- Encode 8 Data Lines to 3-Line Binary (Octal)
- Applications Include:
  - n-Bit Encoding
  - Code Converters and Generators

SN54147, SN54LS147 . . . J OR W PACKAGE
SN74147, SN74LS147 . . . D OR N PACKAGE
(TOP VIEW)

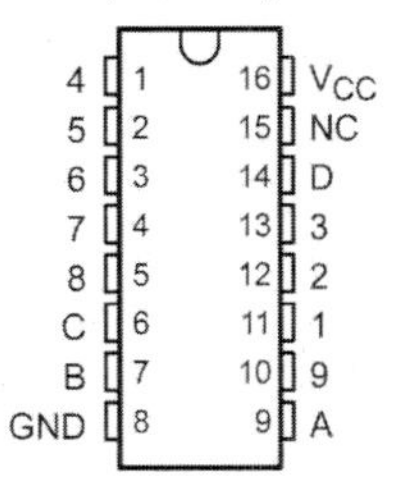

SN54148, SN54LS148 . . . J OR W PACKAGE
SN74148, SN74LS148 . . . D, N, OR NS PACKAGE
(TOP VIEW)

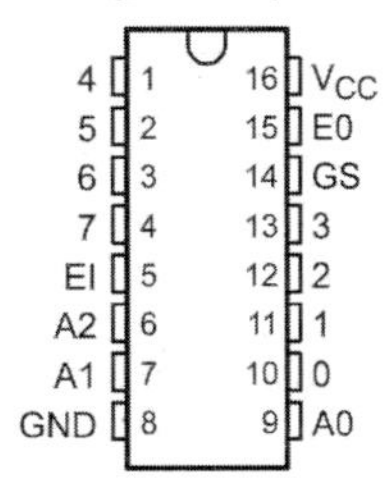

SN54LS147 . . . FK PACKAGE
(TOP VIEW)

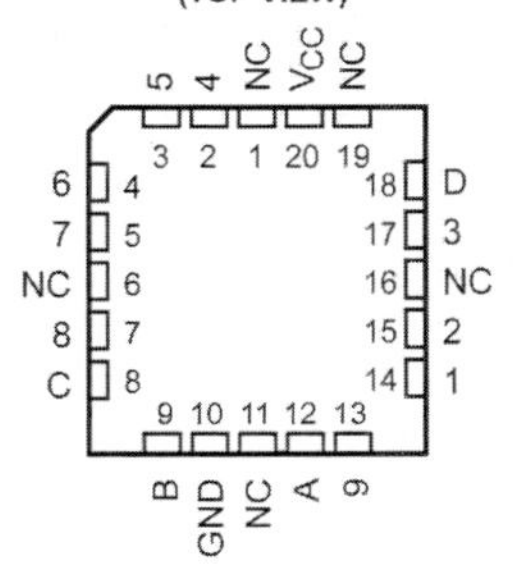

SN54LS148 . . . FK PACKAGE
(TOP VIEW)

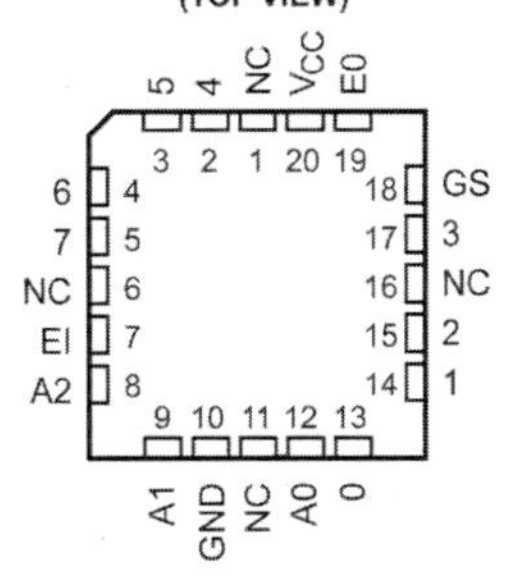

NC – No internal connection

TYPE	TYPICAL DATA DELAY	TYPICAL POWER DISSIPATION
'147	10 ns	225 mW
'148	10 ns	190 mW
'LS147	15 ns	60 mW
'LS148	15 ns	60 mW

NOTE: The SN54147, SN54LS147, SN54148, SN74147, SN74LS147, and SN74148 are obsolete and are no longer supplied.

Please be aware that an important notice concerning availability, standard warranty, and use in critical applications of Texas Instruments semiconductor products and disclaimers thereto appears at the end of this data sheet.

description/ordering information

These TTL encoders feature priority decoding of the inputs to ensure that only the highest-order data line is encoded. The ’147 and ’LS147 devices encode nine data lines to four-line (8-4-2-1) BCD. The implied decimal zero condition requires no input condition, as zero is encoded when all nine data lines are at a high logic level. The ’148 and ’LS148 devices encode eight data lines to three-line (4-2-1) binary (octal). Cascading circuitry (enable input EI and enable output EO) has been provided to allow octal expansion without the need for external circuitry. For all types, data inputs and outputs are active at the low logic level. All inputs are buffered to represent one normalized Series 54/74 or 54/74LS load, respectively.

ORDERING INFORMATION

T_A	PACKAGE†		ORDERABLE PART NUMBER	TOP-SIDE MARKING
0°C to 70°C	PDIP – N	Tube	SN74LS148N	SN74LS148N
	SOIC – D	Tube	SN74LS148D	LS148
		Tape and reel	SN74LS148DR	
	SOP – NS	Tape and reel	SN74LS148NSR	74LS148
−55°C to 125°C	CDIP – J	Tube	SNJ54LS148J	SNJ54LS148J
	CFP – W	Tube	SNJ54LS148W	SNJ54LS148W
	LCCC – FK	Tube	SNJ54LS148FK	SNJ54LS148FK

† Package drawings, standard packing quantities, thermal data, symbolization, and PCB design guidelines are available at www.ti.com/sc/package.

FUNCTION TABLE – ’147, ’LS147

INPUTS									OUTPUTS			
1	2	3	4	5	6	7	8	9	D	C	B	A
H	H	H	H	H	H	H	H	H	H	H	H	H
X	X	X	X	X	X	X	X	L	L	H	H	L
X	X	X	X	X	X	X	L	H	L	H	H	H
X	X	X	X	X	X	L	H	H	H	L	L	L
X	X	X	X	X	L	H	H	H	H	L	L	H
X	X	X	X	L	H	H	H	H	H	L	H	L
X	X	X	L	H	H	H	H	H	H	L	H	H
X	X	L	H	H	H	H	H	H	H	H	L	L
X	L	H	H	H	H	H	H	H	H	H	L	H
L	H	H	H	H	H	H	H	H	H	H	H	L

H = high logic level, L = low logic level, X = irrelevant

FUNCTION TABLE – ’148, ’LS148

INPUTS									OUTPUTS				
EI	0	1	2	3	4	5	6	7	A2	A1	A0	GS	EO
H	X	X	X	X	X	X	X	X	H	H	H	H	H
L	H	H	H	H	H	H	H	H	H	H	H	H	L
L	X	X	X	X	X	X	X	L	L	L	L	L	H
L	X	X	X	X	X	X	L	H	L	L	H	L	H
L	X	X	X	X	X	L	H	H	L	H	L	L	H
L	X	X	X	X	L	H	H	H	L	H	H	L	H
L	X	X	X	L	H	H	H	H	H	L	L	L	H
L	X	X	L	H	H	H	H	H	H	L	H	L	H
L	X	L	H	H	H	H	H	H	H	H	L	L	H
L	L	H	H	H	H	H	H	H	H	H	H	L	H

H = high logic level, L = low logic level, X = irrelevant

'147, 'LS147 logic diagram (positive logic)

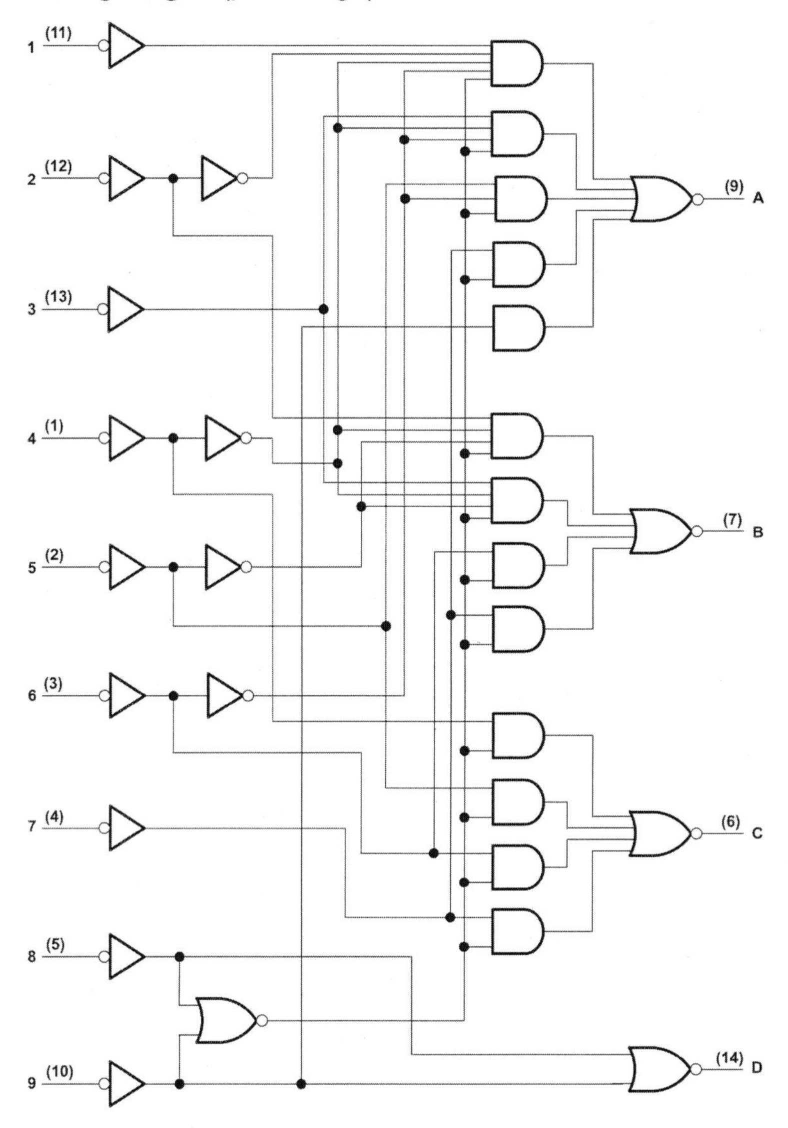

Pin numbers shown are for D, J, N, and W packages.

'148, 'LS148 logic diagram (positive logic)

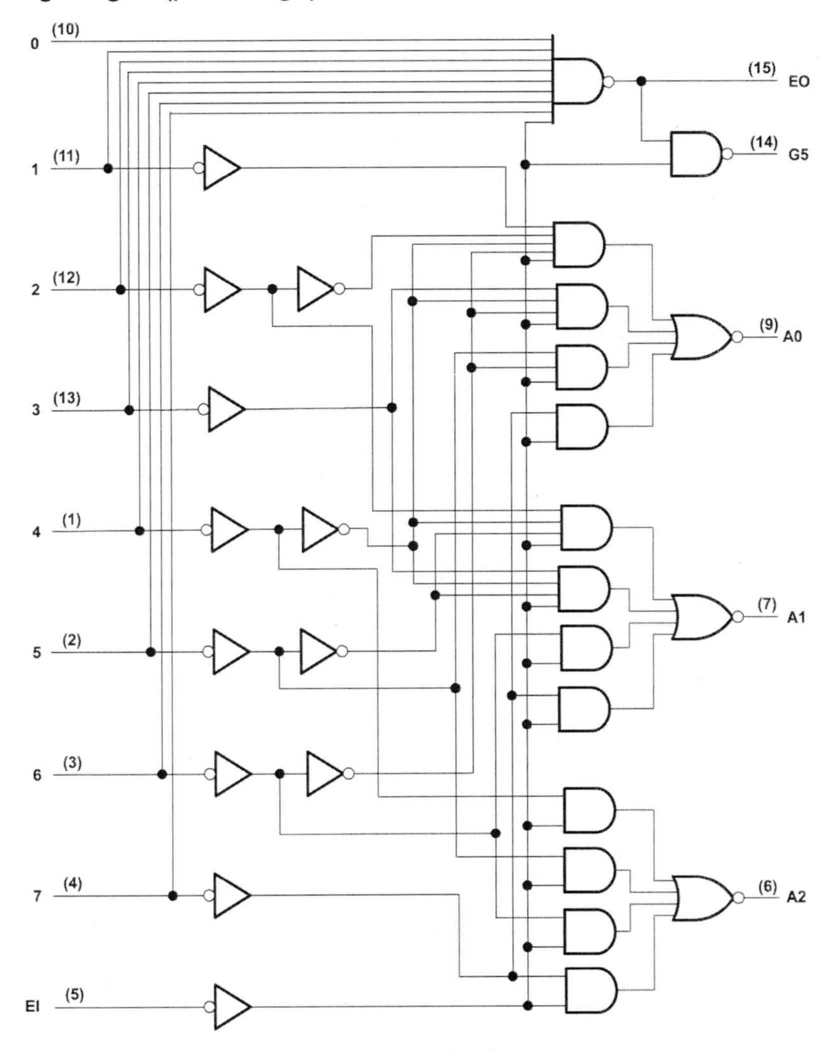

Pin numbers shown are for D, J, N, NS, and W packages.

schematics of inputs and outputs

'147, '148

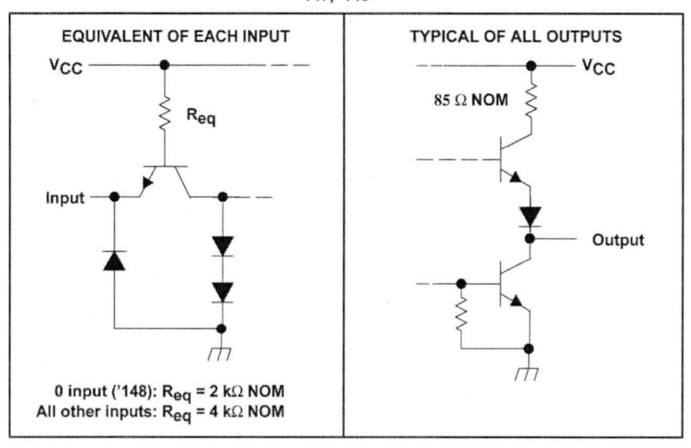

'LS147, 'LS148

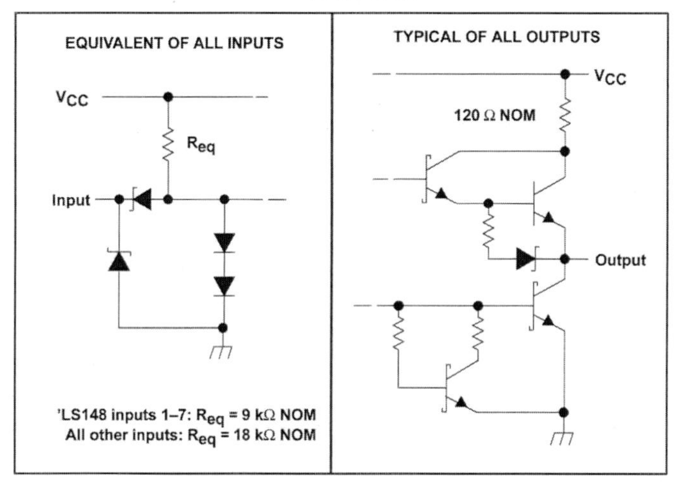

absolute maximum ratings over operating free-air temperature (unless otherwise noted)†

Supply voltage, V_{CC} (see Note 1) . . . . 7 V
Input voltage, V_I: '147, '148 . . . . 5.5 V
'LS147, 'LS148 . . . . 7 V
Inter-emitter voltage: '148 only (see Note 2) . . . . 5.5 V
Package thermal impedance θ_{JA} (see Note 3): D package . . . . 73°C/W
N package . . . . 67°C/W
NS package . . . . 64°C/W
Storage temperature range, T_{stg} . . . . –65°C to 150°C

† Stresses beyond those listed under "absolute maximum ratings" may cause permanent damage to the device. These are stress ratings only, and functional operation of the device at these or any other conditions beyond those indicated under "recommended operating conditions" is not implied. Exposure to absolute-maximum-rated conditions for extended periods may affect device reliability.

NOTES: 1. Voltage values, except inter-emitter voltage, are with respect to the network ground terminal.
2. This is the voltage between two emitters of a multiple-emitter transistor. For '148 circuits, this rating applies between any two of the eight data lines, 0 through 7.
3. The package thermal impedance is calculated in accordance with JESD 51-7.

recommended operating conditions (see Note 4)

		SN54'			SN74'			SN54LS'			SN74LS'			UNIT
		MIN	NOM	MAX	MIN	NOM	MAX	MIN	NOM	MAX	MIN	NOM	MAX	
V_{CC}	Supply voltage	4.5	5	5.5	4.75	5	5.25	4.5	5	5.5	4.75	5	5.25	V
I_{OH}	High-level output current			–800			–800			–400			–400	μA
I_{OL}	Low-level output current			16			16			4			8	mA
T_A	Operating free-air temperature	–55		125	0		70	–55		125	0		70	°C

NOTE 4: All unused inputs of the device must be held at V_{CC} or GND to ensure proper device operation. Refer to the TI application report, *Implications of Slow or Floating CMOS Inputs*, literature number SCBA004.

electrical characteristics over recommended operating free-air temperature range (unless otherwise noted)

PARAMETER			TEST CONDITIONS†		'147			'148			UNIT
					MIN	TYP‡	MAX	MIN	TYP‡	MAX	
V_{IH}	High-level input voltage				2			2			V
V_{IL}	Low-level input voltage						0.8			0.8	V
V_{IK}	Input clamp voltage		V_{CC} = MIN,	I_I = –12 mA			–1.5			–1.5	V
V_{OH}	High-level output voltage		V_{CC} = MIN, V_{IL} = 0.8 V,	V_{IH} = 2 V, I_{OH} = –800 μA	2.4	3.3		2.4	3.3		V
V_{OL}	Low-level output voltage		V_{CC} = MIN, V_{IL} = 0.8 V,	V_{IH} = 2 V, I_{OL} = 16 mA		0.2	0.4		0.2	0.4	V
I_I	Input current at maximum input voltage		V_{CC} = MIN,	V_I = 5.5 V			1			1	mA
I_{IH}	High-level input current	0 input	V_{CC} = MAX,	V_I = 2.4 V						40	μA
		Any input except 0					40			80	
I_{IL}	Low-level input current	0 input	V_{CC} = MAX,	V_I = 0.4 V						–1.6	mA
		Any input except 0					–1.6			–3.2	
I_{OS}	Short-circuit output current§		V_{CC} = MAX		–35		–85	–35		–85	mA
I_{CC}	Supply current		V_{CC} = MAX (See Note 5)	Condition 1		50	70		40	60	mA
				Condition 2		42	62		35	55	

† For conditions shown as MIN or MAX, use the appropriate value specified under recommended operating conditions.
‡ All typical values are at V_{CC} = 5 V, T_A = 25°C.
§ Not more than one output should be shorted at a time.
NOTE 5: For '147, I_{CC} (Condition 1) is measured with input 7 grounded, other inputs and outputs open; I_{CC} (Condition 2) is measured with all inputs and outputs open. For '148, I_{CC} (Condition 1) is measured with inputs 7 and EI grounded, other inputs and outputs open; I_{CC} (Condition 2) is measured with all inputs and outputs open.

SN54147, SN74147 switching characteristics, V_{CC} = 5 V, T_A = 25°C (see Figure 1)

PARAMETER	FROM (INPUT)	TO (OUTPUT)	WAVEFORM	TEST CONDITIONS	MIN	TYP	MAX	UNIT
t_{PLH}	Any	Any	In-phase output	C_L = 15 pF, R_L = 400 Ω		9	14	ns
t_{PHL}						7	11	
t_{PLH}	Any	Any	Out-of-phase output			13	19	ns
t_{PHL}						12	19	

SN54148, SN74148 switching characteristics, V_{CC} = 5 V, T_A = 25°C (see Figure 1)

PARAMETER†	FROM (INPUT)	TO (OUTPUT)	WAVEFORM	TEST CONDITIONS	MIN	TYP	MAX	UNIT
t_{PLH}	1–7	A0, A1, or A2	In-phase output	C_L = 15 pF, R_L = 400 Ω		10	15	ns
t_{PHL}						9	14	
t_{PLH}	1–7	A0, A1, or A2	Out-of-phase output			13	19	ns
t_{PHL}						12	19	
t_{PLH}	0–7	EO	Out-of-phase output			6	10	ns
t_{PHL}						14	25	
t_{PLH}	0–7	GS	In-phase output			18	30	ns
t_{PHL}						14	25	
t_{PLH}	EI	A0, A1, or A2	In-phase output			10	15	ns
t_{PHL}						10	15	
t_{PLH}	EI	GS	In-phase output			8	12	ns
t_{PHL}						10	15	
t_{PLH}	EI	EO	In-phase output			10	15	ns
t_{PHL}						17	30	

† t_{PLH} = propagation delay time, low-to-high-level output.
t_{PHL} = propagation delay time, high-to-low-level output.

electrical characteristics over recommended operating free-air temperature range (unless otherwise noted)

PARAMETER			TEST CONDITIONS†		SN54LS' MIN	SN54LS' TYP‡	SN54LS' MAX	SN74LS' MIN	SN74LS' TYP‡	SN74LS' MAX	UNIT
V_{IH}	High-level input voltage				2			2			V
V_{IL}	Low-level input voltage						0.7			0.8	V
V_{IK}	Input clamp voltage		V_{CC} = MIN,	I_I = −18 mA			−1.5			−1.5	V
V_{OH}	High-level output voltage		V_{CC} = MIN, V_{IL} = 0.8 V,	V_{IH} = 2 V, I_{OH} = −400 μA	2.5	3.4		2.7	3.4		V
V_{OL}	Low-level output voltage		V_{CC} = MIN, V_{IH} = 2 V, V_{IL} = V_{IL} MAX	I_{OL} = 4 mA		0.25	0.4		0.25	0.4	V
				I_{OL} = 8 mA					0.35	0.5	
I_I	Input current at maximum input voltage	'LS148 inputs 1–7	V_{CC} = MAX,	V_I = 7 V			0.2			0.2	mA
		All other inputs					0.1			0.1	
I_{IH}	High-level input current	'LS148 inputs 1–7	V_{CC} = MAX,	V_I = 2.7 V			40			40	μA
		All other inputs					20			20	
I_{IL}	Low-level input current	'LS148 inputs 1–7	V_{CC} = MAX,	V_I = 0.4 V			−0.8			−0.8	mA
		All other inputs					−0.4			−0.4	
I_{OS}	Short-circuit output current§		V_{CC} = MAX		−20		−100	−20		−100	mA
I_{CC}	Supply current		V_{CC} = MAX (See Note 6)	Condition 1		12	20		12	20	mA
				Condition 2		10	17		10	17	

† For conditions shown as MIN or MAX, use the appropriate value specified under recommended operating conditions.
‡ All typical values are at V_{CC} = 5 V, T_A = 25°C.
§ Not more than one output should be shorted at a time.
NOTE 6: For 'LS147, I_{CC} (Condition 1) is measured with input 7 grounded, other inputs and outputs open; I_{CC} (Condition 2) is measured with all inputs and outputs open. For 'LS148, I_{CC} (Condition 1) is measured with inputs 7 and EI grounded, other inputs and outputs open; I_{CC} (Condition 2) is measured with all inputs and outputs open.

SN54LS147, SN74LS147 switching characteristics, V_{CC} = 5 V, T_A = 25°C (see Figure 2)

PARAMETER	FROM (INPUT)	TO (OUTPUT)	WAVEFORM	TEST CONDITIONS	MIN	TYP	MAX	UNIT
t_{PLH}	Any	Any	In-phase output	C_L = 15 pF, R_L = 2 kΩ		12	18	ns
t_{PHL}						12	18	
t_{PLH}	Any	Any	Out-of-phase output			21	33	ns
t_{PHL}						15	23	

SN54LS148, SN74LS148 switching characteristics, V_{CC} = 5 V, T_A = 25°C (see Figure 2)

PARAMETER†	FROM (INPUT)	TO (OUTPUT)	WAVEFORM	TEST CONDITIONS	MIN	TYP	MAX	UNIT
t_{PLH}	1–7	A0, A1, or A2	In-phase output	C_L = 15 pF, R_L = 2 kΩ		14	18	ns
t_{PHL}						15	25	
t_{PLH}	1–7	A0, A1, or A2	Out-of-phase output			20	36	ns
t_{PHL}						16	29	
t_{PLH}	0–7	EO	Out-of-phase output			7	18	ns
t_{PHL}						25	40	
t_{PLH}	0–7	GS	In-phase output			35	55	ns
t_{PHL}						9	21	
t_{PLH}	EI	A0, A1, or A2	In-phase output			16	25	ns
t_{PHL}						12	25	
t_{PLH}	EI	GS	In-phase output			12	17	ns
t_{PHL}						14	36	
t_{PLH}	EI	EO	In-phase output			12	21	ns
t_{PHL}						23	35	

† t_{PLH} = propagation delay time, low-to-high-level output
t_{PHL} = propagation delay time, high-to-low-level output

PARAMETER MEASUREMENT INFORMATION
SERIES 54/74 DEVICES

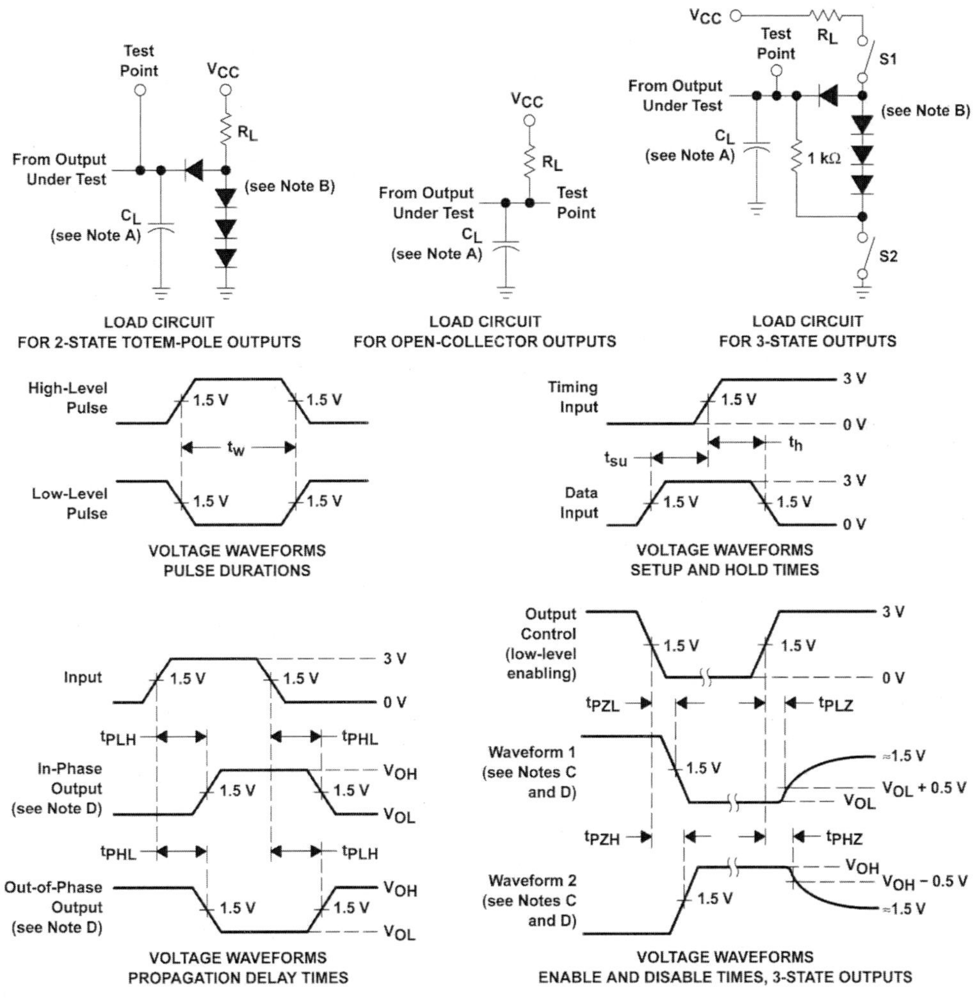

NOTES: A. C_L includes probe and jig capacitance.
B. All diodes are 1N3064 or equivalent.
C. Waveform 1 is for an output with internal conditions such that the output is low, except when disabled by the output control. Waveform 2 is for an output with internal conditions such that the output is high, except when disabled by the output control.
D. S1 and S2 are closed for t_{PLH}, t_{PHL}, t_{PHZ}, and t_{PLZ}; S1 is open, and S2 is closed for t_{PZH}; S1 is closed, and S2 is open for t_{PZL}.
E. All input pulses are supplied by generators having the following characteristics: PRR ≤ 1 MHz, $Z_O \approx 50\ \Omega$; t_r and $t_f \leq 7$ ns for Series 54/74 devices and t_r and $t_f \leq 2.5$ ns for Series 54S/74S devices.
F. The outputs are measured one at a time, with one input transition per measurement.

Figure 1. Load Circuits and Voltage Waveforms

PARAMETER MEASUREMENT INFORMATION
SERIES 54LS/74LS DEVICES

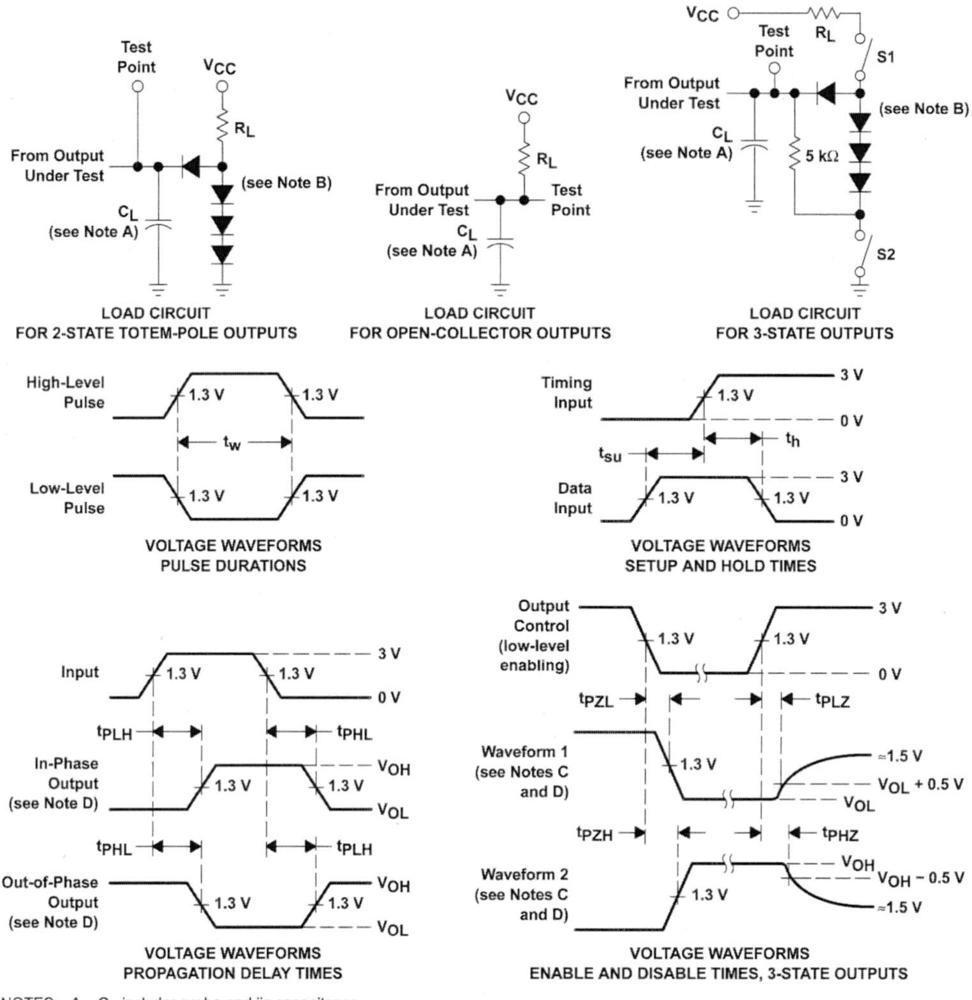

NOTES:
- A. C_L includes probe and jig capacitance.
- B. All diodes are 1N3064 or equivalent.
- C. Waveform 1 is for an output with internal conditions such that the output is low, except when disabled by the output control. Waveform 2 is for an output with internal conditions such that the output is high, except when disabled by the output control.
- D. S1 and S2 are closed for t_{PLH}, t_{PHL}, t_{PHZ}, and t_{PLZ}; S1 is open, and S2 is closed for t_{PZH}; S1 is closed, and S2 is open for t_{PZL}.
- E. Phase relationships between inputs and outputs have been chosen arbitrarily for these examples.
- F. All input pulses are supplied by generators having the following characteristics: PRR ≤ 1 MHz, $Z_O \approx 50\ \Omega$, $t_r \leq 1.5$ ns, $t_f \leq 2.6$ ns.
- G. The outputs are measured one at a time, with one input transition per measurement.

Figure 2. Load Circuits and Voltage Waveforms

APPLICATION INFORMATION

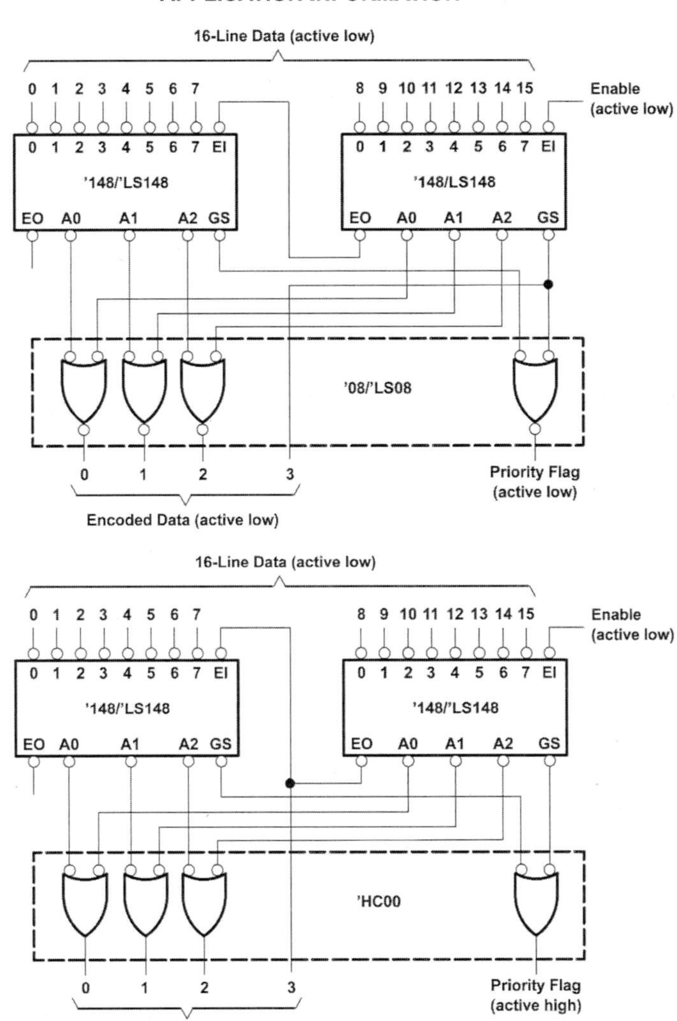

Figure 3. Priority Encoder for 16 Bits

Because the '147/'LS147 and '148/'LS148 devices are combinational logic circuits, wrong addresses can appear during input transients. Moreover, for the '148/'LS148 devices, a change from high to low at EI can cause a transient low on GS when all inputs are high. This must be considered when strobing the outputs.

8-INPUT MULTIPLEXER

The TTL/MSI SN54/74LS151 is a high speed 8-input Digital Multiplexer. It provides, in one package, the ability to select one bit of data from up to eight sources. The LS151 can be used as a universal function generator to generate any logic function of four variables. Both assertion and negation outputs are provided.

- Schottky Process for High Speed
- Multifunction Capability
- On-Chip Select Logic Decoding
- Fully Buffered Complementary Outputs
- Input Clamp Diodes Limit High Speed Termination Effects

CONNECTION DIAGRAM DIP (TOP VIEW)

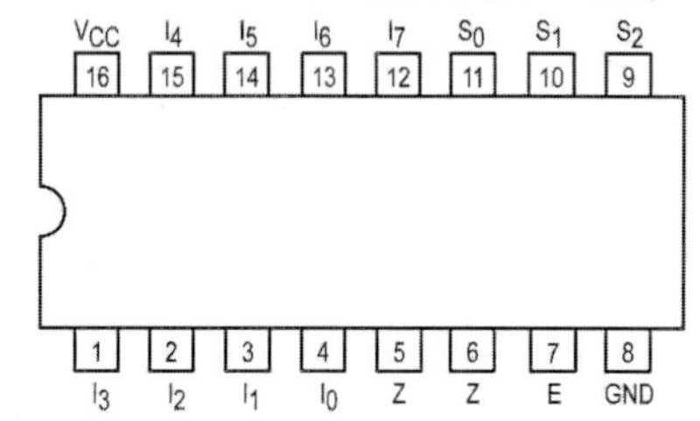

PIN NAMES

		LOADING (Note a)	
		HIGH	LOW
S_0–S_2	Select Inputs	0.5 U.L.	0.25 U.L.
E	Enable (Active LOW) Input	0.5 U.L.	0.25 U.L.
I_0–I_7	Multiplexer Inputs	0.5 U.L.	0.25 U.L.
Z	Multiplexer Output (Note b)	10 U.L.	5 (2.5) U.L.
$\bar{Z}$	Complementary Multiplexer Output (Note b)	10 U.L.	5 (2.5) U.L.

NOTES:
a) 1 TTL Unit Load (U.L.) = 40 μA HIGH/1.6 mA LOW.
b) The Output LOW drive factor is 2.5 U.L. for Military (54) and 5 U.L. for Commercial (74) Temperature Ranges.

SN54/74LS151

8-INPUT MULTIPLEXER

LOW POWER SCHOTTKY

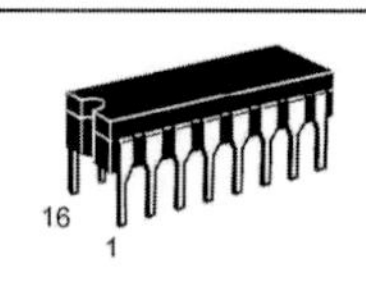

J SUFFIX
CERAMIC
CASE 620-09

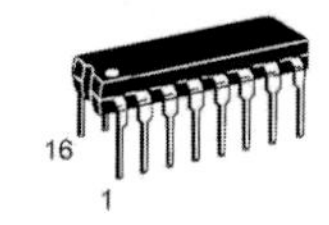

N SUFFIX
PLASTIC
CASE 648-08

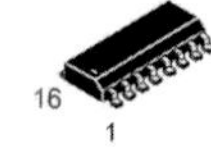

D SUFFIX
SOIC
CASE 751B-03

ORDERING INFORMATION

SN54LSXXXJ Ceramic
SN74LSXXXN Plastic
SN74LSXXXD SOIC

LOGIC SYMBOL

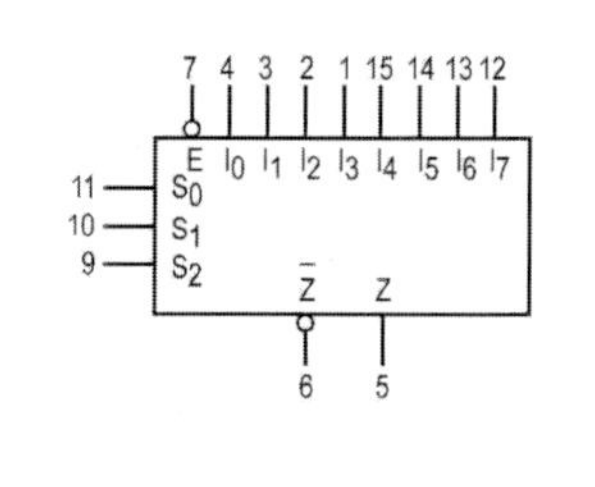

V_{CC} = PIN 16
GND = PIN 8

SN54/74LS151

LOGIC DIAGRAM

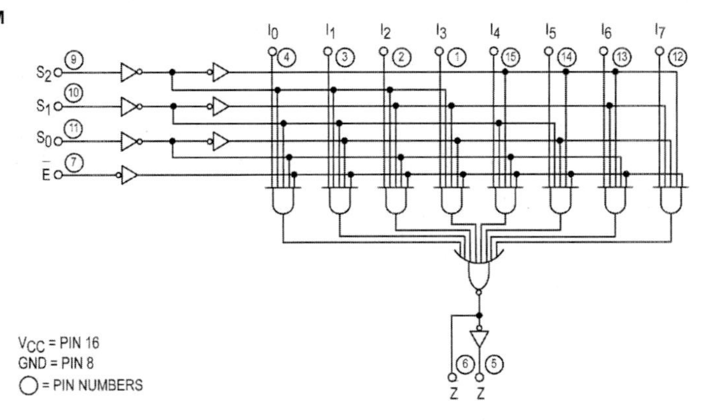

FUNCTIONAL DESCRIPTION

The LS151 is a logical implementation of a single pole, 8-position switch with the switch position controlled by the state of three Select inputs, S_0, S_1, S_2. Both assertion and negation outputs are provided. The Enable input (E) is active LOW. When it is not activated, the negation output is HIGH and the assertion output is LOW regardless of all other inputs. The logic function provided at the output is:

$$Z = \overline{E} \cdot (I_0 \cdot \overline{S_0} \cdot \overline{S_1} \cdot \overline{S_2} + I_1 \cdot S_0 \cdot \overline{S_1} \cdot \overline{S_2} + I_2 \cdot \overline{S_0} \cdot S_1 \cdot \overline{S_2} + I_3 \cdot S_0 \cdot S_1 \cdot S_2 + I_4 \cdot S_0 \cdot S_1 \cdot S_2 + I_5 \cdot S_0 \cdot S_1 \cdot S_2 + I_6 \cdot S_0 \cdot S_1 \cdot S_2 + I_7 \cdot S_0 \cdot S_1 \cdot S_2).$$

The LS151 provides the ability, in one package, to select from eight sources of data or control information. By proper manipulation of the inputs, the LS151 can provide any logic function of four variables and its negation.

TRUTH TABLE

$\overline{E}$	S_2	S_1	S_0	I_0	I_1	I_2	I_3	I_4	I_5	I_6	I_7	$\overline{Z}$	Z
H	X	X	X	X	X	X	X	X	X	X	X	H	L
L	L	L	L	L	X	X	X	X	X	X	X	H	L
L	L	L	L	H	X	X	X	X	X	X	X	L	H
L	L	L	H	X	L	X	X	X	X	X	X	H	L
L	L	L	H	X	H	X	X	X	X	X	X	L	H
L	L	H	L	X	X	L	X	X	X	X	X	H	L
L	L	H	L	X	X	H	X	X	X	X	X	L	H
L	L	H	H	X	X	X	L	X	X	X	X	H	L
L	L	H	H	X	X	X	H	X	X	X	X	L	H
L	H	L	L	X	X	X	X	L	X	X	X	H	L
L	H	L	L	X	X	X	X	H	X	X	X	L	H
L	H	L	H	X	X	X	X	X	L	X	X	H	L
L	H	L	H	X	X	X	X	X	H	X	X	L	H
L	H	H	L	X	X	X	X	X	X	L	X	H	L
L	H	H	L	X	X	X	X	X	X	H	X	L	H
L	H	H	H	X	X	X	X	X	X	X	L	H	L
L	H	H	H	X	X	X	X	X	X	X	H	L	H

H = HIGH Voltage Level
L = LOW Voltage Level
X = Don't Care

SN54/74LS151

GUARANTEED OPERATING RANGES

Symbol	Parameter		Min	Typ	Max	Unit
V_{CC}	Supply Voltage	54 74	4.5 4.75	5.0 5.0	5.5 5.25	V
T_A	Operating Ambient Temperature Range	54 74	−55 0	25 25	125 70	°C
I_{OH}	Output Current — High	54, 74			−0.4	mA
I_{OL}	Output Current — Low	54 74			4.0 8.0	mA

DC CHARACTERISTICS OVER OPERATING TEMPERATURE RANGE (unless otherwise specified)

Symbol	Parameter		Limits Min	Limits Typ	Limits Max	Unit	Test Conditions	
V_{IH}	Input HIGH Voltage		2.0			V	Guaranteed Input HIGH Voltage for All Inputs	
V_{IL}	Input LOW Voltage	54			0.7	V	Guaranteed Input LOW Voltage for All Inputs	
		74			0.8			
V_{IK}	Input Clamp Diode Voltage			−0.65	−1.5	V	V_{CC} = MIN, I_{IN} = −18 mA	
V_{OH}	Output HIGH Voltage	54	2.5	3.5		V	V_{CC} = MIN, I_{OH} = MAX, V_{IN} = V_{IH} or V_{IL} per Truth Table	
		74	2.7	3.5		V		
V_{OL}	Output LOW Voltage	54, 74		0.25	0.4	V	I_{OL} = 4.0 mA	V_{CC} = V_{CC} MIN, V_{IN} = V_{IL} or V_{IH} per Truth Table
		74		0.35	0.5	V	I_{OL} = 8.0 mA	
I_{IH}	Input HIGH Current				20	µA	V_{CC} = MAX, V_{IN} = 2.7 V	
					0.1	mA	V_{CC} = MAX, V_{IN} = 7.0 V	
I_{IL}	Input LOW Current				−0.4	mA	V_{CC} = MAX, V_{IN} = 0.4 V	
I_{OS}	Short Circuit Current (Note 1)		−20		−100	mA	V_{CC} = MAX	
I_{CC}	Power Supply Current				10	mA	V_{CC} = MAX	

Note 1: Not more than one output should be shorted at a time, nor for more than 1 second.

AC CHARACTERISTICS (T_A = 25°C)

Symbol	Parameter	Limits Min	Limits Typ	Limits Max	Unit	Test Conditions
t_{PLH} t_{PHL}	Propagation Delay Select to Output Z		27 18	43 30	ns	V_{CC} = 5.0 V C_L = 15 pF
t_{PLH} t_{PHL}	Propagation Delay Select to Output Z		14 20	23 32	ns	
t_{PLH} t_{PHL}	Propagation Delay Enable to Output Z		26 20	42 32	ns	
t_{PLH} t_{PHL}	Propagation Delay Enable to Output Z		15 18	24 30	ns	
t_{PLH} t_{PHL}	Propagation Delay Data to Output Z		20 16	32 26	ns	
t_{PLH} t_{PHL}	Propagation Delay Data to Output Z		13 12	21 20	ns	

AC WAVEFORMS

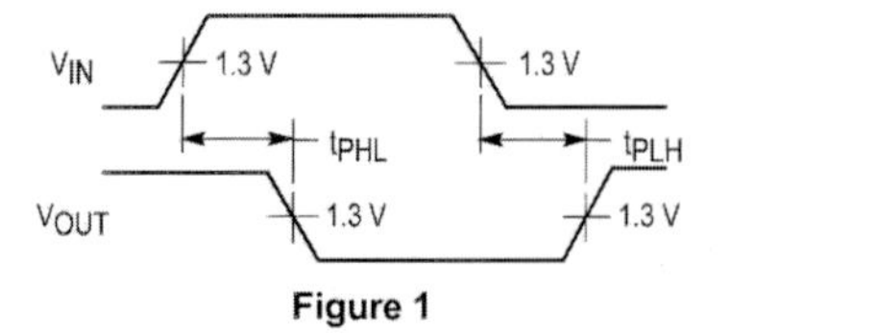

Figure 1

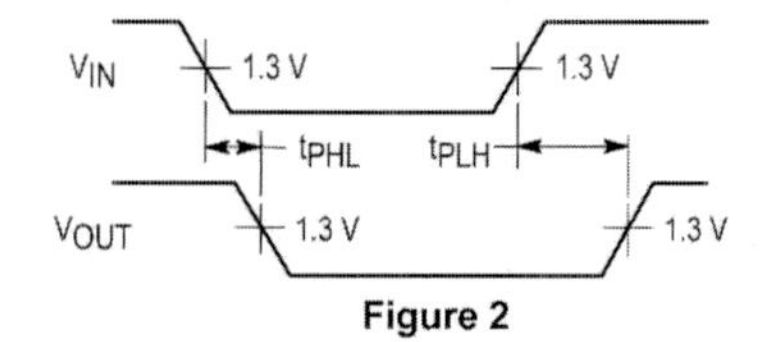

Figure 2

DUAL 4-INPUT MULTIPLEXER

SN54/74LS153

The LSTTL/MSI SN54/74LS153 is a very high speed Dual 4-Input Multiplexer with common select inputs and individual enable inputs for each section. It can select two bits of data from four sources. The two buffered outputs present data in the true (non-inverted) form. In addition to multiplexer operation, the LS153 can generate any two functions of three variables. The LS153 is fabricated with the Schottky barrier diode process for high speed and is completely compatible with all Motorola TTL families.

- Multifunction Capability
- Non-Inverting Outputs
- Separate Enable for Each Multiplexer
- Input Clamp Diodes Limit High Speed Termination Effects

DUAL 4-INPUT MULTIPLEXER

LOW POWER SCHOTTKY

CONNECTION DIAGRAM DIP (TOP VIEW)

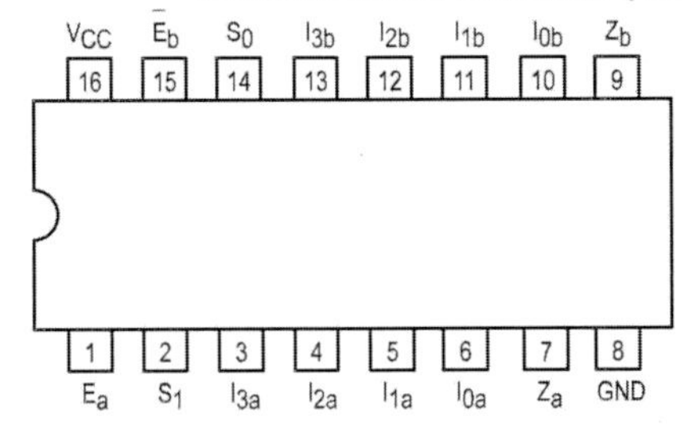

NOTE:
The Flatpak version has the same pinouts (Connection Diagram) as the Dual In-Line Package.

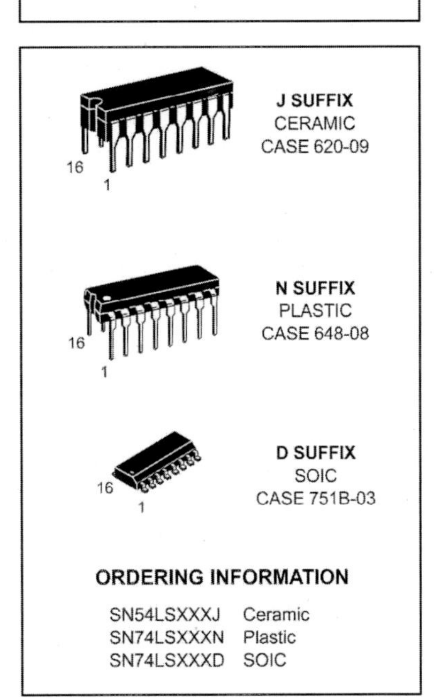

ORDERING INFORMATION

SN54LSXXXJ	Ceramic
SN74LSXXXN	Plastic
SN74LSXXXD	SOIC

PIN NAMES

		LOADING (Note a) HIGH	LOW
S_0	Common Select Input	0.5 U.L.	0.25 U.L.
$\overline{E}$	Enable (Active LOW) Input	0.5 U.L.	0.25 U.L.
I_0, I_1	Multiplexer Inputs	0.5 U.L.	0.25 U.L.
Z	Multiplexer Output (Note b)	10 U.L.	5 (2.5) U.L.

NOTES:
a) 1 TTL Unit Load (U.L.) = 40 μA HIGH/1.6 mA LOW.
b) The Output LOW drive factor is 2.5 U.L. for Military (54) and 5 U.L. for Commercial (74) Temperature Ranges.

LOGIC DIAGRAM

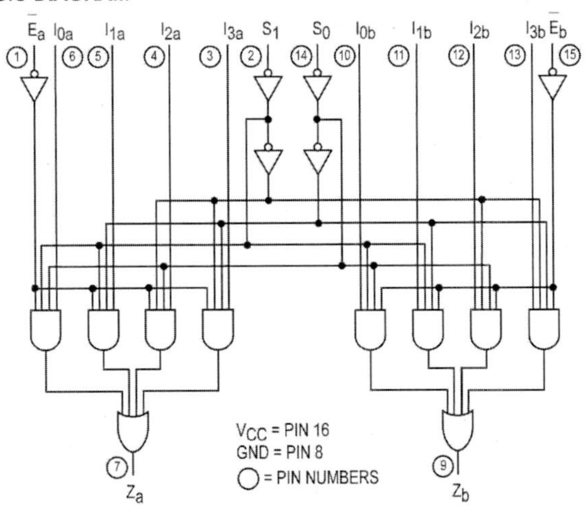

LOGIC SYMBOL

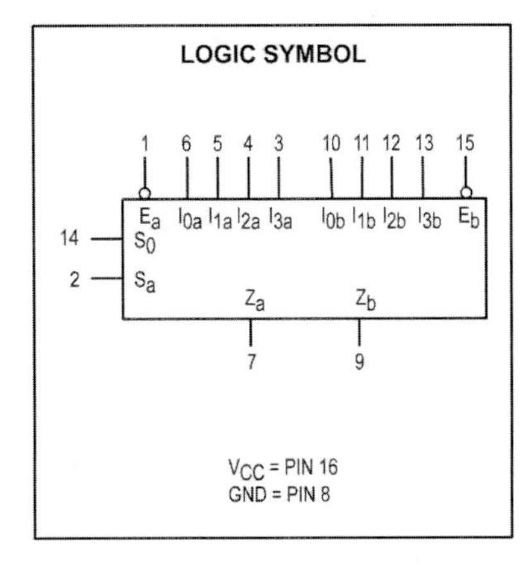

FUNCTIONAL DESCRIPTION

The LS153 is a Dual 4-input Multiplexer fabricated with Low Power, Schottky barrier diode process for high speed. It can select two bits of data from up to four sources under the control of the common Select Inputs (S_0, S_1). The two 4-input multiplexer circuits have individual active LOW Enables ($\overline{E}_a$, $\overline{E}_b$) which can be used to strobe the outputs independently. When the Enables ($\overline{E}_a$, $\overline{E}_b$) are HIGH, the corresponding outputs (Z_a, Z_b) are forced LOW.

The LS153 is the logic implementation of a 2-pole, 4-position switch, where the position of the switch is determined by the logic levels supplied to the two Select Inputs. The logic equations for the outputs are shown below.

$$Z_a = \overline{E}_a \cdot (I_{0a} \cdot \overline{S}_1 \cdot \overline{S}_0 + I_{1a} \cdot \overline{S}_1 \cdot S_0 + I_{2a} \cdot S_1 \cdot \overline{S}_0 + I_{3a} \cdot S_1 \cdot S_0)$$

$$Z_b = \overline{E}_b \cdot (I_{0b} \cdot \overline{S}_1 \cdot \overline{S}_0 + I_{1b} \cdot \overline{S}_1 \cdot S_0 + I_{2b} \cdot S_1 \cdot \overline{S}_0 + I_{3b} \cdot S_1 \cdot S_0)$$

The LS153 can be used to move data from a group of registers to a common output bus. The particular register from which the data came would be determined by the state of the Select Inputs. A less obvious application is a function generator. The LS153 can generate two functions of three variables. This is useful for implementing highly irregular random logic.

TRUTH TABLE

SELECT INPUTS		INPUTS (a or b)					OUTPUT
S_0	S_1	$\overline{E}$	I_0	I_1	I_2	I_3	Z
X	X	H	X	X	X	X	L
L	L	L	L	X	X	X	L
L	L	L	H	X	X	X	H
H	L	L	X	L	X	X	L
H	L	L	X	H	X	X	H
L	H	L	X	X	L	X	L
L	H	L	X	X	H	X	H
H	H	L	X	X	X	L	L
H	H	L	X	X	X	H	H

H = HIGH Voltage Level
L = LOW Voltage Level
X = Don't Care

GUARANTEED OPERATING RANGES

Symbol	Parameter		Min	Typ	Max	Unit
V_{CC}	Supply Voltage	54 74	4.5 4.75	5.0 5.0	5.5 5.25	V
T_A	Operating Ambient Temperature Range	54 74	−55 0	25 25	125 70	°C
I_{OH}	Output Current — High	54, 74			−0.4	mA
I_{OL}	Output Current — Low	54 74			4.0 8.0	mA

DC CHARACTERISTICS OVER OPERATING TEMPERATURE RANGE (unless otherwise specified)

Symbol	Parameter		Limits Min	Limits Typ	Limits Max	Unit	Test Conditions
V_{IH}	Input HIGH Voltage		2.0			V	Guaranteed Input HIGH Voltage for All Inputs
V_{IL}	Input LOW Voltage	54			0.7	V	Guaranteed Input LOW Voltage for All Inputs
		74			0.8		
V_{IK}	Input Clamp Diode Voltage			−0.65	−1.5	V	V_{CC} = MIN, I_{IN} = −18 mA
V_{OH}	Output HIGH Voltage	54	2.5	3.5		V	V_{CC} = MIN, I_{OH} = MAX, V_{IN} = V_{IH} or V_{IL} per Truth Table
		74	2.7	3.5		V	
V_{OL}	Output LOW Voltage	54, 74		0.25	0.4	V	I_{OL} = 4.0 mA; V_{CC} = V_{CC} MIN, V_{IN} = V_{IL} or V_{IH} per Truth Table
		74		0.35	0.5	V	I_{OL} = 8.0 mA
I_{IH}	Input HIGH Current				20	µA	V_{CC} = MAX, V_{IN} = 2.7 V
					0.1	mA	V_{CC} = MAX, V_{IN} = 7.0 V
I_{IL}	Input LOW Current				−0.4	mA	V_{CC} = MAX, V_{IN} = 0.4 V
I_{OS}	Short Circuit Current (Note 1)		−20		−100	mA	V_{CC} = MAX
I_{CC}	Power Supply Current				10	mA	V_{CC} = MAX

Note 1: Not more than one output should be shorted at a time, nor for more than 1 second.

AC CHARACTERISTICS (T_A = 25°C)

Symbol	Parameter	Limits Min	Limits Typ	Limits Max	Unit	Test Conditions	
t_{PLH} t_{PHL}	Propagation Delay Data to Output		10 17	15 26	ns	Figure 2	V_{CC} = 5.0 V C_L = 15 pF
t_{PLH} t_{PHL}	Propagation Delay Select to Output		19 25	29 38	ns	Figure 1	
t_{PLH} t_{PHL}	Propagation Delay Enable to Output		16 21	24 32	ns	Figure 2	

AC WAVEFORMS

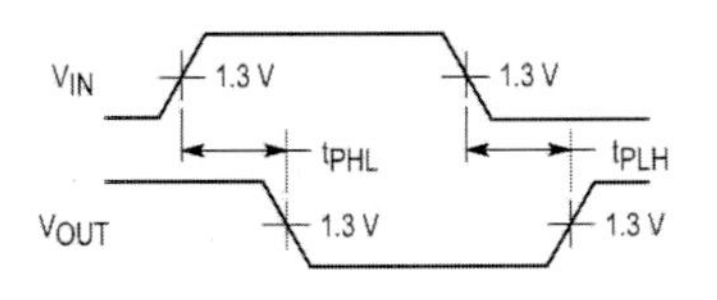

Figure 1

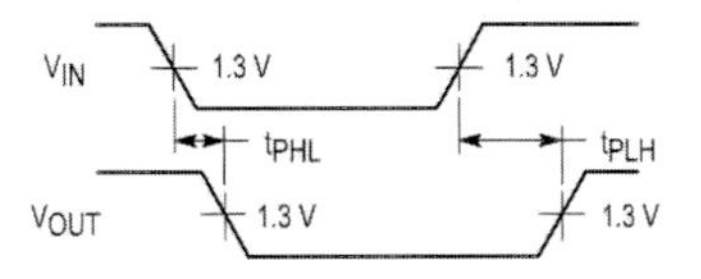

Figure 2

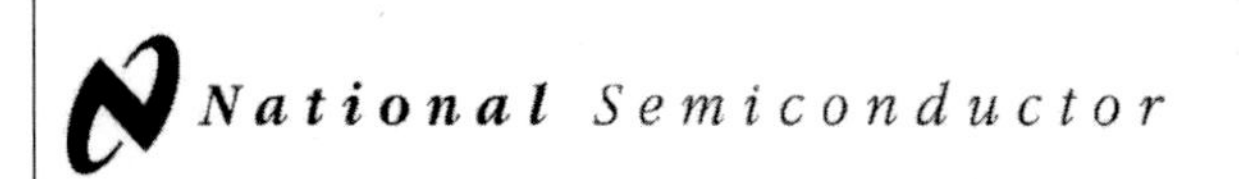

May 1989

DM54LS154/DM74LS154 4-Line to 16-Line Decoders/Demultiplexers

General Description

Each of these 4-line-to-16-line decoders utilizes TTL circuitry to decode four binary-coded inputs into one of sixteen mutually exclusive outputs when both the strobe inputs, G1 and G2, are low. The demultiplexing function is performed by using the 4 input lines to address the output line, passing data from one of the strobe inputs with the other strobe input low. When either strobe input is high, all outputs are high. These demultiplexers are ideally suited for implementing high-performance memory decoders. All inputs are buffered and input clamping diodes are provided to minimize transmission-line effects and thereby simplify system design.

Features

- Decodes 4 binary-coded inputs into one of 16 mutually exclusive outputs
- Performs the demultiplexing function by distributing data from one input line to any one of 16 outputs
- Input clamping diodes simplify system design
- High fan-out, low-impedance, totem-pole outputs
- Typical propagation delay
  3 levels of logic 23 ns
  Strobe 19 ns
- Typical power dissipation 45 mW

Connection and Logic Diagrams

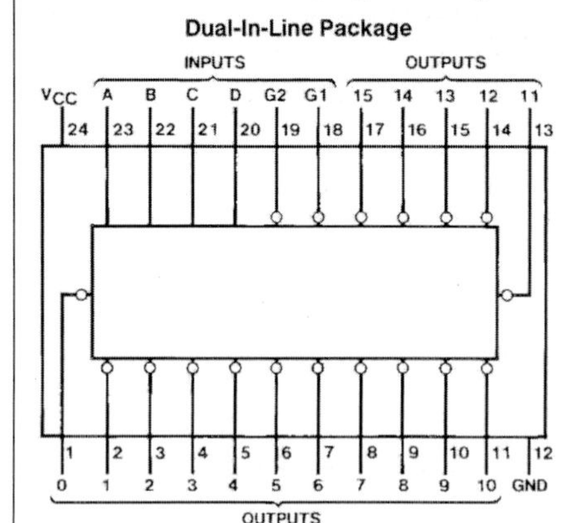

TL/F/6394-1

Order Number DM54LS154J, DM74LS154WM or DM74LS154N
See NS Package Number J24A, M24B or N24A

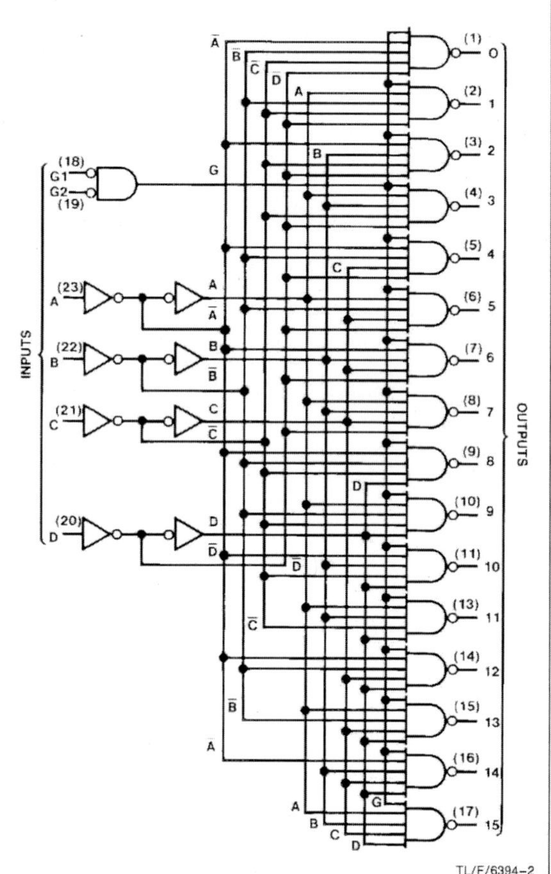

TL/F/6394-2

RRD-B30M105/Printed in U. S. A.

Absolute Maximum Ratings (Note)

If Military/Aerospace specified devices are required, please contact the National Semiconductor Sales Office/Distributors for availability and specifications.

Supply Voltage 7V

Input Voltage 7V

Operating Free Air Temperature Range

DM54LS −55°C to +125°C

DM74LS 0°C to +70°C

Storage Temperature Range −65°C to +150°C

Note: *The "Absolute Maximum Ratings" are those values beyond which the safety of the device cannot be guaranteed. The device should not be operated at these limits. The parametric values defined in the "Electrical Characteristics" table are not guaranteed at the absolute maximum ratings. The "Recommended Operating Conditions" table will define the conditions for actual device operation.*

Recommended Operating Conditions

Symbol	Parameter	DM54LS154			DM74LS154			Units
		Min	Nom	Max	Min	Nom	Max	
V_{CC}	Supply Voltage	4.5	5	5.5	4.75	5	5.25	V
V_{IH}	High Level Input Voltage	2			2			V
V_{IL}	Low Level Input Voltage			0.7			0.8	V
I_{OH}	High Level Output Current			−0.4			−0.4	mA
I_{OL}	Low Level Output Current			4			8	mA
T_A	Free Air Operating Temperature	−55		125	0		70	°C

Electrical Characteristics over recommended operating free air temperature range (unless otherwise noted)

Symbol	Parameter	Conditions		Min	Typ (Note 1)	Max	Units
V_I	Input Clamp Voltage	V_{CC} = Min, I_I = −18 mA				−1.5	V
V_{OH}	High Level Output Voltage	V_{CC} = Min, I_{OH} = Max V_{IL} = Max, V_{IH} = Min	DM54	2.5	3.4		V
			DM74	2.7	3.4		
V_{OL}	Low Level Output Voltage	V_{CC} = Min, I_{OL} = Max V_{IL} = Max, V_{IH} = Min	DM54		0.25	0.4	V
			DM74		0.35	0.5	
		I_{OL} = 4 mA, V_{CC} = Min	DM74		0.25	0.4	
I_I	Input Current @ Max Input Voltage	V_{CC} = Max, V_I = 7V				0.1	mA
I_{IH}	High Level Input Current	V_{CC} = Max, V_I = 2.7V				20	μA
I_{IL}	Low Level Input Current	V_{CC} = Max, V_I = 0.4V				−0.4	mA
I_{OS}	Short Circuit Output Current	V_{CC} = Max (Note 2)	DM54	−20		−100	mA
			DM74	−20		−100	
I_{CC}	Supply Current	V_{CC} = Max (Note 3)			9	14	mA

Note 1: All typicals are at V_{CC} = 5V, T_A = 25°C.

Note 2: Not more than one output should be shorted at a time, and the duration should not exceed one second.

Note 3: I_{CC} is measured with all outputs open and all inputs grounded.

Switching Characteristics at V_{CC} = 5V and T_A = 25°C (See Section 1 for Test Waveforms and Output Load)

Symbol	Parameter	From (Input) To (Output)	R_L = 2 kΩ				Units
			C_L = 15 pF		C_L = 50 pF		
			Min	Max	Min	Max	
t_{PLH}	Propagation Delay Time Low to High Level Output	Data to Output		30		35	ns
t_{PHL}	Propagation Delay Time High to Low Level Output	Data to Output		30		35	ns
t_{PLH}	Propagation Delay Time Low to High Level Output	Strobe to Output		20		25	ns
t_{PHL}	Propagation Delay Time High to Low Level Output	Strobe to Output		25		35	ns

Function Table

Inputs						Outputs															
G1	G2	D	C	B	A	0	1	2	3	4	5	6	7	8	9	10	11	12	13	14	15
L	L	L	L	L	L	L	H	H	H	H	H	H	H	H	H	H	H	H	H	H	H
L	L	L	L	L	H	H	L	H	H	H	H	H	H	H	H	H	H	H	H	H	H
L	L	L	L	H	L	H	H	L	H	H	H	H	H	H	H	H	H	H	H	H	H
L	L	L	L	H	H	H	H	H	L	H	H	H	H	H	H	H	H	H	H	H	H
L	L	L	H	L	L	H	H	H	H	L	H	H	H	H	H	H	H	H	H	H	H
L	L	L	H	L	H	H	H	H	H	H	L	H	H	H	H	H	H	H	H	H	H
L	L	L	H	H	L	H	H	H	H	H	H	L	H	H	H	H	H	H	H	H	H
L	L	L	H	H	H	H	H	H	H	H	H	H	L	H	H	H	H	H	H	H	H
L	L	H	L	L	L	H	H	H	H	H	H	H	H	L	H	H	H	H	H	H	H
L	L	H	L	L	H	H	H	H	H	H	H	H	H	H	L	H	H	H	H	H	H
L	L	H	L	H	L	H	H	H	H	H	H	H	H	H	H	L	H	H	H	H	H
L	L	H	L	H	H	H	H	H	H	H	H	H	H	H	H	H	L	H	H	H	H
L	L	H	H	L	L	H	H	H	H	H	H	H	H	H	H	H	H	L	H	H	H
L	L	H	H	L	H	H	H	H	H	H	H	H	H	H	H	H	H	H	L	H	H
L	L	H	H	H	L	H	H	H	H	H	H	H	H	H	H	H	H	H	H	L	H
L	L	H	H	H	H	H	H	H	H	H	H	H	H	H	H	H	H	H	H	H	L
L	H	X	X	X	X	H	H	H	H	H	H	H	H	H	H	H	H	H	H	H	H
H	L	X	X	X	X	H	H	H	H	H	H	H	H	H	H	H	H	H	H	H	H
H	H	X	X	X	X	H	H	H	H	H	H	H	H	H	H	H	H	H	H	H	H

H = High Level, L = Low Level, X = Don't Care

3

Physical Dimensions inches (millimeters)

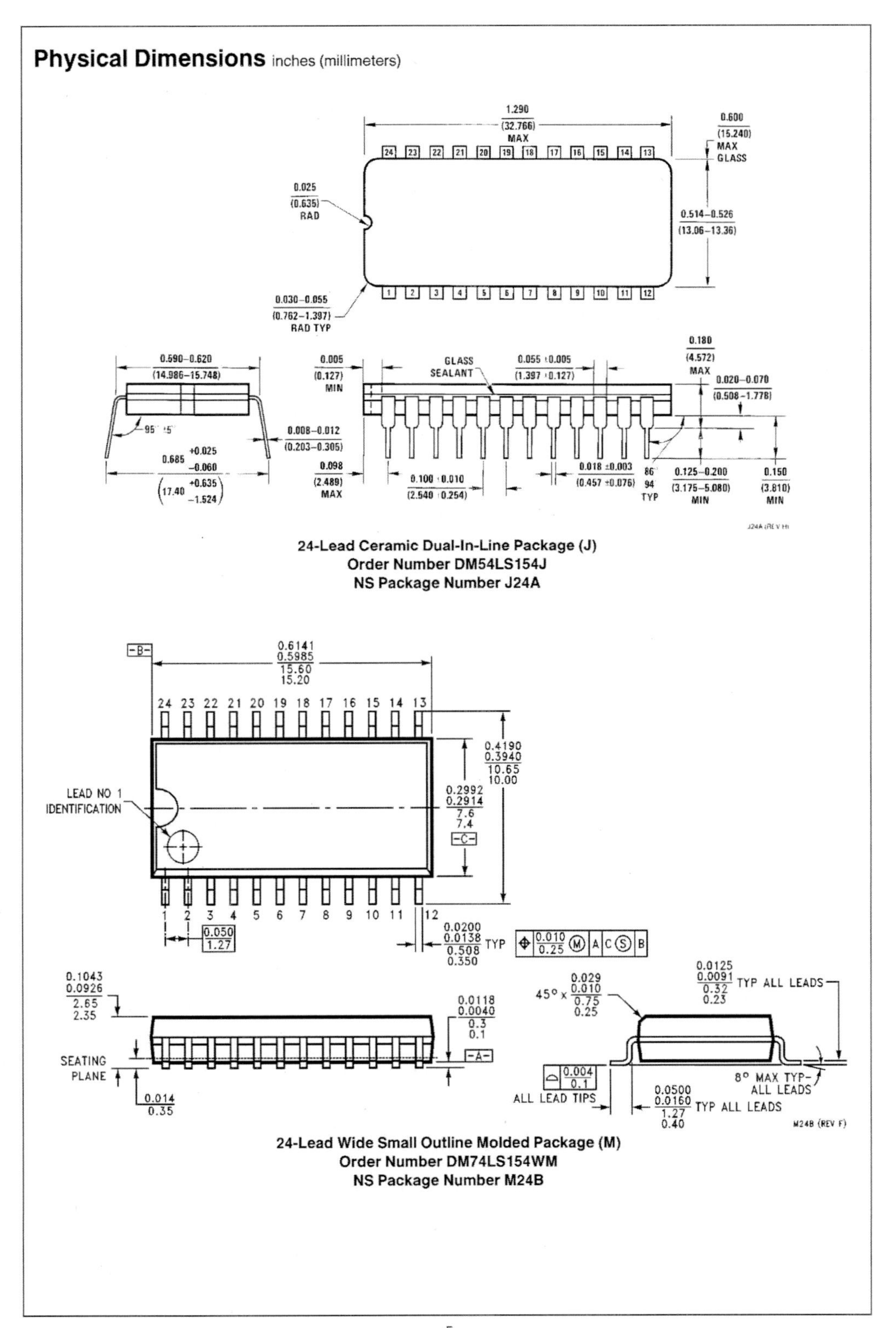

24-Lead Ceramic Dual-In-Line Package (J)
Order Number DM54LS154J
NS Package Number J24A

24-Lead Wide Small Outline Molded Package (M)
Order Number DM74LS154WM
NS Package Number M24B

5

Physical Dimensions inches (millimeters) (Continued)

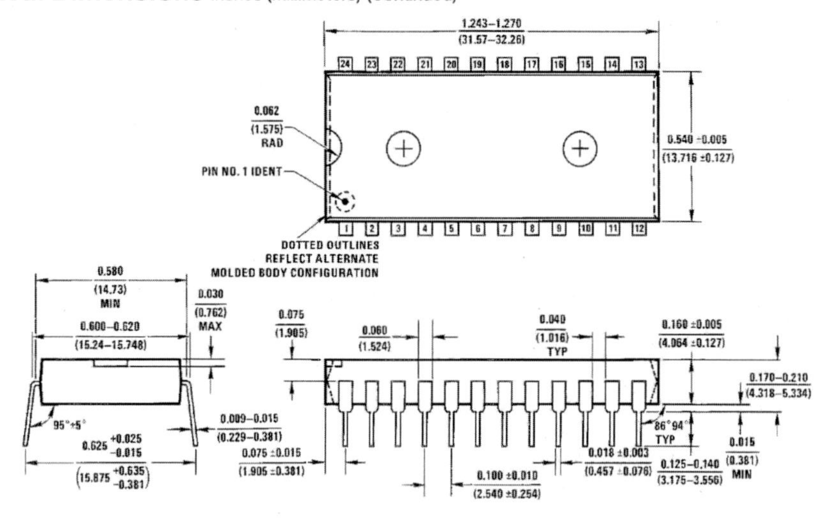

24-Lead Molded Dual-In-Line Package (N)
Order Number DM74LS154N
NS Package Number N24A

LIFE SUPPORT POLICY

NATIONAL'S PRODUCTS ARE NOT AUTHORIZED FOR USE AS CRITICAL COMPONENTS IN LIFE SUPPORT DEVICES OR SYSTEMS WITHOUT THE EXPRESS WRITTEN APPROVAL OF THE PRESIDENT OF NATIONAL SEMICONDUCTOR CORPORATION. As used herein:

1. Life support devices or systems are devices or systems which, (a) are intended for surgical implant into the body, or (b) support or sustain life, and whose failure to perform, when properly used in accordance with instructions for use provided in the labeling, can be reasonably expected to result in a significant injury to the user.
2. A critical component is any component of a life support device or system whose failure to perform can be reasonably expected to cause the failure of the life support device or system, or to affect its safety or effectiveness.

National Semiconductor Corporation
1111 West Bardin Road
Arlington, TX 76017
Tel: 1(800) 272-9959
Fax: 1(800) 737-7018

National Semiconductor Europe
Fax: (+49) 0-180-530 85 86
Email: cnjwge@tevm2.nsc.com
Deutsch Tel: (+49) 0-180-530 85 85
English Tel: (+49) 0-180-532 78 32
Français Tel: (+49) 0-180-532 93 58
Italiano Tel: (+49) 0-180-534 16 80

National Semiconductor Hong Kong Ltd.
13th Floor, Straight Block,
Ocean Centre, 5 Canton Rd.
Tsimshatsui, Kowloon
Hong Kong
Tel: (852) 2737-1600
Fax: (852) 2736-9960

National Semiconductor Japan Ltd.
Tel: 81-043-299-2309
Fax: 81-043-299-2408

SN54/74LS155
SN54/74LS156

DUAL 1-OF-4 DECODER/ DEMULTIPLEXER

DUAL 1-OF-4 DECODER/ DEMULTIPLEXER

LS156-OPEN-COLLECTOR
LOW POWER SCHOTTKY

The SN54/74LS155 and SN54/74LS156 are high speed Dual 1-of-4 Decoder/Demultiplexers. These devices have two decoders with common 2-bit Address inputs and separate gated Enable inputs. Decoder "a" has an Enable gate with one active HIGH and one active LOW input. Decoder "b" has two active LOW Enable inputs. If the Enable functions are satisfied, one output of each decoder will be LOW as selected by the address inputs. The LS156 has open collector outputs for wired-OR (DOT-AND) decoding and function generator applications.

The LS155 and LS156 are fabricated with the Schottky barrier diode process for high speed and are completely compatible with all Motorola TTL families.

- Schottky Process for High Speed
- Multifunction Capability
- Common Address Inputs
- True or Complement Data Demultiplexing
- Input Clamp Diodes Limit High Speed Termination Effects
- ESD > 3500 Volts

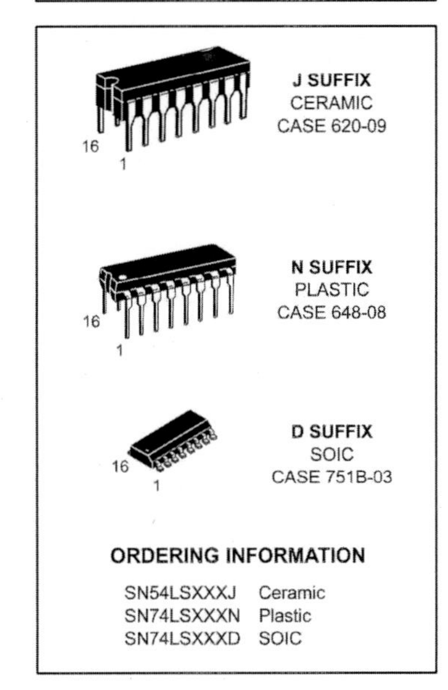

ORDERING INFORMATION

SN54LSXXXJ	Ceramic
SN74LSXXXN	Plastic
SN74LSXXXD	SOIC

CONNECTION DIAGRAM DIP (TOP VIEW)

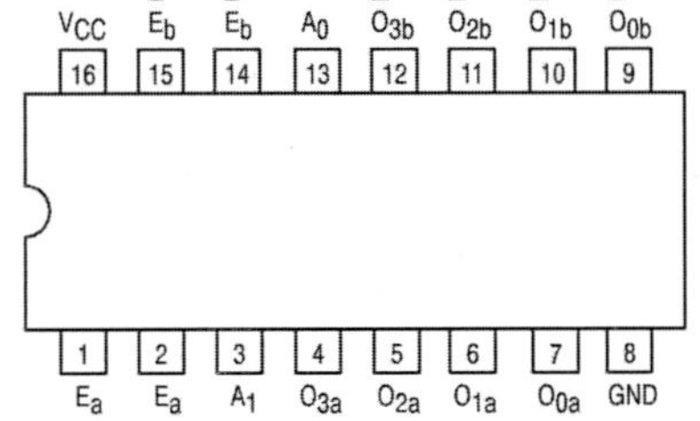

NOTE:
The Flatpak version has the same pinouts (Connection Diagram) as the Dual In-Line Package.

LOGIC SYMBOL

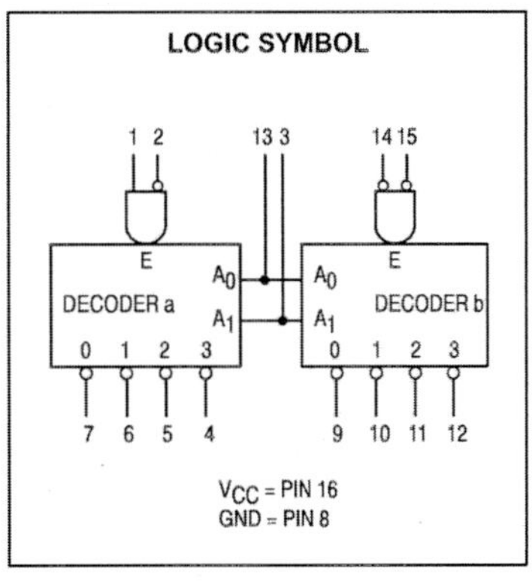

PIN NAMES

		LOADING (Note a) HIGH	LOW
A_0, A_1	Address Inputs	0.5 U.L.	0.25 U.L.
$\overline{E}_a$, $\overline{E}_b$	Enable (Active LOW) Inputs	0.5 U.L.	0.25 U.L.
E_a	Enable (Active HIGH) Input	0.5 U.L.	0.25 U.L.
$\overline{O}_0$–$\overline{O}_3$	Active LOW Outputs (Note b)	10 U.L.	5 (2.5) U.L.

NOTES:
a) 1 TTL Unit Load (U.L.) = 40 µA HIGH/1.6 mA LOW.
b) The Output LOW drive factor is 2.5 U.L. for Military (54) and 5 U.L. for Commercial (74) Temperature Ranges. The HIGH level drive for the LS156 must be established by an external resistor.

LOGIC DIAGRAM

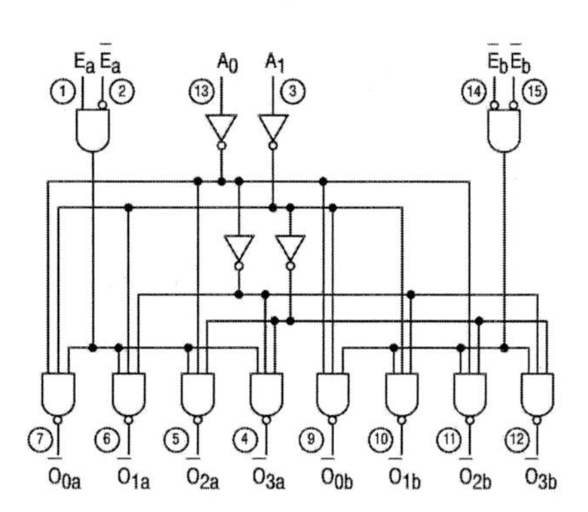

FUNCTIONAL DESCRIPTION

The LS155 and LS156 are Dual 1-of-4 Decoder/Demultiplexers with common Address inputs and separate gated Enable inputs. When enabled, each decoder section accepts the binary weighted Address inputs (A_0, A_1) and provides four mutually exclusive active LOW outputs ($\overline{O}_0 - \overline{O}_3$). If the Enable requirements of each decoder are not met, all outputs of that decoder are HIGH.

Each decoder section has a 2-input enable gate. The enable gate for Decoder "a" requires one active HIGH input and one active LOW input ($E_a \bullet \overline{E}_a$). In demultiplexing applications, Decoder "a" can accept either true or complemented data by using the $\overline{E}_a$ or E_a inputs respectively. The enable gate for Decoder "b" requires two active LOW inputs ($\overline{E}_b \bullet \overline{E}_b$). The LS155 or LS156 can be used as a 1-of-8 Decoder/Demultiplexer by tying E_a to $\overline{E}_b$ and relabeling the common connection as (A_2). The other $\overline{E}_b$ and $\overline{E}_a$ are connected together to form the common enable.

The LS155 and LS156 can be used to generate all four minterms of two variables. These four minterms are useful in some applications replacing multiple gate functions as shown in Fig. a. The LS156 has the further advantage of being able to AND the minterm functions by tying outputs together. Any number of terms can be wired-AND as shown below.

$$f = (E + A_0 + A_1) \cdot (E + \overline{A}_0 + A_1) \cdot (E + A_0 + \overline{A}_1) \cdot (E + A_0 + A_1)$$

where $E = E_a + \overline{E}_a$; $E = \overline{E}_b + \overline{E}_b$

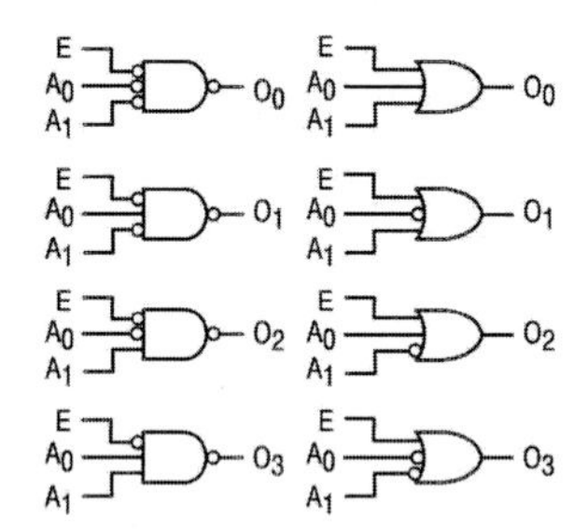

Figure a

TRUTH TABLE

ADDRESS		ENABLE "a"		OUTPUT "a"				ENABLE "b"		OUTPUT "b"			
A_0	A_1	E_a	$\overline{E}_a$	$\overline{O}_0$	$\overline{O}_1$	$\overline{O}_2$	$\overline{O}_3$	$\overline{E}_b$	$\overline{E}_b$	$\overline{O}_0$	$\overline{O}_1$	$\overline{O}_2$	$\overline{O}_3$
X	X	L	X	H	H	H	H	H	X	H	H	H	H
X	X	X	H	H	H	H	H	X	H	H	H	H	H
L	L	H	L	L	H	H	H	L	L	L	H	H	H
H	L	H	L	H	L	H	H	L	L	H	L	H	H
L	H	H	L	H	H	L	H	L	L	H	H	L	H
H	H	H	L	H	H	H	L	L	L	H	H	H	L

H = HIGH Voltage Level
L = LOW Voltage Level
X = Don't Care

SN54/74LS155

GUARANTEED OPERATING RANGES

Symbol	Parameter		Min	Typ	Max	Unit
V_{CC}	Supply Voltage	54 74	4.5 4.75	5.0 5.0	5.5 5.25	V
T_A	Operating Ambient Temperature Range	54 74	−55 0	25 25	125 70	°C
I_{OH}	Output Current — High	54, 74			−0.4	mA
I_{OL}	Output Current — Low	54 74			4.0 8.0	mA

DC CHARACTERISTICS OVER OPERATING TEMPERATURE RANGE (unless otherwise specified)

Symbol	Parameter		Limits Min	Typ	Max	Unit	Test Conditions	
V_{IH}	Input HIGH Voltage		2.0			V	Guaranteed Input HIGH Voltage for All Inputs	
V_{IL}	Input LOW Voltage	54			0.7	V	Guaranteed Input LOW Voltage for All Inputs	
		74			0.8			
V_{IK}	Input Clamp Diode Voltage			−0.65	−1.5	V	V_{CC} = MIN, I_{IN} = −18 mA	
V_{OH}	Output HIGH Voltage	54	2.5	3.5		V	V_{CC} = MIN, I_{OH} = MAX, V_{IN} = V_{IH} or V_{IL} per Truth Table	
		74	2.7	3.5		V		
V_{OL}	Output LOW Voltage	54, 74		0.25	0.4	V	I_{OL} = 4.0 mA	V_{CC} = V_{CC} MIN, V_{IN} = V_{IL} or V_{IH} per Truth Table
		74		0.35	0.5	V	I_{OL} = 8.0 mA	
I_{IH}	Input HIGH Current				20	µA	V_{CC} = MAX, V_{IN} = 2.7 V	
					0.1	mA	V_{CC} = MAX, V_{IN} = 7.0 V	
I_{IL}	Input LOW Current				−0.4	mA	V_{CC} = MAX, V_{IN} = 0.4 V	
I_{OS}	Short Circuit Current (Note 1)		−20		−100	mA	V_{CC} = MAX	
I_{CC}	Power Supply Current				10	mA	V_{CC} = MAX	

Note 1: Not more than one output should be shorted at a time, nor for more than 1 second.

AC CHARACTERISTICS (T_A = 25°C)

Symbol	Parameter	Limits Min	Typ	Max	Unit	Test Conditions	
t_{PLH} t_{PHL}	Propagation Delay Address, E_a or E_b to Output		10 19	15 30	ns	Figure 1	V_{CC} = 5.0 V C_L = 15 pF
t_{PLH} t_{PHL}	Propagation Delay Address to Output		17 19	26 30	ns	Figure 2	
t_{PLH} t_{PHL}	Propagation Delay E_a to Output		18 18	27 27	ns	Figure 1	

AC WAVEFORMS

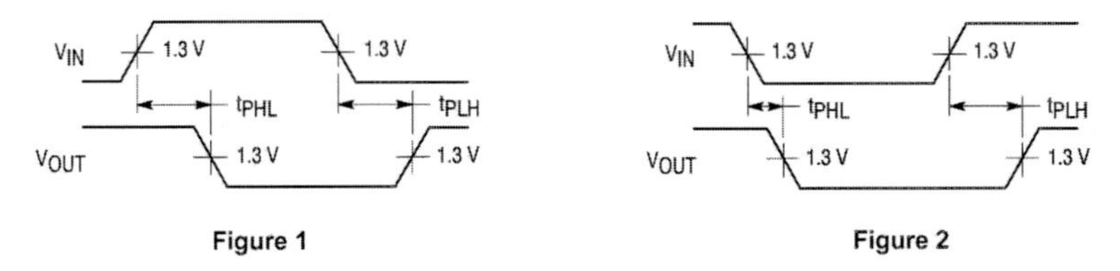

Figure 1 Figure 2

SN54/74LS156

GUARANTEED OPERATING RANGES

Symbol	Parameter		Min	Typ	Max	Unit
V_{CC}	Supply Voltage	54 74	4.5 4.75	5.0 5.0	5.5 5.25	V
T_A	Operating Ambient Temperature Range	54 74	−55 0	25 25	125 70	°C
V_{OH}	Output Voltage — High	54, 74			5.5	V
I_{OL}	Output Current — Low	54 74			4.0 8.0	mA

DC CHARACTERISTICS OVER OPERATING TEMPERATURE RANGE (unless otherwise specified)

Symbol	Parameter		Limits Min	Typ	Max	Unit	Test Conditions	
V_{IH}	Input HIGH Voltage		2.0			V	Guaranteed Input HIGH Voltage for All Inputs	
V_{IL}	Input LOW Voltage	54			0.7	V	Guaranteed Input LOW Voltage for All Inputs	
		74			0.8			
V_{IK}	Input Clamp Diode Voltage			−0.65	−1.5	V	V_{CC} = MIN, I_{IN} = −18 mA	
I_{OH}	Output HIGH Current	54, 74			100	μA	V_{CC} = MIN, V_{OH} = MAX	
V_{OL}	Output LOW Voltage	54, 74		0.25	0.4	V	I_{OL} = 4.0 mA	V_{CC} = V_{CC} MIN, V_{IN} = V_{IL} or V_{IH} per Truth Table
		74		0.35	0.5	V	I_{OL} = 8.0 mA	
I_{IH}	Input HIGH Current				20	μA	V_{CC} = MAX, V_{IN} = 2.7 V	
					0.1	mA	V_{CC} = MAX, V_{IN} = 7.0 V	
I_{IL}	Input LOW Current				−0.4	mA	V_{CC} = MAX, V_{IN} = 0.4 V	
I_{CC}	Power Supply Current				10	mA	V_{CC} = MAX	

AC CHARACTERISTICS (T_A = 25°C)

Symbol	Parameter	Limits Min	Typ	Max	Unit	Test Conditions	
t_{PLH} t_{PHL}	Propagation Delay Address, E_a or E_b to Output		25 34	40 51	ns	Figure 1	V_{CC} = 5.0 V C_L = 15 pF R_L = 2.0 kΩ
t_{PLH} t_{PHL}	Propagation Delay Address to Output		31 34	46 51	ns	Figure 2	
t_{PLH} t_{PHL}	Propagation Delay E_a to Output		32 32	48 48	ns	Figure 1	

AC WAVEFORMS

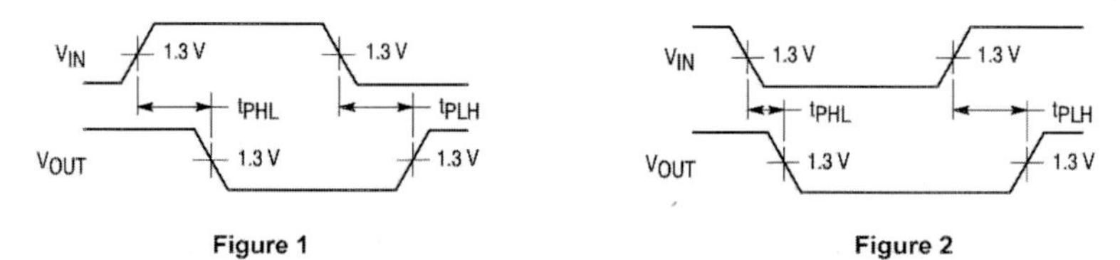

Figure 1 Figure 2

Case 751B-03 D Suffix
16-Pin Plastic
SO-16

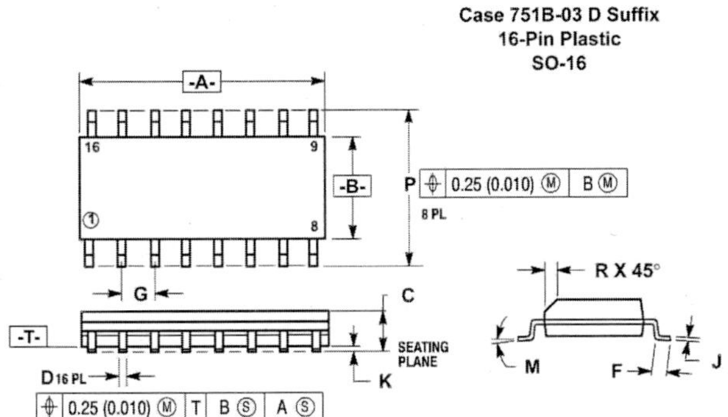
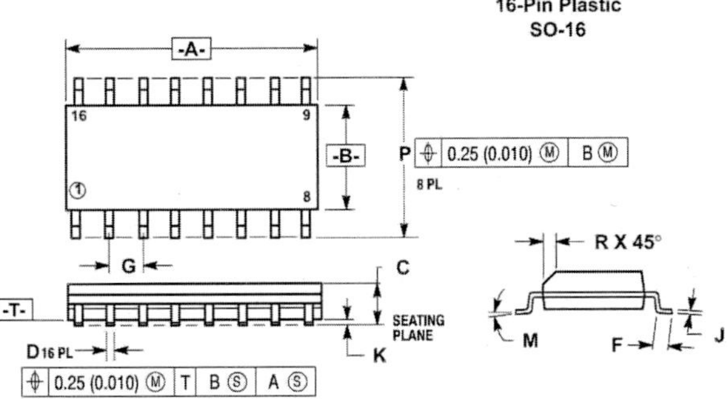

NOTES:
1. DIMENSIONING AND TOLERANCING PER ANSI Y14.5M, 1982.
2. CONTROLLING DIMENSION: MILLIMETER.
3. DIMENSION A AND B DO NOT INCLUDE MOLD PROTRUSION.
4. MAXIMUM MOLD PROTRUSION 0.15 (0.006) PER SIDE.
5. 751B-01 IS OBSOLETE, NEW STANDARD 751B-03.

DIM	MILLIMETERS		INCHES	
	MIN	MAX	MIN	MAX
A	9.80	10.00	0.386	0.393
B	3.80	4.00	0.150	0.157
C	1.35	1.75	0.054	0.068
D	0.35	0.49	0.014	0.019
F	0.40	1.25	0.016	0.049
G	1.27 BSC		0.050 BSC	
J	0.19	0.25	0.008	0.009
K	0.10	0.25	0.004	0.009
M	0°	7°	0°	7°
P	5.80	6.20	0.229	0.244
R	0.25	0.50	0.010	0.019

Case 648-08 N Suffix
16-Pin Plastic

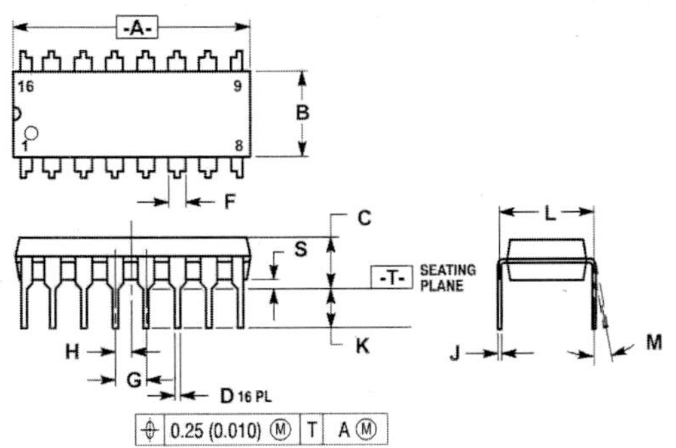

NOTES:
1. DIMENSIONING AND TOLERANCING PER ANSI Y14.5M, 1982.
2. CONTROLLING DIMENSION: INCH.
3. DIMENSION "L" TO CENTER OF LEADS WHEN FORMED PARALLEL.
4. DIMENSION "B" DOES NOT INCLUDE MOLD FLASH.
5. ROUNDED CORNERS OPTIONAL.
6. 648-01 THRU -07 OBSOLETE, NEW STANDARD 648-08.

DIM	MILLIMETERS		INCHES	
	MIN	MAX	MIN	MAX
A	18.80	19.55	0.740	0.770
B	6.35	6.85	0.250	0.270
C	3.69	4.44	0.145	0.175
D	0.39	0.53	0.015	0.021
F	1.02	1.77	0.040	0.070
G	2.54 BSC		0.100 BSC	
H	1.27 BSC		0.050 BSC	
J	0.21	0.38	0.008	0.015
K	2.80	3.30	0.110	0.130
L	7.50	7.74	0.295	0.305
M	0°	10°	0°	10°
S	0.51	1.01	0.020	0.040

Case 620-09 J Suffix
16-Pin Ceramic Dual In-Line

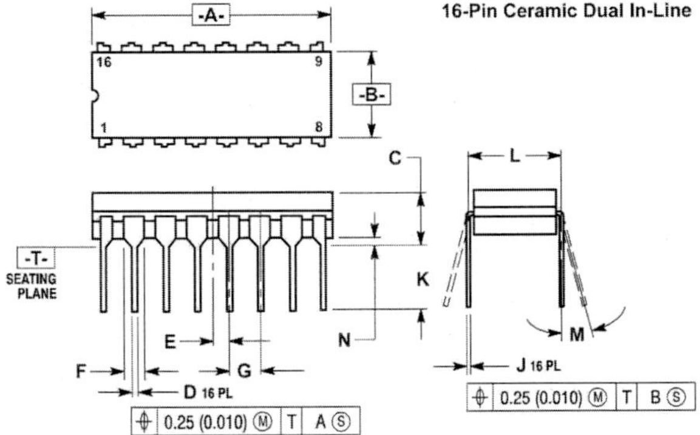

NOTES:
1. DIMENSIONING AND TOLERANCING PER ANSI Y14.5M, 1982.
2. CONTROLLING DIMENSION: INCH.
3. DIMENSION L TO CENTER OF LEAD WHEN FORMED PARALLEL.
4. DIM F MAY NARROW TO 0.76 (0.030) WHERE THE LEAD ENTERS THE CERAMIC BODY.
5. 620-01 THRU -08 OBSOLETE, NEW STANDARD 620-09.

DIM	MILLIMETERS		INCHES	
	MIN	MAX	MIN	MAX
A	19.05	19.55	0.750	0.770
B	6.10	7.36	0.240	0.290
C	—	4.19	—	0.165
D	0.39	0.53	0.015	0.021
E	1.27 BSC		0.050 BSC	
F	1.40	1.77	0.055	0.070
G	2.54 BSC		0.100 BSC	
J	0.23	0.27	0.009	0.011
K	—	5.08	—	0.200
L	7.62 BSC		0.300 BSC	
M	0°	15°	0°	15°
N	0.39	0.88	0.015	0.035

SERIAL-IN PARALLEL-OUT SHIFT REGISTER

SN54/74LS164

SERIAL-IN PARALLEL-OUT SHIFT REGISTER

LOW POWER SCHOTTKY

The SN54/74LS164 is a high speed 8-Bit Serial-In Parallel-Out Shift Register. Serial data is entered through a 2-Input AND gate synchronous with the LOW to HIGH transition of the clock. The device features an asynchronous Master Reset which clears the register setting all outputs LOW independent of the clock. It utilizes the Schottky diode clamped process to achieve high speeds and is fully compatible with all Motorola TTL products.

- Typical Shift Frequency of 35 MHz
- Asynchronous Master Reset
- Gated Serial Data Input
- Fully Synchronous Data Transfers
- Input Clamp Diodes Limit High Speed Termination Effects
- ESD > 3500 Volts

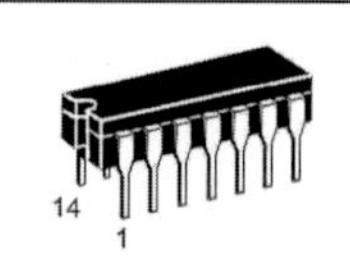

J SUFFIX
CERAMIC
CASE 632-08

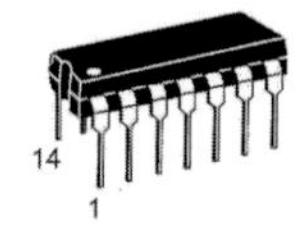

N SUFFIX
PLASTIC
CASE 646-06

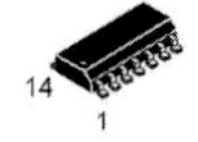

D SUFFIX
SOIC
CASE 751A-02

CONNECTION DIAGRAM DIP (TOP VIEW)

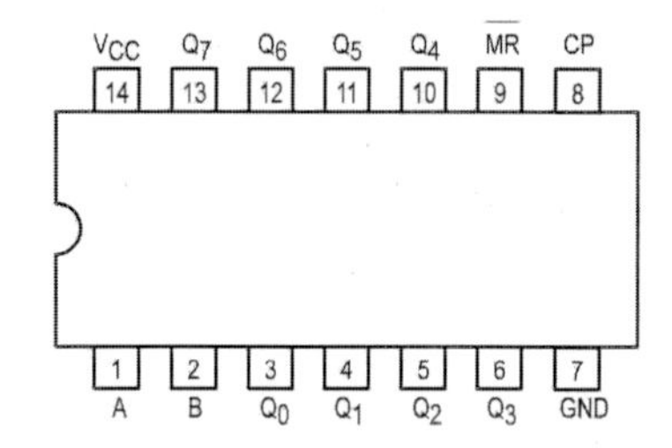

NOTE:
The Flatpak version has the same pinouts (Connection Diagram) as the Dual In-Line Package.

ORDERING INFORMATION

SN54LSXXXJ	Ceramic
SN74LSXXXN	Plastic
SN74LSXXXD	SOIC

PIN NAMES

		LOADING (Note a) HIGH	LOW
A, B	Data Inputs	0.5 U.L.	0.25 U.L.
CP	Clock (Active HIGH Going Edge) Input	0.5 U.L.	0.25 U.L.
$\overline{MR}$	Master Reset (Active LOW) Input	0.5 U.L.	0.25 U.L.
Q_0–Q_7	Outputs (Note b)	10 U.L.	5 (2.5) U.L.

NOTES:
a) 1 TTL Unit Load (U.L.) = 40 μA HIGH/1.6 mA LOW.
b) The Output LOW drive factor is 2.5 U.L. for Military (54) and 5 U.L. for Commercial (74) Temperature Ranges.

LOGIC SYMBOL

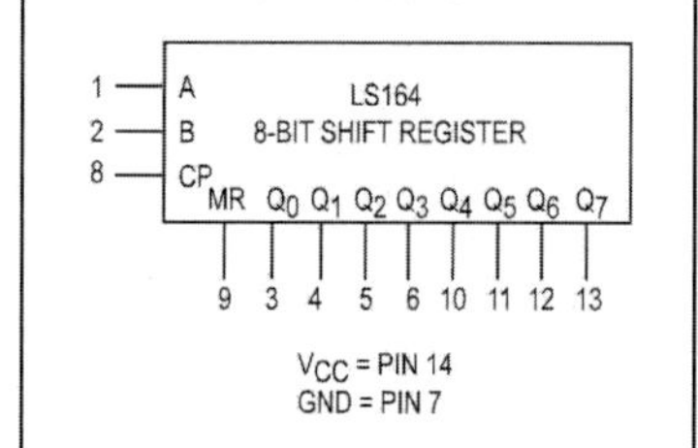

SN54/74LS164

LOGIC DIAGRAM

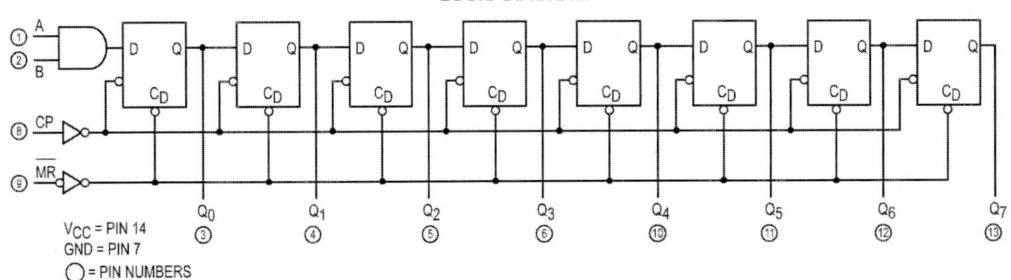

FUNCTIONAL DESCRIPTION

The LS164 is an edge-triggered 8-bit shift register with serial data entry and an output from each of the eight stages. Data is entered serially through one of two inputs (A or B); either of these inputs can be used as an active HIGH Enable for data entry through the other input. An unused input must be tied HIGH, or both inputs connected together.

Each LOW-to-HIGH transition on the Clock (CP) input shifts data one place to the right and enters into Q_0 the logical AND of the two data inputs (A•B) that existed before the rising clock edge. A LOW level on the Master Reset ($\overline{MR}$) input overrides all other inputs and clears the register asynchronously, forcing all Q outputs LOW.

MODE SELECT — TRUTH TABLE

OPERATING MODE	INPUTS			OUTPUTS	
	$\overline{MR}$	A	B	Q_0	Q_1–Q_7
Reset (Clear)	L	X	X	L	L – L
Shift	H	l	l	L	q_0 – q_6
	H	l	h	L	q_0 – q_6
	H	h	l	L	q_0 – q_6
	H	h	h	H	q_0 – q_6

L (l) = LOW Voltage Levels
H (h) = HIGH Voltage Levels
X = Don't Care
q_n = Lower case letters indicate the state of the referenced input or output one set-up time prior to the LOW to HIGH clock transition.

GUARANTEED OPERATING RANGES

Symbol	Parameter		Min	Typ	Max	Unit
V_{CC}	Supply Voltage	54 74	4.5 4.75	5.0 5.0	5.5 5.25	V
T_A	Operating Ambient Temperature Range	54 74	−55 0	25 25	125 70	°C
I_{OH}	Output Current — High	54, 74			−0.4	mA
I_{OL}	Output Current — Low	54 74			4.0 8.0	mA

SN54/74LS164

DC CHARACTERISTICS OVER OPERATING TEMPERATURE RANGE (unless otherwise specified)

Symbol	Parameter		Limits Min	Typ	Max	Unit	Test Conditions	
V_{IH}	Input HIGH Voltage		2.0			V	Guaranteed Input HIGH Voltage for All Inputs	
V_{IL}	Input LOW Voltage	54			0.7	V	Guaranteed Input LOW Voltage for All Inputs	
		74			0.8			
V_{IK}	Input Clamp Diode Voltage			−0.65	−1.5	V	V_{CC} = MIN, I_{IN} = −18 mA	
V_{OH}	Output HIGH Voltage	54	2.5	3.5		V	V_{CC} = MIN, I_{OH} = MAX, V_{IN} = V_{IH} or V_{IL} per Truth Table	
		74	2.7	3.5				
V_{OL}	Output LOW Voltage	54, 74		0.25	0.4	V	I_{OL} = 4.0 mA	V_{CC} = V_{CC} MIN, V_{IN} = V_{IH} or V_{IL} per Truth Table
		74		0.35	0.5	V	I_{OL} = 8.0 mA	
I_{IH}	Input HIGH Current				20	µA	V_{CC} = MAX, V_{IN} = 2.7 V	
					0.1	mA	V_{CC} = MAX, V_{IN} = 7.0 V	
I_{IL}	Input LOW Current				−0.4	mA	V_{CC} = MAX, V_{IN} = 0.4 V	
I_{OS}	Short Circuit Current (Note 1)		−20		−100	mA	V_{CC} = MAX	
I_{CC}	Power Supply Current				27	mA	V_{CC} = MAX	

Note 1: Not more than one output should be shorted at a time, nor for more than 1 second.

AC CHARACTERISTICS (T_A = 25°C)

Symbol	Parameter	Limits Min	Typ	Max	Unit	Test Conditions
f_{MAX}	Maximum Clock Frequency	25	36		MHz	V_{CC} = 5.0 V C_L = 15 pF
t_{PHL}	Propagation Delay $\overline{MR}$ to Output Q		24	36	ns	
t_{PLH} t_{PHL}	Propagation Delay Clock to Output Q		17 21	27 32	ns	

AC SETUP REQUIREMENTS (T_A = 25°C)

Symbol	Parameter	Limits Min	Typ	Max	Unit	Test Conditions
t_W	CP, $\overline{MR}$ Pulse Width	20			ns	V_{CC} = 5.0 V
t_s	Data Setup Time	15			ns	
t_h	Data Hold Time	5.0			ns	
t_{rec}	$\overline{MR}$ to Clock Recovery Time	20			ns	

AC WAVEFORMS

*The shaded areas indicate when the input is permitted to change for predictable output performance.

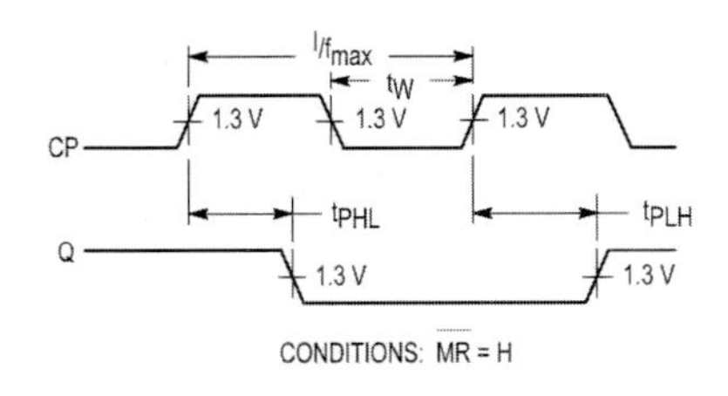

Figure 1. Clock to Output Delays and Clock Pulse Width

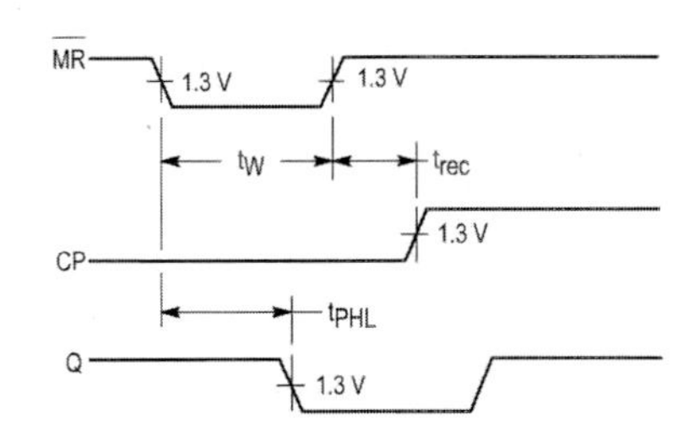

Figure 2. Master Reset Pulse Width, Master Reset to Output Delay and Master Reset to Clock Recovery Time

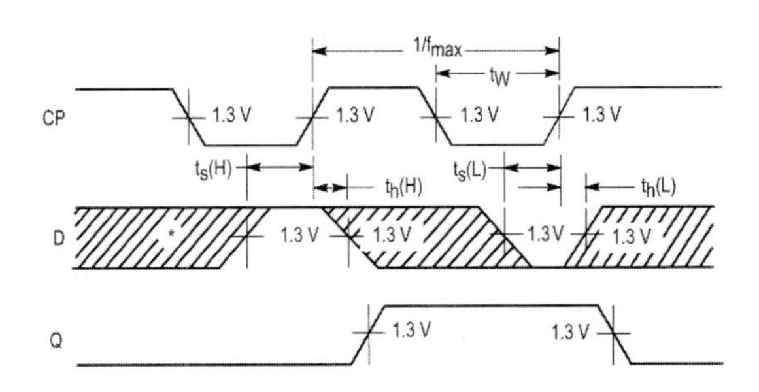

Figure 3. Data Setup and Hold Times

8-BIT PARALLEL-TO-SERIAL SHIFT REGISTER

SN54/74LS165

8-BIT PARALLEL-TO-SERIAL SHIFT REGISTER

LOW POWER SCHOTTKY

The SN54/74LS165 is an 8-bit parallel load or serial-in register with complementary outputs available from the last stage. Parallel inputing occurs asynchronously when the Parallel Load (PL) input is LOW. With PL HIGH, serial shifting occurs on the rising edge of the clock; new data enters via the Serial Data (DS) input. The 2-input OR clock can be used to combine two independent clock sources, or one input can act as an active LOW clock enable.

CONNECTION DIAGRAM DIP (TOP VIEW)

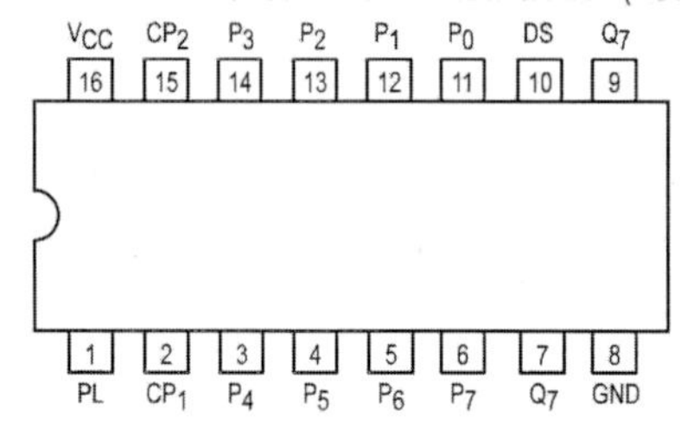

NOTE:
The Flatpak version has the same pinouts (Connection Diagram) as the Dual In-Line Package.

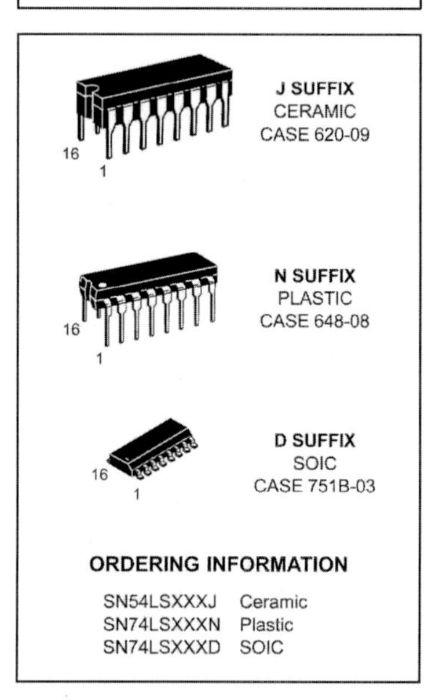

ORDERING INFORMATION

SN54LSXXXJ	Ceramic
SN74LSXXXN	Plastic
SN74LSXXXD	SOIC

PIN NAMES

		LOADING (Note a) HIGH	LOW
CP_1, CP_2	Clock (LOW-to-HIGH Going Edge) Inputs	0.5 U.L.	0.25 U.L.
DS	Serial Data Input	0.5 U.L.	0.25 U.L.
PL	Asynchronous Parallel Load (Active LOW) Input	1.5 U.L.	0.75 U.L.
P_0–P_7	Parallel Data Inputs	0.5 U.L.	0.25 U.L.
Q_7	Serial Output from Last State (Note b)	10 U.L.	5 (2.5) U.L.
$\overline{Q_7}$	Complementary Output (Note b)	10 U.L.	5 (2.5) U.L.

NOTES:
a) 1 TTL Unit Load (U.L.) = 40 μA HIGH/1.6 mA LOW.
b) The Output LOW drive factor is 2.5 U.L. for Military (54) and 5 U.L. for Commercial (74) Temperature Ranges.

TRUTH TABLE

PL	CP 1	CP 2	Q_0	Q_1	Q_2	Q_3	Q_4	Q_5	Q_6	Q_7	RESPONSE
L	X	X	P_0	P_1	P_2	P_3	P_4	P_5	P_6	P_7	Parallel Entry
H	L	↑	D_S	Q_0	Q_1	Q_2	Q_3	Q_4	Q_5	Q_6	Right Shift
H	H	↑	Q_0	Q_1	Q_2	Q_3	Q_4	Q_5	Q_6	Q_7	No Change
H	↑	L	D_S	Q_0	Q_1	Q_2	Q_3	Q_4	Q_5	Q_6	Right Shift
H	↑	H	Q_0	Q_1	Q_2	Q_3	Q_4	Q_5	Q_6	Q_7	No Change

H = HIGH Voltage Level
L = LOW Voltage Level
X = Immaterial

LOGIC SYMBOL

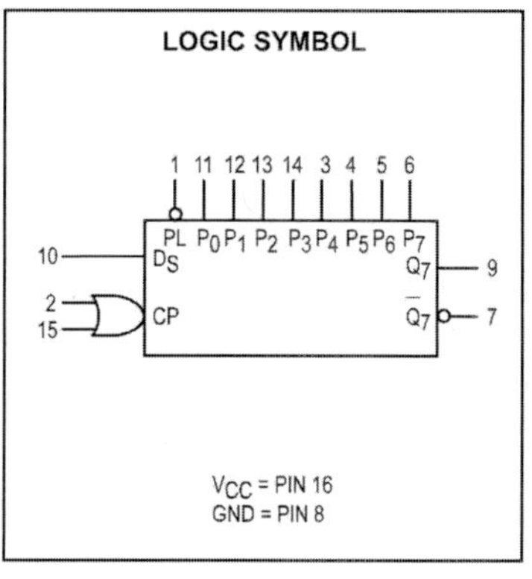

SN54/74LS165

LOGIC DIAGRAM

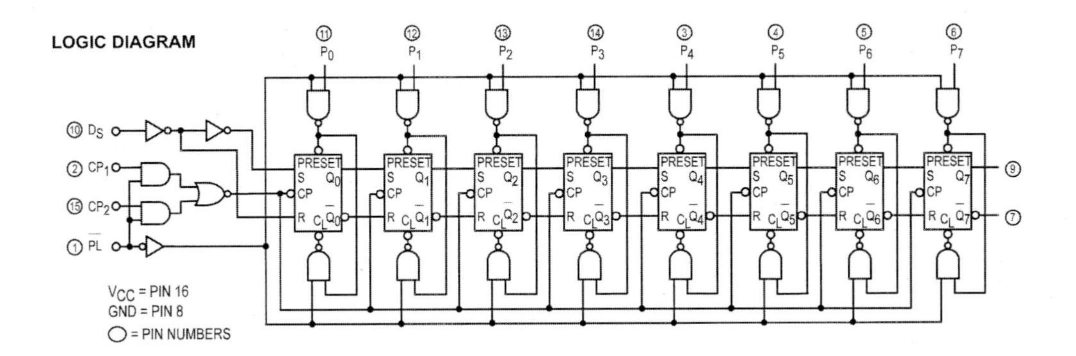

FUNCTIONAL DESCRIPTION

The SN54/74LS165 contains eight clocked master/slave RS flip-flops connected as a shift register, with auxiliary gating to provide overriding asynchronous parallel entry. Parallel data enters when the PL signal is LOW. The parallel data can change while PL is LOW, provided that the recommended set-up and hold times are observed.

For clock operation, PL must be HIGH. The two clock inputs perform identically; one can be used as a clock inhibit by applying a HIGH signal. To avoid double clocking, however, the inhibit signal should only go HIGH while the clock is HIGH. Otherwise, the rising inhibit signal will cause the same response as a rising clock edge. The flip-flops are edge-triggered for serial operations. The serial input data can change at any time, provided only that the recommended setup and hold times are observed, with respect to the rising edge of the clock.

GUARANTEED OPERATING RANGES

Symbol	Parameter		Min	Typ	Max	Unit
V_{CC}	Supply Voltage	54 74	4.5 4.75	5.0 5.0	5.5 5.25	V
T_A	Operating Ambient Temperature Range	54 74	−55 0	25 25	125 70	°C
I_{OH}	Output Current — High	54, 74			−0.4	mA
I_{OL}	Output Current — Low	54 74			4.0 8.0	mA

SN54/74LS165

DC CHARACTERISTICS OVER OPERATING TEMPERATURE RANGE (unless otherwise specified)

Symbol	Parameter		Limits Min	Typ	Max	Unit	Test Conditions	
V_{IH}	Input HIGH Voltage		2.0			V	Guaranteed Input HIGH Voltage for All Inputs	
V_{IL}	Input LOW Voltage	54			0.7	V	Guaranteed Input LOW Voltage for All Inputs	
		74			0.8			
V_{IK}	Input Clamp Diode Voltage			−0.65	−1.5	V	V_{CC} = MIN, I_{IN} = −18 mA	
V_{OH}	Output HIGH Voltage	54	2.5	3.5		V	V_{CC} = MIN, I_{OH} = MAX, V_{IN} = V_{IH} or V_{IL} per Truth Table	
		74	2.7	3.5		V		
V_{OL}	Output LOW Voltage	54, 74		0.25	0.4	V	I_{OL} = 4.0 mA	V_{CC} = V_{CC} MIN, V_{IN} = V_{IL} or V_{IH} per Truth Table
		74		0.35	0.5	V	I_{OL} = 8.0 mA	
I_{IH}	Input HIGH Current Other Inputs PL Input				20 60	µA	V_{CC} = MAX, V_{IN} = 2.7 V	
	Other Inputs PL Input				0.1 0.3	mA	V_{CC} = MAX, V_{IN} = 7.0 V	
I_{IL}	Input LOW Current Other Inputs PL Input				−0.4 −1.2	mA	V_{CC} = MAX, V_{IN} = 0.4 V	
I_{OS}	Short Circuit Current (Note 1)		−20		−100	mA	V_{CC} = MAX	
I_{CC}	Power Supply Current				36	mA	V_{CC} = MAX	

Note 1: Not more than one output should be shorted at a time, nor for more than 1 second.

AC CHARACTERISTICS (T_A = 25°C)

Symbol	Parameter	Limits Min	Typ	Max	Unit	Test Conditions
f_{MAX}	Maximum Input Clock Frequency	25	35		MHz	V_{CC} = 5.0 V C_L = 15 pF
t_{PLH} t_{PHL}	Propagation Delay PL to Output		22 22	35 35	ns	
t_{PLH} t_{PHL}	Propagation Delay Clock to Output		27 28	40 40	ns	
t_{PLH} t_{PHL}	Propagation Delay P_7 to Q_7		14 21	25 30	ns	
t_{PLH} t_{PHL}	Propagation Delay P_7 to $\overline{Q}_7$		21 16	30 25	ns	

AC SETUP REQUIREMENTS (T_A = 25°C)

Symbol	Parameter	Limits			Unit	Test Conditions
		Min	Typ	Max		
t_W	CP Clock Pulse Width	25			ns	V_{CC} = 5.0 V
t_W	$\overline{PL}$ Pulse Width	15			ns	
t_s	Parallel Data Setup Time	10			ns	
t_s	Serial Data Setup Time	20			ns	
t_s	CP_1 to CP_2 Setup Time[1]	30			ns	
t_h	Hold Time	0			ns	
t_{rec}	Recovery Time, $\overline{PL}$ to CP	45			ns	

[1] The role of CP_1, and CP_2 in an application may be interchanged.

DEFINITION OF TERMS:

SETUP TIME (t_s) — is defined as the minimum time required for the correct logic level to be present at the logic input prior to the clock transition from LOW-to-HIGH in order to be recognized and transferred to the outputs.

HOLD TIME (t_h) — is defined as the minimum time following the clock transition from LOW-to-HIGH that the logic level must be maintained at the input in order to ensure continued recognition. A negative hold time indicates that the correct logic level may be released prior to the clock transition from LOW-to-HIGH and still be recognized.

RECOVERY TIME (t_{rec}) — is defined as the minimum time required between the end of the $\overline{PL}$ pulse and the clock transition from LOW-to-HIGH in order to recognize and transfer loaded Data to the Q outputs.

AC WAVEFORMS

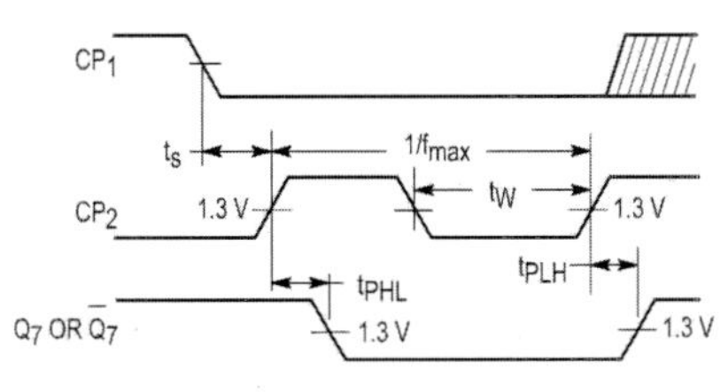

Figure 1

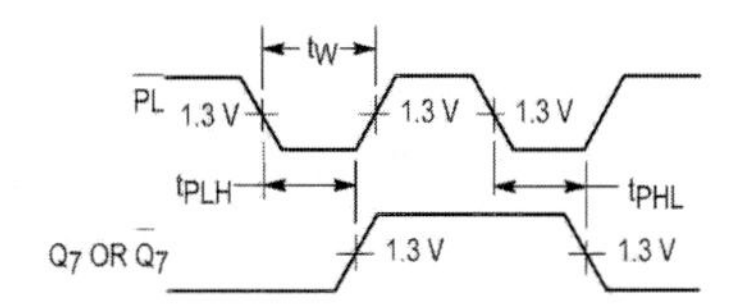

Figure 2

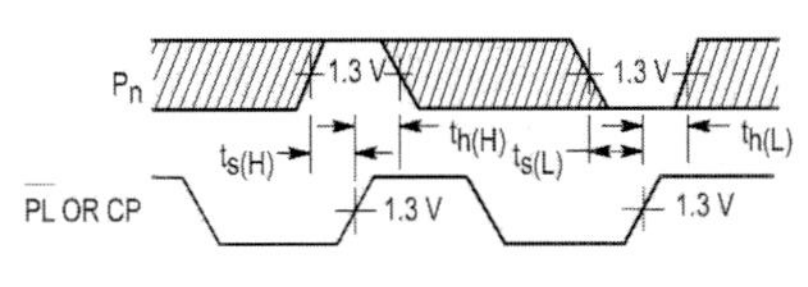

Figure 3

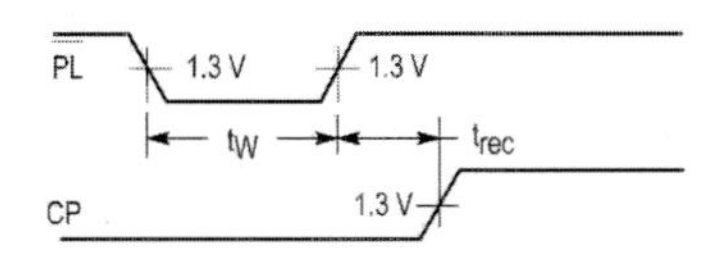

Figure 4

4-BIT BIDIRECTIONAL UNIVERSAL SHIFT REGISTER

SN54/74LS194A

4-BIT BIDIRECTIONAL UNIVERSAL SHIFT REGISTER

LOW POWER SCHOTTKY

The SN54/74LS194A is a High Speed 4-Bit Bidirectional Universal Shift Register. As a high speed multifunctional sequential building block, it is useful in a wide variety of applications. It may be used in serial-serial, shift left, shift right, serial-parallel, parallel-serial, and parallel-parallel data register transfers. The LS194A is similar in operation to the LS195A Universal Shift Register, with added features of shift left without external connections and hold (do nothing) modes of operation. It utilizes the Schottky diode clamped process to achieve high speeds and is fully compatible with all Motorola TTL families.

- Typical Shift Frequency of 36 MHz
- Asynchronous Master Reset
- Hold (Do Nothing) Mode
- Fully Synchronous Serial or Parallel Data Transfers
- Input Clamp Diodes Limit High Speed Termination Effects

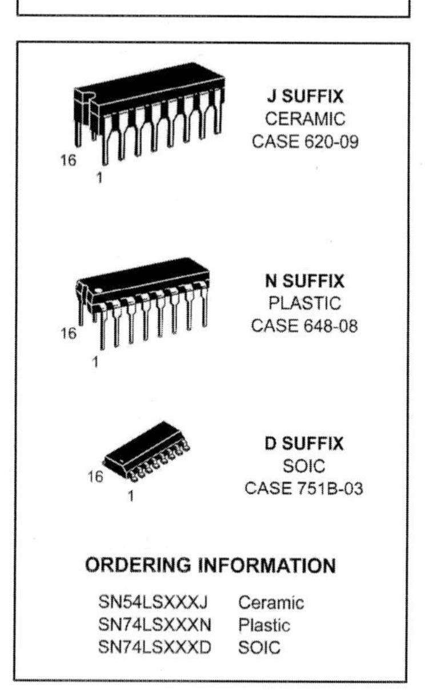

CONNECTION DIAGRAM DIP (TOP VIEW)

V_{CC}	Q_0	Q_1	Q_2	Q_3	CP	S_1	S_0
16	15	14	13	12	11	10	9
1	2	3	4	5	6	7	8
MR	D_{SR}	P_0	P_1	P_2	P_3	D_{SL}	GND

PIN NAMES		**LOADING** (Note a)	
		HIGH	LOW
S_0, S_1	Mode Control Inputs	0.5 U.L.	0.25 U.L.
P_0–P_3	Parallel Data Inputs	0.5 U.L.	0.25 U.L.
D_{SR}	Serial (Shift Right) Data Input	0.5 U.L.	0.25 U.L.
D_{SL}	Serial (Shift Left) Data Input	0.5 U.L.	0.25 U.L.
$\overline{CP}$	Clock (Active HIGH Going Edge) Input	0.5 U.L.	0.25 U.L.
MR	Master Reset (Active LOW) Input	0.5 U.L.	0.25 U.L.
Q_0–Q_3	Parallel Outputs (Note b)	10 U.L.	5 (2.5) U.L.

NOTES:
a. 1 TTL Unit Load (U.L.) = 40 μA HIGH/1.6 mA LOW.
b. The Output LOW drive factor is 2.5 U.L. for Military (54) and 5 U.L. for Commercial (74) Temperature Ranges.

LOGIC DIAGRAM

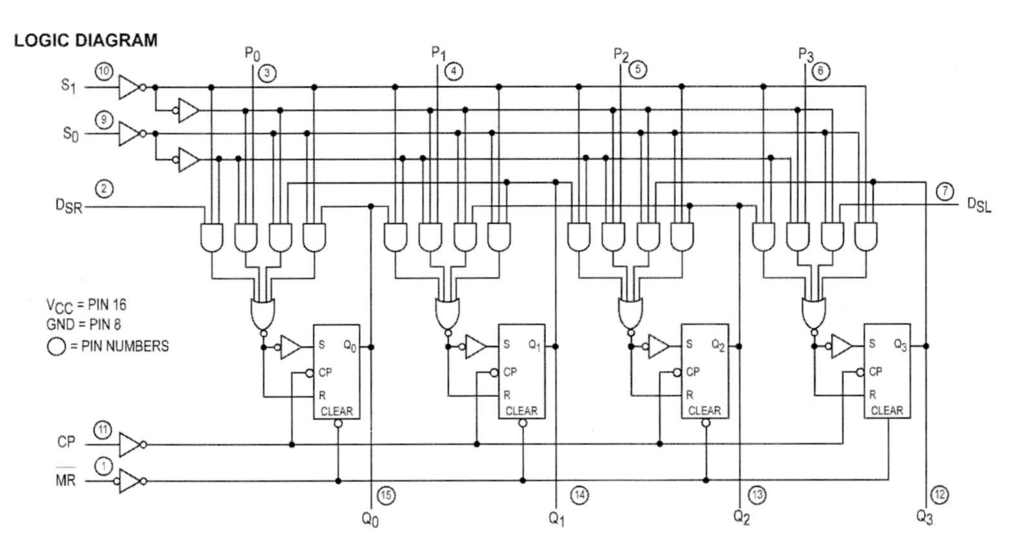

FUNCTIONAL DESCRIPTION

The Logic Diagram and Truth Table indicate the functional characteristics of the LS194A 4-Bit Bidirectional Shift Register. The LS194A is similar in operation to the Motorola LS195A Universal Shift Register when used in serial or parallel data register transfers. Some of the common features of the two devices are described below:

All data and mode control inputs are edge-triggered, responding only to the LOW to HIGH transition of the Clock (CP). The only timing restriction, therefore, is that the mode control and selected data inputs must be stable one set-up time prior to the positive transition of the clock pulse.

The register is fully synchronous, with all operations taking place in less than 15 ns (typical) making the device especially useful for implementing very high speed CPUs, or the memory buffer registers.

The four parallel data inputs (P_0, P_1, P_2, P_3) are D-type inputs. When both S_0 and S_1 are HIGH, the data appearing on P_0, P_1, P_2, and P_3 inputs is transferred to the Q_0, Q_1, Q_2, and Q_3 outputs respectively following the next LOW to HIGH transition of the clock.

The asynchronous Master Reset ($\overline{MR}$), when LOW, overrides all other input conditions and forces the Q outputs LOW.

Special logic features of the LS194A design which increase the range of application are described below:

Two mode control inputs (S_0, S_1) determine the synchronous operation of the device. As shown in the Mode Selection Table, data can be entered and shifted from left to right (shift right, $Q_0 \rightarrow Q_1$, etc.) or right to left (shift left, $Q_3 \rightarrow Q_2$, etc.), or parallel data can be entered loading all four bits of the register simultaneously. When both S_0 and S_1,are LOW, the existing data is retained in a "do nothing" mode without restricting the HIGH to LOW clock transition.

D-type serial data inputs (D_{SR}, D_{SL}) are provided on both the first and last stages to allow multistage shift right or shift left data transfers without interfering with parallel load operation.

MODE SELECT — TRUTH TABLE

OPERATING MODE	INPUTS						OUTPUTS			
	$\overline{MR}$	S_1	S_0	D_{SR}	D_{SL}	P_n	Q_0	Q_1	Q_2	Q_3
Reset	L	X	X	X	X	X	L	L	L	L
Hold	H	l	l	X	X	X	q_0	q_1	q_2	q_3
Shift Left	H	h	l	X	l	X	q_1	q_2	q_3	L
	H	h	l	X	h	X	q_1	q_2	q_3	H
Shift Right	H	l	h	l	X	X	L	q_0	q_1	q_2
	H	l	h	h	X	X	H	q_0	q_1	q_2
Parallel Load	H	h	h	X	X	P_n	P_0	P_1	P_2	P_3

L = LOW Voltage Level
H = HIGH Voltage Level
X = Don't Care
l = LOW voltage level one set-up time prior to the LOW to HIGH clock transition
h = HIGH voltage level one set-up time prior to the LOW to HIGH clock transition
p_n (q_n) = Lower case letters indicate the state of the referenced input (or output) one set-up time prior to the LOW to HIGH clock transition.

SN54/74LS194A

GUARANTEED OPERATING RANGES

Symbol	Parameter		Min	Typ	Max	Unit
V_{CC}	Supply Voltage	54 74	4.5 4.75	5.0 5.0	5.5 5.25	V
T_A	Operating Ambient Temperature Range	54 74	−55 0	25 25	125 70	°C
I_{OH}	Output Current — High	54, 74			−0.4	mA
I_{OL}	Output Current — Low	54 74			4.0 8.0	mA

DC CHARACTERISTICS OVER OPERATING TEMPERATURE RANGE (unless otherwise specified)

Symbol	Parameter		Limits			Unit	Test Conditions	
			Min	Typ	Max			
V_{IH}	Input HIGH Voltage		2.0			V	Guaranteed Input HIGH Voltage for All Inputs	
V_{IL}	Input LOW Voltage	54			0.7	V	Guaranteed Input LOW Voltage for All Inputs	
		74			0.8			
V_{IK}	Input Clamp Diode Voltage			−0.65	−1.5	V	V_{CC} = MIN, I_{IN} = −18 mA	
V_{OH}	Output HIGH Voltage	54	2.5	3.5		V	V_{CC} = MIN, I_{OH} = MAX, V_{IN} = V_{IH} or V_{IL} per Truth Table	
		74	2.7	3.5		V		
V_{OL}	Output LOW Voltage	54, 74		0.25	0.4	V	I_{OL} = 4.0 mA	V_{CC} = V_{CC} MIN, V_{IN} = V_{IL} or V_{IH} per Truth Table
		74		0.35	0.5	V	I_{OL} = 8.0 mA	
I_{IH}	Input HIGH Current				20	µA	V_{CC} = MAX, V_{IN} = 2.7 V	
					0.1	mA	V_{CC} = MAX, V_{IN} = 7.0 V	
I_{IL}	Input LOW Current				−0.4	mA	V_{CC} = MAX, V_{IN} = 0.4 V	
I_{OS}	Short Circuit Current (Note 1)		−20		−100	mA	V_{CC} = MAX	
I_{CC}	Power Supply Current				23	mA	V_{CC} = MAX	

Note 1: Not more than one output should be shorted at a time, nor for more than 1 second.

AC CHARACTERISTICS (T_A = 25°C)

Symbol	Parameter	Limits			Unit	Test Conditions
		Min	Typ	Max		
f_{MAX}	Maximum Clock Frequency	25	36		MHz	V_{CC} = 5.0 V C_L = 15 pF
t_{PLH} t_{PHL}	Propagation Delay, Clock to Output		14 17	22 26	ns	
t_{PHL}	Propagation Delay, MR to Output		19	30	ns	

AC SETUP REQUIREMENTS (T_A = 25°C)

Symbol	Parameter	Limits			Unit	Test Conditions
		Min	Typ	Max		
t_W	Clock or MR Pulse Width	20			ns	V_{CC} = 5.0 V
t_s	Mode Control Setup Time	30			ns	
t_s	Data Setup Time	20			ns	
t_h	Hold time, Any Input	0			ns	
t_{rec}	Recovery Time	25			ns	

DEFINITIONS OF TERMS

SETUP TIME(t_s) —is defined as the minimum time required for the correct logic level to be present at the logic input prior to the clock transition from LOW to HIGH in order to be recognized and transferred to the outputs.

HOLD TIME (t_h) — is defined as the minimum time following the clock transition from LOW to HIGH that the logic level must be maintained at the input in order to ensure continued recognition. A negative HOLD TIME indicates that the correct logic level may be released prior to the clock transition from LOW to HIGH and still be recognized.

RECOVERY TIME (t_{rec}) — is defined as the minimum time required between the end of the reset pulse and the clock transition from LOW to HIGH in order to recognize and transfer HIGH Data to the Q outputs.

AC WAVEFORMS

The shaded areas indicate when the input is permitted to change for predictable output performance.

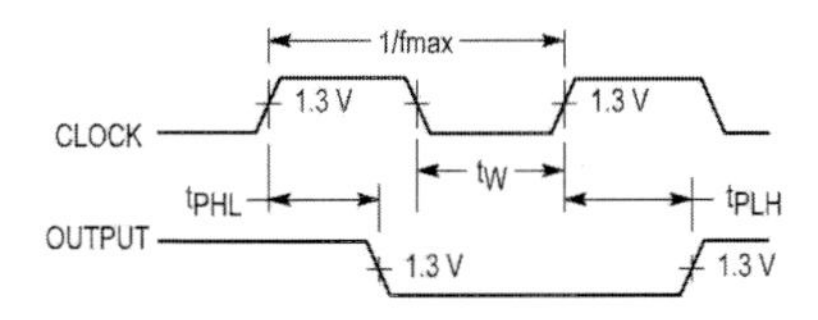

Figure 1. Clock to Output Delays Clock Pulse Width and f_{max}

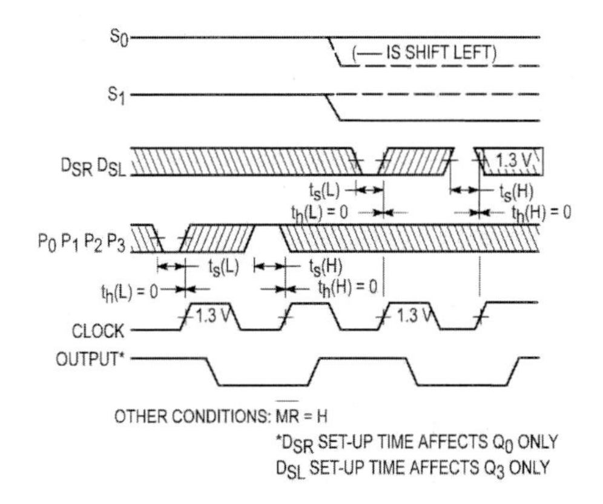

Figure 3. Setup (t_s) and Hold (t_h) Time for Serial Data (D_{SR}, D_{SL}) and Parallel Data (P_0, P_1, P_2, P_3)

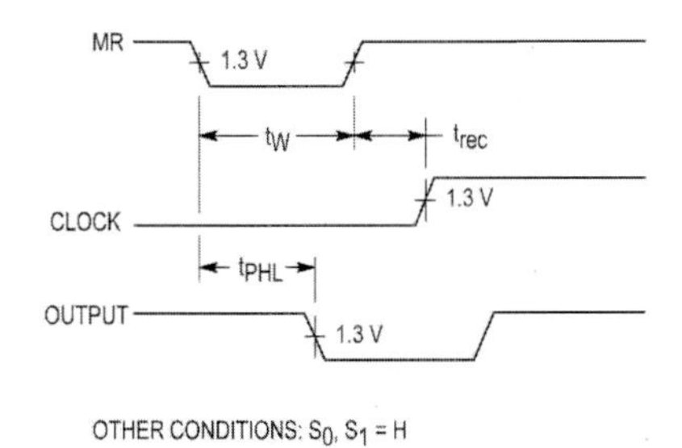

Figure 2. Master Reset Pulse Width, Master Reset to Output Delay and Master Reset to Clock Recovery Time

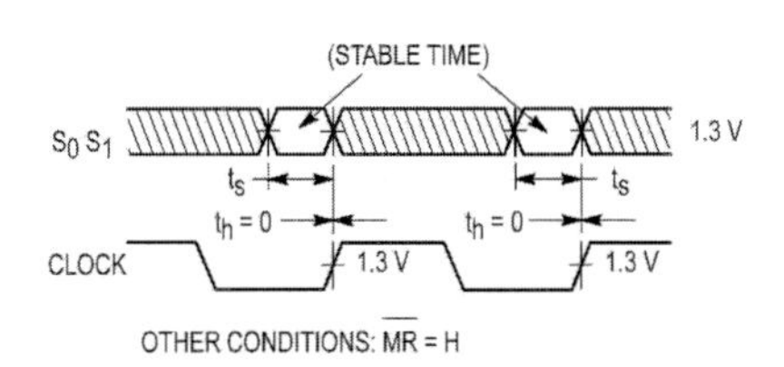

Figure 4. Setup (t_s) and Hold (t_h) Time for S Input

SN54/74LS195A

UNIVERSAL 4-BIT SHIFT REGISTER

UNIVERSAL 4-BIT SHIFT REGISTER

LOW POWER SCHOTTKY

The SN54/74LS195A is a high speed 4-Bit Shift Register offering typical shift frequencies of 39 MHz. It is useful for a wide variety of register and counting applications. It utilizes the Schottky diode clamped process to achieve high speeds and is fully compatible with all Motorola TTL products.

- Typical Shift Right Frequency of 39 MHz
- Asynchronous Master Reset
- J, K Inputs to First Stage
- Fully Synchronous Serial or Parallel Data Transfers
- Input Clamp Diodes Limit High Speed Termination Effects

CONNECTION DIAGRAM DIP (TOP VIEW)

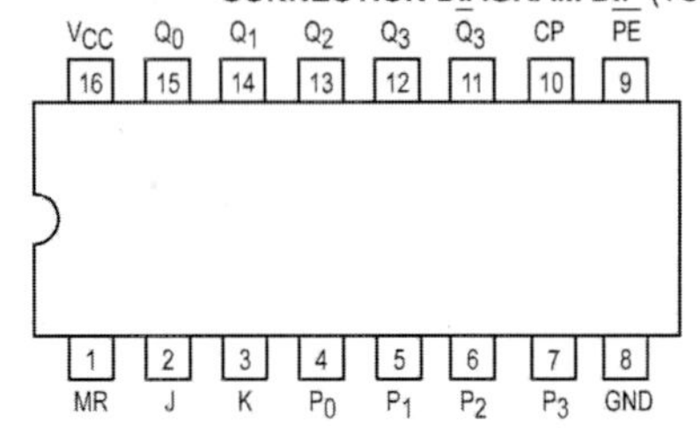

NOTE:
The Flatpak version has the same pinouts (Connection Diagram) as the Dual In-Line Package.

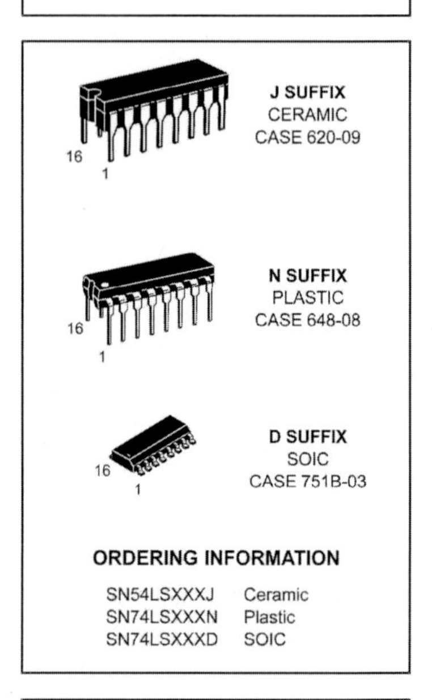

PIN NAMES

		LOADING (Note a)	
		HIGH	LOW
$\overline{PE}$	Parallel Enable (Active LOW) Input	0.5 U.L.	0.25 U.L.
$P_0 - P_3$	Parallel Data Inputs	0.5 U.L.	0.25 U.L.
J	First Stage J (Active HIGH) Input	0.5 U.L.	0.25 U.L.
$\overline{K}$	First Stage K (Active LOW) Input	0.5 U.L.	0.25 U.L.
CP	Clock (Active HIGH Going Edge) Input	0.5 U.L.	0.25 U.L.
$\overline{MR}$	Master Reset (Active LOW) Input	0.5 U.L.	0.25 U.L.
$Q_0 - Q_3$	Parallel Outputs (Note b)	10 U.L.	5 (2.5) U.L.
$\overline{Q_3}$	Complementary Last Stage Output (Note b)	10 U.L.	5 (2.5) U.L.

NOTES:
a. 1 TTL Unit Load (U.L.) = 40 μA HIGH/1.6 mA LOW.
b. The Output LOW drive factor is 2.5 U.L. for Military (54) and 5 U.L. for Commercial (74) Temperature Ranges.

LOGIC SYMBOL

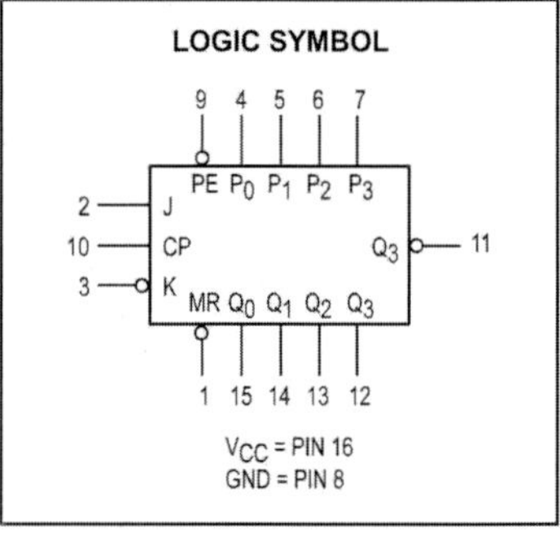

LOGIC DIAGRAM

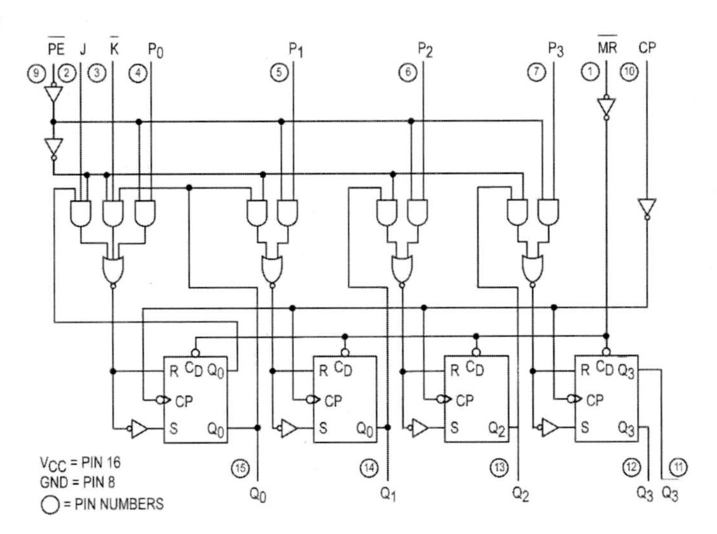

FUNCTIONAL DESCRIPTION

The Logic Diagram and Truth Table indicate the functional characteristics of the LS195A 4-Bit Shift Register. The device is useful in a wide variety of shifting, counting and storage applications. It performs serial, parallel, serial to parallel, or parallel to serial data transfers at very high speeds.

The LS195A has two primary modes of operation, shift right ($Q_0 \rightarrow Q_1$) and parallel load which are controlled by the state of the Parallel Enable ($\overline{PE}$) input. When the $\overline{PE}$ input is HIGH, serial data enters the first flip-flop Q_0 via the J and $\overline{K}$ inputs and is shifted one bit in the direction $Q_0 \rightarrow Q_1 \rightarrow Q_2 \rightarrow Q_3$ following each LOW to HIGH clock transition. The JK inputs provide the flexibility of the JK type input for special applications, and the simple D type input for general applications by tying the two pins together. When the $\overline{PE}$ input is LOW, the LS195A appears as four common clocked D flip-flops. The data on the parallel inputs P_0, P_1, P_2, P_3 is transferred to the respective Q_0, Q_1, Q_2, Q_3 outputs following the LOW to HIGH clock transition. Shift left operations ($Q_3 \rightarrow Q_2$) can be achieved by tying the Q_n Outputs to the P_{n-1} inputs and holding the $\overline{PE}$ input LOW.

All serial and parallel data transfers are synchronous, occurring after each LOW to HIGH clock transition. Since the LS195A utilizes edge-triggering, there is no restriction on the activity of the J, $\overline{K}$, P_n and $\overline{PE}$ inputs for logic operation — except for the set-up and release time requirements.

A LOW on the asynchronous Master Reset ($\overline{MR}$) input sets all Q outputs LOW, independent of any other input condition.

MODE SELECT — TRUTH TABLE

OPERATING MODES	INPUTS					OUTPUTS				
	MR	PE	J	K	P_n	Q_0	Q_1	Q_2	Q_3	$\overline{Q_3}$
Asynchronous Reset	L	X	X	X	X	L	L	L	L	H
Shift, Set First Stage	H	h	h	h	X	H	q_0	q_1	q_2	$\overline{q_2}$
Shift, Reset First	H	h	l	l	X	L	q_0	q_1	q_2	$\overline{q_2}$
Shift, Toggle First Stage	H	h	h	l	X	$\overline{q_0}$	q_0	q_1	q_2	$\overline{q_2}$
Shift, Retain First Stage	H	h	l	h	X	q_0	q_0	q_1	q_2	$\overline{q_2}$
Parallel Load	H	l	X	X	p_n	p_0	p_1	p_2	p_3	$\overline{p_3}$

L = LOW voltage levels
H = HIGH voltage levels
X = Don't Care
l = LOW voltage level one set-up time prior to the LOW to HIGH clock transition.
h = HIGH voltage level one set-up time prior to the LOW to HIGH clock transition.
p_n (q_n) = Lower case letters indicate the state of the referenced input (or output) one set-up time prior to the LOW to HIGH clock transition.

SN54/74LS195A

GUARANTEED OPERATING RANGES

Symbol	Parameter		Min	Typ	Max	Unit
V_{CC}	Supply Voltage	54 74	4.5 4.75	5.0 5.0	5.5 5.25	V
T_A	Operating Ambient Temperature Range	54 74	−55 0	25 25	125 70	°C
I_{OH}	Output Current — High	54, 74			−0.4	mA
I_{OL}	Output Current — Low	54 74			4.0 8.0	mA

DC CHARACTERISTICS OVER OPERATING TEMPERATURE RANGE (unless otherwise specified)

Symbol	Parameter		Limits Min	Typ	Max	Unit	Test Conditions
V_{IH}	Input HIGH Voltage		2.0			V	Guaranteed Input HIGH Voltage for All Inputs
V_{IL}	Input LOW Voltage	54			0.7	V	Guaranteed Input LOW Voltage for All Inputs
		74			0.8		
V_{IK}	Input Clamp Diode Voltage			−0.65	−1.5	V	V_{CC} = MIN, I_{IN} = −18 mA
V_{OH}	Output HIGH Voltage	54	2.5	3.5		V	V_{CC} = MIN, I_{OH} = MAX, V_{IN} = V_{IH} or V_{IL} per Truth Table
		74	2.7	3.5		V	
V_{OL}	Output LOW Voltage	54, 74		0.25	0.4	V	I_{OL} = 4.0 mA; V_{CC} = V_{CC} MIN, V_{IN} = V_{IL} or V_{IH} per Truth Table
		74		0.35	0.5	V	I_{OL} = 8.0 mA
I_{IH}	Input HIGH Current				20	µA	V_{CC} = MAX, V_{IN} = 2.7 V
					0.1	mA	V_{CC} = MAX, V_{IN} = 7.0 V
I_{IL}	Input LOW Current				−0.4	mA	V_{CC} = MAX, V_{IN} = 0.4 V
I_{OS}	Short Circuit Current (Note 1)		−20		−100	mA	V_{CC} = MAX
I_{CC}	Power Supply Current				21	mA	V_{CC} = MAX

Note 1: Not more than one output should be shorted at a time, nor for more than 1 second.

AC CHARACTERISTICS (T_A = 25°C)

Symbol	Parameter	Limits Min	Typ	Max	Unit	Test Conditions
f_{MAX}	Maximum Clock Frequency	30	39		MHz	V_{CC} = 5.0 V C_L = 15 pF
t_{PLH} t_{PHL}	Propagation Delay, Clock to Output		14 17	22 26	ns	
t_{PHL}	Propagation Delay, $\overline{\text{MR}}$ to Output		19	30	ns	

AC SETUP REQUIREMENTS (T_A = 25°C)

Symbol	Parameter	Limits Min	Typ	Max	Unit	Test Conditions
t_W	CP Clock Pulse Width	16			ns	V_{CC} = 5.0 V
t_W	$\overline{\text{MR}}$ Pulse Width	12			ns	
t_s	PE Setup Time	25			ns	
t_s	Data Setup Time	15			ns	
t_{rec}	Recovery Time	25			ns	
t_{rel}	$\overline{\text{PE}}$ Release Time			10	ns	
t_h	Data Hold Time	0			ns	

DEFINITIONS OF TERMS

SETUP TIME(t_s) —is defined as the minimum time required for the correct logic level to be present at the logic input prior to the clock transition from LOW to HIGH in order to be recognized and transferred to the outputs.

HOLD TIME (t_h) — is defined as the minimum time following the clock transition from LOW to HIGH that the logic level must be maintained at the input in order to ensure continued recognition. A negative HOLD TIME indicates that the correct logic level may be released prior to the clock transition from LOW to HIGH and still be recognized.

RECOVERY TIME (t_{rec}) — is defined as the minimum time required between the end of the reset pulse and the clock transition from LOW to HIGH in order to recognize and transfer HIGH Data to the Q outputs.

AC WAVEFORMS

The shaded areas indicate when the input is permitted to change for predictable output performance.

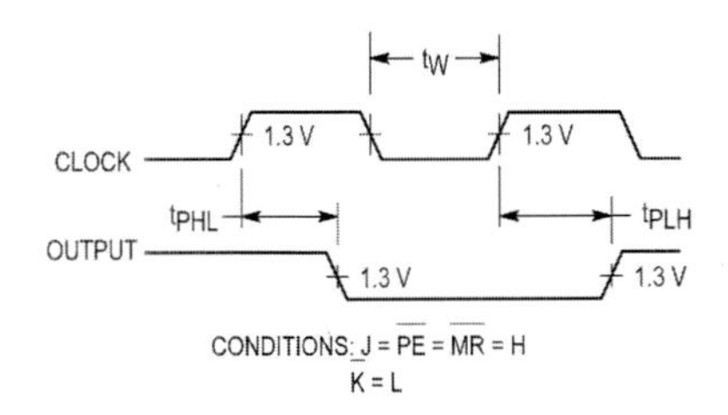

Figure 1. Clock to Output Delays and Clock Pulse Width

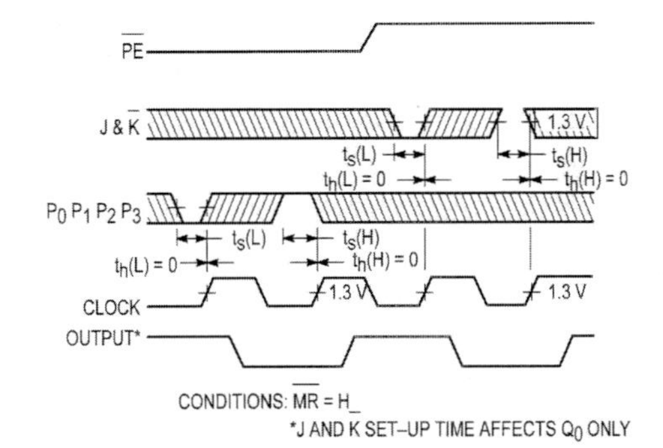

Figure 3. Setup (t_s) and Hold (t_h) Time for Serial Data (J & K) and Parallel Data (P_0, P_1, P_2, P_3)

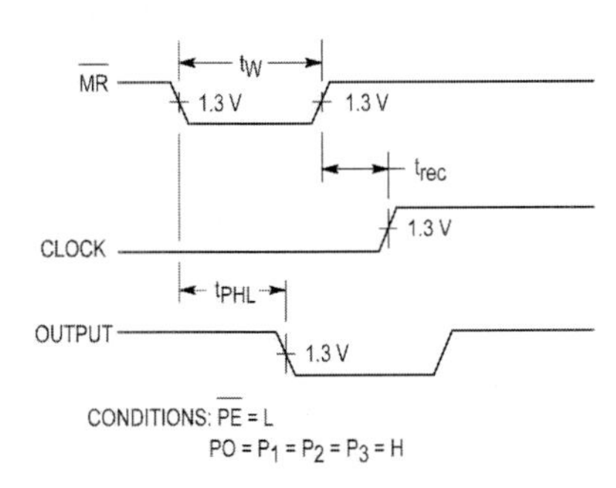

Figure 2. Master Reset Pulse Width, Master Reset to Output Delay and Master Reset to Clock Recovery Time

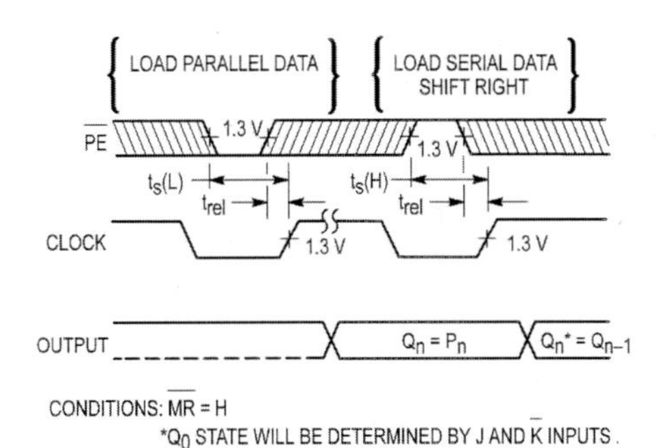

Figure 4. Setup (t_s) and Hold (t_h) Time for PE Input

DUAL MONOSTABLE MULTIVIBRATORS WITH SCHMITT-TRIGGER INPUTS

Each multivibrator of the LS221 features a negative-transition-triggered input and a positive-transition-triggered input either of which can be used as an inhibit input.

Pulse triggering occurs at a voltage level and is not related to the transition time of the input pulse. Schmitt-trigger input circuitry for B input allows jitter-free triggering for inputs as slow as 1 volt/second, providing the circuit with excellent noise immunity. A high immunity to V_{CC} noise is also provided by internal latching circuitry.

Once triggered, the outputs are independent of further transitions of the inputs and are a function of the timing components. The output pulses can be terminated by the overriding clear. Input pulse width may be of any duration relative to the output pulse width. Output pulse width may be varied from 35 nanoseconds to a maximum of 70 s by choosing appropriate timing components. With R_{ext} = 2.0 kΩ and C_{ext} = 0, a typical output pulse of 30 nanoseconds is achieved. Output rise and fall times are independent of pulse length.

Pulse width stability is achieved through internal compensation and is virtually independent of V_{CC} and temperature. In most applications, pulse stability will only be limited by the accuracy of external timing components.

Jitter-free operation is maintained over the full temperature and V_{CC} ranges for greater than six decades of timing capacitance (10 pF to 10 μF), and greater than one decade of timing resistance (2.0 to 70 kΩ for the SN54LS221, and 2.0 to 100 kΩ for the SN74LS221). Pulse width is defined by the relationship: $t_W(out) = C_{ext}R_{ext} \ln 2.0 \approx 0.7\, C_{ext}\, R_{ext}$; where t_W is in ns if C_{ext} is in pF and R_{ext} is in kΩ. If pulse cutoff is not critical, capacitance up to 1000 μF and resistance as low as 1.4 kΩ may be used. The range of jitter-free pulse widths is extended if V_{CC} is 5.0 V and 25°C temperature.

- SN54LS221 and SN74LS221 is a Dual Highly Stable One-Shot
- Overriding Clear Terminates Output Pulse
- Pin Out is Identical to SN54/74LS123

SN54/74LS221

DUAL MONOSTABLE MULTIVIBRATORS WITH SCHMITT-TRIGGER INPUTS

LOW POWER SCHOTTKY

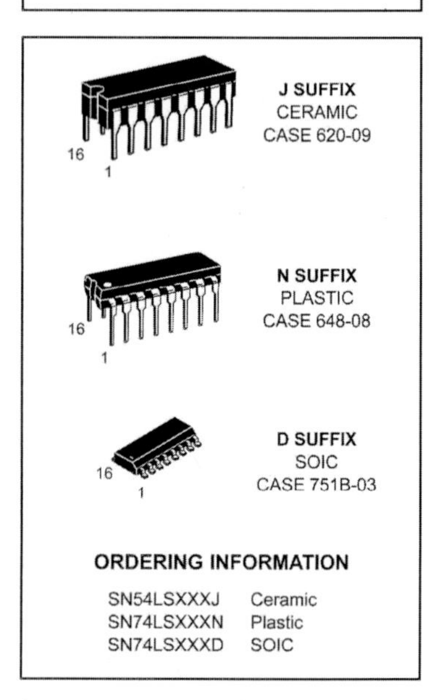

ORDERING INFORMATION

SN54LSXXXJ	Ceramic
SN74LSXXXN	Plastic
SN74LSXXXD	SOIC

(TOP VIEW)

V_{CC} (16), 1 R_{ext}/C_{ext} (15), 1 C_{ext} (14), 1Q (13), 2$\overline{Q}$ (12), 2 $\overline{CLR}$ (11), 2B (10), 2A (9)

1A (1), 1B (2), 1 $\overline{CLR}$ (3), 1$\overline{Q}$ (4), 2Q (5), 2 C_{ext} (6), 2 R_{ext}/C_{ext} (7), GND (8)

V_{CC}, R_{ext}, C_{ext}, R/C

positive logic: Low input to clear resets Q low and $\overline{Q}$ high regardless of dc levels at A or B inputs.

FUNCTION TABLE (EACH MONOSTABLE)

INPUTS			OUTPUTS	
CLEAR	A	B	Q	$\overline{Q}$
L	X	X	L	H
X	H	X	L	H
X	X	L	L	H
H	L	↑	⊓	⊔
H	↓	H	⊓	⊔
*↑	L	H	⊓	⊔

*See operational notes — Pulse Trigger Modes

TYPE	TYPICAL POWER DISSIPATION	MAXIMUM OUTPUT PULSE LENGTH
SN54LS221	23 mW	49 s
SN74LS221	23 mW	70 s

SN54/74LS221

OPERATIONAL NOTES

Once in the pulse trigger mode, the output pulse width is determined by $t_W = R_{ext}C_{ext}ln2$, as long as R_{ext} and C_{ext} are within their minimum and maximum valves and the duty cycle is less than 50%. This pulse width is essentially independent of V_{CC} and temperature variations. Output pulse widths varies typically no more than ±0.5% from device to device.

If the duty cycle, defined as being $100 \bullet \frac{t_W}{T}$ where T is the period of the input pulse, rises above 50%, the output pulse width will become shorter. If the duty cycle varies between low and high valves, this causes the output pulse width to vary in length, or jitter. To reduce jitter to a minimum, R_{ext} should be as large as possible. (Jitter is independent of C_{ext}). With R_{ext} = 100K, jitter is not appreciable until the duty cycle approaches 90%.

Although the LS221 is pin-for-pin compatible with the LS123, it should be remembered that they are not functionally identical. The LS123 is retriggerable so that the output is dependent upon the input transitions once it is high. This is not the case for the LS221. Also note that it is recommended to externally ground the LS123 C_{ext} pin. However, this cannot be done on the LS221.

The SN54LS/74LS221 is a dual, monolithic, non-retriggerable, high-stability one shot. The output pulse width, t_W can be varied over 9 decades of timing by proper selection of the external timing components, R_{ext} and C_{ext}.

Pulse triggering occurs at a voltage level and is, therefore, independent of the input slew rate. Although all three inputs have this Schmitt-trigger effect, only the B input should be used for very long transition triggers (≥1.0 μV/s). High immunity to V_{CC} noise (typically 1.5 V) is achieved by internal latching circuitry. However, standard V_{CC} bypassing is strongly recommended.

The LS221 has four basic modes of operation.

Clear Mode: If the clear input is held low, irregardless of the previous output state and other input states, the Q output is low.

Inhibit Mode: If either the A input is high or the B input is low, once the Q output goes low, it cannot be retriggered by other inputs.

Pulse Trigger Mode: A transition of the A or B inputs as indicated in the functional truth table will trigger the Q output to go high for a duration determined by the t_W equation described above; $\overline{Q}$ will go low for a corresponding length of time.

The Clear input may also be used to trigger an output pulse, but special logic preconditioning on the A or B inputs must be done as follows:

Following any output triggering action using the A or B inputs, the A input must be set high OR the B input must be set low to allow Clear to be used as a trigger. Inputs should then be set up per the truth table (without triggering the output) to allow Clear to be used a trigger for the output pulse.

If the Clear pin is routinely being used to trigger the output pulse, the A or B inputs must be toggled as described above before and between each Clear trigger event.

Once triggered, as long as the output remains high, all input transitions (except overriding Clear) are ignored.

Overriding Clear Mode: If the Q output is high, it may be forced low by bringing the clear input low.

GUARANTEED OPERATING RANGES

Symbol	Parameter		Min	Typ	Max	Unit
V_{CC}	Supply Voltage	54 74	4.5 4.75	5.0 5.0	5.5 5.25	V
T_A	Operating Ambient Temperature Range	54 74	−55 0	25 25	125 70	°C
I_{OH}	Output Current — High	54, 74			−0.4	mA
I_{OL}	Output Current — Low	54 74			4.0 8.0	mA

DC CHARACTERISTICS OVER OPERATING TEMPERATURE RANGE (unless otherwise specified)

Symbol	Parameter		Limits Min	Typ	Max	Unit	Test Conditions	
V_{T+}	Positive-Going Threshold Voltage at C Input			1.0	2.0	V	V_{CC} = MIN	
V_{T-}	Negative-Going Threshold Voltage at C Input	54	0.7	0.8		V	V_{CC} = MIN	
		74	0.7	0.8		V		
V_{T+}	Positive-Going Threshold Voltage at B Input			1.0	2.0	V	V_{CC} = MIN	
V_{T-}	Negative-Going Threshold Voltage at B Input	54	0.7	0.9		V	V_{CC} = MIN	
		74	0.8	0.9		V		
V_{IH}	Input HIGH Voltage		2.0			V	Guaranteed Input HIGH Voltage for A Input	
V_{IL}	Input LOW Voltage	54			0.7	V	Guaranteed Input LOW Voltage for A Input	
		74			0.8			
V_{IK}	Input Clamp Voltage				−1.5	V	V_{CC} = MIN, I_{IN} = −18 mA	
V_{OH}	Output HIGH Voltage	54	2.5	3.4		V	V_{CC} = MIN, I_{OH} = MAX	
		74	2.7	3.4		V		
V_{OL}	Output LOW Voltage	54		0.25	0.4	V	I_{OL} = 4.0 mA	V_{CC} = MIN
		74		0.35	0.5	V	I_{OL} = 8.0 mA	
I_{IH}	Input HIGH Current				20	µA	V_{CC} = MAX, V_{IN} = 2.7 V	
					0.1	mA	V_{CC} = MAX, V_{IN} = 7.0 V	
I_{IL}	Input LOW Current Input A Input B Clear				 −0.4 −0.8 −0.8	mA	V_{CC} = MAX, V_{IN} = 0.4 V	
I_{OS}	Short Circuit Current (Note 1)		−20		−100	mA	V_{CC} = MAX	
I_{CC}	Power Supply Current Quiescent			4.7	11	mA	V_{CC} = MAX	
	Triggered			19	27			

Note 1: Not more than one output should be shorted at a time, nor for more than 1 second.

AC CHARACTERISTICS (V_{CC} = 5.0 V, T_A = 25°C)

Symbol	From (Input)	To (Output)	Limits Min	Limits Typ	Limits Max	Unit	Test Conditions	
t_{PLH}	A	Q		45	70	ns	C_L = 15 pF, See Figure 1	C_{ext} = 80 pF, R_{ext} = 2.0 Ω
	B	Q		35	55			
t_{PHL}	A	$\overline{Q}$		50	80	ns		
	B	$\overline{Q}$		40	65			
t_{PHL}	Clear	Q		35	55	ns		
t_{PLH}	Clear	$\overline{Q}$		44	65	ns		
$t_{W(out)}$	A or B	Q or $\overline{Q}$	70	120	150	ns		C_{ext} = 80 pF, R_{ext} = 2.0 Ω
			20	47	70			C_{ext} = 0, R_{ext} = 2.0 kΩ
			600	670	750			C_{ext} = 100 pF, R_{ext} = 10 kΩ
			6.0	6.9	7.5	ms		C_{ext} = 1.0 µF, R_{ext} = 10 kΩ

AC SETUP REQUIREMENTS (V_{CC} = 5.0 V, T_A = 25°C)

Symbol	Parameter		Limits Min	Limits Typ	Limits Max	Unit
dv/dt	Rate of Rise or Fall of Input Pulse	Schmitt, B	1.0			V/s
		Logic Input, A	1.0			V/µs
t_W	Input Pulse Width	A or B, $t_{W(in)}$	40			ns
		Clear, t_W (clear)	40			
t_s	Clear-Inactive-State Setup Time		15			ns
R_{ext}	External Timing Resistance	54	1.4		70	kΩ
		74	1.4		100	
C_{ext}	External Timing Capacitance		0		1000	µF
	Output Duty Cycle	RT = 2.0 kΩ			50	%
		R_T = MAX R_{ext}			90	

SN54/74LS221

AC WAVEFORMS

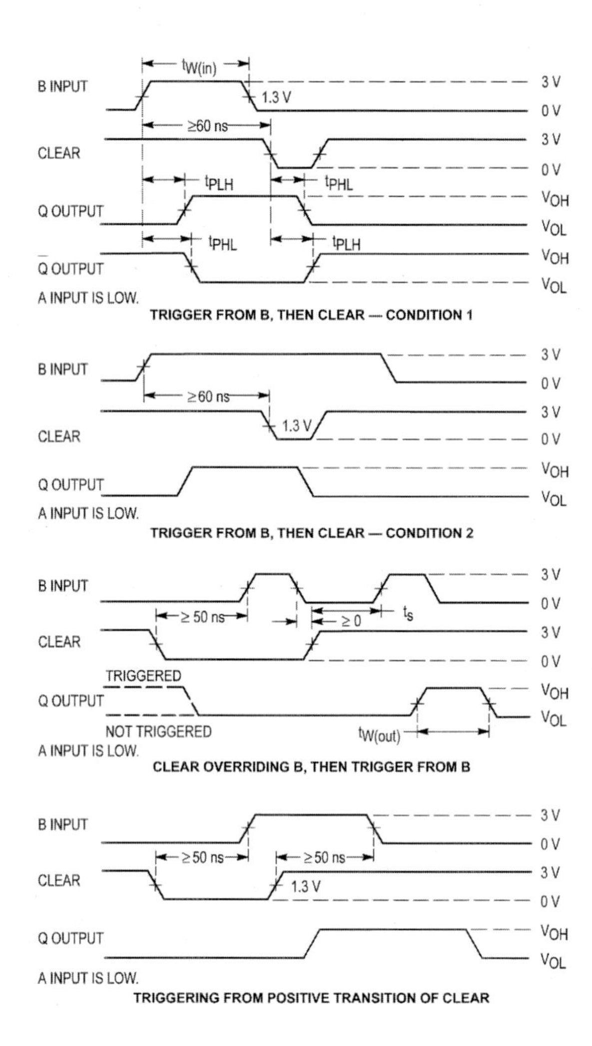

Figure 1

SN54246, SN54247, SN54LS247, SN54LS248 SN74246, SN74247, SN74LS247, SN74LS248 BCD-TO-SEVEN-SEGMENT DECODERS/DRIVERS

MARCH 1974 – REVISED MARCH 1988

'246, '247, 'LS247 feature

- Open-Collector Outputs Drive Indicators Directly
- Lamp-Test Provision
- Leading/Trailing Zero Suppression

'LS248 feature

- Internal Pull-Ups Eliminate Need for External Resistors
- Lamp-Test Provision
- Leading/Trailing Zero Suppression

- All Circuit Types Feature Lamp Intensity Modulation Capability

TYPE	DRIVER OUTPUTS				TYPICAL POWER DISSIPATION	PACKAGES
	ACTIVE LEVEL	OUTPUT CONFIGURATION	SINK CURRENT	MAX VOLTAGE		
SN54246	low	open-collector	40 mA	30 V	320 mW	J,W
SN54247	low	open-collector	40 mA	15 V	320 mW	J,W
SN54LS247	low	open-collector	12 mA	15 V	35 mW	J,W
SN54LS248	high	2-kΩ pull-up	2 mA	5.5 V	125 mW	J,W
SN74246	low	open-collector	40 mA	30 V	320 mW	J,N
SN74247	low	open-collector	40 mA	15 V	320 mW	J,N
SN74LS247	low	open-collector	24 mA	15 V	35 mW	J,N
SN74LS248	high	2-kΩ pull-up	6 mA	5.5 V	125 mW	J,N

SN54246, SN54247 . . . J PACKAGE
SN54LS247 THRU SN54LS248 . . . J OR W PACKAGE
SN74246, SN74247 . . . N PACKAGE
SN74LS247, SN74LS248 . . . D OR N PACKAGE
(TOP VIEW)

Pin	Name	Pin	Name
1	B	16	VCC
2	C	15	f
3	LT	14	g
4	BI/RBO	13	a
5	RBI	12	b
6	D	11	c
7	A	10	d
8	GND	9	e

SN54LS247, SN54LS248 . . . FK PACKAGE
(TOP VIEW)

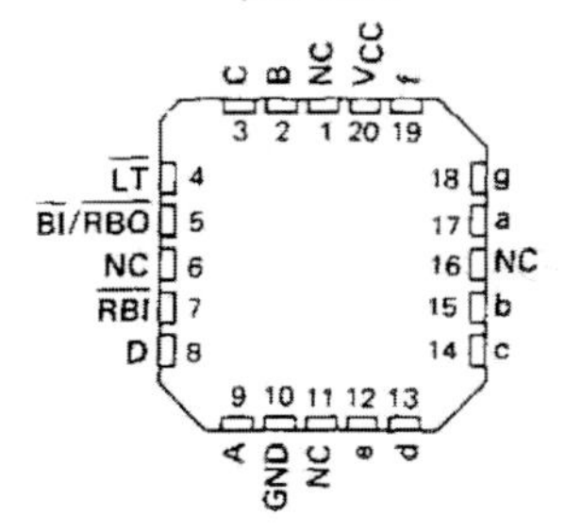

NC – No internal connection

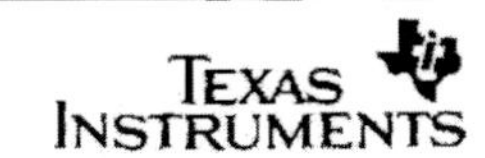

POST OFFICE BOX 655012 • DALLAS, TEXAS 75265

SN54246, SN54247, SN54LS247, SN54LS248
SN74246, SN74247, SN74LS247, SN74LS248
BCD-TO-SEVEN-SEGMENT DECODERS/DRIVERS

description

The '246 and '247 are electrically and functionally identical to the SN5446A/SN7446A, and SN5447A/SN7447A respectively, and have the same pin assignments as their equivalents. The 'LS247 and 'LS248 are electrically and functionally identical to the SN54LS47/SN74LS47 and SN54LS48/SN74LS48, respectively, and have the same pin assignments as their equivalents. They can be used interchangeably in present or future designs to offer designers a choice between two indicator fonts. The '46A, '47A, 'LS47, and 'LS48 compose the 6 and the without tails and the '246, '247, 'LS247, and 'LS248 compose the 6 and the 9 with tails. Composition of all other characters, including display patterns for BCD inputs above nine, is identical. The '246, '247, and 'LS247 feature active-low outputs designed for driving indicators directly, and the 'LS248 features active-high outputs for driving lamp buffers. All of the circuits have full ripple-blanking input/output controls and a lamp test input. Segment identification and resultant displays are shown below. Display patterns for BCD input counts above 9 are unique symbols to authenticate input conditions.

All of these circuits incorporate automatic leading and/or trailing-edge zero-blanking control ($\overline{RBI}$ and $\overline{RBO}$). Lamp test ($\overline{LT}$) of these types may be performed at any time when the $\overline{BI}/\overline{RBO}$ node is at a high level. All types contain an overriding blanking input (BI) which can be used to control the lamp intensity by pulsing or to inhibit the outputs. Inputs and outputs are entirely compatible for use with TTL logic outputs.

Series 54 and Series 54LS devices are characterized for operation over the full military temperature range of −55 °C to 125 °C; Series 74 and Series 74LS devices are characterized for operation from 0 °C to 70 °C.

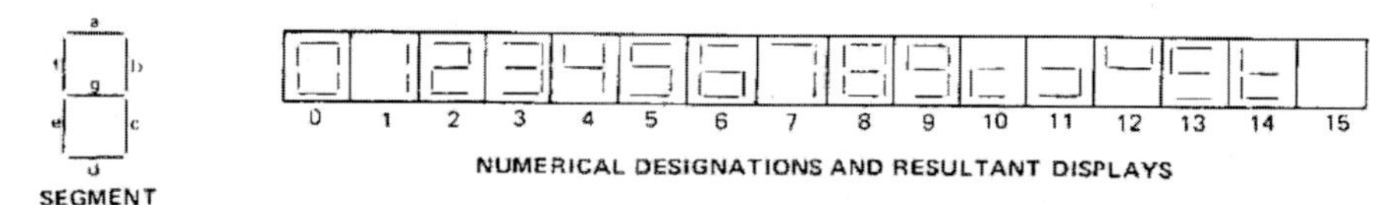

SEGMENT IDENTIFICATION

NUMERICAL DESIGNATIONS AND RESULTANT DISPLAYS

logic symbols†

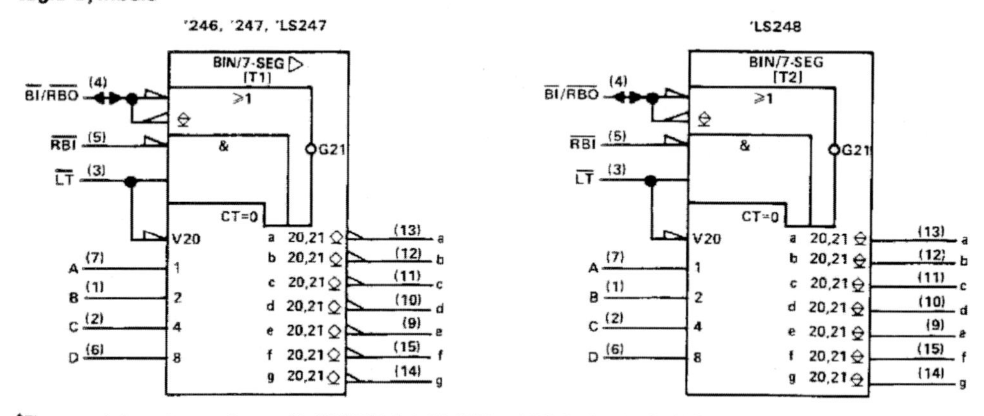

†These symbols are in accordance with ANSI/IEEE Std. 91-1984 and IEC Publication 617-12.
Pin numbers shown are for D, J, N, and W packages.

POST OFFICE BOX 655012 • DALLAS, TEXAS 75265

'246, '247, 'LS247 FUNCTION TABLE (T1)

DECIMAL OR FUNCTION	INPUTS						$\overline{BI}/\overline{RBO}$ †	OUTPUTS							NOTE
	LT	RBI	D	C	B	A		a	b	c	d	e	f	g	
0	H	H	L	L	L	L	H	ON	ON	ON	ON	ON	ON	OFF	1
1	H	X	L	L	L	H	H	OFF	ON	ON	OFF	OFF	OFF	OFF	
2	H	X	L	L	H	L	H	ON	ON	OFF	ON	ON	OFF	ON	
3	H	X	L	L	H	H	H	ON	ON	ON	ON	OFF	OFF	ON	
4	H	X	L	H	L	L	H	OFF	ON	ON	OFF	OFF	ON	ON	
5	H	X	L	H	L	H	H	ON	OFF	ON	ON	OFF	ON	ON	
6	H	X	L	H	H	L	H	ON	OFF	ON	ON	ON	ON	ON	
7	H	X	L	H	H	H	H	ON	ON	ON	OFF	OFF	OFF	OFF	
8	H	X	H	L	L	L	H	ON	ON	ON	ON	ON	ON	ON	
9	H	X	H	L	L	H	H	ON	ON	ON	ON	OFF	ON	ON	
10	H	X	H	L	H	L	H	OFF	OFF	OFF	ON	ON	OFF	ON	
11	H	X	H	L	H	H	H	OFF	OFF	ON	ON	OFF	OFF	ON	
12	H	X	H	H	L	L	H	OFF	ON	OFF	OFF	OFF	ON	ON	
13	H	X	H	H	L	H	H	ON	OFF	OFF	ON	OFF	ON	ON	
14	H	X	H	H	H	L	H	OFF	OFF	OFF	ON	ON	ON	ON	
15	H	X	H	H	H	H	H	OFF	OFF	OFF	OFF	OFF	OFF	OFF	
$\overline{BI}$	X	X	X	X	X	X	L	OFF	OFF	OFF	OFF	OFF	OFF	OFF	2
$\overline{RBI}$	H	L	L	L	L	L	L	OFF	OFF	OFF	OFF	OFF	OFF	OFF	3
$\overline{LT}$	L	X	X	X	X	X	H	ON	ON	ON	ON	ON	ON	ON	4

'LS248 FUNCTION TABLE (T2)

DECIMAL OR FUNCTION	INPUTS						$\overline{BI}/\overline{RBO}$ †	OUTPUTS							NOTE
	$\overline{LT}$	$\overline{RBI}$	D	C	B	A		a	b	c	d	e	f	g	
0	H	H	L	L	L	L	H	H	H	H	H	H	H	L	1
1	H	X	L	L	L	H	H	L	H	H	L	L	L	L	
2	H	X	L	L	H	L	H	H	H	L	H	H	L	H	
3	H	X	L	L	H	H	H	H	H	H	H	L	L	H	
4	H	X	L	H	L	L	H	L	H	H	L	L	H	H	
5	H	X	L	H	L	H	H	H	L	H	H	L	H	H	
6	H	X	L	H	H	L	H	H	L	H	H	H	H	H	
7	H	X	L	H	H	H	H	H	H	H	L	L	L	L	
8	H	X	H	L	L	L	H	H	H	H	H	H	H	H	
9	H	X	H	L	L	H	H	H	H	H	H	L	H	H	
10	H	X	H	L	H	L	H	L	L	L	H	H	L	H	
11	H	X	H	L	H	H	H	L	L	H	H	L	L	H	
12	H	X	H	H	L	L	H	L	H	L	L	L	H	H	
13	H	X	H	H	L	H	H	H	L	L	H	L	H	H	
14	H	X	H	H	H	L	H	L	L	L	H	H	H	H	
15	H	X	H	H	H	H	H	L	L	L	L	L	L	L	
$\overline{BI}$	X	X	X	X	X	X	L	L	L	L	L	L	L	L	2
$\overline{RBI}$	H	L	L	L	L	L	L	L	L	L	L	L	L	L	3
$\overline{LT}$	L	X	X	X	X	X	H	H	H	H	H	H	H	H	4

H = high level, L = low level, X = irrelevant

NOTES:
1. The blanking input ($\overline{BI}$) must be open or held at a high logic level when output functions 0 through 15 are desired. The ripple-blanking input ($\overline{RBI}$) must be open or high if blanking of a decimal zero is not desired.
2. When a low logic level is applied directly to the blanking input ($\overline{BI}$), all segment outputs are low regardless of the level of any other input.
3. When ripple-blanking input ($\overline{RBI}$) and inputs A, B, C, and D are at a low level with the lamp test input high, all segment outputs go low and the ripple-blanking output ($\overline{RBO}$) goes to a low level (response condition).
4. When the blanking input/ripple-blanking output ($\overline{BI}/\overline{RBO}$) is open or held high and a low is applied to the lamp-test input, all segment outputs are high.

† $\overline{BI}/\overline{RBO}$ is wire-AND logic serving as blanking input ($\overline{BI}$) and/or ripple-blanking output ($\overline{RBO}$).

logic diagram (positive logic)

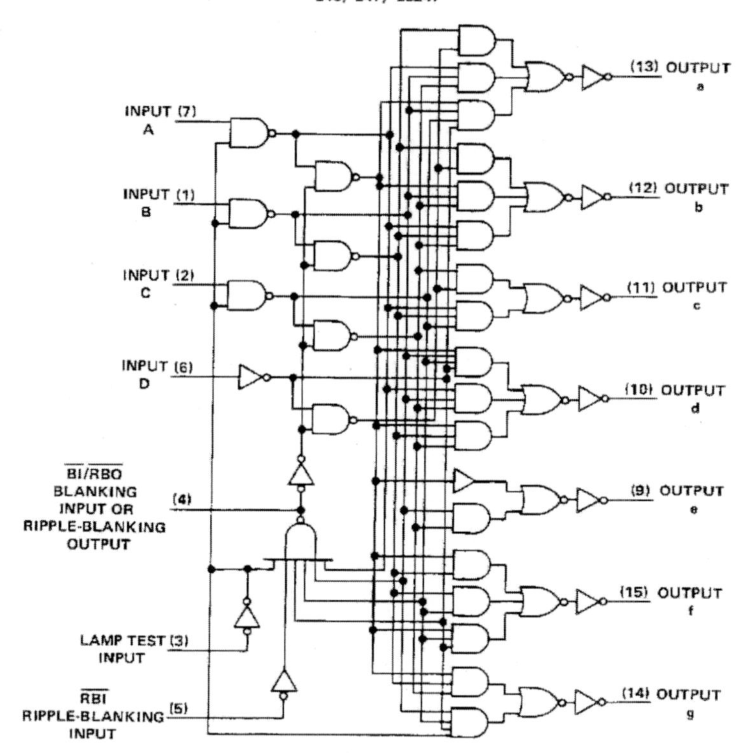

Pin numbers shown are for D, J, N, and W packages.

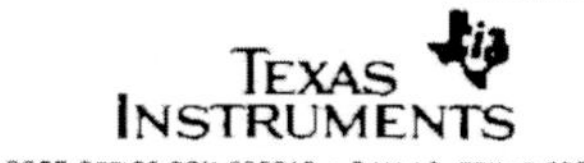

logic diagram (positive logic)

'LS248

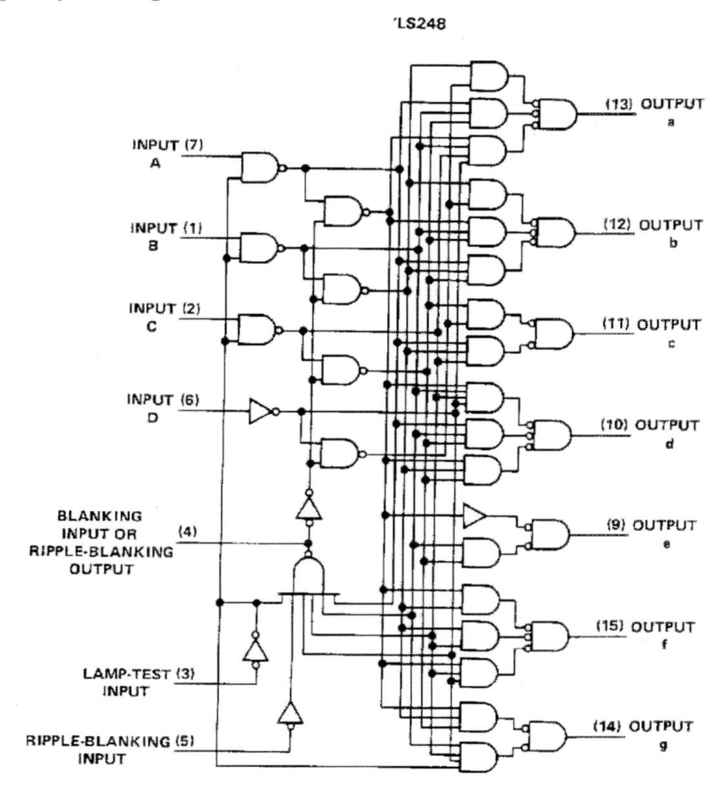

Pin numbers shown are for D, J, N, and W packages.

schematics of inputs and outputs

'246, '247

EQUIVALENT OF EACH INPUT
EXCEPT $\overline{BI}/\overline{RBO}$

V_{CC}
6 kΩ NOM
INPUT

'246, '247

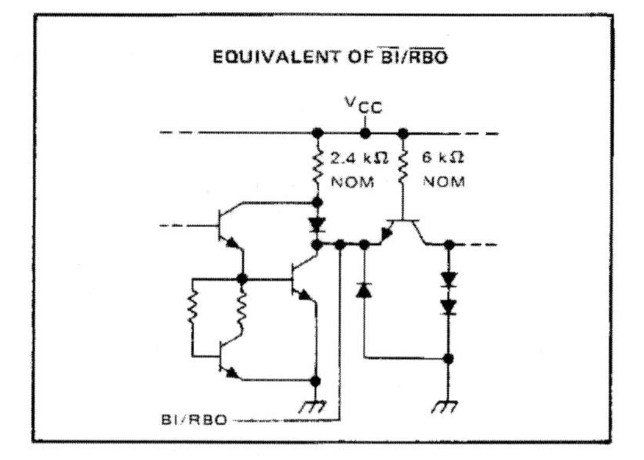

'246, '247

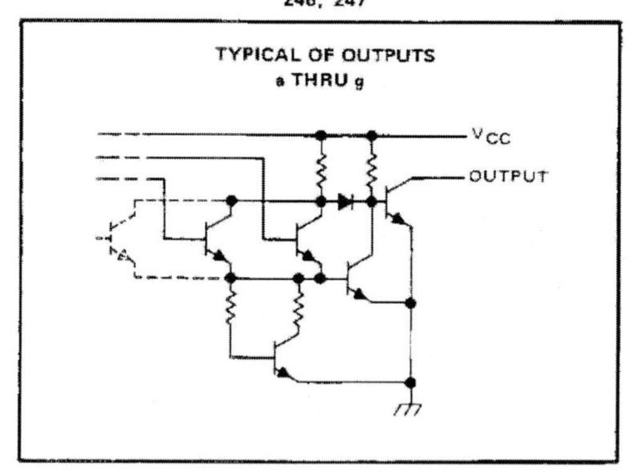

schematics of inputs and outputs

'LS247, 'LS248

EQUIVALENT OF EACH INPUT EXCEPT $\overline{BI}/\overline{RBO}$

VCC

Req

INPUT

$\overline{LT}$ and $\overline{RBI}$: R_{eq} = 20 kΩ NOM

A, B, C, and D: R_{eq} = 25 kΩ NOM

'LS247, 'LS248

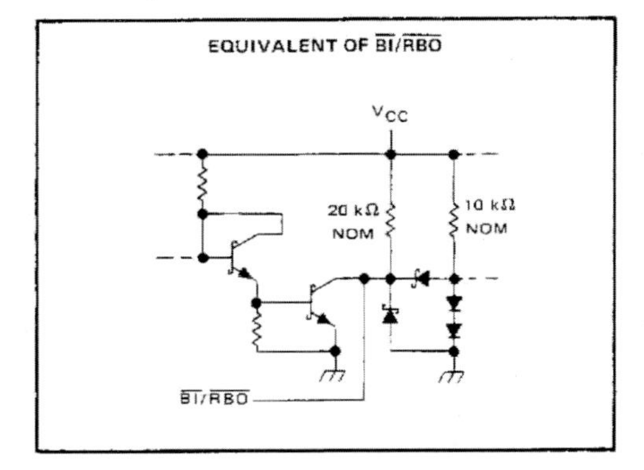

'LS247

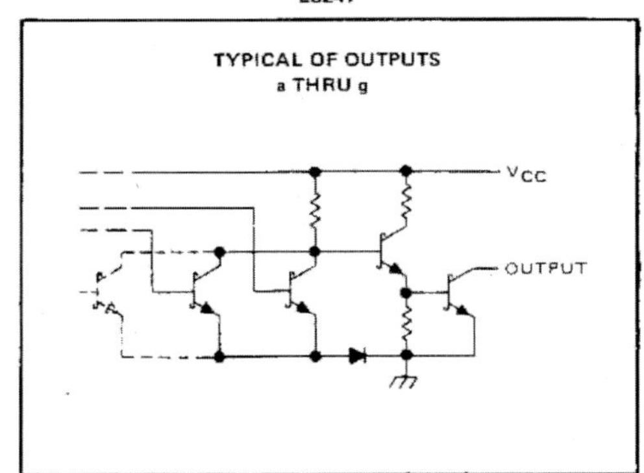

'LS248

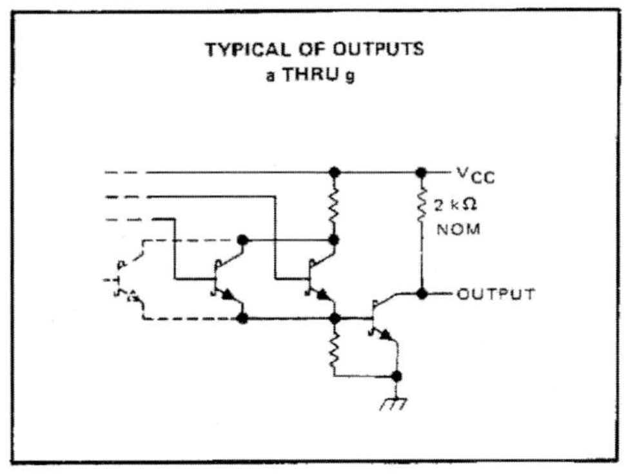

absolute maximum ratings over operating free-air temperature range (unless otherwise noted)

Supply voltage, V_{CC} (see Note 1) . . . . 7 V
Input voltage . . . . 5.5 V
Current forced into any output in the off state . . . . 1 mA
Operating free-air temperature range: SN54246, SN54247 . . . . −55°C to 125°C
SN74246, SN74247 . . . . 0°C to 70°C
Storage temperature range . . . . −65°C to 150°C

NOTE 1: Voltage values are with respect to network ground terminal.

recommended operating conditions

		SN54246			SN54247			SN74246			SN74247			UNIT
		MIN	NOM	MAX	MIN	NOM	MAX	MIN	NOM	MAX	MIN	NOM	MAX	
Supply voltage, V_{CC}		4.5	5	5.5	4.5	5	5.5	4.75	5	5.25	4.75	5	5.25	V
Off-state output voltage, $V_{O(off)}$	a thru g			30			15			30			15	V
On-state output current, $I_{O(on)}$	a thru g			40			40			40			40	mA
High-level output current, I_{OH}	$\overline{BI}/\overline{RBO}$			−200			−200			−200			−200	μA
Low-level output current, I_{OL}	$\overline{BI}/\overline{RBO}$			8			8			8			8	mA
Operating free-air temperature, T_A		−55		125	−55		125	0		70	0		70	°C

electrical characteristics over recommended operating free-air temperature range (unless otherwise noted)

PARAMETER			TEST CONDITIONS†		MIN	TYP‡	MAX	UNIT
V_{IH}	High-level input voltage				2			V
V_{IL}	Low-level input voltage						0.8	V
V_{IK}	Input clamp voltage		V_{CC} = MIN,	I_I = −12 mA			1.5 V	V
V_{OH}	High-level output voltage	$\overline{BI}/\overline{RBO}$	V_{CC} = MIN, V_{IL} = 0.8 V,	V_{IH} = 2 V, I_{OH} = −200 μA	2.4	3.7		V
V_{OL}	Low-level output voltage	$\overline{BI}/\overline{RBO}$	V_{CC} = MIN, V_{IL} = 0.8 V,	V_{IH} = 2 V, I_{OL} = 8 mA		0.27	0.4	V
$I_{O(off)}$	Off-state output current	a thru g	V_{CC} = MAX, V_{IL} = 0.8 V,	V_{IH} = 2 V, $V_{O(off)}$ = MAX			250	μA
$V_{O(on)}$	On-state output voltage	a thru g	V_{CC} = MIN, V_{IL} = 0.8 V,	V_{IH} = 2 V, $I_{O(on)}$ = 40 mA		0.3	0.4	V
I_I	Input current at maximum input voltage	Any input except $\overline{BI}/\overline{RBO}$	V_{CC} = MAX,	V_I = 5.5 V			1	mA
I_{IH}	High-level input current	Any input except $\overline{BI}/\overline{RBO}$	V_{CC} = MAX,	V_I = 2.4 V			40	μA
I_{IL}	Low-level input current	Any input except $\overline{BI}/\overline{RBO}$	V_{CC} = MAX,	V_I = 0.4 V			−1.6	mA
		$\overline{BI}/\overline{RBO}$					−4	
I_{OS}	Short-circuit output current	$\overline{BI}/\overline{RBO}$	V_{CC} = MAX				−4	mA
I_{CC}	Supply current		V_{CC} = MAX,	See Note 2		64	103	mA

†For conditions shown as MIN or MAX, use the appropriate value specified under recommended operating conditions.
‡All typical values are at V_{CC} = 5 V, T_A = 25°C.
NOTE 2: I_{CC} is measured with all outputs open and all inputs at 4.5 V.

switching characteristics, V_{CC} = 5 V, T_A = 25°C

PARAMETER		TEST CONDITIONS	MIN	TYP	MAX	UNIT
t_{off}	Turn-off time from A input	C_L = 15 pF, R_L = 120 Ω, See Note 3			100	ns
t_{on}	Turn-on time from A input				100	
t_{off}	Turn-off time from $\overline{RBI}$ input				100	ns
t_{on}	Turn-on time from $\overline{RBI}$ input				100	

NOTE 3: Load circuits and voltage waveforms are shown in Section 1.

POST OFFICE BOX 655012 • DALLAS, TEXAS 75265

absolute maximum ratings over operating free-air temperature range (unless otherwise noted)

Supply voltage, V_{CC} (see Note 1) . . . . 7 V
Input voltage . . . . 7 V
Peak output current ($t_w \leqslant$ 1 ms, duty cycle $\leqslant$ 10%) . . . . 200 mA
Current forced into any output in the off state . . . . 1 mA
Operating free-air temperature range: SN54LS247 . . . . −55°C to 125°C
SN74LS247 . . . . 0°C to 70°C
Storage temperature range . . . . −65°C to 150°C

NOTE 1: Voltage values are with respect to network ground terminal.

recommended operating conditions

		SN54LS247			SN74LS247			UNIT
		MIN	NOM	MAX	MIN	NOM	MAX	
Supply voltage, V_{CC}		4.5	5	5.5	4.75	5	5.25	V
Off-state output voltage, $V_{O(off)}$	a thru g			15			15	V
On-state output current, $I_{O(on)}$	a thru g			12			24	mA
High-level output current, I_{OH}	$\overline{BI}/\overline{RBO}$			−50			−50	µA
Low-level output current, I_{OL}	$\overline{BI}/\overline{RBO}$			1.6			3.2	mA
Operating free-air temperature, T_A		−55		125	0		70	°C

electrical characteristics over recommended operating free-air temperature range (unless otherwise noted)

PARAMETER			TEST CONDITIONS†		SN54LS247			SN74LS247			UNIT
					MIN	TYP‡	MAX	MIN	TYP‡	MAX	
V_{IH}	High-level input voltage				2			2			V
V_{IL}	Low-level input voltage						0.7			0.8	V
V_{IK}	Input clamp voltage		V_{CC} = MIN, I_I = −18 mA				−1.5			−1.5	V
V_{OH}	High-level output voltage	$\overline{BI}/\overline{RBO}$	V_{CC} = MIN, V_{IH} = 2 V, V_{IL} = V_{IL} max, I_{OH} = −50 µA		2.4	4.2		2.4	4.2		V
V_{OL}	Low-level output voltage	$\overline{BI}/\overline{RBO}$	V_{CC} = MIN, V_{IH} = 2 V, V_{IL} = V_{IL} max	I_{OL} = 1.6 mA		0.25	0.4		0.25	0.4	V
				I_{OL} = 3.2 mA					0.35	0.5	
$I_{O(off)}$	Off-state output current	a thru g	V_{CC} = MAX, V_{IH} = 2 V, V_{IL} = V_{IL} max, $V_{O(off)}$ = 15 V				250			250	µA
$V_{O(on)}$	On-state output voltage	a thru g	V_{CC} = MIN, V_{IH} = 2 V, V_{IL} = V_{IL} max	$I_{O(on)}$ = 12 mA		0.25	0.4		0.25	0.4	V
				$I_{O(on)}$ = 24 mA					0.35	0.5	
I_I	Input current at maximum input voltage		V_{CC} = MAX, V_I = 7 V				0.1			0.1	mA
I_{IH}	High-level input current		V_{CC} = MAX, V_I = 2.7 V				20			20	µA
I_{IL}	Low-level input current	Any input except $\overline{BI}/\overline{RBO}$	V_{CC} = MAX, V_I = 0.4 V				−0.4			−0.4	mA
		$\overline{BI}/\overline{RBO}$					−1.2			−1.2	
I_{OS}	Short-circuit output current	$\overline{BI}/\overline{RBO}$	V_{CC} = MAX		−0.3		−2	−0.3		−2	mA
I_{CC}	Supply current		V_{CC} = MAX, See Note 2			7	13		7	13	mA

† For conditions shown as MIN or MAX, use the appropriate value specified under recommended operating conditions.
‡ All typical values are at V_{CC} = 5 V, T_A = 25°C.
NOTE 2: I_{CC} is measured with all outputs open and all inputs at 4.5 V.

switching characteristics, V_{CC} = 5 V, T_A = 25°C

PARAMETER		TEST CONDITIONS	MIN	TYP	MAX	UNIT
t_{off}	Turn-off time from A input	C_L = 15 pF, R_L = 665 Ω, See Note 3			100	ns
t_{on}	Turn-on time from A input				100	
t_{off}	Turn-off time from $\overline{RBI}$ input				100	ns
t_{on}	Turn-on time from $\overline{RBI}$ input				100	

NOTE 3: Load circuits and voltage waveforms are shown in Section 1.

POST OFFICE BOX 655012 • DALLAS, TEXAS 75265

SN54/74LS283

4-BIT BINARY FULL ADDER WITH FAST CARRY

The SN54/74LS283 is a high-speed 4-Bit Binary Full Adder with internal carry lookahead. It accepts two 4-bit binary words (A_1-A_4, B_1-B_4) and a Carry Input (C_0). It generates the binary Sum outputs ($\Sigma_1-\Sigma_4$) and the Carry Output (C_4) from the most significant bit. The LS283 operates with either active HIGH or active LOW operands (positive or negative logic).

4-BIT BINARY FULL ADDER WITH FAST CARRY

LOW POWER SCHOTTKY

CONNECTION DIAGRAM DIP (TOP VIEW)

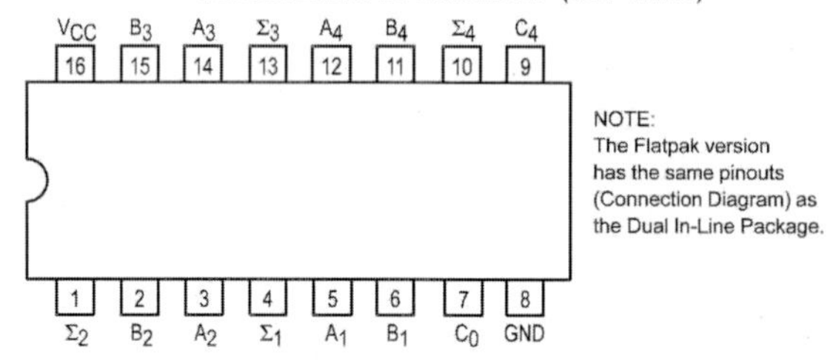

NOTE:
The Flatpak version has the same pinouts (Connection Diagram) as the Dual In-Line Package.

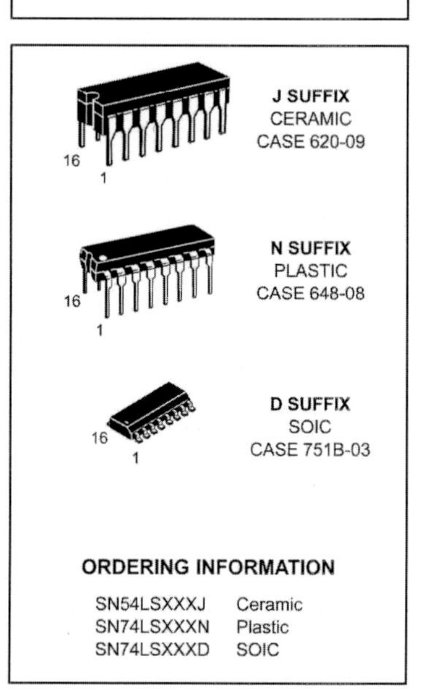

ORDERING INFORMATION

SN54LSXXXJ	Ceramic
SN74LSXXXN	Plastic
SN74LSXXXD	SOIC

PIN NAMES / **LOADING** (Note a)

		HIGH	LOW
A_1-A_4	Operand A Inputs	1.0 U.L.	0.5 U.L.
B_1-B_4	Operand B Inputs	1.0 U.L.	0.5 U.L.
C_0	Carry Input	0.5 U.L.	0.25 U.L.
$\Sigma_1-\Sigma_4$	Sum Outputs (Note b)	10 U.L.	5 (2.5) U.L.
C_4	Carry Output (Note b)	10 U.L.	5 (2.5) U.L.

NOTES:
a) 1 TTL Unit Load (U.L.) = 40 μA HIGH/1.6 mA LOW.
b) The Output LOW drive factor is 2.5 U.L. for Military (54) and 5 U.L. for Commercial (74) Temperature Ranges.

LOGIC SYMBOL

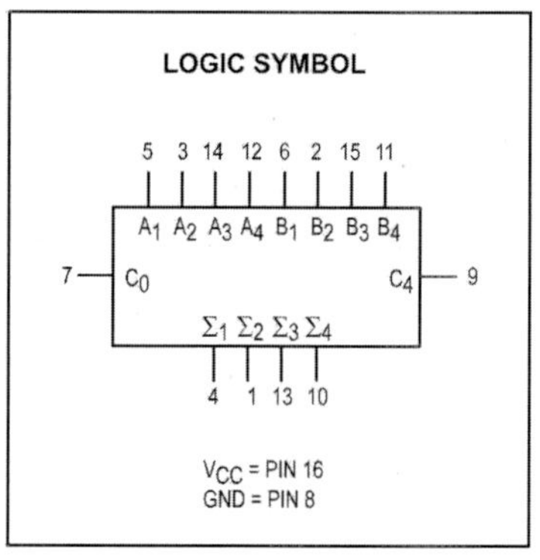

SN54/74LS283

LOGIC DIAGRAM

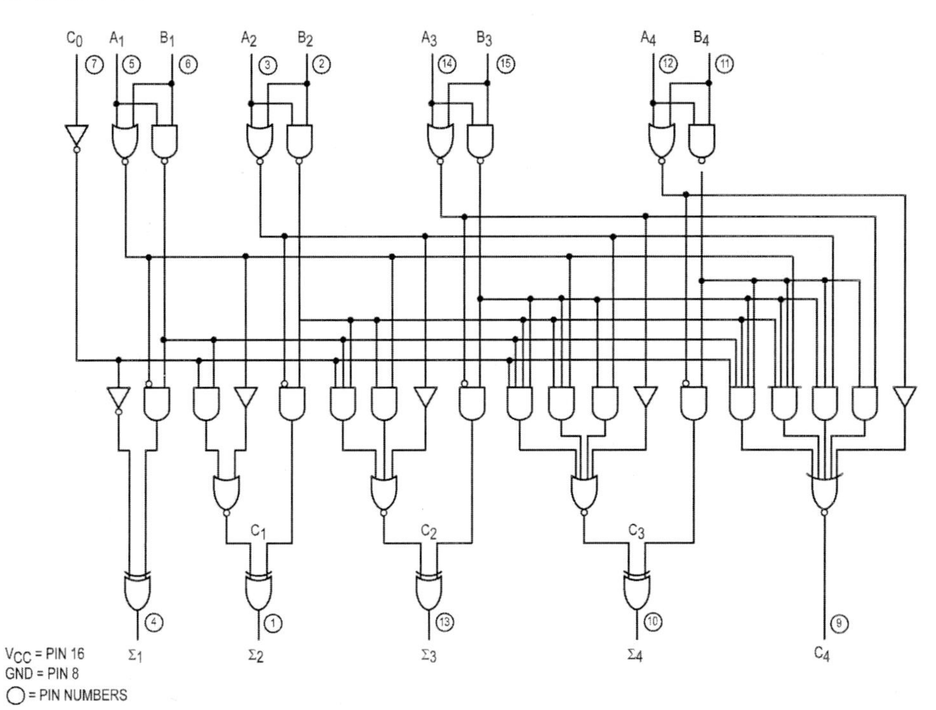

FUNCTIONAL DESCRIPTION

The LS283 adds two 4-bit binary words (A plus B) plus the incoming carry. The binary sum appears on the sum outputs ($\Sigma_1-\Sigma_4$) and outgoing carry (C4) outputs.

$C_0+(A_1+B_1)+2(A_2+B_2)+4(A_3+B_3)+8(A_4+B_4)=\Sigma_1+2\Sigma_2 + 4\,\Sigma_3 + 8\,\Sigma_4 + 16C_4$

Where: (+) = plus

Due to the symmetry of the binary add function the LS283 can be used with either all inputs and outputs active HIGH (positive logic) or with all inputs and outputs active LOW (negative logic). Note that with active HIGH inputs, Carry Input can not be left open, but must be held LOW when no carry in is intended.

Example:

	C_0	A_1	A_2	A_3	A_4	B_1	B_2	B_3	B_4	Σ_1	Σ_2	Σ_3	Σ_4	C_4	
logic levels	L	L	H	L	H	H	L	L	H	H	H	L	L	H	
Active HIGH	0	0	1	0	1	1	0	0	1	1	1	0	0	1	(10+9=19)
Active LOW	1	1	0	1	0	0	1	1	0	0	0	1	1	0	(carry+5+6=12)

Interchanging inputs of equal weight does not affect the operation, thus C_0, A_1, B_1, can be arbitrarily assigned to pins 7, 5 or 3.

SN54/74LS283

FUNCTIONAL TRUTH TABLE

C (n−1)	A_n	B_n	Σ_n	C_n
L	L	L	L	L
L	L	H	H	L
L	H	L	H	L
L	H	H	L	H
H	L	L	H	L
H	L	H	L	H
H	H	L	L	H
H	H	H	H	H

$C_1 - C_3$ are generated internally
C_0 is an external input
C_4 is an output generated internally

GUARANTEED OPERATING RANGES

Symbol	Parameter		Min	Typ	Max	Unit
V_{CC}	Supply Voltage	54 74	4.5 4.75	5.0 5.0	5.5 5.25	V
T_A	Operating Ambient Temperature Range	54 74	−55 0	25 25	125 70	°C
I_{OH}	Output Current — High	54, 74			−0.4	mA
I_{OL}	Output Current — Low	54 74			4.0 8.0	mA

DC CHARACTERISTICS OVER OPERATING TEMPERATURE RANGE (unless otherwise specified)

Symbol	Parameter		Limits Min	Typ	Max	Unit	Test Conditions
V_{IH}	Input HIGH Voltage		2.0			V	Guaranteed Input HIGH Voltage for All Inputs
V_{IL}	Input LOW Voltage	54			0.7	V	Guaranteed Input LOW Voltage for All Inputs
		74			0.8		
V_{IK}	Input Clamp Diode Voltage			−0.65	−1.5	V	V_{CC} = MIN, I_{IN} = −18 mA
V_{OH}	Output HIGH Voltage	54	2.5	3.5		V	V_{CC} = MIN, I_{OH} = MAX, V_{IN} = V_{IH} or V_{IL} per Truth Table
		74	2.7	3.5		V	
V_{OL}	Output LOW Voltage	54, 74		0.25	0.4	V	I_{OL} = 4.0 mA; V_{CC} = V_{CC} MIN, V_{IN} = V_{IL} or V_{IH} per Truth Table
		74		0.35	0.5	V	I_{OL} = 8.0 mA
I_{IH}	Input HIGH Current	C_0			20	µA	V_{CC} = MAX, V_{IN} = 2.7 V
		Any A or B			40	µA	
		C_0			0.1	mA	V_{CC} = MAX, V_{IN} = 7.0 V
		Any A or B			0.2	mA	
I_{IL}	Input LOW Current	C_0			−0.4	mA	V_{CC} = MAX, V_{IN} = 0.4 V
		Any A or B			−0.8	mA	
I_{OS}	Short Circuit Current (Note 1)		−20		−100	mA	V_{CC} = MAX
I_{CC}	Power Supply Current Total, Output HIGH				34	mA	V_{CC} = MAX
	Total, Output LOW				39		

Note 1: Not more than one output should be shorted at a time, nor for more than 1 second.

SN54/74LS283

AC CHARACTERISTICS (T_A = 25°C, V_{CC} = 5.0 V)

Symbol	Parameter	Limits Min	Limits Typ	Limits Max	Unit	Test Conditions
t_{PLH} t_{PHL}	Propagation Delay, C_0 Input to Any Σ Output		16 15	24 24	ns	C_L = 15 pF Figures 1 & 2
t_{PLH} t_{PHL}	Propagation Delay, Any A or B Input to Σ Outputs		15 15	24 24	ns	
t_{PLH} t_{PHL}	Propagation Delay, C_0 Input to C_4 Output		11 11	17 22	ns	
t_{PLH} t_{PHL}	Propagation Delay, Any A or B Input to C_4 Output		11 12	17 17	ns	

AC WAVEFORMS

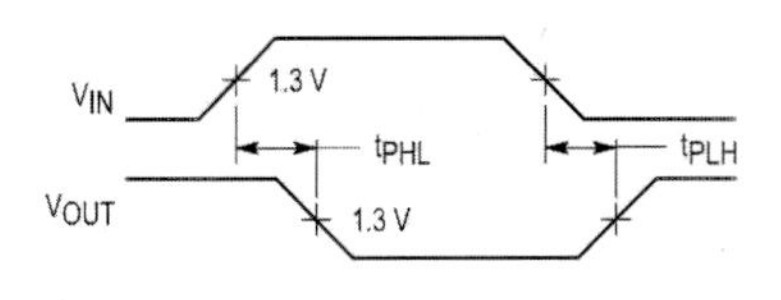

Figure 1

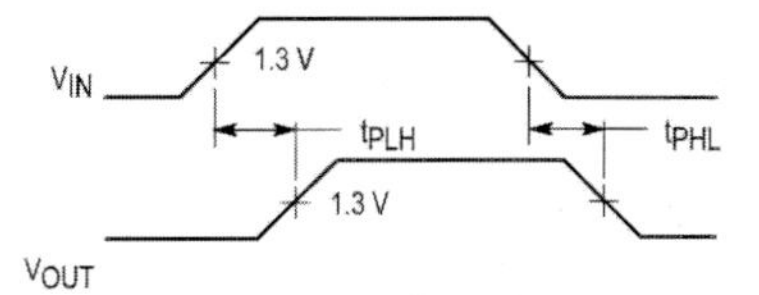

Figure 2

NE555
SA555 - SE555

GENERAL PURPOSE SINGLE BIPOLAR TIMERS

- LOW TURN OFF TIME
- MAXIMUM OPERATING FREQUENCY GREATER THAN 500kHz
- TIMING FROM MICROSECONDS TO HOURS
- OPERATES IN BOTH ASTABLE AND MONOSTABLE MODES
- HIGH OUTPUT CURRENT CAN SOURCE OR SINK 200mA
- ADJUSTABLE DUTY CYCLE
- TTL COMPATIBLE
- TEMPERATURE STABILITY OF 0.005% PER°C

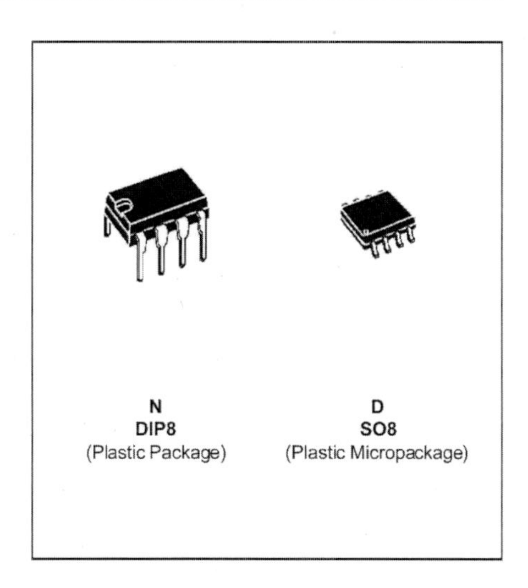

DESCRIPTION

The NE555 monolithic timing circuit is a highly stable controller capable of producing accurate time delays or oscillation. In the time delay mode of operation, the time is precisely controlled by one external resistor and capacitor. For a stable operation as an oscillator, the free running frequency and the duty cycle are both accurately controlled with two external resistors and one capacitor. The circuit may be triggered and reset on falling waveforms, and the output structure can source or sink up to 200mA. The NE555 is available in plastic and ceramic minidip package and in a 8-lead micropackage and in metal can package version.

ORDER CODES

Part Number	Temperature Range	Package	
		N	D
NE555	0°C, 70°C	•	•
SA555	–40°C, 105°C	•	•
SE555	–55°C, 125°C	•	•

PIN CONNECTIONS (top view)

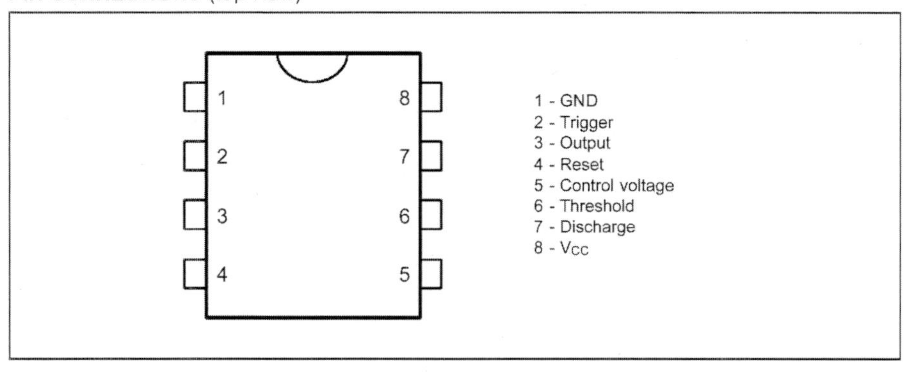

BLOCK DIAGRAM

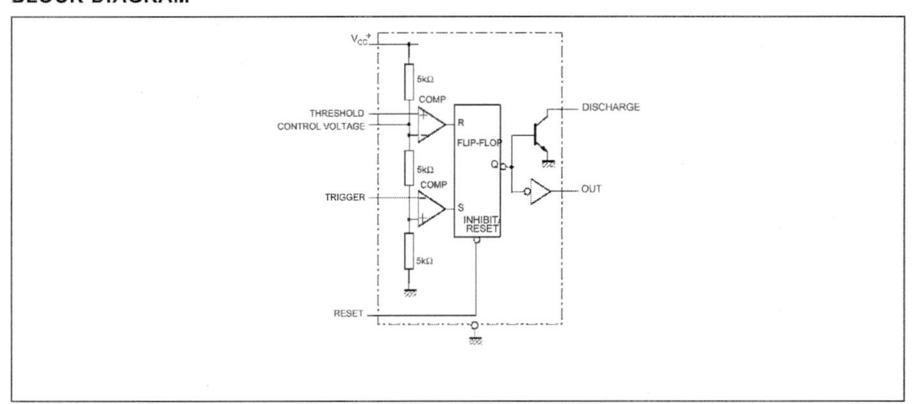

SCHEMATIC DIAGRAM

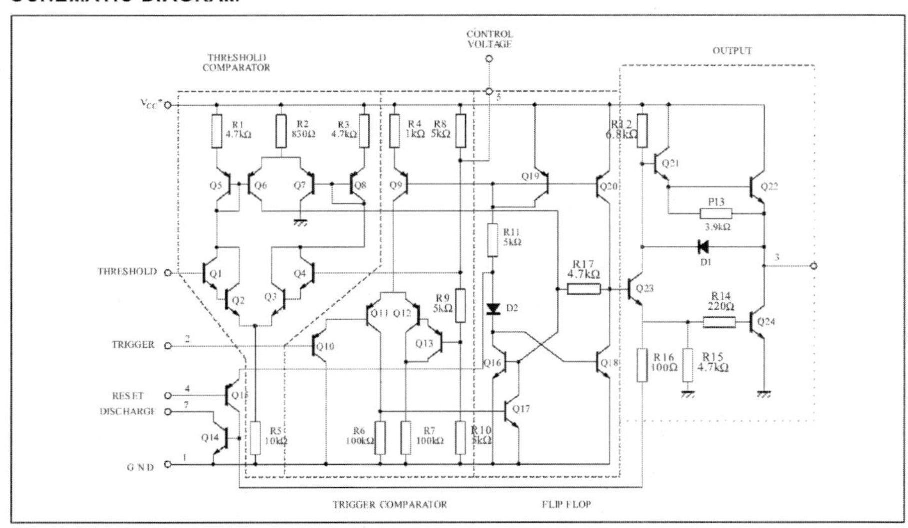

ABSOLUTE MAXIMUM RATINGS

Symbol	Parameter		Value	Unit
V_{cc}	Supply Voltage		18	V
T_{oper}	Operating Free Air Temperature Range	for NE555 for SA555 for SE555	0 to 70 –40 to 105 –55 to 125	°C
T_j	Junction Temperature		150	°C
T_{stg}	Storage Temperature Range		–65 to 150	°C

OPERATING CONDITIONS

Symbol	Parameter	SE555	NE555 - SA555	Unit
V_{CC}	Supply Voltage	4.5 to 18	4.5 to 18	V
V_{th}, V_{trig}, V_{cl}, V_{reset}	Maximum Input Voltage	V_{CC}	V_{CC}	V

ELECTRICAL CHARACTERISTICS

T_{amb} = +25°C, V_{CC} = +5V to +15V (unless otherwise specified)

Symbol	Parameter	SE555			NE555 - SA555			Unit
		Min.	Typ.	Max.	Min.	Typ.	Max.	
I_{CC}	Supply Current (R_L ∞) (- note 1) Low State V_{CC} = +5V V_{CC} = +15V High State V_{CC} = 5V		 3 10 2	 5 12		 3 10 2	 6 15	mA
	Timing Error (monostable) (R_A = 2k to 100kΩ, C = 0.1μF) Initial Accuracy - (note 2) Drift with Temperature Drift with Supply Voltage		 0.5 30 0.05	 2 100 0.2		 1 50 0.1	 3 0.5	 % ppm/°C %/V
	Timing Error (astable) (R_A, R_B = 1kΩ to 100kΩ, C = 0.1μF, V_{CC} = +15V) Initial Accuracy - (note 2) Drift with Temperature Drift with Supply Voltage		 1.5 90 0.15			 2.25 150 0.3		 % ppm/°C %/V
V_{CL}	Control Voltage level V_{CC} = +15V V_{CC} = +5V	 9.6 2.9	 10 3.33	 10.4 3.8	 9 2.6	 10 3.33	 11 4	V
V_{th}	Threshold Voltage V_{CC} = +15V V_{CC} = +5V	 9.4 2.7	 10 3.33	 10.6 4	 8.8 2.4	 10 3.33	 11.2 4.2	V
I_{th}	Threshold Current - (note 3)		0.1	0.25		0.1	0.25	μA
V_{trig}	Trigger Voltage V_{CC} = +15V V_{CC} = +5V	 4.8 1.45	 5 1.67	 5.2 1.9	 4.5 1.1	 5 1.67	 5.6 2.2	V
I_{trig}	Trigger Current (V_{trig} = 0V)		0.5	0.9		0.5	2.0	μA
V_{reset}	Reset Voltage - (note 4)	0.4	0.7	1	0.4	0.7	1	V
I_{reset}	Reset Current V_{reset} = +0.4V V_{reset} = 0V		 0.1 0.4	 0.4 1		 0.1 0.4	 0.4 1.5	mA
V_{OL}	Low Level Output Voltage V_{CC} = +15V, $I_{O(sink)}$ = 10mA $I_{O(sink)}$ = 50mA $I_{O(sink)}$ = 100mA $I_{O(sink)}$ = 200mA V_{CC} = +5V, $I_{O(sink)}$ = 8mA $I_{O(sink)}$ = 5mA		 0.1 0.4 2 2.5 0.1 0.05	 0.15 0.5 2.2 0.25 0.2		 0.1 0.4 2 2.5 0.3 0.25	 0.25 0.75 2.5 0.4 0.35	V
V_{OH}	High Level Output Voltage V_{CC} = +15V, $I_{O(source)}$ = 200mA $I_{O(source)}$ = 100mA V_{CC} = +5V, $I_{O(source)}$ = 100mA	 13 3	 12.5 13.3 3.3		 12.75 2.75	 12.5 13.3 3.3		V

Notes :
1. Supply current when output is high is typically 1mA less.
2. Tested at V_{CC} = +5V and V_{CC} = +15V.
3. This will determine the maximum value of R_A + R_B for +15V operation the max total is R = 20MΩ and for 5V operation the max total R = 3.5MΩ.

ELECTRICAL CHARACTERISTICS (continued)

Symbol	Parameter	SE555			NE555 - SA555			Unit
		Min.	Typ.	Max.	Min.	Typ.	Max.	
$I_{dis(off)}$	Discharge Pin Leakage Current (output high) (V_{dis} = 10V)		20	100		20	100	nA
$V_{dis(sat)}$	Discharge pin Saturation Voltage (output low) - (note 5) V_{CC} = +15V, I_{dis} = 15mA V_{CC} = +5V, I_{dis} = 4.5mA		 180 80	 480 200		 180 80	 480 200	mV
t_r t_f	Output Rise Time Output Fall Time		100 100	200 200		100 100	300 300	ns
t_{off}	Turn off Time - (note 6) (V_{reset} = V_{CC})		0.5			0.5		µs

Notes : 5. No protection against excessive Pin 7 current is necessary, providing the package dissipation rating will not be exceeded.
6. Time mesaured from a positive going input pulse from 0 to 0.8x V_{CC} into the threshold to the drop from high to low of the output trigger is tied to treshold.

Figure 1 : Minimum Pulse Width Required for Trigering

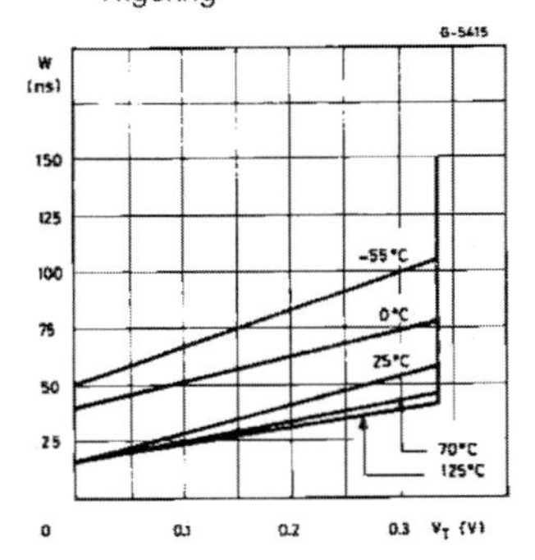

Figure 2 : Supply Current versus Supply Voltage

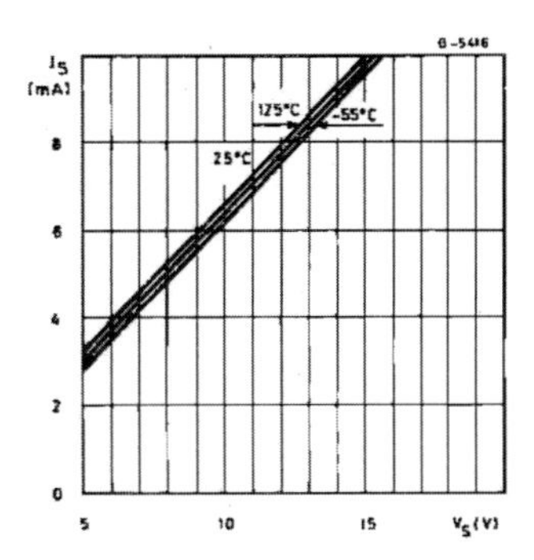

Figure 3 : Delay Time versus Temperature

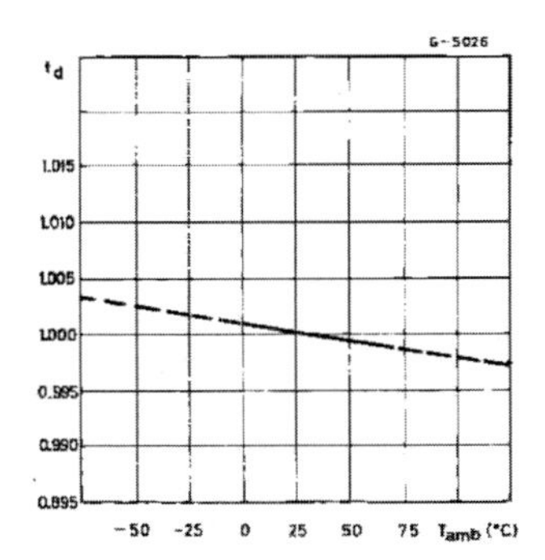

Figure 4 : Low Output Voltage versus Output Sink Current

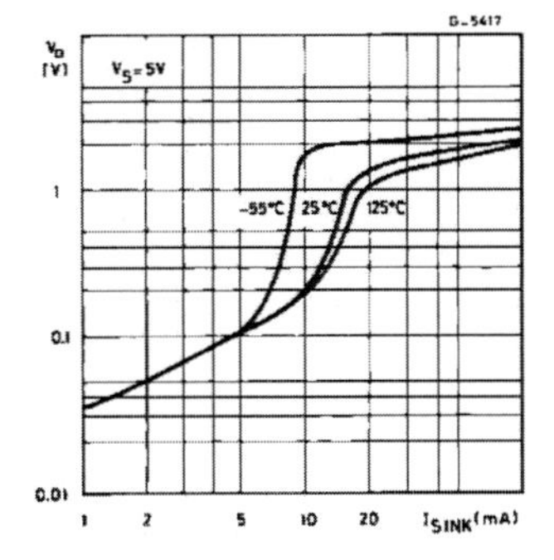

Figure 5 : Low Output Voltage versus Output Sink Current

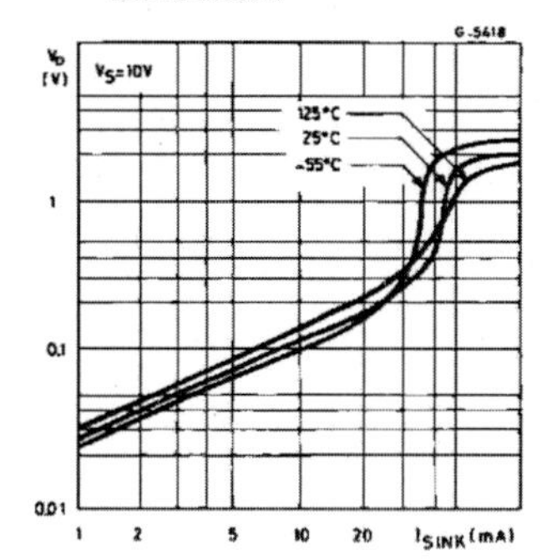

Figure 6 : Low Output Voltage versus Output Sink Current

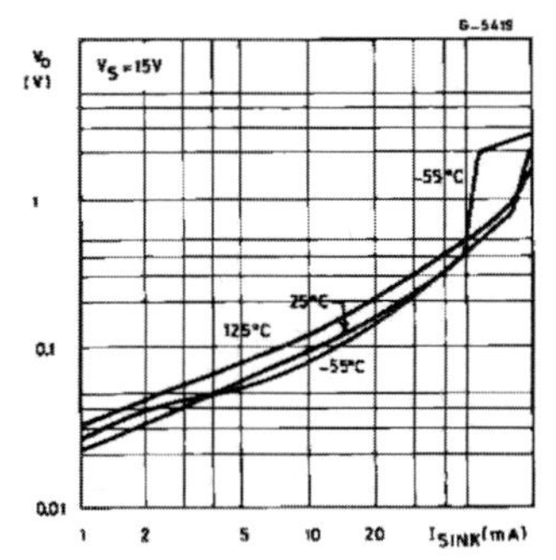

Figure 7 : High Output Voltage Drop versus Output

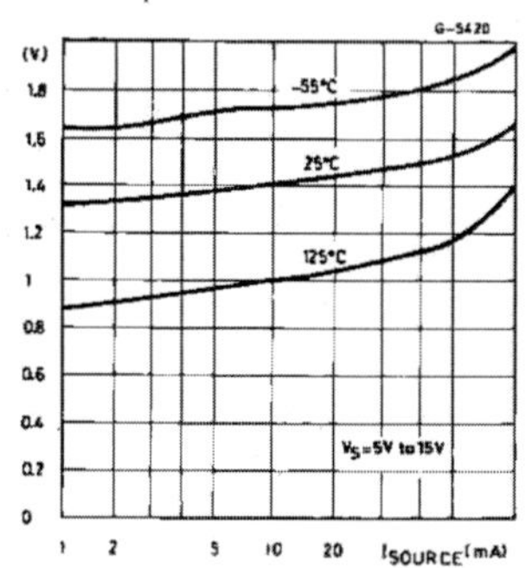

Figure 8 : Delay Time versus Supply Voltage

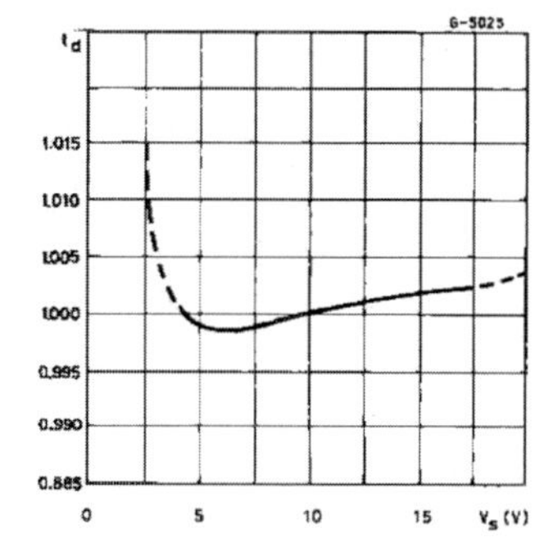

Figure 9 : Propagation Delay versus Voltage Level of Trigger Value

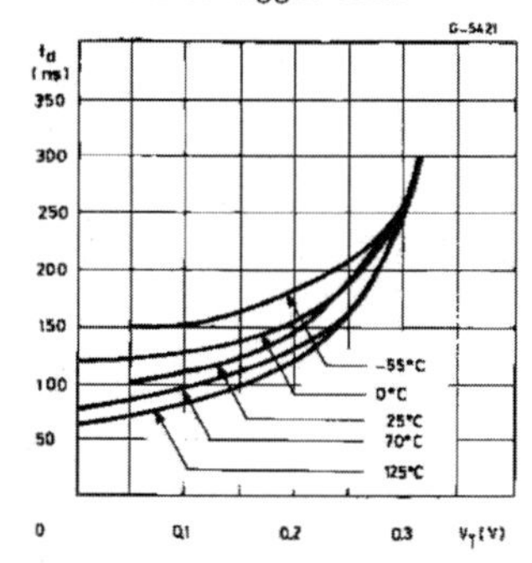

APPLICATION INFORMATION

MONOSTABLE OPERATION

In the monostable mode, the timer functions as a one-shot. Referring to figure 10 the external capacitor is initially held discharged by a transistor inside the timer.

Figure 10

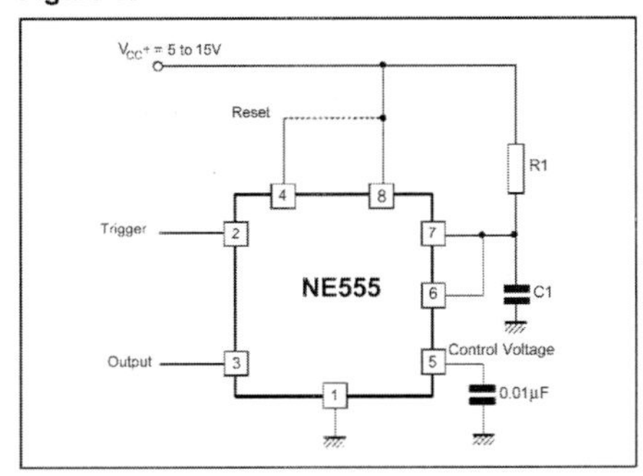

The circuit triggers on a negative-going input signal when the level reaches 1/3 Vcc. Once triggered, the circuit remains in this state until the set time has elapsed, even if it is triggered again during this interval. The duration of the output HIGH state is given by t = 1.1 R_1C_1 and is easily determined by figure 12.

Notice that since the charge rate and the threshold level of the comparator are both directly proportional to supply voltage, the timing interval is independent of supply. Applying a negative pulse simultaneously to the reset terminal (pin 4) and the trigger terminal (pin 2) during the timing cycle discharges the external capacitor and causes the cycle to start over. The timing cycle now starts on the positive edge of the reset pulse. During the time the reset pulse in applied, the output is driven to its LOW state.

When a negative trigger pulse is applied to pin 2, the flip-flop is set, releasing the short circuit across the external capacitor and driving the output HIGH. The voltage across the capacitor increases exponentially with the time constant $\tau = R_1C_1$. When the voltage across the capacitor equals 2/3 V_{CC}, the comparator resets the flip-flop which then discharge the capacitor rapidly and drivers the output to its LOW state.

Figure 11 shows the actual waveforms generated in this mode of operation.

When Reset is not used, it should be tied high to avoid any possibly or false triggering.

Figure 11

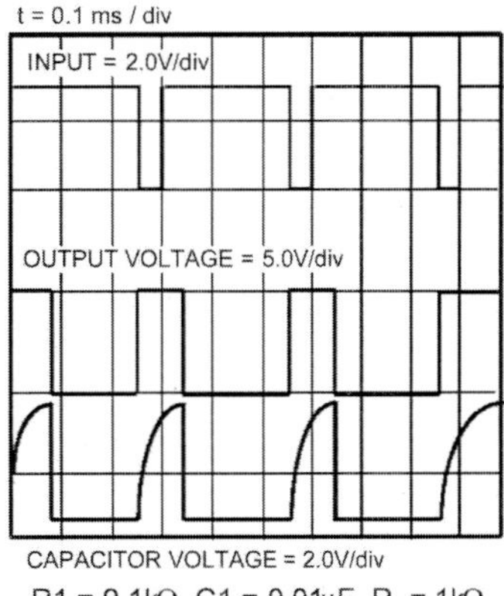

R1 = 9.1kΩ, C1 = 0.01μF, R_L = 1kΩ

Figure 12

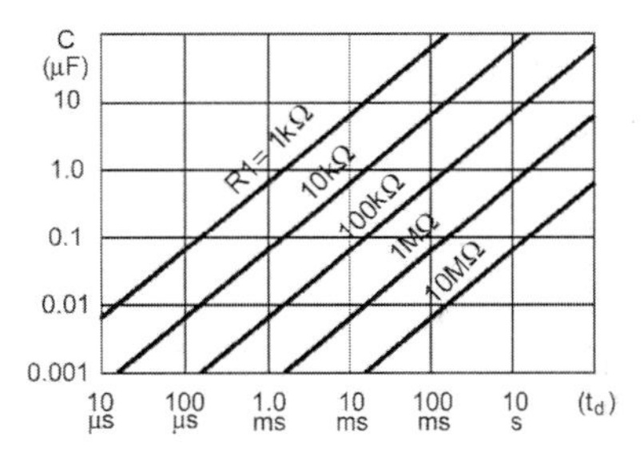

ASTABLE OPERATION

When the circuit is connected as shown in figure 13 (pin 2 and 6 connected) it triggers itself and free runs as a multivibrator. The external capacitor charges through R_1 and R_2 and discharges through R_2 only. Thus the duty cycle may be precisely set by the ratio of these two resistors.

In the astable mode of operation, C_1 charges and discharges between 1/3 V_{CC} and 2/3 Vcc. As in the triggered mode, the charge and discharge times and therefore frequency are independent of the supply voltage.

Figure 13

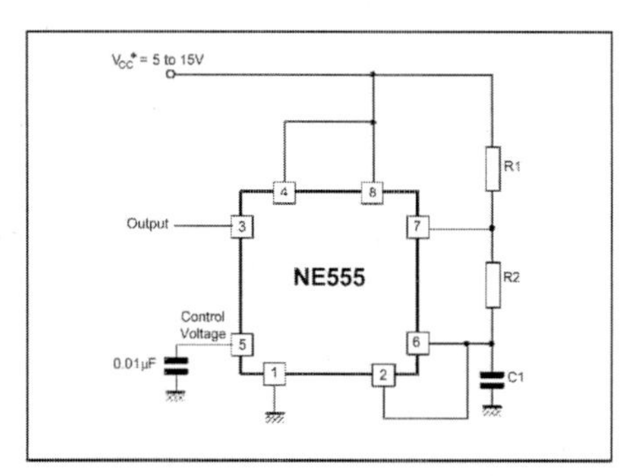

Figure 14 shows actual waveforms generated in this mode of operation.

The charge time (output HIGH) is given by :

$t_1 = 0.693 (R_1 + R_2) C_1$

and the discharge time (output LOW) by :

$t_2 = 0.693 (R_2) C_1$

Thus the total period T is given by :

$T = t_1 + t_2 = 0.693 (R_1 + 2R_2) C_1$

The frequency ofoscillation is them :

$$f = \frac{1}{T} = \frac{1.44}{(R_1 + 2R_2) C_1}$$

and may be easily found by figure 15.

The duty cycle is given by :

$$D = \frac{R_2}{R_1 + 2R_2}$$

Figure 14

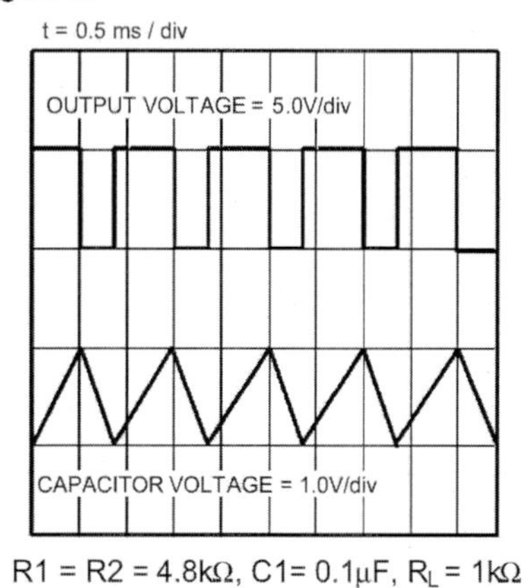

R1 = R2 = 4.8kΩ, C1= 0.1μF, R_L = 1kΩ

Figure 15 : Free Running Frequency versus R_1, R_2 and C_1

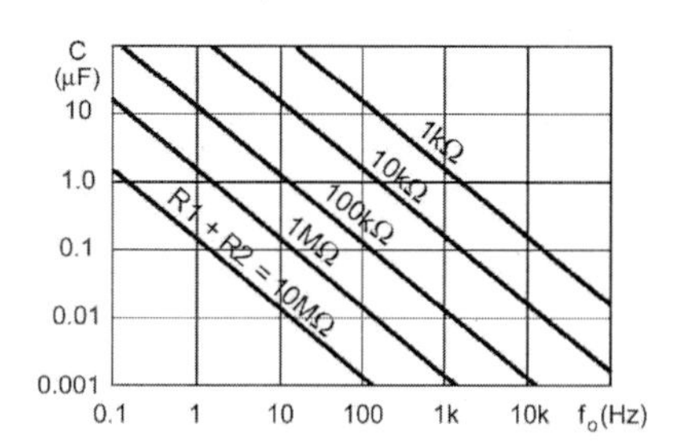

PULSE WIDTH MODULATOR

When the timer is connected in the monostable mode and triggered with a continuous pulse train, the output pulse width can be modulated by a signal applied to pin 5. Figure 16 shows the circuit.

Figure 16 : Pulse Width Modulator.

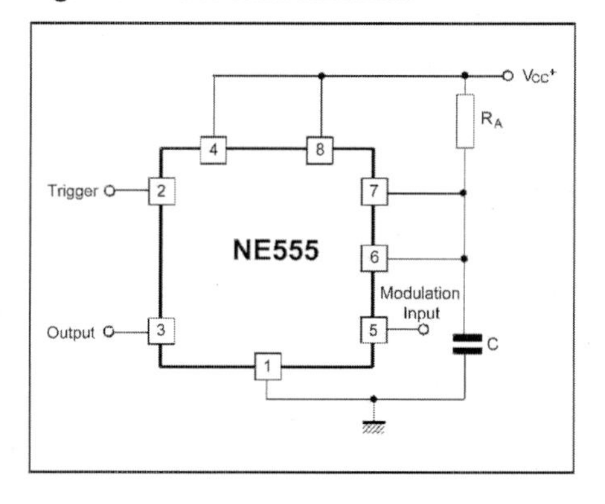

LINEAR RAMP

When the pullup resistor, R_A, in the monostable circuit is replaced by a constant current source, a linear ramp is generated. Figure 17 shows a circuit configuration that will perform this function.

Figure 17.

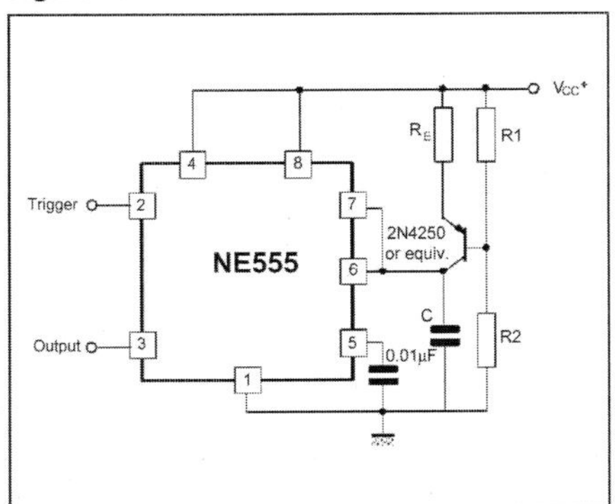

Figure 18 shows waveforms generator by the linear ramp.

The time interval is given by :

$$T = \frac{(2/3\ V_{CC}\ R_E\ (R_1 + R_2)\ C}{R_1\ V_{CC} - V_{BE}\ (R_1 + R_2)}\quad V_{BE} = 0.6V$$

Figure 18 : Linear Ramp.

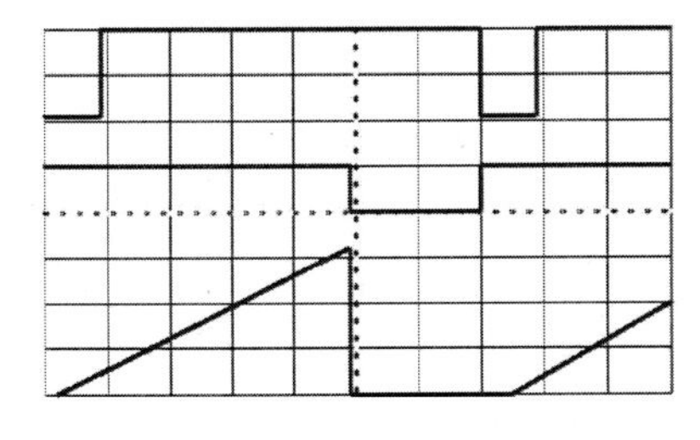

V_{CC} = 5V
Time = 20µs/DIV
R_1 = 47kΩ
R_2 = 100kΩ
R_E = 2.7kΩ
C = 0.01µF

Top trace : input 3V/DIV
Middle trace : output 5V/DIV
Bottom trace : output 5V/DIV
Bottom trace : capacitor voltage 1V/DIV

50% DUTY CYCLE OSCILLATOR

For a 50% duty cycle the resistors R_A and R_E may be connected as in figure 19. The time preriod for the output high is the same as previous,
t_1 = 0.693 R_A C.
For the output low it is t_2 =

$$[(R_A R_B)/(R_A + R_B)]\ CLn\left[\frac{R_B - 2R_A}{2R_B - R_A}\right]$$

Thus the frequency of oscillation is $f = \frac{1}{t_1 + t_2}$

Note that this circuit will not oscillate if R_B is greater

Figure 19 : 50% Duty Cycle Oscillator.

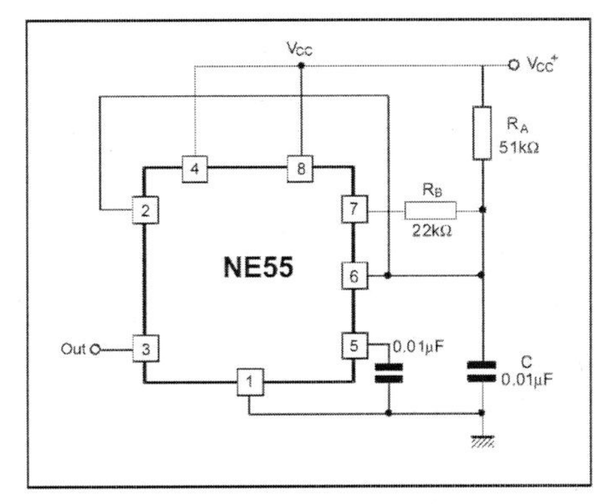

than 1/2 R_A because the junction of R_A and R_B cannot bring pin 2 down to 1/3 V_{CC} and trigger the lower comparator.

ADDITIONAL INFORMATION

Adequate power supply bypassing is necessary to protect associated circuitry. Minimum recommended is 0.1µF in parallel with 1µF electrolytic.

PACKAGE MECHANICAL DATA
8 PINS - PLASTIC DIP

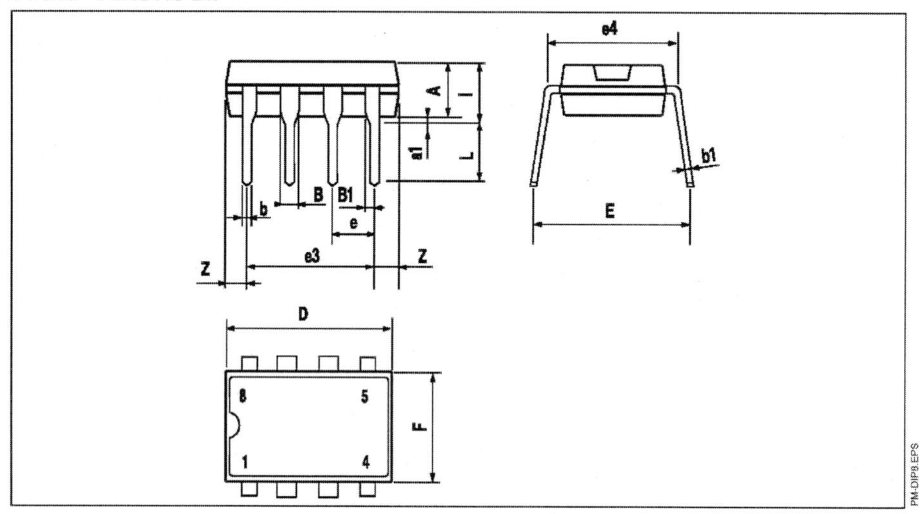

Dimensions	Millimeters			Inches		
	Min.	Typ.	Max.	Min.	Typ.	Max.
A		3.32			0.131	
a1	0.51			0.020		
B	1.15		1.65	0.045		0.065
b	0.356		0.55	0.014		0.022
b1	0.204		0.304	0.008		0.012
D			10.92			0.430
E	7.95		9.75	0.313		0.384
e		2.54			0.100	
e3		7.62			0.300	
e4		7.62			0.300	
F			6.6			0260
i			5.08			0.200
L	3.18		3.81	0.125		0.150
Z			1.52			0.060

DIP8.TBL

PACKAGE MECHANICAL DATA

8 PINS - PLASTIC MICROPACKAGE (SO)

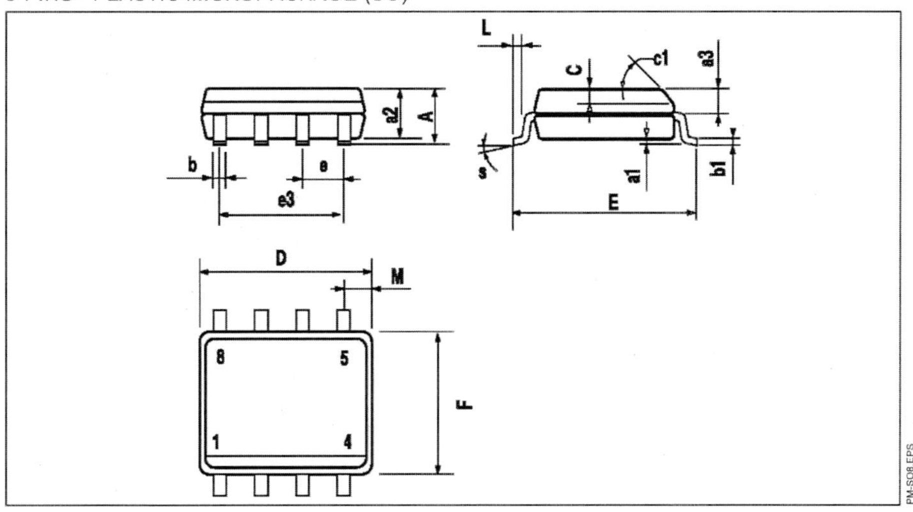

PM-SO8.EPS

Dimensions	Millimeters			Inches		
	Min.	Typ.	Max.	Min.	Typ.	Max.
A			1.75			0.069
a1	0.1		0.25	0.004		0.010
a2			1.65			0.065
a3	0.65		0.85	0.026		0.033
b	0.35		0.48	0.014		0.019
b1	0.19		0.25	0.007		0.010
C	0.25		0.5	0.010		0.020
c1	45° (typ.)					
D	4.8		5.0	0.189		0.197
E	5.8		6.2	0.228		0.244
e		1.27			0.050	
e3		3.81			0.150	
F	3.8		4.0	0.150		0.157
L	0.4		1.27	0.016		0.050
M			0.6			0.024
S	8° (max.)					

SO8.TBL

Red GaAsP 0.5-Inch 7-Segment Numeric LED Displays

Optoelectronic Products

FND500, FND507 FND560, FND567

General Description

The FND500, FND507, FND560 and FND567 are red GaAsP single-digit 7-Segment LED displays with a 0.5-inch character height. These displays are designed for applications in which the viewer is within twenty feet of the display.

Low Forward Voltage—Typically V_F = 1.7 V
Fits Standard DIP Sockets with 0.6-Inch Pin Row
Maximized Contrast Ratio With Integral Lens Cap
Horizontal Stacking 0.6-Inch Minimum, 1-Inch Typical
FND560/567 Suitable For Use In High Ambient Light
FND500 Common Cathode, Right-Hand Decimal Point
FND507 Common Anode, Right-Hand Decimal Point
FND560 Common Cathode, Right-Hand Decimal Point, High Brightness
FND567 Common Anode, Right-Hand Decimal Point, High Brightness

Absolute Maximum Ratings

Maximum Temperature and Humidity

Storage Temperature	−25°C to +85°C
Operating Temperature	−25°C to +85°C
Pin Temperature (Soldering, 5 s)	260°C
Relative Humidity at 65°C	98%

Maximum Voltage and Currents

V_R	Reverse Voltage	3.0 V
I_F	Average Forward dc Current/Segment or Decimal Point	25 mA
	Derate from 25°C Ambient Temperature	0.3 mA/°C
I_{pk}	Peak Forward Current Segment or Decimal Point (100 μs pulse width) 1000 pps, T_A = 25°C	200 mA

Package Outline

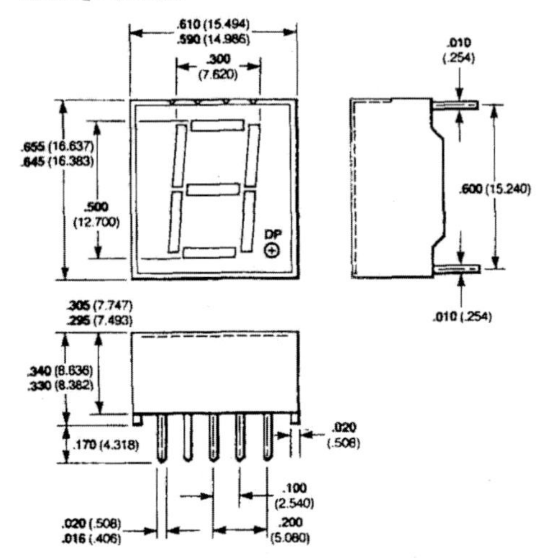

Notes
All dimensions in inches bold and millimeters (parentheses)
Tolerance unless specified = ±.015 (±.381)

Connection Diagram Typical Electrical Characteristics

FND500, FND507 FND560, FND567

Pin Connections (Front View)

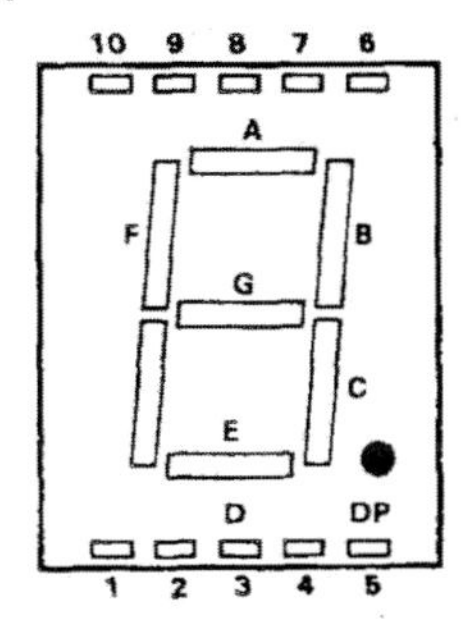

Pin	FND507/567	FND500/560
1	Segment E	Segment E
2	Segment D	Segment D
3	Common Anode	Common Cathode
4	Segment C	Segment C
5	Decimal Point	Decimal Point
6	Segment B	Segment B
7	Segment A	Segment A
8	Common Anode	Common Cathode
9	Segment F	Segment F
10	Segment G	Segment G

Electrical and Radiant Characteristics $T_A = 25°C$

Symbol	Characteristic	Min	Typ	Max	Units	Test Conditions
V_F	Forward Voltage	1.5	1.7	2.0	V	$I_F = 20$ mA
BV_R	Reverse Breakdown Voltage	3.0	12		V	$I_R = 1.0$ mA
I_O	Axial Luminous Intensity, Average Each Segment					
	FND500, FND507	300	600		μcd	$I_F = 20$ mA
	FND560, FND567	740	1200		μcd	$I_F = 20$ mA
ΔI_O	Intensity Matching, Segment-to-Segment		±33		%	$I_F = 20$ mA
	Intensity Matching Within One Intensity Class		±20		%	$I_F = 20$ mA, all segments at once
L_O	Average Segment Luminance					
	FND500, FND507		35		ftL	$I_F = 20$ mA
	FND560, FND567		70		ftL	$I_F = 20$ mA
$\theta_{1/2}$	Viewing Angle to Half Intensity		±27		degrees	
λ_{pk}	Peak Wavelength		665		nm	$I_F = 20$ mA